高 等 学 校 教 材

精细化工工艺学

马榴强　主编

化学工业出版社

·北京·

本书主要是为学生提供一本实用的教材，而不是相关理论读本。所编写的内容注重精细化工产品的特点，注重工艺学的本质，注重理论性与实用性相结合，以现有简单的实用性配方为基础，着重介绍高分子材料加工用助剂、表面活性剂、食品添加剂、胶黏剂、涂料、化妆品等常见的精细化工产品的配方设计原则，合成路线或生产工艺过程，应用性能和发展趋势。同时介绍了相关书籍较少涉及的新领域精细化学品、精细化工工艺过程的完善与技术创新等内容以丰富读者。

本书可作为高等学校化学工程与工艺专业的本科教材，还可供大专层次的化工工艺类专业及应用化学类专业选用，也可以作为精细化工企业的培训教材。同时，本书还可以提供给对相关专题感兴趣的科技人员参考，为他们的研究工作提供一个基础或借鉴的平台。

图书在版编目（CIP）数据

精细化工工艺学/马榴强主编．—北京：化学工业出版社，2008.2（2024.8重印）
高等学校教材
ISBN 978-7-122-02021-5

Ⅰ.精… Ⅱ.马… Ⅲ.精细化工-工艺学 Ⅳ.TQ062

中国版本图书馆CIP数据核字（2008）第012772号

责任编辑：杨　菁　程树珍　　文字编辑：冯国庆
责任校对：顾淑云　　装帧设计：風行書裝

出版发行：化学工业出版社（北京市东城区青年湖南街13号　邮政编码100011）
印　　装：北京盛通数码印刷有限公司
787mm×1092mm　1/16　印张17¼　字数449千字　2024年8月北京第1版第14次印刷

购书咨询：010-64518888　　售后服务：010-64518899
网　　址：http://www.cip.com.cn
凡购买本书，如有缺损质量问题，本社销售中心负责调换。

定　　价：**49.00元**

前　言

从发展的观点来看，精细化工是随着时代的发展而发展的。如古代已发明的火药是精细化工产品，天然药物、涂料、酿造产品也是精细化工产品。一个特定的精细化学品，在一定的历史阶段显示出其固有特性之后，一是走向衰亡，一是走向大宗化学品。因此，从这一角度可以认为，精细化工一直是化学工业中的新兴领域之一，精细化工率（精细化工产值占化工总产值的比例）的高低早已成为衡量一个国家或地区化学工业发达程度和化工科技水平高低的重要标志。

为适应精细化工发展的需要，我国从20世纪90年代后开始出版、编辑了有关精细化工的书籍。这些书籍，各具特色，其中包括著者工作的北京联合大学生化学院陆辟疆、李春燕老先生主编的《精细化工工艺》（化学工业出版社1996年出版）一书，据认为是当时历史条件下涵盖领域较全的一本书。但书籍中的内容时间相对久远，已不能满足日益发展的现实的需要与教学的需求；同时，参与上述书籍编写的部分作者及本书的其他作者，经过多年的理论研究与教学实践，均希望能把自己对精细化工的认识与理解提供给广大读者，与大家共同分享、探讨与交流。

从编写的角度，我们是为了给学生提供一本有关精细化工工艺的实用教材，而不是相关理论读本，以达到学以致用、培养应用型人才的功能。因此，在编写过程中，注重精细化工产品的特点，注重工艺学的本质，注重理论性与实用性相结合，以现有简单的实用性配方、工艺为基础，着重介绍聚合物加工用助剂、表面活性剂、食品添加剂、胶黏剂、涂料、化妆品等常见门类精细化工产品的配方设计原则，合成路线或生产工艺过程，应用性能和发展趋势，以期举一反三，为学生毕业后从事精细化工相关领域的工作提供知识上的保障，同时也希望能为精细化工相关领域的工作人员提供学习与相互借鉴的依据。为增加学生的知识面，为不同学校选用方便，本书还对新领域精细化学品（电子化学品、皮革化学品、造纸化学品、水处理剂、混凝土外加剂等）作了简介。最后要说明的是，针对大多数国内生产企业的现状，根据企业追求生产效率和经济效益的本质，我们特意编写了“精细化工工艺过程的完善与生产安全”一章，希望能够起到抛砖引玉的功效，使技术人员能更深入地考虑技术路线的科学性、可行性、经济性，使相关从业者从技术的层面，增加质量意识和安全意识。

全书共10章，由北京联合大学生化学院马榴强主编。全书分别由马榴强编写第1章绪论、第5章胶黏剂、第9章新领域精细化学品、第10章精细化工工艺过程的完善与生产安全，叶晓编写第2章高分子加工用助剂，谢飞编写第3章表面活性剂，李若慧编写第4章食品添加剂，程艳玲编写第6章涂料，何江川编写第7章香精提取工艺、第8章化妆品。全书由马榴强统稿、谢飞制作了本书的PPT课件，编写了教学大纲、教案、仿真试卷等教学文件。

在编写过程中，本书得到了北京市教委青年骨干教师专项资金的资助，谨此表示感谢。

本书可作为高等学校化学工程与工艺专业的本科教材，还可供大专层次的化工工艺类专业及应用化学类专业教学选用，也可以作为精细化工企业的培训教材。本教材适用于48～64学时。同时，本书还可以提供给对相关专题感兴趣的科技人员参考，为他们的研究工作提供一个基础平台。

编　者

2008年1月

目　录

第1章 绪 论

1.1 精细化工的形成与发展

精细化工，即精细化学工业，是当今世界各国发展化学工业的战略重点，也是一个国家综合技术水平的重要标志之一。精细化学品是与大宗化学品相对应的一类化工产品，是指对化学工业生产的初级或次级产品进行深加工而制成的具有某些或某些种特殊功能的化学品。这些功能可以是自身具有或赋予他物具有，突出功能可以是化学功能、物理功能或生物活性。它可以是单一组分的纯物质，也可以是多元复配的产物。一般其产量相对较小的、附加价值相对较高。

近几十年来，特别是20世纪70年代石油危机以来，也包括对环保的认识及对利润的追求，化学工业的精细化已经成为发达国家化工科技和生产发展的一个重要特征。精细化工虽然早已出现，但直到20世纪60年代，才由日本首先将精细化工明确地列为化学工业的一个产业部门。

在日本，把大批量生产和销售的化学品统称为通用化学品，把具有专门功能、技术密集度高、附加价值高、利润高、配方决定性能、配以应用技术和技术服务的小批量产品称为精细化学品。而在这方面，东西方的划分也存在一些差异。欧美一些国家把产量小、按不同化学结构进行生产和销售的化学物质，称为精细化学品（fine chemicals）；把产量小、经过加工配制、具有专门功能或最终使用性能的产品，称为专用化学品（specialty chemicals）或商品化学品（commodity chemicals）。根据我国原化工部文件的界定及近十年来精细化工工业发展的实践，当代中国精细化工的涵义指的是国际上通用的精细化学品和专用化学品的总和。这种分类与日本类似。

目前精细化工产品的有些类别，在20世纪70年代以前即已有之。如药物、涂料、肥皂、农药等。因此，可以认为精细化学品是随着时代的发展而发展的，每个时代具有每个时代的特征。从新陈代谢的发展观来看，技术密集和高附加值也不是一成不变的，它应当是一个过渡阶段，它有自已的生命周期。一个精细化学品在一定阶段显示出固有特性之后，一是走向衰亡，一是走向大宗化学品，技术密集成为普通技术，高附加值成为合理利润。

在20世纪以前，当时的精细化学品更多的是以天然产物为原料，在数量上和品种上远不及现在。如古代已发明的火药是精细化工产品；天然药物、油漆、酿造产品也是精细化工产品。在20世纪初，随着石油化工的发展，以合成化学品为原料的精细化学品产生了第一次飞跃。在20世纪中叶，随着高分子化学的发展和高分子材料的大量出现，为精细化学品带来了第二次飞跃，其特征之一是部分老行业更新换代，如合成洗涤剂的出现，油漆扩展为涂料；其另一特征是新生行业崛起，如合成聚合物胶黏剂、合成材料用助剂、信息化学品、功能高分子等。目前世界上主要发达国家的精细化工率已超过50%以上，如日本的精细化工率已超过60%，而我国还处于较低的水平，需要进一步的发展。

进入21世纪，精细化学品发展的基本特征是以高新技术为依托，为全球经济和人民生活提供高质量、多品种、专用或多功能的精细化学品。同时，伴随着人们对环保的认识，对可持续发展的共识，人们认识到：传统的化学工业必须变革，以适应可持续发展的要求。精细化学品工业也必须朝着低污染甚至无污染的“绿色”方向发展，并且应该成为整个化学工业的典范。除“绿色”外，近年来，精细化工已经向追求更高功能化方向发展。

1.2 精细化工及精细化学品产品的特点

精细化工与基础化工（如基本有机化工、无机化工）是不同的，后者多生产基本化工原料，而前者生产的是直接产品，为各工业部门广泛应用的辅助材料或人民生活的直接消费品。

精细化学品是与大宗化学品相对应的。其在产量上、经济效益上、产品特性上均具有别于大宗化学品。

1.2.1 精细化工及精细化学品的生产特性

(1) 精细化工具有小批量、多品种、复配型居多的特点

如分析用指示剂，所配制的浓度一般很低，且每一次的用量仅以毫升，甚至是滴来计。按照纯品计每年的用量甚至不会超过上百千克。但这也是相对的，如2005年世界表面活性剂的总产量也在1300万吨以上。同期我国的合成洗涤剂的产量达400万吨。与大宗化学品每一生产厂家动辄就几十万吨的产量相比，也相对较少。

精细化学品的产量虽然很小，但品种众多。如全世界已有14000多种食品添加剂，常有的达680多种。我国现有的表面活性剂品种达2000多种，根据表面活性剂的性质可配制（复配）出洗涤剂、渗透剂、扩散剂、起泡剂、杀菌剂、消泡剂、乳化剂、破乳剂、增溶剂、润湿剂、柔软剂、抗静电剂、抑制剂、防雾剂等数十种不同作用目的的产品。而每类产品又可细分为不同的型号。

精细化学品的应用领域广泛，涉及国民经济的各个领域。仅就人类生活的各个方面，农轻重、吃穿用、衣食住行无不紧密地依赖精细化学品。

① 衣 人们的衣着原料——毛、丝、棉、麻、人造纤维、合成纤维、皮革等，在其制造和纺织过程中使用了大量的化学品，如染料、软化剂、整理剂、洗涤剂、干洗剂、干燥剂、加脂剂、光亮剂、漂白剂等各种助剂。

② 食 粮食、酒、饮料、瓜果、蔬菜、肉类等，在其种植、饲养、酿造过程中必须使用如肥料、农药、发酵剂、碳酸气、保鲜剂、饲料添加剂等大部分也属于精细化学品。

③ 住 住房、装修和家庭陈设品等材料中，除了天然的木材、沙子、石子外，钢铁、水泥、玻璃、陶瓷产品、地毯、空调机、灯具、电源、卫生用品等也都用了大量的化学品，如钢铁冶炼用的助剂，水泥使用中的各种添加剂（外加剂），安全玻璃的胶黏剂及防护膜，地毯、塑料盆及橡胶制品中的各种助剂、涂料等。

④ 行 汽车、飞机、火车、摩托车、自行车等交通工具需要钢铁、铝合金、塑料、橡胶、合成纤维等，在整个制造过程中所使用的切削液、冷拔液、润滑剂等各种助剂。

⑤ 视 人们生活中所观察到的各种文化用品及电视摄像所用的器具和材料，如纸、印刷品、电视机、照相机、胶卷、望远镜、计算机等在其制造过程中均需纸张添加剂、油墨、荧光粉、高纯试剂、显影液、抛光液等。

⑥ 听 收音机、随身听、乐器、唱片、录音录像带等用品，是用化学品为原料制造出来的，也使用了大量的化学助剂。

在衣、食、住、行、视、听过程中所用的各种原料、器具，在其制造过程中用了上万种助剂，并用高新技术组合和制造出来，而每一类助剂均为一个精细化工行业。

精细化学品既有单一组分的纯物质，又有多组分的混合物，并且更多的是采用复配或拼混技术的混合物。复配是指两种或两种以上物质通过恰当比例，按照一定的方式去混合，而获得一种新产品的技术或过程。这主要源于单一化合物很难满足使用要求，某些方面若进行

新物质的开发昂贵费时，而进行已有配方的研究，改进使用性能，利用各组成物质间的协同作用，可以满足使用要求。这方面的例子举不胜举，诸如洗涤剂、胶黏剂、化妆品、水处理剂、涂料等大多数产品均采用复配技术而获得。

(2) 精细化工属于技术密集型产业

精细化工产品市场竞争激烈，产品的更新换代快。这要求生产企业要经常不断的根据市场的需要、客户的需求开发出性能更高的产品。因此，企业必须开展科学研究，及时掌握各种技术情报与市场信息，不断采用新技术、新工艺。所以说精细化工属于技术密集型产业。技术密集还表现在生产过程的流程长，单元反应多，原料复杂，中间过程控制要求严格，技术保密性强，专利垄断性强等方面。

技术密集的另一特点是，精细化学品需要在化学合成中筛选不同化学结构，在剂型上充分发挥自身功能与其他配合物的协同作用，在商品化上又有一个复配过程以更好、更充分地发挥产品优良性能。以上这些过程是相互联系又是相互制约的，这些是形成精细化学品技术密集度高的重要原因。

(3) 精细化工的生产多采用间歇生产装置或多功能生产装置

由于精细化学品具有小批量、多品种的特点，所以精细化工的生产多采用间歇生产装置。

与大宗化学品生产设备的“重、厚、长、大”相比，精细化工生产设备具有“轻、薄、短、小”的特点。从生产过程上看，产品生产从单一产品、单一流程、单元操作装置的生产方法，一方面向具有多功能的生产装置（一机多能，多功能化）发展；另一方面向所谓的柔性生产系统（FMS，柔性化）发展，即具有相近的工艺流程的同一类型品种，使用同一套设备生产。

除此之外，对精细化工生产设备的材质也经常会提出一些要求。例如在化妆品、香精等的生产中，尤其是高纯试剂的生产中，微量的金属杂质就会对产品品质造成重大的影响，甚至使之成为不合格品。因此，全不锈钢设备、玻璃设备、聚四氟乙烯设备等，在精细化工的生产中屡见不鲜。

(4) 精细化工生产流程呈多样化

由于精细化工产品属于多品种、小批量，生产上又经常更换和更新品种，故要求工厂必须具有随市场需求调整生产的高度灵活性。因此，在生产上需采用能满足多品种需要的生产流程或多用途多功能的生产装置，以便取得较大的经济效益。

精细化工生产流程的多样化还体现在，针对同一产品，不同的厂家拥有不同的生产技术，这些技术各具特色，具有鲜明的自主知识产权的特征。从原料，到反应原理，再到工艺过程的组合均不相同。

1.2.2 经济特性

精细化工品具有投资效率高、附加价值高、利润率高的特点。

附加价值是指在产值中扣除原材料、税金、设备、厂房的折旧费所剩余部分的价值。它包括工人劳动、利润、动力消耗以及技术开发等费用。附加价值高反映出产品加工中，所需要的劳动、技术利用情况以及利润等。精细化学品利润高的原因在很大程度上源于技术垄断。

投资效率为附加价值与固定资产的比值。由于精细化学品的产量小，所以固定资产投资比例相对较少，同时精细化工产品的附加价值较高，所以精细化工产品投资效率高。例如，化肥的投资效率为62%、纤维的为94.3%、感光材料的为170.9%、医药的为2401.4%。日本化学工业的平均效率为87.6%。从产值上看，据国外统计，每投入价值100美元的石油化工原料，产出初级化学品价值为200美元，再产出有机中间体480美元和最终成品80美元；如果进一步加工为塑料、合成橡胶、纤维、洗涤剂和化妆品等则可产生价值800美元的中间产品和价值540美元的最终产品。如再深一步加工成用户直接使用的家庭耐用品、纺织品、鞋、汽车材料、书刊印刷物等，则总产值将达10600美元，也即比原来的100美元投入增值为106倍。

精细化工的上述经济特性决定了，自20世纪80年代以来，发达国家采取了一系列的措施促进精细化工的发展，从而使精细化工获得了较快的发展，其精细化率（精细化工在整个化学工业中所占的比重）早已达到或超过50%以上，且年平均增长速度远快于通用化工产品。

1.2.3 商业特性

由于精细化学品繁多，用户对产品都有比较明确的要求，即对产品规格、质量、性能、交货期、服务及技术指导方面有较高的要求。这些造成精细化学品的商品性很强，市场竞争激烈，因而必须重视市场调研，适应市场需求；在保证产品质量及性能的基础上，重视技术的应用服务——技术咨询、技术培训、技术支持等工作。

商品性强还要求技术保密、独家经营。在技术开发的同时，积极开发应用技术和开展技术服务工作，以增强竞争机制，开拓市场，提高信心。

1.2.4 产品特性

精细化学品是具有一定的功能的化学品。这些功能包括物理功能、化学功能和生物活性。

① 化学功能 系指在一定的环境条件下，此种化学品可增加或赋予其他物质以某种特定的影响或变化，如染色、脱污、去杂、黏合、增稠、阻燃等，有的可能同时伴有物理作用。

② 物理功能 系指精细化学品自身所具有的物理性质和能力，如耐高温、高强、超硬、绝缘、导体、超导、磁性、吸热、放热、吸音等，有的也可能同时伴有化学作用。表现为某种特定物理效应的，如压电、热电、光电、激光等。

③ 某些特定的生物活性 系指精细化学品自身以其活性基团，增进或赋予生物体一定的能力（加新陈代谢能力、生长能力、抵抗能力和适应能力），如食品添加剂中可预防贫血、增强免疫、延缓衰老、美容保健、减肥功能、调节血脂、调节血糖、改善肠胃功能、抑制肿瘤、改善记忆等方面的添加剂。

鉴于精细化学品的上述特征，从而也就决定了这种化学品必然具有多学科的特点。它不仅涉及基础自然科学（如化学、物理、生物），同时还将涉及这些基础学科的交叉学科（如化学物理、生物化学），甚至一些新兴的分子科学（如分子物理、分子生物）等。

1.3 精细化学品的分类

从总体上而言，精细化学品可以分为三大类，即精细有机化学品、精细无机化学品及精细生物制品。但具体划分，各国关于精细化学品的分类却各自有各自的特点。

日本1985年版的《精细化工年鉴》将精细化工分为51个类别，即医药、农药、合成染料、有机颜料、涂料、黏合剂、香料、化妆品、盥洗卫生用品、表面活性剂、合成洗涤剂、肥皂、印刷用油墨、塑料增塑剂、其他塑料添加剂、橡胶添加剂、成像材料、电子用化学品与电子材料、饲料添加剂与兽药、催化剂、合成沸石、试剂、燃料油添加剂、润滑剂、润滑油添加剂、保健食品、金属表面处理剂、食品添加剂、混凝土外加剂、水处理剂、高分子絮凝剂、工业杀菌防霉剂、芳香除臭剂、造纸用化学品、纤维用化学品、溶剂与中间体、皮革用化学品、油田用化学品、汽车用化学品、炭黑、脂肪酸及其衍生物、稀有气体、稀有金属、精细陶瓷、无机纤维、贮氢合金、非晶态合金、火药与推进剂、酶、生物制品、功能高分子材料。

同期，我国化工部制订的精细化工产品分类的暂行规定，包括了11大类。其具体分为：

① 农药；

② 染料；

③ 涂料（包括油漆和油墨）；

④ 颜料；

⑤ 试剂和高纯物；

⑥ 信息用化学品（包括感光材料、磁性材料等能接受电磁波的化学品）；

⑦ 食品和饲料添加剂；

⑧ 黏合剂；

⑨ 催化剂和各种助剂；

⑩ 化工系统生产的化学药品（原料药）和日用化学品；

⑪ 高分子材料中的功能高分子材料（包括功能膜和偏光材料等）。

其中的第9类，催化剂和各种助剂又包括19种助剂。

① 催化剂：炼油用、石油化工用、有机化工用、环保用催化剂等。

② 印染助剂：柔软剂、匀染剂、分散剂、抗静电剂、纤维用阻燃剂等。

③ 塑料助剂：增塑剂、稳定剂、发泡剂、阻燃剂等。

④ 橡胶助剂：硫化剂、硫化促进剂、防老剂等。

⑤ 水处理剂：水质稳定剂、缓蚀剂、软水剂、杀菌灭藻剂、絮凝剂等。

⑥ 各种纤维抽丝用油剂。

⑦ 有机抽提剂：吡咯烷酮系列、脂肪烃系列、糠醛系列等。

⑧ 高分子聚合物添加剂：引发剂、阻聚剂、终止剂、调节剂、活化剂等。

⑨ 各种表面活性剂。

⑩ 皮革助剂：合成鞣剂、涂饰剂、加脂剂、光亮剂等。

⑪ 农药用助剂：乳化剂、增效剂等。

⑫ 混凝土用添加剂：减水剂、防水剂、胀膜剂等。

⑬ 机械、冶金用助剂：防锈剂、清洗剂、电镀用助剂、焊接用助剂等。

⑭ 油田添加剂。

⑮ 炭黑（橡胶制品的补强利）。

⑯ 吸附剂：稀土分子筛系列、天然沸石系列、二氧化硅系列、活性白土系列等。

⑰ 电子工业专用化学品。

⑱ 纸张添加剂：增白剂、增强剂、防水剂、填充剂等。

⑲ 其他助剂。

对于那些尚未形成产业的精细化工门类称为新领域精细化工。它们是饲料添加剂、水处理化学品、造纸化学品、皮革化学品、电子化学品、气雾剂等。

上述分类中的内容大部分为有机化合物，按照化学品属性，仅无机精细化学品可包括砷化合物、钡化合物、溴化合物、硼化合物、碳酸盐、氯化物和氯酸盐、铬化合物、氢化物和氰化合物、氟化合物、碘化物、镁化合物、锰化合物、硝酸盐、磷化物和磷酸盐、稀土化合物、硅化合物和硅酸盐、硫化物和硫酸盐、钨（钼、钛、锆、铌、钽）化合物、过氧化物、氢氧化物、氧化物、单质和高纯元素、无机颜料、抛光研磨润滑材料、非金属矿深加工精细化学品、无机紫外线吸收剂、无机纤维、无机晶须、无机抗菌剂、电源材料、导电化学品、精细陶瓷原料分、精细陶瓷、无机阻燃剂、无机黏结剂、无机溶胶、无机膜、纳米精细化学品、电镀化学品、荧光化学品、水处理化学品、医药化学品、高钝和专用气体、电子化学品、磁性材料（化学品、载体和催化剂、干燥剂、晶体材料、油田化学品、造纸用化学品、照相用化学品、食品添加剂等）。

随着国民经济的发展以及对精细化学品的认识，上述有些门类已归于其他行业，如非晶态合金、功能高分子材料等更多的属于材料领域。有些化学品是否属于精细化学品是有争议的。有些已经从精细化学品变成普通化学品。但精细化学品的开发和应用领域仍然是在不断的扩展当中，如新领域精细化学品中的一些门类。

1.4 精细化工工艺学的内涵

精细化工工艺学是指从初级原料、次级原料到精细化工产品的加工方法和过程。其方法和过程可以采用化学反应，也可采用复配技术。但这些方法和过程应该是技术上成熟的、工艺上先进的、经济上合理的、环保上允许的、安全上可靠的。

化工生产过程主要由生产准备过程、化学反应过程、产品后处理过程所组成。除这三个主要过程外，还包括分离与回收、检验、计量、包装、贮运及公用工程（水、电、气、汽）等过程。对于精细化工的生产，有时还包括精制加工和商品化部分。从生产的管理上，需要注意生产操作人员、机械设备、各种原辅料、生产工艺及法规及生产环境。对诸如化妆品、食品添加剂、电子用化学品、生物制品的生产，其生产环境要求是较高的。甚至作业处所的尘埃数量都需要进行检测。

精细化工的生产大多以灵活性较大的多功能装置和间歇方式进行小批量生产。化学合成多数采用液相反应，流程长，精制复杂，需要精密的工程技术。从制剂到商品化也需要一个复杂的加工过程。

把上述各个生产单元按照一定的目的要求，有机地组合在一起，形成一个完整的生产工艺过程，并用图形描绘出来，即是工艺流程图。属于工艺流程图性质的图样有若干种，它们都用来表达工艺生产过程。在工艺学上常用的有方块流程图、装备流程图、带控制点工艺流程图等。方块流程图是一种工艺过程划分简图。装备流程图一般应表示出全部工艺设备、物料管线及走向等内容。带控制点的工艺流程图是最全面的，应表示出全部工艺设备、物料管线、阀件、设备的辅助管路以及工艺和自控仪表图例、符号。一般大型化工企业采用装置流程图，中小型企业采用方块流程图说明生产过程。

1.4.1 生产准备过程

精细化工生产的原料主要是各种有机化合物。根据生产目的的不同，原料要求等级也不尽一致。控制住原料的来源、产地、纯度等，是保障生产顺利进行的首要条件。

如实验室用试剂包括以下几类。

① 基准试剂（JZ，绿标签）：作为基准物质，标定标准溶液。

② 优级纯（GR，绿标签）（一级品）：主成分含量很高、纯度很高，适用于精确分析和研究工作，有的可作为基准物质。

③ 分析纯（AR，红标签）（二级品）：主成分含量很高、纯度较高，干扰杂质很低，适用于工业分析及化学实验。

④ 化学纯（CP，蓝标签）（三级品）：主成分含量高、纯度较高，存在干扰杂质，适用于化学实验和合成制备。

⑤ 实验纯（LR，黄标签）：主成分含量高，纯度较差，杂质含量不做选择，只适用于一

般化学实验和合成制备。

⑥ 指定级（ZD）：该类试剂是按照用户要求的质量控制指标，为特定用户订做的化学试剂。

⑦ 高纯试剂（EP）：包括超纯、特纯、高纯、光谱纯，配制标准溶液。此类试剂质量注重的是：在特定方法分析过程中可能引起分析结果偏差，对成分分析或含量分析干扰的杂质含量，但对主含量不做很高要求。

⑧ 色谱纯（GC 或 LC）：气相或液相色谱分析专用。质量指标注重干扰气相色谱峰的杂质。主成分含量高。

⑨ 指示剂（ID）：配制指示溶液用。质量指标为变色范围和变色敏感程度。

⑩ 生化试剂（BR）：配制生物化学检验试液和生化合成。质量指标注重生物活性杂质。

⑪ 可替代指示剂，可用于有机合成生物染色剂（BS）：配制微生物标本染色液。质量指标注重生物活性杂质。

⑫ 可替代指示剂，可用于有机合成光谱纯（SP）：用于光谱分析。

⑬ 分别适用于分光光度计标准品、原子吸收光谱标准品、原子发射光谱标准品电子纯（MOS）：适用于电子产品生产中，电性杂质含量极低。

⑭ 当量试剂（3N、4N、5N）：主成分含量分别为99.9%、99.99%、99.999%以上。

⑮ 电泳试剂：质量指标注重电性杂质含量控制。

此外，还有特种试剂，生产量极小，几乎是按需定产，此类试剂其数量和质量一般为用户所指定。

除实验室研究需要上述试剂外，工业生产中更多的是利用工业级的化工原料。以聚合物的生产为例，原料纯度一般要求在99%以上，达到聚合级别。如果原料中无有害于聚合反应的杂质，即惰性杂质，则单体纯度要求可适当降低。若有害杂质过多，需要进行原料的精制。原料精制的方法很多，工业上以精馏塔为主。经过精制后的原料贮存在贮罐或贮槽中。

大多数有机原料是易燃、易爆、有毒、有腐蚀性的。在贮存过程中有些单体容易自聚，自聚除影响聚合过程外，还可引起爆炸等危险。因此单体的贮存设备应当考虑以下问题。

① 防止与空气接触产生易爆炸的混合物或产生过氧化物。

② 提供可靠的措施，保证在任何情况下贮罐不会产生过高的压力，以免贮罐爆破。

③ 防止有毒易燃的单体泄漏出贮罐、管道和泵等输送设备。

④ 为了防止单体贮存过程中发生自聚现象，必要时应当添加阻聚剂。但在此情况下，单体进行聚合反应前应脱除阻聚剂，以免影响聚合反应的正常进行。例如单体中含有对苯二酚类阻聚剂时可用氢氧化钠溶液洗涤或经蒸馏以除去阻聚剂。

⑤ 贮罐还应当远离反应装置，以减少着火危险。

⑥ 贮存气体状态单体（如乙烯）的贮罐和贮存常温下为气体，经压缩冷却液化为液体的单体（如丙烯、氯乙烯、丁二烯等）的贮罐应当是耐压容器。为了防止贮罐内进入空气，贮罐应当用氮气保护。为了防止单体受热后产生自聚现象，单体贮罐应当防止阳光照射并且采取隔热措施；或安装冷却水管，必要时进行冷却。有些单体的贮罐应当装有注入阻聚剂的设施。

除原料外，以聚合反应过程为例，最重要的物质当属引发剂（或催化剂）。常用的引发剂有过氧化物、偶氮化合物等有机化合物以及过硫酸盐等无机化合物。常用的催化剂有烷基金属化合物（例如烷基铝，烷基锌等）、金属卤化物（例如 $TiCl_4$，$TiCl_3$）以及路易斯酸

（例如、SnCl，$FeCl_3$ 等）。多数引发剂受热后有分解爆炸的危险，其稳定程度因种类的不同而有所不同。干燥、纯粹的过氧化物最易分解。

工业上过氧化物采用小包装，贮存在低温环境中，并且要防火，防撞击。固体的过氧化物，例如为了防止过氧化二苯甲酰贮存过程中产生意外，一般加有适量水，使之保持潮湿状态。液态的过氧化物，通常加有适当溶剂使之稀释以降低其浓度。

催化剂中以烷基金属化合物最为危险，它对于空气中的氧和水甚为灵敏。例如三乙基铝接触空气则自燃，遇水则发生强烈反应而爆炸。烷基铝的活性因烷基的碳原子数目的增大而减弱。便于贮存和输送，低级烷基的铝化合物经常制备为15%～25%的溶液，并且用惰性气体如氮气予以保护。

过渡金属卤化物如 $TiCl_4$、$TiCl_3$、$FeCl_3$ 以及 BF_3 配合物等，接触潮湿空气易水解，生成腐蚀性烟雾，因此贮存与输送过程中应当严格防止接触空气。

由于引发剂和催化剂多数是易燃、易爆危险物品，所以其贮存地点应当与生产区、单体贮存区隔离开，并且要有适当的安全地带。同时，输送过程中也要严格注意安全。

缩聚反应过程的催化剂一般为酸性物质，如盐酸、硫酸、磷酸、对甲苯磺酸等无机酸与有机酸以及强酸型离子交换树脂等。酸性催化剂具有腐蚀性，在贮存、运输、使用中应注意容器的密闭性，防止泄漏而伤人。

在精细化工的生产中还需要各种反应介质，其种类因产品的不同而不同。自由基聚合反应中水分子对反应无不良影响，因此可以用去离子水作为反应介质（乳液来合、悬浮聚合）。但是在离子型聚合反应中，微量的水可能破坏催化剂，使聚合反应无法进行，或者由于链转移而使产品分子量严重下降，因此在离子聚合和配位聚合过程，反应体系中水的含量应降低到 10^{-6}（百万分之几至百分之几十）。对于化妆品生产的用水，除纯度外，还需要对其进行消毒处理，并且常常要加入螯合剂，以使水进一步满足配方的要求。

1.4.2 精细化工生产过程

鉴于精细化学品的特点，精细化学品的生产方式是多种多样的。以合成为主的精细化学品生产，需要明确采用何种合成路线，即选用什么原料，经由哪几步单元反应来制备目的产物。在制备过程中，要求采用先进、成熟的技术。同时，还需要明确采用何种工艺路线，即原料的预处理（提纯、粉碎、干燥、熔化、溶解、蒸发、汽化、加热、冷却等）和反应物的后处理（蒸馏、精馏、吸收、吸附、萃取、结晶、冷凝、过滤、干燥等）应采用哪些化工过程、采用什么设备和什么生产流程等。工艺路线和合成路线间应相互匹配。如采用乳液聚合方法生产聚合物，若直接利用聚合物乳液，如涂料、胶黏剂等，聚合物乳液必须具有一定的稳定性，常用的指标有：电解质稳定性、机械稳定性、冻熔稳定性、贮存稳定性、稀释稳定性等；若要破乳获得纯聚合物，则需要注意产品的用途，分离、破乳的难易，乳化剂在聚合物中的残留等问题。

以合成为主的精细化学品生产还需注意反应条件的控制，如反应物的总摩尔比或各阶段的摩尔比，反应物及生成物的初始浓度、转化率、各阶段反应时间、反应温度及温度历程、反应过程中各阶段的压力、助剂的选择等。所有这些都将对反应产生影响。尤其是在产品研发阶段，对上述影响因素的研究成果将成为生产工艺控制及生产过程中不正常现象处理的依据。

以复配为主的精细化学品生产，虽然不用进行化学反应，但也不是简单的配制过程。它是指两种或两种以上物质通过恰当比例，按照一定的方式去混合而获得一种新产品的技术或过程。复配的结果往往是原来的几何倍数或意想不到的效果。采用什么原料、什么方法、什么设备、什么过程、什么条件进行复配均会对产品质量产生影响。

复配技术虽然具有一定的科学性，但在很大程度上也依赖于经验的积累。一个优秀的工艺设计人员，不但要求具有科学理论知识，同时也必须对各种化学品的性能有深入的了解。通过配方的研究与设计以确定最佳的工艺条件。复配产品具有一系列优点：如从技术上讲，由于复配所需要的化学品均为已有产品，只需要根据用户的要求进行配制即可，一般无废弃物，避免了化学品生产中的污染；开发速度相对较快，生产成本相对较低，且产品品种多样化容易；复配各组成物间具有协同作用，可提高性能，降低生产成本。

复配技术研究也可利用现代化的手段，如利用计算机仿真、模拟，进行分子设计等。与此同时，复配技术与精细化学品的高纯度、超细度等特殊性能挨不上，复配技术替代不了化学结构的高纯度和独特的性能属性。如活性炭纤维，其吸附速度比活性炭高出100倍，有着特大的吸附量和较大的吸附率。它具有碳的性能，耐酸碱，耐高温，具有导电性和化学稳定性等，如此特异性能是复配技术所不及的。而涂料用消光剂，用很小的量就可以起到消光的目的。但某些产品通过复配也可解决上述问题，如多加填料、筛选树脂等。

以乳化剂的复配为例，众所周知，合适复配的乳化剂比单一乳化剂能制得更稳定的乳化液。乳化剂的复配方式如下。

① 采用两个HLB值相差较大的非离子乳化剂复配。HLB值小的亲油，其尾进入了油相；HLB大的亲水，其尾位于界面，这样错位增大了碳氢部分的有效体积，从使之更加稳定。

② 采用阴离子和非离子乳化剂复配。在界面膜中，非离子的多缩乙二醇链屏蔽了阴离子头的电荷而缩小了亲水部分的有效截面积，也使乳化剂更稳定。

③ 采用共表面活性剂。共表面活性剂大多为长链烷醇，它以增溶的形式夹杂在乳化剂中，从而增大了碳氢部分的有效体积而使之更接近于临界值，从而更稳定。

复配的乳化剂应对表面活性有协同增效作用。表面活性的增效将有利于乳化过程快速地趋向稳定。

含有不相混容亲油部分的两个表面活性剂是不能复配的，例如含有碳氢的与含有氟碳的。同为碳氢，因受分子几何形状限制而不能堆砌的，也不能复配。例如，常规表面活性剂与Bola（流星锤）形表面活性剂（烷基链两端接亲水基）也不能复配。

有些表面活性剂商品实际上是已复配的。例如，多缩乙二醇醚的非离子表面活性剂，它是不同多缩乙二醇组成比的混合物，标出的EO量是其平均值。

在乳化体系中有许多因素会影响表面活性剂复配性能，从而影响协同增效作用。例如，有同表面活性剂作用的物质，电解质等。

在化妆品生产中，除注意乳化剂的复配外，还需要注意加料的顺序，是首先生成W/O，还是首先生成O/W是不一样的。

据报道国际市场上每年新增的纺织助剂中80%的新品种采用复配增效技术制成，目前这种新技术大致分为两种方式，一种是外复配方式，另一种是内复配方式。第一种是用两种以上具有不同性能的助剂按照一定的原则进行复配的产物；第二种则是在助剂结构上引入另一种助剂的功能基团，使新助剂具有新的功能。目前，国内外开发新纺织助剂主要采用外复配方式。

1.4.3 分离、回收过程

经反应得到的物料，多数情况下不是单纯的产物，而是含有部分原料、催化剂残渣、反应介质（水或有机溶剂）等的混合物。因此必须将产物与反应物、反应介质等进行分离。分离方法与反应所得到物料的形态有关。

以聚合物为例，反应产物中的单体一般应进行回收，使聚合物中游离单体的含量降低到一定的程度，否则不但会使生产成本上升，也会影响聚合物的性能。有些单体是有毒物质，聚合物中残存量应当极低，即便不会影响聚合物的使用性能，也会在使用过程中缓慢挥发，从而危害消费者的健康和大气环境。因此，从产物中分离、回收未反应的单体还具有消除环境污染的意义。

不同的生产过程，分离过程是不同的。悬浮聚合得到的产物为固体珠状树脂在水中的分散体系，用离心机过滤即可使水与固体珠状聚合物进行分离。得到的聚合物用净水洗涤，可脱除附着的分散剂等杂质。洗涤可在离心机中进行，也可将聚合物移入洗涤槽中用新鲜水充分洗涤。

乳液聚合方法得到的反应物料是呈胶体分散状态的固-液乳液体系，固体颗粒的粒径在0.01～0.1μm之间，静置后固体粒子由于布朗运动而不会沉降析出。用作涂料或黏合剂时，可用闪蒸或浓缩的方法脱除未反应单体。适当地脱除一些未反应的单体不但可以调整其浓度，还可以减少产品中单体的不适气味。而采用乳液聚合的方法生产橡胶或固体树脂时，则必须进行产物的分离。对于合成树脂，工业上可采用喷雾干燥的方法，使水分蒸发而得到干燥的粉状树脂。对于合成橡胶胶乳，通常先将未反应的单体进行回收，然后再进行分离。合成橡胶胶乳如丁苯胶乳、丁腈胶乳都是共聚物，回收的方法是首先进行闪蒸，使丁二烯单体气化进行回收。回收的丁二烯再经压缩液化，除去惰性气体后循环使用。未反应的单体苯乙烯（沸点145.2℃）在减压蒸馏塔内用水蒸气蒸馏法除去。与水蒸气共沸出来的苯乙烯可能带有乳液泡沫，因此通过气液分离器冷凝后使苯乙烯与水分离循环使用。然后进行凝聚，使合成橡胶呈胶粒状析出。其方法是在混合均匀的乳液中先加电解质NaCl水溶液，破坏乳化状态（破乳），再用酸性溶液使乳化剂如松香皂中的松香酸析出。从而使固体颗粒凝聚为胶粒。然后经分离、洗涤、过滤脱除水分，得到潮湿的胶粒。

1.4.4 后处理过程

经分离过程得到的精细化学品中通常含有少量水分或有机溶剂，经常需经干燥处理以获得一定含水量的产品。合成树脂的后处理过程大致经过的步骤如图1-1所示。

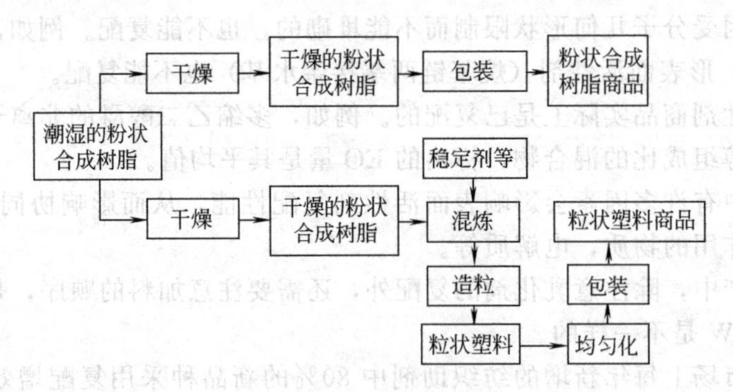

图1-1 树脂生产后处理工艺过程

对于合成树脂，通过图1-1可以看出其后处理过程。工业上采用的干燥方法主要有气流干燥和沸腾干燥。潮湿的合成树脂用螺旋输送机送入气流干燥管的底部，被热气流夹带在干燥管内上升。干燥好的物料被吹入旋风分离器，粉料沉降于旋风分离器底部，气体夹带不能沉降的物料自旋风分离器进入袋式过滤器，以捕集气流中带出的粉料。

当合成树脂含水时，通常用加热的空气作为载热体进行气流干燥。经干燥后的树脂含水量约在0.1%左右。当合成树脂含有有机溶剂时，或粉状树脂对空气的热氧化作用灵敏时，则用加热的氮气作为载热体进行气流干燥。否则，可能产生易爆混合物。用氮气作为载体时，氮气需回收循环使用，因此气流干燥装置应附加氮气脱除和回收溶剂的装置，整个系统应闭路循环。

1.4.5 精制加工和商品化

某些精细化工产品，除上述过程外，还需要进行精制加工。例如超细碳酸钙本身即可作为精细化工产品，应用于很多方面。但超细碳酸钙有不同的晶型，采用不同的方法，获得不同晶型的超细碳酸钙属于精制加工；若在超细碳酸钙表面包覆一层表面活性剂而成为活性的超细碳酸钙，也属于精制加工。经精制加工后，提高了其性能，扩大了其应有领域。

一般而言，商店里的商品需要有吸引人的外观，同等质量的产品，因为包装的不同和宣传的不同会有不同销售量。例如，透明香皂，利用激光技术描绘的化妆品等，均属于增加精细化工产品的商品属性，其与产品质量无关。但这些商品属性，对增加产品的销售会起到意想不到的效果。

1.5 精细化工的发展方向——绿色精细化工

绿色精细化工指的是对环境无公害的低污染或者无污染精细化学品工业，故又可以称为清洁精细化工或环境友好精细化工。其是指在生产过程中，或产品生命周期中均对环境无危害。这包括原料来源广泛，最好是可再生资源；生产工艺安全有效、节能、无废弃物排放或废弃物可资源化；设备使用寿命长，无“跑、冒、滴、漏”现象，废弃的设备也不对环境产生威胁；产品使用安全，无污染，废弃的产品可作为资源再生，或经处理成为无污染的物质等。

发展绿色精细化工，实现精细化工业的可持续发展，即不断提高环境承载能力的发展；满足当代人需求又不损害子孙后代，满足其需求能力的发展；满足一个地区或一个国家的需求而又不损害别的地区或国家人群，满足其需求能力的发展。

发展绿色精细化工必须发展绿色精细化工技术。例如采用生物技术生产精细化工产品，利用计算机技术实现精细化工业的自动化，开发反应条件更容易控制、转化率更高的新技术与新工艺等。这方面已有一些成功的案例，例如以水性涂料、粉末涂料代替溶剂涂料，从产品使用而言对环境的危害将变得更小；以可降解材料代替不可降解材料，使报废产品的处理变得简单，且无环境危害之忧。

发展绿色精细化工也是突破经济发达国家“绿色壁垒”，发展生产的要求。例如欧盟在2002年5月15日于其“官方公报”上公布了欧共体判定纺织品生态标签的新标准，其中规定禁用和限制使用17类纺织助剂，它们主要包括禁止使用烷基酚聚氧乙烯醚、线性烷基苯磺酸盐、双硬脂酰基二甲基氯化铵、乙二胺四乙酸等助剂和由它们组成的制剂。这是因为这些助剂的生物降解性或处理率或回收率低于95%。无疑这将使可供选择的纺织化学品数量大大降低。我国作为纺织品贸易的大国，在上述环节上远远不能满足这些严格的“绿色”要求，因此发展“绿色”精细化工是国民经济持续发展的必要保障。

习 题

1. 何谓精细化学品？它可以分为哪几类？
2. 附加价值的含义是什么？
3. 精细化工的特点有哪些？
4. 精细化工的工艺过程有哪些？
5. 精细化工工艺学的内涵有哪些？
6. 发展绿色精细化工的意义是什么？

参 考 文 献

[1] 陆辟疆，李春燕．精细化工工艺．北京：化学工业出版社，1996：1.
[2] 宋启煌．精细化工工艺学：第 2 版．北京：化学工业出版社，2004．1.
[3] http：//vhost. gzhu. edu. cn/nature/ckjc/chap4. htm.
[4] http：//www. bylm. net/forum/read. php? tid＝17861.
[5] 姜英涛．乳化剂的复配．上海涂料，2007，45（5）.
[6] 天津化工研究设计院编．无机精细化学品手册．北京：化学工业出版社，2001.
[7] http：//www. 51report. com/free/detail/124300. html.

第 2 章　高分子加工用助剂概述

2.1　概论

一般把相对分子质量在 10^4 以上的分子称为高分子。在组成上，大多数高分子是许多结构单元以共价键连接形成的。因此，将能够用重复单元表示的高分子物质称为聚合物，仅用一种重复单元就能表示的聚合物称为规则聚合物，不能仅用一种重复单元表示的聚合物称为无规则聚合物。根据来源可分为天然高分子和合成高分子，天然高分子包括蛋白质、纤维素、淀粉、天然橡胶等，合成高分子包括聚乙烯、聚丙烯、聚氯乙烯、聚苯乙烯等。合成高分子是以单体为原料，在适当条件下人工合成的高分子。按材料分类，高分子可分为处于高弹态的橡胶、处于取向态并在取向方向上具有较高强度的纤维、处于玻璃态与半晶态的塑料以及涂料、黏合剂等。

高分子的成型加工是将高分子转变成实用材料或制品的一种工程技术。这些高分子在加工使用过程中本身存在着各种缺陷，如有的耐热性差，有的加工性能差等，只有通过向其中添加一系列其他物质来改善其缺陷，才能达到实用、耐久、增强等目的。这类广泛应用于塑料、橡胶、合成纤维、涂料等工业产品的生产和加工过程，旨在改善其加工行为或赋予制品某些特定功能的辅助化学品称为助剂。助剂是精细化工行业中的一大类产品，它能赋予制品以特殊性能，延长其使用寿命，扩大其应用范围，能改善加工效率等。因此，助剂广泛应用于化学工业，特别是有机合成，塑料、纤维、橡胶等合成材料的制造加工中。

高分子助剂可以分为“合成用助剂”和“加工用助剂”两大体系。合成用助剂是指由单体制备合成树脂、合成橡胶等聚合物的过程所涉及的各种辅助化学品，如乳化剂、分散剂、引发剂、分子量调节剂、终止剂和阻聚剂等。加工用助剂是指那些为改善某些材料的加工性能和最终产品的性能而分散在材料中，对材料结构无明显影响的少量化学物质。

近年来，我国石油化工、合成材料和精细化工工业有了较大的发展，它们所需要的配套助剂品种和数量也愈来愈多。2007 年，我国塑料助剂的增长有望超过 35 亿美元，与 2003 年相比增长幅度将超过 45%。中国继 2003 年成为世界橡胶消费第一大国之后，与之配套的橡胶助剂消费量超过美国，成为世界上最大的橡胶助剂市场。国外研究表明，到 2010 年全球橡胶助剂用量年均增长率约 3.8%，2010 年全球橡胶助剂用量将增长至 98 万吨。

2.2　塑料加工用助剂

塑料是指在热及压力的作用下能进行塑化成型，制成一定形状且能满足某些用途的一类高分子材料。塑料成型加工的目的在于根据各种塑料固有的性能，利用一切可以施行的方法，使其成为满足不同领域应用要求，具有需要尺寸和形状的制品。

塑料的主要成分是改性天然树脂和合成树脂，但一般都不是单纯的树脂，或多或少含有各种助剂。助剂加入后可以改善塑料的成型工艺性能，改善塑料制品的使用性能、降低成本等。用作塑料成型加工的合成树脂主要有聚乙烯、聚氯乙烯、聚丙烯、聚苯乙烯、ABS、聚碳酸酯、酚醛树脂等，其中聚氯乙烯加工过程中所需添加的助剂种类较多。

在选择助剂时，必须考虑以下 5 个因素，才能达到预期效果。

① 与树脂的配伍性　所加助剂必须能长期、稳定、均匀地存在于树脂中，才能发挥其

应有的功能。有机助剂要求与塑料具有良好的相容性，否则助剂易析出（即喷霜或渗出）；无机助剂则要求细小、分散性好。

② 耐久性　助剂的损失主要通过挥发、抽出和迁移三个途径。挥发性大小取决于助剂本身的性能，抽出和迁移性则与助剂和聚合物之间的相互溶解度有关。

③ 对加工条件的适应性　主要是耐热性，使之在加工过程中不分解、不易挥发和升华，还要考虑助剂对成型设备和模具的腐蚀性。

④ 制品用途对助剂的制约　选用助剂必须考虑制品的外观、气味、污染性、耐久性、电性能、热性能、耐候性、毒性、经济性等各种因素。

⑤ 协同效应　要尽量选用助剂之间具有协同作用的物质，应避免拮抗作用，以充分发挥助剂在塑料中的作用。

2.2.1　增塑剂

凡添加到聚合物体系中能使聚合物玻璃化温度降低，塑性增加，使之易于加工的物质均可称为增塑剂。它们通常是高沸点、较难挥发的液体或低熔点的固体，一般不与聚合物发生化学反应。增塑剂的主要作用是削弱聚合物分子间的次价键，即范德华力，从而增加聚合物分子链的移动性，降低聚合物分子链的结晶性，亦即增加聚合物塑性。表现为聚合物的硬度、模量、软化温度和脆化温度下降，伸长率、曲挠性和柔韧性提高。

增塑剂对聚合物的增塑机理有不同的理论解释，主要有润滑理论、凝胶理论、溶剂化理论和极性理论等，它们从不同角度对塑化现象进行了解释，但都存在一定的局限性。也有按增塑剂与聚合物之间的极性关系对增塑机理加以解释的，即非极性增塑剂加入到非极性聚合物中增塑时，增塑剂主要起隔离作用；极性增塑剂加入到极性聚合物中增塑时，增塑剂分子的极性基团与聚合物分子的极性基团相互作用；非极性增塑剂加到极性聚合物中增塑时，增塑剂起遮蔽作用。这三种作用的目的都是为降低聚合物分子间的作用力，提高聚合物的可塑性。

增塑剂有多种分类方法，常用的分类方法是按增塑剂与聚合物相容性的优劣划分为主增塑剂、辅助增塑剂和增量剂。主增塑剂与聚合物相容性好，不仅能进入聚合物分子链的无定型区，而且能插入分子链的结晶区，不会造成渗出、喷霜等现象，可单独使用。辅助增塑剂与聚合物相容性较差，分子只能进入聚合物分子的无定型区，而不能插入结晶区，只能与主增塑剂配合使用。增量剂是一些与聚合物相容性更差，价格低廉的辅助增塑剂，如氯化石蜡等。

对增塑剂的基本要求如下。

① 增塑剂应与聚合物具有良好的相容性　即聚合物能够容纳尽可能多的增塑剂并形成均一、稳定的体系。所以说，相容性是指聚合物所能吸收增塑剂的量，且经加工塑化后这些增塑剂不再渗出。聚合物与增塑剂的相容性和增塑剂的极性、分子构型和分子大小有关。

② 增塑剂的增塑效率要高　聚合物添加增塑剂后，可使其玻璃化转变温度降低，在使用温度范围内，聚合物具有柔软性，以及弹性、黏着性等特性，从而改善制品的性能；也使聚合物的熔融温度降低而易于加工。

③ 增塑剂要有良好的耐久性　耐久性是一项综合的性能，与增塑剂的挥发性、耐抽出性、抗迁移性以及它本身对热和光的稳定性相关。此外，增塑剂的耐寒性、电绝缘性、毒性、色泽和气味等也是要经常衡量的性能。由于增塑剂用量大，它的价格以及对制品物理力学性能的影响也是需要考虑的重要因素。就一种增塑剂而言，要满足各种要求是很困难的，因此增塑剂的类别和品种非常多，而且常常是两种以上的增塑剂配合使用，以达到取长补短的目的。

并非每种塑料都要加增塑剂，如聚乙烯、聚丙烯这两大类通用塑料，不加增塑剂也能制造出薄膜。可是有些树脂如不加一定量的增塑剂就不能制得软质制品，如聚氯乙烯、纤维素塑料、聚乙烯醇缩丁醛、聚苯乙烯、有机玻璃等。目前，大约有 80%～90%的增塑剂消耗于聚氯乙烯的软制品。聚氯乙烯软制品平均使用 45 份左右的增塑剂（注：在塑料、橡胶加工中，助剂用量一般以“份”表示，即对应于 100 质量份生胶、树脂所添加的助剂质量份数。“份”和国外常用的英文缩写“phr”相对应）。

下面介绍几种常用的增塑剂类别。

(1) 邻苯二甲酸酯类

这是增塑剂中产量和用量最大的一类，约占增塑剂总量的 80%左右，生产的品种约有 30 个，大量应用的有十多个，主要品种有邻苯二甲酸二辛酯（DOP）、邻苯二甲酸二丁酯（DBP）、邻苯二甲酸二庚酯（DHP）、邻苯二甲酸丁基苄基酯（BBP）、邻苯二甲酸二异癸酯（DIDP）、邻苯二甲酸二异壬酯（DINP）等。这类增塑剂是通用型增塑剂，用作主增塑剂。它品种多，产量高，并且有色泽浅、毒性低、电性能好、挥发性小、气味少、耐低温性等特点。目前国产增塑剂仍以被欧盟禁（限）用的邻苯二甲酸二辛酯（DOP）为主，约占总产量的 75%。下面介绍两个主要品种的生产方法。

① 邻苯二甲酸二辛酯（DOP）　生产方法：本品系由邻苯二甲酸酐（以下简称“苯酐”）和 2-乙基己醇在硫酸催化下减压酯化而成。工艺过程有间歇法和连续法两种。

反应式：

$$C_6H_4(CO)_2O + 2CH_3(CH_2)_3CH(C_2H_5)CH_2OH \xrightarrow{H_2SO_4} C_6H_4[COOCH_2CH(C_2H_5)(CH_2)_3CH_3]_2 + H_2O$$

a. 间歇法　苯酐与辛醇以 1∶2（质量）的比例，在 0.25%～0.3%硫酸（按总物料量计）催化下，于 150℃左右进行酯化。酯化在减压下进行，真空度 93.3kPa，酯化时间约 3h，同时加入总物料量 0.1%～0.3%的活性炭。工艺流程如图 2-1 所示。

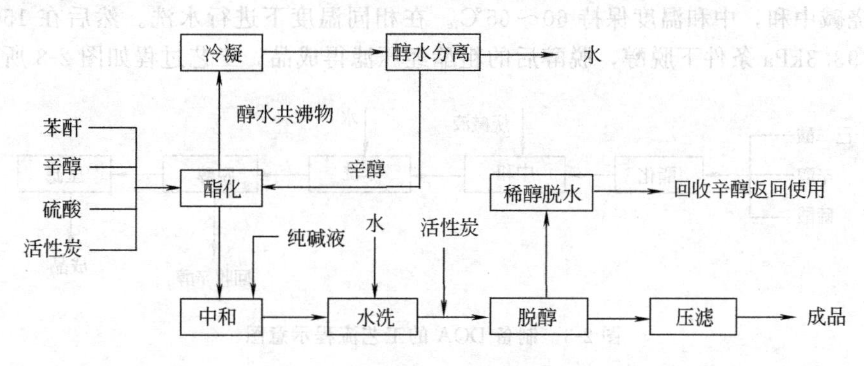

图 2-1　间歇法生产 DOP 示意图

b. 连续法　苯酐与辛酸以 1∶1.6（质量）的比例，在硫酸（用量为总物料的 0.5%）催化下，低于或等于 120℃，进行单酯化。单酯液连续进入酯化塔，在 130～150℃、真空度≥93.3kPa 下进行连续酯化，流程如图 2-2 所示。

② 邻苯二甲酸二丁酯（DBP）　生产方法：本品系由苯酐和正丁醇酯化而成，工艺过程分间歇法和连续法两种。

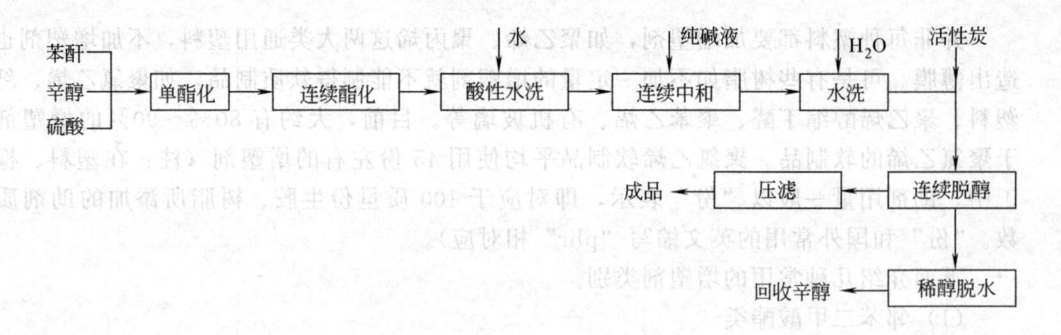

图 2-2　连续法生产 DOP 示意图

反应式：

$$\text{C}_6\text{H}_4(\text{CO})_2\text{O} + 2\text{C}_4\text{H}_9\text{OH} \xrightarrow{\text{H}_2\text{SO}_4} \text{C}_6\text{H}_4(\text{COOC}_4\text{H}_9)_2 + \text{H}_2\text{O}$$

a. 间歇法　工业上采取正丁醇过量（苯酐：正丁醇＝1：1.5，质量比），提高反应温度（液相 150℃左右），不断分离出反应生成水等措施来加速反应，酯化时间约 4～5h。催化剂用量为反应物总量 0.3%。酯化时加入反应物总量的 0.1%～0.3%活性炭，起到吸附氧气防止醇类氧化以及脱色的作用。

b. 连续法　参见邻苯二甲酸二辛酯。

（2）脂肪酸酯类

脂肪酸类增塑剂多用作低温增塑剂，这是因为它的低温性能很好，但与聚氯乙烯的相容性较差，故只能用作耐寒的辅助增塑剂，与邻苯二甲酸酯类并用。大量使用的有己二酸二辛酯（DOA）、壬二酸二辛酯（DOZ）、癸二酸二丁酯（DBS）及癸二酸二辛酶（DOS）等。

DOA 的生产方法是用己二酸和辛醇在硫酸催化下减压酯化，原料配比为己二酸：辛醇＝1：2.5（质量比），真空度 86.6～90.6kPa，反应温度 120～130℃，时间约 2h。酯化液以 2%的烧碱中和，中和温度保持 60～65℃。在相同温度下进行水洗。然后在 150～160℃和真空度 93.3kPa 条件下脱醇，脱醇后的粗酯经压滤得成品，工艺过程如图 2-3 所示。

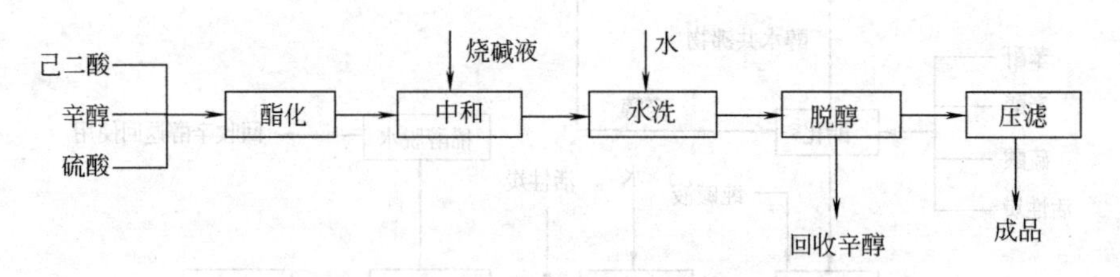

图 2-3　制备 DOA 的工艺流程示意图

DOA 是聚氯乙烯的优良耐寒增塑剂，赋予制品优良的低温柔软性，并具有一定的光热稳定性和耐水性。本品无毒，可用于食品包装材料。本品多与 DOP 等主增塑剂并用于耐寒的农业薄膜、电线、薄板、人造革、户外用水管和冷冻食品的包装薄膜等。

（3）磷酸酯类

磷酸酯与聚氯乙烯等树脂有良好的相容性，特别是阻燃性能好，但有毒。它们既是增塑剂，又是阻燃剂。芳香族磷酸酯的低温性能较差，而脂肪族磷酸酯的低温性能较好，但热稳定性较差，耐抽出性不如芳香族磷酸酯。其主要品种有磷酸三甲苯酯（TCP）、磷酸三苯酯（TPP）、磷酸三丁酯（TBP）、磷酸三辛酯（TOP）、磷酸二苯一辛酯（DPOP）等。

TCP 的生产方法有热法（$PCCl_3$ 法）和冷法（PCl_3）两种，其中冷法应用较为广泛。混合甲酚和 PCl_3 在 15～25℃下反应，然后在 60～70℃下通入氯气，在 50℃下进行水解。水解完毕后开温至 80℃排酸（HCl），然后水洗、中和、蒸发。最后减压蒸馏，截取 340～360℃/98.6kPa（真空度）馏分作为成品，工艺流程如图 2-4 所示。

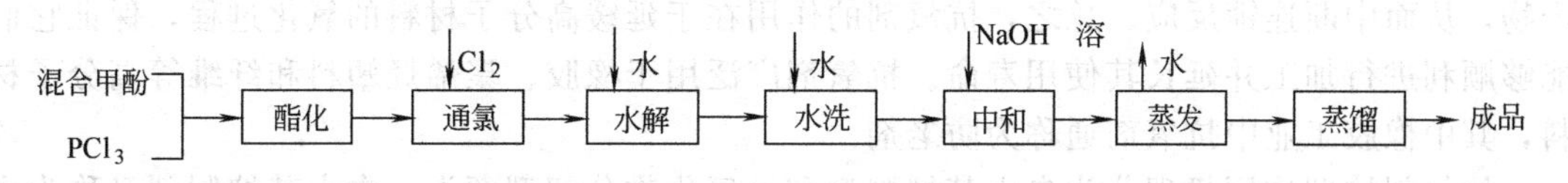

图 2-4　制备 TCP 的工艺流程示意图

（4）柠檬酸酯类

柠檬酸化学名称为 2-羟基-1,2,3-丙烷三羧酸，与适当碳原子的醇进行酯化，使产品的相对分子质量控制在 400～700 之间，可作为 PVC 增塑剂。它对聚氯乙烯、氯乙烯-偏二氯乙烯、氯乙烯-乙酸乙烯共聚物均有良好的相容性。其中柠檬酸三乙酯（TEC）、柠檬酸三丁酯（TBC）和柠檬酸乙酰化产品已被美国 FDA 批准用作无毒增塑剂，用于食品包装、医疗器具、儿童玩具以及个人卫生用品等方面。

柠檬酸酯的合成可使用常用的酯化催化剂如硫酸、盐酸或酸性盐类如硫酸氢钾、硫酸氢钠和锌、锡等金属混合物。醇的用量一般过量 50%，催化剂用量在 0.1%左右，反应生成的水由醇带出。反应完毕，减压脱醇，经中和、水洗、蒸馏得成品，收率一般在 90%左右。

（5）环氧酯类

环氧增塑剂是近年应用很广的助剂，它既能吸收聚氯乙烯树脂在分解时放出的氯化氢，又能与聚氯乙烯树脂相容，所以它既是增塑剂又是稳定剂。大部分环氧酯类增塑剂具有热稳定效果。环氧化油通常具有良好的耐抽出性、抗迁移性及低温性能，主要用于耐候性高的聚合物制品的辅助增塑剂。主要品种有：环氧大豆油、环氧脂肪酸丁酯、环氧脂肪酸辛酯、环氧四氢邻苯二甲酸二辛酯（EPS）。

（6）聚酯类

聚酯增塑剂一般塑化效率都较低，黏度大，加工性和低温性都不好，但挥发性低、迁移性小，耐油和耐肥皂水抽出，因此是很好的耐久性增塑剂。通常需要同邻苯二甲酸酯类主增塑剂并用。多用于汽车、电线电缆、电冰箱等长期使用的制品中。聚酯增塑剂主要是二元酸和二元醇的聚合物，相对分子质量一般在 1000～6000 之间。

（7）偏苯三酸酯类

偏苯三酸酯类是一类性能十分优良的增塑剂，兼有单体型增塑剂和聚合型增塑剂两者的优点。挥发性低、迁移性小、耐抽出和耐久性类似于聚酯增塑剂，而相容性、加工性和低温性又类似于邻苯二甲酸酯类。主要品种有：偏苯三酸辛酯（TOTM）、偏苯三酸三（正辛正癸酯）（NODTM）。

（8）含氯增塑剂

氯化石蜡是目前广泛使用的含氯增塑剂，价格低，电性能优良，具有难燃性，但相容性较差，仅用作辅助增塑剂。

2.2.2　稳定剂

塑料在成型加工、贮存和使用过程中，因各种因素导致其结构变化、性能变坏。逐渐失去使用价值的现象统称塑料老化。引起老化的外在因素是光、氧、热、电场、辐射、应力等物理因素，溶剂或化学介质侵蚀等化学因素，霉菌、虫咬等生物因素等；内在因素是分子结构和所加添加剂的作用等影响。其中以光、氧、热三者影响最甚，而抑制或延缓其影响的最主要方式是添加光、氧、热稳定剂。

(1) 抗氧剂

高聚物的氧化是一种游离基连锁反应。抗氧剂可以捕获活性自由基，生成非活性自由基，从而使连锁反应终止。它还能分解氧化过程中产生的聚合物氢过氧化物，生成非自由基产物，从而中断连锁反应。总之，抗氧剂的作用在于延缓高分子材料的氧化过程，保证它们能够顺利进行加工并延长其使用寿命。抗氧剂广泛用于橡胶、聚烯烃塑料和纤维等高分子材料，其中橡胶工业中抗氧剂通称为防老剂。

抗氧剂按照作用机理分为自由基抑制型和过氧化物分解型两类。自由基抑制剂又称为主抗氧剂，包括胺类和酚类两大系列。胺类抗氧剂几乎都是芳香族仲胺的衍生物，主要有二芳基仲胺、对苯二胺、醛胺等。它们大多具有较好的抗氧性能，一般用于橡胶工业。酚类抗氧剂主要是受阻酚类，抗氧效果较前者差，但无污染，主要用于塑料及浅色橡胶制品。

过氧化物分解剂又称为辅助抗氧剂，主要是硫代二丙酸酯等硫代酯和亚磷酸酯两大类。它们主要用于聚烯烃中，与酚类抗氧剂并用，以产生协同作用。

抗氧剂还包括铜抑制剂和抗臭氧剂。铜抑制剂能抑制重金属对聚合物氧化的催化作用，多数是肼的衍生物、肟类和醛胺的缩合物。抗臭氧剂主要用于二烯类橡胶。

(2) 热稳定剂

塑料在成型加工中因热、摩擦、剪切等物理作用和使用过程中因热、光、氧等外界条件作用而发生降解，从而使制品性能变坏甚至失去使用价值，为抑制这种作用需添加热稳定剂。

聚氯乙烯 (PVC) 及其共聚物加热到100℃以上即发生脱氯化氢反应，在成型加工温度(170℃以上) 降解反应加速。因而PVC必须加入热稳定剂以抑制上述作用，这些热稳定剂都能捕捉氯化氢。

热稳定剂主要用于PVC及氯乙烯共聚物，但PE、PP、PUR等因含有双键、支链等结构上的缺陷，有时也要加入热稳定剂。产生PVC热降解的主要因素是链结构的影响。因而，针对PVC的热稳定剂应具有如下几个功能：①能吸收或中和加工及使用过程中所脱出的氯化氢，终止其自催化作用；②置换分子中活泼的和不稳定的氯原子，抑制脱氯化氢反应；③能与聚烯烃结构进行双键加成反应，消除或减缓制品变色；④防止聚烯烃结构氧化；⑤中和和钝化树脂中的杂质、催化剂等。

热稳定剂主要有金属皂类、铅盐类、有机锡类及复合稳定剂等。在选择一种热稳定剂时，首先要对其各种性能进行评价试验，在此基础上进行分析比较，以求选出一种较为满意的物质。由于影响热稳定性的因素很多，各种稳定剂的效果差异很大，往往需要若干种配合使用才能达到满意的效果。评价热稳定剂的性能主要是耐热性、耐候性和加工性，但对不同制品、不同使用目的，还应考虑透明性、相容性、机械强度、电绝缘性、耐硫化性、毒性和对其他助剂的影响。

(3) 光稳定剂

长期暴露在室外的塑料受日光、温度变化、大气组成（臭氧、硫及其他化学介质)、水分等影响，材料外观和物理力学性能发生变化，即产生天候老化。由于紫外线的波长短，能量高，塑料吸收紫外线后易形成电子激发或破坏化学键，引起自由基链式反应，因此是天候老化的主要原因。又由于大气中有氧，常伴随光氧化反应而发生断链和交联，形成含氧官能团，从而导致塑料性能变化，即发生光氧老化。凡能够抑制这一过程的物质称为光稳定剂。

光稳定剂对于防止或抑制光氧老化、延长塑料的使用寿命，效果十分显著，而用量极少，通常仅需 0.01%～0.5%。

在塑料中添加的光稳定剂应具备以下条件：①能强烈吸收 290～400nm 波长范围的紫外线，或能有效地淬灭激发态分子的能量，或具有足够的捕获自由基的能力；②与塑料及其添加剂有良好的相容性；③具有良好的光稳定性；④化学稳定性好；⑤热稳定性良好；⑥不污染制品；⑦无毒或低毒；⑧耐抽出、耐水解性能优良，价格低廉。

光稳定剂品种繁多，按其作用机理大致可分光屏蔽剂、紫外线吸收剂、淬灭剂和自由基捕获剂，其中以紫外吸收剂最重要。

紫外线吸收剂是能强烈地选择性吸收高能量的紫外光；进行能量转换，以热能形式或无害的低能辐射将能量释放或消耗的物质。工业上常用的紫外线吸收剂有：水杨酸酯类、二苯甲酮类、苯并三唑类、三嗪类、取代丙烯腈类、反应型吸收剂等。还有一类是反应型紫外线吸收剂，一般是在二苯甲酮、苯并三唑或三嗪类紫外线吸收剂分子接上反应性活性基团，使其可与单体共聚或与高分子接枝，因而不会挥发和迁移，且耐溶剂抽出。其反应性基团一般是丙烯酸类的，如 2-[2′-羟基-4-(甲基丙烯酯）苯基] 苯并三唑。

光屏蔽剂一般是指能够反射和吸收紫外线的物质。加入光屏蔽剂使塑料屏蔽紫外线光波、减少紫外线的透射作用，从而使其内部不受紫外光的危害。炭黑、氧化锌，一些无机颜料、有机颜料常作为光屏蔽剂。

2.2.3 阻燃剂

阻燃剂是在 20 世纪 50 年代后期才广泛应用的，主要用于塑料制品。由于大多数塑料是可以燃烧的，要将其应用在汽车、飞机、船舶、建筑、电器等方面，迫切需要解决其燃烧性问题。能够增加塑料等高分子材料制品耐燃性的物质就叫做阻燃剂。含有阻燃剂的塑料大多数是自熄性的，也可以是不燃性的。自熄性或不燃性的塑料近年发展很快，因此对阻燃剂的需要量也急剧增长。

高分子化合物在空气中的燃烧；是一种非常激烈的氧化反应，属于连锁反应历程。燃烧过程中增殖大量活泼的羟基游离基（HO·）。HO·和高分子化合物相遇，生成碳氢化合物游离基和水。在氧的存在下，碳氢化合物游离基分解又形成新的 HO·，如此循环使燃烧不断进行下去，可见降低羟基游离基的浓度或切断氧的来源，就可以达到阻燃的目的。

从阻燃剂作用机理看，阻燃剂至少具有下列一种作用。

① 在燃烧反应的热作用下，被加入的阻燃剂能进行吸热的热分解反应，例如水合氢氧化铝，因而凝聚相内温度，使其上升减慢，延缓被阻燃物的热分解速度，如卤-锑系统阻燃剂。

② 阻燃剂受热分解后，释放出能阻断连续反应的阻断剂，以减缓气相反应速度。

③ 能进一步促使被阻燃物质表面热分解过程中的碳化层和泡沫带，从而使被阻燃物表面温度降低，使气体热分解产物的形成速度降低而难于持续燃烧，如磷氮系统的阻燃剂。

具有实用价值的阻燃剂必须具备下列条件：不降低高分子材料的物理性质，如耐热性、机械强度、电气性能；分解温度不应太高，但在加工温度下又不能分解；耐久性和耐候性好；阻燃效率高；阻燃剂本身无毒，其热分解产物亦无毒，无刺激性；价廉。

阻燃剂主要是含磷、卤素、硼、锑、钛、氮的有机物和无机物。通常按使用方法，将阻燃剂分为反应型和添加型两大类。反应型阻燃剂在高分子合成时作为一个组分参与反应，主要用于热固性塑料。添加型阻燃剂是在塑料加工时加入，一般用于热塑性塑料。目前消耗阻燃剂最多的塑料品种是硬质和软质聚氨酯泡沫塑料、软质聚氯乙烯、聚苯乙烯、聚酯和聚烯烃。

（1）无机阻燃剂

无机阻燃剂与有机阻燃剂相比，有以下特点：毒性低，多数无机阻燃剂是无毒的；不产生腐蚀性气体；多数无机阻燃剂完全不发烟；热稳定性好；价廉，来源丰富。

① 三氧化二锑　三氧化二锑是一种广泛使用的阻燃剂，它经常与有机卤化物配合起来而发挥出特别有效的阻燃作用，即锑-卤协同效应。为不同的使用目的，Sb_2O_3 须制成不同的粒度，粒度一般为 1.3～1.5μm。

② 氢氧化铝　氢氧化铝也常称三水合氧化铝（Al_2O_3），无毒，不挥发，不析出，在阻燃过程中不仅无烟而且有一部分抑制聚合物发烟的作用，它是一种用量最大的无机阻燃剂。

氢氧化铝的制法很多，一般方法可以从明矾、硫酸铝或氯化铝加入氢氧化铵进行沉淀，经过滤、洗涤、干燥即可得到氢氧化铝。工业产品颗粒度可以从 250～1000μm。在聚氯乙烯中加入一定数量由 20%三氧化钼及 80%氢氧化铝制成的混合物，可以起消烟及阻燃作用。氢氧化铝加入到聚氯乙烯或聚丙烯中，用于家电可达到 UL-94V-0 级标准，在燃烧时可达到无公害。但氢氧化铝阻燃剂与聚合物亲和性差，须加入表面活性剂、润滑剂、偶联剂来改善其表面活性，加入较大份量，才能使阻燃材料的物理力学性能得以保持。

③ 氢氧化镁　氢氧化镁的阻燃作用与氢氧化铝相似，氢氧化镁可由卤水、卤盐以及石灰制得，资源丰富。氢氧化镁可作阻燃剂或阻燃填料加入到聚乙烯、聚丙烯、聚苯乙烯及 ABS 树脂中，有良好的效果。氢氧化镁的加入量在每 100 质量份的树脂中加入 40～200 质量份。还需用阴离子表面活性剂处理氢氧化镁，常用的表面活性剂有硬脂酸钠、油酸钾等。

④ 硼酸锌　它是广泛用于塑料的一种阻燃剂，它的热稳定性好，一般和氧化锑复合使用加到 PVC、氯丁橡胶、聚酯和某些聚烯烃塑料中，这样阻燃效果比单独使用氧化锑效果好。硼酸锌和氢氧化铝复合也非常有效，尤其用于 PVC，它是氢氧化铝的增效剂。

⑤ 聚磷酸铵（APP）　APP 含磷、含氨量大，具有良好的热稳定性、吸湿性和分散性，被广泛用膨胀型防火涂料和木材、纸张的阻燃。

（2）有机磷系阻燃剂

磷系阻燃剂的阻燃作用在于阻碍向火焰供给燃料，降低聚合物裂解速度和催化聚合物的交联反应，这样就促使聚合物的碳化，增加燃烧残余物的量。当磷系阻燃剂与一定的氮化合物共同使用时，阻燃效力比两种阻燃剂单独使用时效力之和还大，这就是所谓磷-氮协同效应。

① 磷酸酯类　芳基和烷基的磷酸酯不仅有阻燃性而且有增塑性，多为液体，便于加工保持塑料的透明性和颜色，但成本较高。主要的磷酸酯有磷酸三甲苯酯（TCP）、磷酸三（二甲苯）酯（TXP）、磷酸三苯酯（TPP）、磷酸二苯异辛酯（ODP）、磷酸二乙酯（TEP）、磷酸三丁酯（TBP）等。

② 磷酸三（β-氯乙基）酯（TUEP）兼有阻燃和增塑作用，因分子中含有磷、氯两种阻燃元素，阻燃效能极高。本品还有优良的低温特性和紫外光稳定性，是聚氨酯泡沫塑料、聚酯、聚丙烯酸树脂等的阻燃剂。

③ 磷酸三（1,3-二氯丙基）酯　本品为广泛应用的添加型磷卤阻燃剂，阻燃效能高、挥发性小、耐油性和耐水解性好。适用于硬质聚氨酯泡沫塑料、聚氯乙烯、环氧树脂、不饱和聚酯、酚醛树脂等。

（3）卤素阻燃剂

卤系阻燃剂特别是溴化合物在阻燃剂中占有重要地位。卤系阻燃剂的制备方法通常是：①溴或氯与烯烃的加成，卤化氢与烯烃加成；②溴或氯与烃类取代而成；③由卤代双烯进行 Diels-Alder 加成。

卤系阻燃剂通常与其他阻燃剂配合使用，既可降低费用，又能更好地发挥阻燃作用。实践证明，含有锑、磷的化合物与卤系阻燃剂配合使用能发挥更好的协同效应。

2.2.4　润滑剂

润滑剂是为了改善塑料，特别是热塑性塑料，在加工成型时的流动性和脱模性而添加的一种配合剂。润滑剂的主要作用是在加工过程中降低塑料材料与加工机械之间和塑料材料内部分子之间的相互摩擦，从而改善塑料的加工性并提高制品的性能。前者称为外部润滑作用，后者称为内部润滑作用。

对外部润滑作用来说，应该要求润滑剂与聚合物相容性低。在加工过程中，润滑剂容易从聚合物内部向表面渗出，黏附在加工设备的接触面上，形成一层很薄的“润滑剂分子层”。这样，就可以减少聚合物与设备之间的摩擦力，从而防止已经达到黏流态的熔融聚合物黏结在设备表面上，以使加工过程中的物料具有良好的离辊性和脱膜性，并且保证制品的光洁度。

对内部润滑作用来说，则应该要求润滑剂对聚合物有一定的相容性，这样，润滑剂就可以留在聚合物分子链之间，从而可以减少聚合物分子的内摩擦，并降低聚合物的熔融流动黏度，即增加物料的流动性，同时可以防止因剧烈的内摩擦而导致物料过热。

以上两种润滑作用往往同时存在，一个优良的润滑剂既具有内部润滑性同时也具有外部润滑性，同时它还应有以下性能：分散性良好、与聚合物有适当的相容性、热稳定性良好具有高温润滑性、不损害最终产品的物理性质、无毒、不引起颜色漂移。

润滑剂的种类很多，分类的方法也有多种。按照其化学成分和结构可分为无机和有机润滑剂。最常用的主要是有机润滑剂，按化学结构可分为以下几种。

（1）碳氢化合物

① 石蜡　主要是直链烷烃，含有少量支链烷烃，相对分子质量大约为280～560（C_{20}～C_{40}）。为白色蜡状物质，熔点50～70℃不等。它是由原油蒸馏所得含蜡馏分经过精制而成。在塑料工业中常用作脱模剂，其外部润滑作用较强。在橡胶工业中，除润滑作用外，还有物理防老化作用。

② 低分子量聚乙烯　乙烯聚合而成的低聚物，其相对分子质量为1500～2500，为白色片状物，多用于聚氯乙烯塑料和橡胶的脱模剂。

（2）高级脂肪酸

硬脂酸，$CH_3(CH_2)_{16}COOH$，白色固体，无毒。

月桂酸，$CH_3(CH_2)_{10}COOH$，白色固体，无毒。

它们主要由油脂水解而来，其内部润滑作用较强。

（3）脂肪酸皂类

硬脂酸铅，$[CH_3(CH_2)_{16}COOH]_2Pb$，白色粉末，无毒。

硬脂酸锌，$[CH_3(CH_2)_{16}COOH]_2Zn$，白色粉末，无毒。

脂肪酸皂兼具有稳定剂和润滑剂的作用。在聚氯乙烯中主要作为稳定剂，硬脂酸锌在橡胶中兼具硫化活性剂、润滑剂、脱模剂、软化剂等功能。

（4）酯类

作为润滑剂的酯类主要是高级脂肪酸的一元醇和多元醇的单酯，如：

硬脂酸单酯，$CH_3(CH_2)_{16}COOC_4H_9$，浅黄色液体；

硬脂酸单甘油酯，$CH_3(CH_2)_{16}COOCH_2CHOHCH_2OH$，无色油状液体。

这类润滑剂一般由脂肪酸与醇直接酯化或者油脂与醇进行配交换而成。它们兼具润滑剂和增塑剂的性质。脂肪酸的多元醇单酯也是抗静电剂的一种。作为润滑剂，它们主要起内部润滑作用。

(5) 酰胺类

这类润滑剂主要是高级脂肪酸的酰胺，如：

硬脂酰胺，$CH_3(CH_2)_{16}\overset{O}{\overset{\|}{C}}NH_2$，无色叶状结晶；

油酰胺，$(H_2C)_7HC{=}CH(CH_2)_7CHC\overset{O}{\overset{\|}{}}HNH_2$，白色结晶；

亚乙基双硬脂酰胺，$C_{17}H_{25}\overset{O}{\overset{\|}{C}}CN{-}CH_2CH_3{-}NH\overset{O}{\overset{\|}{C}}C_{17}H_{25}$，白色细小颗粒。

这类润滑剂大多具有外部和内部润滑作用，有些外部润滑作用优越，如硬脂酰胺、油酰胺的外部润滑性质良好，多用于聚乙烯、聚丙烯、聚氯乙烯等作为润滑剂、脱模剂。

(6) 硅油类

二甲基硅油：无色、无味的透明黏稠液体，不挥发，无毒。

$$H_3C-\underset{CH_3}{\overset{CH_3}{Si}}-\left[O-\underset{CH_3}{\overset{CH_3}{Si}}\right]_n-O-\underset{CH_3}{\overset{CH_3}{Si}}-CH_3$$

苯甲基硅油：无色或微黄色透明黏稠液体，不挥发。

$$H_3C-\underset{CH_3}{\overset{CH_3}{Si}}-\left[O-\underset{CH_3}{\overset{C_6H_5}{Si}}\right]_n-O-\underset{CH_3}{\overset{CH_3}{Si}}-CH_3$$

硅油主要由二烃基二氯硅烷水解成二烃基硅醇，同时加少量的三烷基硅醇作为封闭剂一起进行缩聚而成。

硅油具有优异的耐温（可在－50～200℃范围内使用）及良好的耐绝缘性，可作为橡胶及塑料的润滑剂和脱模剂。

2.2.5 抗静电剂

抗静电剂是添加在树脂中或涂附在塑料制品和合成纤维表面以防止高分子材料的静电危害的一类化学助剂。

根据赫尔姆霍茨（Helmholtz）接触电位学说，在两种不同物质的接触面处，表面能位的差别导致产生接触电位差，使一方带有正电，另一方带负电。

塑料等高分子材料的体积电阻一般高达$10^{13}\,\Omega\cdot cm$以上，因此在摩擦的接触面处容易积累大量正电或负电，如果不能及时将这些静电荷泄露，就会造成各种静电危害。

抗静电剂是能够消除或防止静电危害的化合物，其作用在于将塑料中积累的静电荷迅速中和或泄露。因此作为抗静电剂应使用离子导电性大或电子导电性大的化合物。现在广泛使用的抗静电剂都是离子导电性化合物。

在抗静电剂的分子结构中都由两个不同的部分组成，一个是溶于油难溶于水的亲油部分，另一个是溶于水难溶于油的亲水部分。现在所用的抗静电剂主要是界面活性剂，亲油部分相当于亲油基，有链烷基、苯基、环已基、萘基等；亲水部分有羟基、醚基、磺酸基等。通过调整亲水基和亲油基的比例就可制得油溶性或水溶性抗静电剂。根据亲水基电离时的带电符号，可将抗静电剂分为阴离子型、阳离子型、非离子型和两性离子型几个类别。

现在使用的抗静电剂多数是水溶性的，但有的品种溶解于水后能发生离解，有的则不发生离解。在一定条件下抗静电剂离解时，当浓度增大到一定值后，有机离子就会组合形成离子胶束，此时的浓度称为抗静电剂的胶束形成临界浓度。为了充分发挥抗静电剂的活性，其用量应在胶束形成临界浓度之上。

离子型抗静电剂的作用机理取决于其分子中的亲水基和亲油基，这两部分的适当平衡使得抗静电剂既对塑料保持一定的相容性，又能吸附空气中的水分，发挥抗静电效能。也就是，出现于塑料表面的抗静电剂分子的亲油基向着塑料内部，亲水基向着空气一侧取向排列，空气中的水分被亲水基吸附形成导电层，产生抗静电效果。

选择抗静电剂应考虑的因素有很多，最重要的是其与塑料的相容性。相容性太大时、抗静电剂向塑料表面的迁移过慢，难以形成抗静电层。对此，要达到所要求的效果则必须增大添加量，这样往往会使塑料性能发生变化。反之如果抗静电剂的相容性太差时，其向塑料的迁移过快，又会对制品外观、印刷性和黏合性等性能产生不良的影响。影响相容性的因素有塑料的极性、分子结构、分子量、结晶性、塑料和抗静电剂的溶解度参数等。抗静电剂在成型加工时的热稳定性好坏也是其选择条件之一。另外还要考虑抗静电剂毒性的大小及价格的高低等。

近 20 年来随着塑料、纤维和电影胶片等工业的高速发展，相应的抗静电剂在品种上和消费量上都有很大的发展，主要有五大类型，即胺的衍生物、季铵盐、磷酸酯、硫酸酯和聚乙二醇的衍生物，总计 100 多个品种。

阳离子型和两性离子型抗静电剂对高分子材料有较强的附着力，抗静电性能优良，是纤维、塑料用抗静电剂的主要种类。阴离子型抗静电剂与塑料的相容性差，很少使用。一般非离子型抗静电剂的抗静电效果均较离子型抗静电剂差，要达到相同的抗静电效果通常用量是离子型抗静电剂的两倍。但非离子型抗静电剂热稳定性良好，也没有离子型抗静电剂易于引起塑料老化的缺点。

2.2.6　着色剂

广义而言，凡能改变塑料颜色的物质均可称为着色剂，工业上所指的着色剂是指为了美观或特定要求而使塑料显示人们所要求颜色的物质。塑料着色剂包括无机颜料、有机颜料和某些染料，以及能产生特殊效果的物质，如金属、珠光、荧光、磷光颜料和斑纹色料等。

对着色剂的要求如下。

① 着色力大　着色力是指着色剂及其本身的色彩对塑料制品颜色影响的能力。着色力大，则着色剂用量少，成本也低。有机颜料比染料着色力要大得多，彩色与白色颜料并用时可提高着色力。

② 遮盖力高　指阻止光线穿透制品的能力，即透明程度。它取决于着色剂折射率与树脂折射率之差，差值越大遮盖力越好，透明性也就越差。

③ 分散性好　要求着色剂能以微小粒子均匀分散在树脂中。

④ 耐热性好　着色剂必须能承受成型加工和使用过程中热量的考验，高温不使其变色或升华。

⑤ 耐候性好　着色剂在塑料制品使用过程中，要对环境天候的影响有一定的抵御能力。

⑥ 耐迁移性高　耐迁移性包括耐油、水、有机溶剂的抽出，不致渗色，不致对相邻物体污染，即要求接触迁移尽量小，不致表面喷出、洇色。

⑦ 化学稳定性好　即着色剂的耐酸碱性、耐氧化还原性、耐硫化物污染性高，其与抗氧剂等其他助剂的反应活性低。

⑧ 毒性低　特别是食物包装材料、玩具、厨房用具等所采用的着色剂都要求无毒或低毒。

着色剂主要分为无机颜料和有机颜料两大类。

① 无机颜料　通常是金属的氧化物、硫化物、硫酸盐、铬酸盐、钼酸盐等盐类以及炭黑。无机颜料的共同特点是：有较好的耐热性、耐光性以及无迁移性、遮盖力较强。其缺点是透明性、色泽鲜明性和着色力较差。

② 有机颜料　一般特点是色相鲜明，透明性好，着色力强，分散性能良好，耐迁移性也较好，耐热、耐光性则较差，但随着新型高级有机颜料的开发，它们的耐热、耐光性得到了突破性进展，因此塑料着色中有机颜料的应用也越来越广泛，并有进一步扩大应用的趋势，现将几类性能较好的塑料着色用的有机颜料作一介绍。

(1) 酞菁类颜料

酞菁类颜料有蓝绿两种色相，耐热、耐光性能十分优良，色彩鲜明，着色力强，成本低廉，是塑料着色中应用最为广泛的有机颜料。

① 酞菁蓝　酞菁蓝是一种分子量很大的有机颜料，有两种结晶形态，即 α 型和 β 型，α 型为红光蓝，β 型为绿光蓝，β 型比 α 型更为稳定。

酞菁蓝的结构式如下。

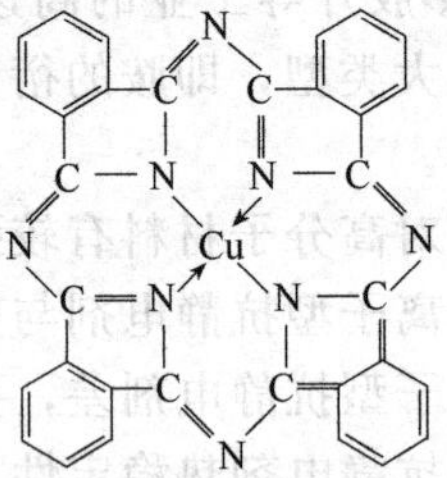

酞菁蓝不溶于水、乙醇及有机溶剂，在塑料中不会产生迁移现象，耐酸、耐碱性强，耐热，着色力很强，常用量仅 0.02%左右，着色力为群青的 20～40 倍。可用于多种塑料着色，如聚烯烃、聚氯乙烯、聚苯乙烯、ABS、聚碳酸酯、尼龙、丙烯酸树脂、酚醛、环氧、氨基塑料以及纤维素塑料等。

② 酞菁绿　酞菁绿也是一种分子量很大的有机颜料，它是酞菁蓝的卤化产物，有氯化物和溴化物两种，氯化物带蓝光，溴化物带黄光。

酞菁绿耐酸性、耐碱性、耐水、耐乙醇及有机溶剂、耐迁移性强，耐热性达 200℃，着色力强，常用量仅为 0.005%，可用于多种塑料着色。

(2) 偶氮颜料

偶氮颜料的品种很多，但色相均限于红色、橙色、黄色几种颜色；从化学结构上讲，有单偶氮、双偶氮及缩合偶氮等几大类。

① 单偶氮颜料　单偶氮颜料分子结构中只含一个偶氮基团。结构比较简单的单偶氮颜料如对位红、甲苯胺红和耐晒黄等，由于其在有机聚合物中溶解度太大，容易迁移，而且热稳定性差，耐光牢度差，所以在塑料加工中很少应用。常通过增加分子量、掺和金属离子或引入官能团（如酰胺基）等方法以增加晶格中分子间力，使溶解度降低从而提高其抗迁移性。1964 年 Hoechest 公司开发的苯并咪唑酮类单偶氮颜料，具有较高的耐热性、耐迁移性和耐溶剂性，可用于聚氯乙烯、聚烯烃等热塑性塑料着色。有 PV 坚固黄 H2G，PV 橙 HL，PV 红 HFG，HF2B，H4B，PV 坚固红 HFT，HF4B，PV 洋红 HF3C，HF4C，PV 坚固紫红 HFM，PV 枣红 HF3R，PV 坚固棕 HFR 共 12 个品种。PV 坚固黄 H2G 结构为

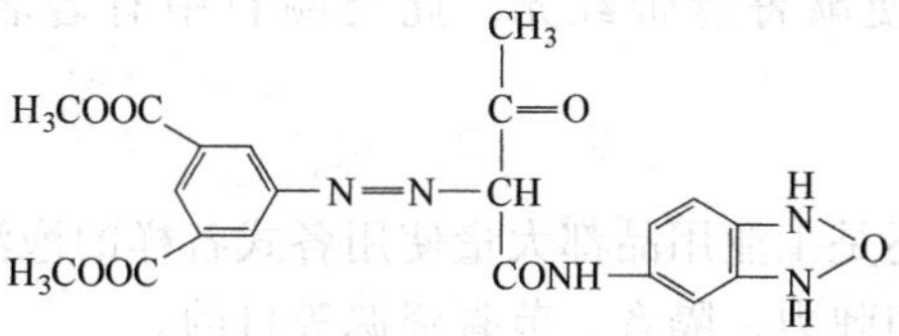

② 双偶氮颜料　主要是联苯胺类，永固黄 H/OG、HR 等均属此类。这类颜料的耐热性好，耐有机溶剂，着色力强。但因中间体为致癌物，这类颜料的生产和应用受到一定影响。黄 HR 结构式为

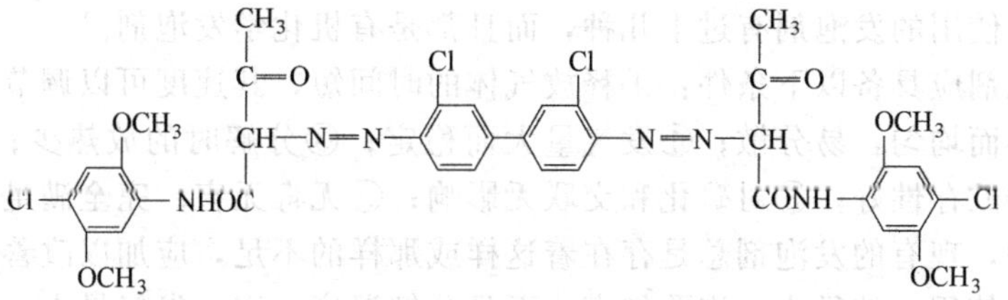

③ 偶氮缩合颜料　偶氮缩合颜料亦称为大分子颜料，其特点是相对分子质量大，可达 1000 左右，耐热性、耐光性、耐迁移性均很好。1957 年由汽巴公司首先研制投产，汽巴公司有下列品种系列：Cromophtal 黄 3G；Cromophtal 红 R，2RF，2R，BR，GR，B；Cromophtal 猩红 R，2R；Cromophtal 橙红 4R；Cromophtal 红玉 B；Cromophtal 枣红 B 等。

④ 偶氮色淀　偶氮色淀中色淀红 C、2B 等可耐较高温度，可用于塑料着色。它受热时颜色趋于变暗、变蓝，冷却时又回复到原来的颜色。由于色淀颜料耐光性较差，推荐用于室内聚氯乙烯塑料制品着色。

(3) 喹吖啶酮系颜料

本类颜料的色相在橙色、红色、紫色区内，其耐热、耐光、耐迁移等各种性能均十分优良。与酞菁类颜料相类似，是塑料着色使用的优良着色剂。

喹吖啶酮类颜料于 1958 年首先由美国杜邦公司开发投入市场，现在各主要颜料厂都先后开发了此类产品，如 Hoechst 的 PV 坚固红 EG，E3B，E5B；PV 坚固桃红 E；PV 坚固紫 ER01 等。

喹吖啶酮类颜料喹吖啶酮红（酞菁红）结构如下。

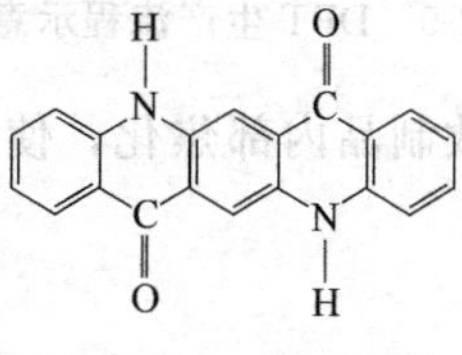

(4) 其他塑料着色用的有机颜料

① 异吲哚啉酮类　耐热、耐光、耐迁移性好，是塑料着色适应性很广的优秀品种，尤以黄色品种较突出。该类颜料具有代表性的品种有瑞士嘉基厂的 Irgazin 黄 2GLT，2RLT，3RLT；Irgazin 橙 RLT；Irgazin 红 2BLT 等。

异吲哚啉酮类颜料在尼龙中容易发黄，使用时要予以注意。

② 萘四羧酸与苝四羧酸衍生物类颜料　这类颜料具有较好的耐热性和耐迁移性，主要色谱为橙色和红色。如 PV 坚固橙 GRL 即萘四羧酸的衍生物；苝红即为苝四羧酸的衍生物。

③ 二噁嗪类　这类颜料的特点是耐光性好，着色力强，除了用于塑料着色力以外，也

用于调节酞菁蓝的色光，使酞菁蓝带红光。此类颜料中有著名的永固紫 BL；Irgazin 紫 GRLT，BLT 等。

2.2.7 发泡剂

现在，无论是日用品还是工业用品都大量使用各式各样的泡沫制品，使用这些泡沫制品可达到隔热、轻量化、增加弹力、隔音、节省资源等目的。

发泡剂是一类能使处于一定黏度范围内的液态或塑性状态的橡胶、塑料形成微孔结构的物质，它们可以是固体、液体或气体。在发泡过程中根据气孔产生的方式不同，发泡剂又可以分为物理发泡剂和化学发泡剂两大类。物理发泡剂在发泡过程中依靠本身物理状态的变化产生气孔；化学发泡剂在发泡过程中，因发生化学变化而分解产生一种或多种气体使聚合物发泡。目前广泛使用的发泡剂有过十几种，而且都是有机化学发泡剂。

理想的发泡剂应具备以下条件：①释放气体的时间短，其速度可以调节；②分解温度可以调节；③粒小而均匀，易分散；④发气量大而稳定；⑤分解时的放热少；⑥不污染树脂，无残存臭味；⑦贮存性好；⑧对硫化和交联无影响；⑨无毒无害。完全满足上述各项条件的发泡剂是没有的，现有的发泡剂总是存在着这样或那样的不足，应加以改善。有机发泡剂比无机发泡剂容易使用，粒径小，泡孔细密，而且分解温度一定，发气量大。

下面介绍几种主要发泡剂。

（1）*N*,*N*′-二亚硝基五亚甲基四胺（DPT）

发泡剂 DPT 又称发泡剂 BN、发泡剂 H。浅黄色结晶粉末，几乎不溶于乙醚，略溶于水、乙醇，微溶于氯仿，可溶于丙酮、甲乙酮、二甲基甲酰胺等。在海绵橡胶制品中广泛使用，也可用于泡沫塑料。

该品由六亚甲基四胺与亚硝酸钠之间的亚硝化反应制得。发气量大，是一种很经济的发泡剂。单独使用时分解温度稳定，若配用助发泡剂时可降低分解温度。工艺过程如图 2-5 所示。

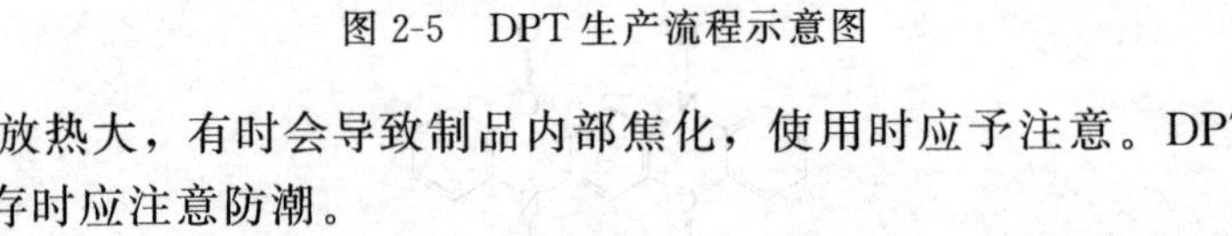

$$(CH_2)_6N_4 + 2NaNO_2 + H_2SO_4 \longrightarrow ON{-}N \begin{matrix} H_2C{-}N{-}CH_2 \\ CH_2 \\ H_2C{-}NH{-}CH_2 \end{matrix} N{-}NO + HCHO + Na_2SO_4 + H_2O$$

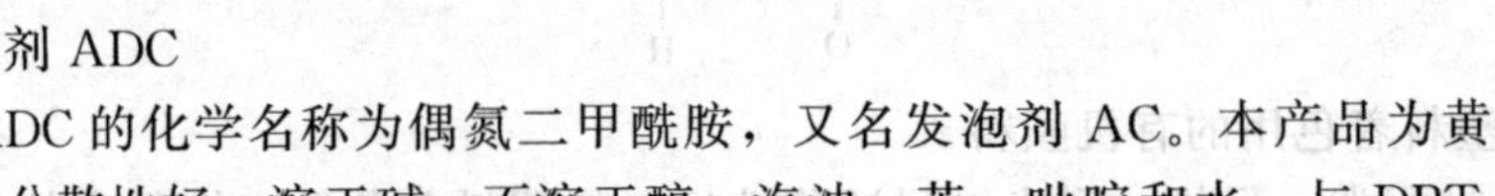

六亚甲基四胺、亚硝酸钠、水 → 配料 → 亚硝化（稀硫酸或稀盐酸）→ 抽滤 → 洗涤 → 脱水 → 烘干 → 成品

图 2-5 DPT 生产流程示意图

DPT 的分解放热大，有时会导致制品内部焦化，使用时应予注意。DPT 吸收水分后分解温度降低，贮存时应注意防潮。

（2）发泡剂 ADC

发泡剂 ADC 的化学名称为偶氮二甲酰胺，又名发泡剂 AC。本产品为黄色粉末，无臭味、不着色、分散性好，溶于碱，不溶于醇、汽油、苯、吡啶和水。与 DPT 相比，本品的分解发热量非常小，是塑料工业中应用最广泛的发泡剂。

本品系由肼和尿素反应先制成联二脲，然后再用氯、高氯酸钠、重铬酸钠等氧化剂将联二脲氧化制得。氧化剂的种类不同，产品的分解温度也稍有差异。湿品经过滤、洗涤、离心、烘干、粉碎、包装得到成品。合成反应如下。

$$N_2H_4H_2O + H_2SO_4 + 2H_2N{-}\overset{O}{\overset{\|}{C}}{-}NH_2 \xrightarrow{110\sim115℃} H_2N{-}\overset{O}{\overset{\|}{C}}{-}\overset{H}{N}{-}\overset{H}{N}{-}\overset{O}{\overset{\|}{C}}{-}NH_2 + (NH_4)_2SO_4$$

$$H_2N-\overset{O}{\overset{\|}{C}}-\overset{H}{N}-\overset{H}{N}-\overset{O}{\overset{\|}{C}}-NH_2+Cl_2\xrightarrow[35\sim55℃]{NaBr}H_2N-\overset{O}{\overset{\|}{C}}-N=N-\overset{O}{\overset{\|}{C}}-NH_2+HCl$$

发泡剂在使用过程中，很多化学物质对其性能和发泡工艺有一定的影响。因此，绝大多数发泡剂都与一种或多种其他化学物质配合使用以达到发泡要求。通过与发泡剂配合使用，能调节发泡剂的分解温度和分解速度，或是改进发泡工艺，稳定泡沫结构和提高发泡体质量的物质称为发泡助剂或辅助发泡剂。按发泡助剂的作用可分为发泡促进剂和发泡抑制剂。

常用的发泡促进剂有：锌化合物、铅化合物、镉化合物等金属氧化物或金属盐（皂）类，还有尿素及其复合物、有机酸、硫化促进剂、成核剂等。发泡抑制剂主要有钙盐等金属盐、有机酸、卤化有机酸、酸酐、多元酚、碳水化合物、含氮化合物和含硫化合物等。

2.3　橡胶加工用助剂

生胶本身虽然具有一定的强韧性，单用生胶生产制品，不但加工困难，而且产品的性能也不能满足使用的要求。因此，生胶必须经过炼胶并加入助剂，然后经过硫化制成硫化胶，才具有使用价值。所谓橡胶助剂就是在橡胶加工时，加入胶料且能改善橡胶加工性能，提高橡胶制品质量，降低成本的各种化学品的总称，它涉及内容广泛，是橡胶加工业中不可缺少的重要部分。我国橡胶助剂总产量约为20万吨/年，占世界助剂总产量的17%左右，消费量在2003年超过美国，成为世界上最大的橡胶助剂市场。

橡胶助剂种类很多，作用也较复杂，目前在国际上使用的总共有3000多种。按其作用性质，可归为如下几大类：硫化剂、促进剂、活性剂、补强填充剂、增塑剂、防老剂、着色剂，以及胶乳专用助剂和其他特殊用途的助剂。下面着重介绍硫化剂及其促进剂、防老剂、增黏剂、防焦剂等。

2.3.1　硫化剂

为了制得经久耐用的橡胶制品，一般是向生胶中添加交联剂，然后进行成型加工和交联。塑性橡胶（线性结构）转变为弹性橡胶（体型结构）的交联过程通称为硫化。凡能使橡胶起交联作用的物质均可称为硫化剂（或交联剂）。

除了某些热塑性橡胶不需硫化外，天然胶与各种合成胶都需配以硫化剂进行硫化，硫化后得到的硫化胶才能满足橡胶制品的使用要求。

1839年发现元素硫可作为天然胶的硫化剂，1915年发现有机过氧化物可作为天然胶的硫化剂，后来随着各种各样合成胶的出现，以及天然胶应用技术的不断提高，硫化剂的品种和数量日趋增加。按化学结构可将硫化剂分为：元素硫、硫给予体、过氧化物、醌类、胺类、树脂类、金属氧化物以及其他硫化剂。

硫化过程主要是利用橡胶中的双键进行交联反应，其中橡胶烃脱氢生成的橡胶自由基可直接相互结合而交联，也可通过硫黄或其他非硫化合物发生交联。因此，交联形式主要有碳原子直接交联型、硫黄交联型和非硫硫化剂交联型三类。主要硫化剂有下列几种。

（1）元素硫硫化剂

典型代表物是硫黄，是橡胶工业中最基本、最重要的硫化剂。采用普通硫黄-促进剂-活化剂体系，所得硫化剂具有综合性能好、成本低等优点。因此，在橡胶工业中，特别是在轮胎工业中仍占据主导地位。不溶性硫黄能避免喷硫，也不易焦烧，可用于特别重要的部件或制品。

（2）硫给予体

是指那些在硫化时能释放出硫的化合物，因此可以不另加硫黄或少加硫黄。主要品种是秋兰姆的二硫化合物或四硫化物。秋兰姆类既可作硫化剂又可作促进剂使用。

(3) 过氧化物硫化剂

包括无机过氧化物、硅有机过氧化物和有机过氧化物三类。在工业上广泛使用的有机过氧化物，主要品种有二叔丁基过氧化物（DTBP）、过氧化二异丙苯（DCP）和2,5-二甲基2,5-双（特丁基过氧）己烷。用过氧化物硫化可得C—C交联键。它们不仅用于硫化饱和橡胶，而且也可硫化一些不饱和橡胶。有机过氧化物的分解及其交联均为自由基型反应。作为硫化剂用的过氧化物应满足贮存稳定、加工操作安全、不引起焦烧、达到分解温度时能快速分解、交联效率高的要求。用过氧化物硫化橡胶，一般说来，具有硫化时间短、硫化胶热稳定性好、耐热老化、压缩永久变形低等特点，缺点是力学性能差，此外有机过氧化物安全性差，易分解、易燃、易爆，故贮存和运输中都应特别注意。

(4) 醌的衍生物

典型品种有对醌二肟、二甲苯酰对醌二肟等，多作为丁基胶的硫化剂。用醌类硫化的硫化胶虽然抗张强度和压缩永久变形比硫黄硫化胶差，但有抗臭氧性能好、硫化速度快、定伸强度高等优点，故广泛用于电气橡胶制品和硫化胶囊、水胎的制造中。为改善对苯醌二肟的焦烧性，通常将其制备成二苯甲酰衍生物。

(5) 多官能胺类化合物

主要用于特种合成橡胶，如丙烯酸酯橡胶和氟橡胶的交联。主要品种有三亚乙基四胺、四亚乙基五胺、六亚甲基二胺等。多胺硫化氟橡胶的特点是硫化胶的机械强度大，压缩永久变形小，高温长期老化后仍能保持良好的物理力学性能，但易焦烧，对加工安全不利，因此逐渐发展了“封闭胺”化合物，如六亚甲基二胺氨基甲酸盐、亚乙基二胺基甲酸盐来提高加工安全性。当用胺类作硫化剂时，必须添加金属氧化物。此时，金属氧化物不仅作为活化剂以加速硫化反应，而且也是硫化反应中所生成的氟比氢的接受体。

(6) 树脂硫化剂

主要用于丁基胶的硫化，使之具有优良的耐热性和耐高温性能。目前工业上已得到广泛应用，若要加快硫化速度，一般需要加氯化亚锡作为活性剂。树脂硫化剂在加工中能使胶料塑性增大，但硫化后硫化胶硬度较高。树脂硫化剂的主要缺点是焦烧倾向大。主要品种有对叔丁基酚醛树脂、对叔辛基酚醛树脂等。

2.3.2 促进剂

在橡胶硫化中，凡能加快橡胶与硫化剂反应速率的物质，统称为硫化促进剂。促进剂在橡胶硫化中起着非常重要的作用，加入少量促进剂，可以大大加快橡胶与硫化剂之间的反应，提高硫化速度、降低硫化温度、缩短硫化时间、减少硫化剂用量，改进硫化胶的物理力学性能，如提高抗张强度、定伸强度、耐磨耗性和硬度等，提高硫化胶的耐老化性能，能防止喷霜，扩大硫化胶的使网范围，可制造透明及各种颜色的橡胶制品。因此，促进剂已是橡胶工业必不可少的原料之一。

促进剂可分为无机物和有机物两大类。无机促进剂自发现以来已有百余年，但因其效率低、硫化胶性能差，除了在个别情况下少量使用外，目前已为有机促进剂所取代，无机促进剂中的氧化锌、氧化镁、氧化钙、碱式碳酸盐等现多用作有机促进剂的活性剂。

由于有机促进剂的效能高、硫化特性好，硫化胶物理力学性能与老化性能优良，使这类促进剂得到迅速发展。目前商品化的有百余种，常用的不过五六十种。按化学结构可将其分为：二硫代氨基甲酸盐类、黄原酸盐类、秋兰姆类、噻唑类、次磺酰胺类、醛胺、胍类、硫脲类、胺类等。按促进效力大小可将促进剂分为：超促进剂、中超促进剂、中速促进利、弱促进剂四种。由于橡胶类型不同，同一促进剂对不同橡胶硫化的促进作用亦不相同。对天然胶和多数通用合成胶（如丁苯胶、顺丁胶、异戊胶）来讲，一般属于超促进剂的有二硫代氨基甲酸盐、黄原酸盐和秋兰姆类促进剂；属于中超促进剂的有噻唑类、次磺酰胺类和一部分醛胺类促进剂；中速促进列有硫脲、胍和一部分醛胺类促进剂；弱促进剂有胺和一部分醛胺类促进剂。也有根据促进剂与硫化氢反应所呈现的酸性、碱性或中性，而将促进剂分为酸性促进剂、碱性促进剂和中性促进剂。

选用促进剂时应对不同的胶料选择合适类型的促进剂，需考虑的因素如下。

① 橡胶类型　不同橡胶采用不同的硫化体系，其中包括促进剂类型的选择与匹配。

② 焦烧性能　促进剂对胶料的焦烧时间起决定性影响，因此选择时必须保证胶料在普通加工（混炼、压延、压出）中不致过早硫化。

③ 硫化胶性能　选择促进剂时，除了保证胶料的加工性之外，更要注意满足产品使用性能的要求，可以通过调整硫化体系来提高硫化胶的物理力学性能和耐老化性能。

④ 硫化速度。

⑤ 硫化胶耐硫化返原性　这在原制品中特别重要，因橡胶的导热性差，受热部位应选用耐返原性较好的促进剂，以免胶料在硫化过程中出现还原现象。

除上述因素外，还应考虑到促进剂在胶料中的分散性、污染性、着色性、毒性以及其他配合剂的影响等问题。

常用有机促进剂如下。

(1) 二硫代氨基甲酸盐类

二硫代氨基甲酸盐类的通式为 $\left[\begin{matrix} R \\ R' \end{matrix} \!\!>\! N-\overset{\overset{\displaystyle S}{\|}}{C}-S \right]_n X$，其中，R，R′可以是烷基、环烷基或芳基；X 可以是 Zn、Cd、Cu、Pb、Fe、Bi、Se、Te、Na、K 或铵等。最常用的是锌盐，如二甲基二硫代氨基甲酸锌（促进剂 PZ）、二乙基二硫代氨基甲酸锌（促进剂 ZDG）、二丁基二硫代氨基甲酸锌（促进剂 BZ）和乙基苯基二硫代氨基甲酸锌（促进制 PX）等。

这类促进剂通常是在碱性溶液中，由仲胺与二硫化碳作用而制备的。例如，在氢氧化钠和二甲胺的水溶液中加入二硫化碳，在低于 30℃ 的条件下进行反应，则可得到二甲基二硫代氨基甲酸钠。然后用氯化锌置换，就可得到二甲基二硫代氨基甲酸锌，反应式如下。

$$(CH_3)_2NH + CS_2 + NaOH \xrightarrow{<30℃} \begin{matrix} H_3C \\ H_3C \end{matrix} \!\!>\! N-\overset{\overset{\displaystyle S}{\|}}{C}-SNa + H_2O$$

$$2\ \begin{matrix} H_3C \\ H_3C \end{matrix} \!\!>\! N-\overset{\overset{\displaystyle S}{\|}}{C}-SNa + ZnCl_2 \longrightarrow \left[\begin{matrix} H_3C \\ H_3C \end{matrix} \!\!>\! N-\overset{\overset{\displaystyle S}{\|}}{C}-S \right]_2 Zn + 2NaCl$$

(2) 黄原酸类

黄原酸的通式为 $(R-O-\overset{\overset{\displaystyle S}{\|}}{C}-S)_n X$，其中，R 为烷基；X 为钠或锌。常用的有异丙基黄原酸钠（促进剂 SIP）、异丙基黄原酸锌和正丁基黄原酸锌。SIP 由异丙醇、二硫化碳及氢氧化钠在低于 20℃ 条件下反应而得。黄原酸类也属于超速促进剂，一般用于胶乳。

(3) 秋兰姆类

通式为 $\begin{matrix} R \\ R' \end{matrix} \!\!>\! N-\overset{\overset{\displaystyle S}{\|}}{C}-(S)_n-\overset{\overset{\displaystyle S}{\|}}{C}-N \!<\!\! \begin{matrix} R \\ R' \end{matrix}$，其中，$n=1$，2，3，4；R，R′为烷基、环烷基和芳基。

常用的有二硫化四甲基秋兰姆（促进剂 TMTI）和一硫化四甲基秋兰姆（TMTS）。虽属于超速促进剂，但活性较低，故可用于天然胶、合成胶和胶乳。除一硫化物外亦可作硫化剂。二硫化物和多硫化物在标准硫化温度下能释放出活性硫，不另加硫黄也可进行硫化，这就是通称的"无硫硫化"。

（4）噻唑类

通式为（苯并噻唑-2-基—S—X），其中 X 可为 H、金属、有机基团或（苯并噻唑-2-基—S—）。噻唑类促进剂是一种酸性超速促进剂，可为碱性物质所活化，单用时交联度低，加入少量碱性物质或第二促进剂时则有所改进。在一般温度范围内，能使橡胶快速硫化，硫化曲线平坦，物理力学性能优良，是当前重要的通用促进剂。缺点是焦烧性能不如次磺酰胺促进剂。常用的有：硫醇基苯并噻唑（促进剂 MBT，或促进剂 M）、二硫化苯并噻唑（促进剂 DM）。促进剂 M 的工业生产有高压法和常压法两种。高压法是用苯胺、二硫化碳和硫磺在 250～260℃ 和 8.1MPa 下进行反应制备，反应式如下。

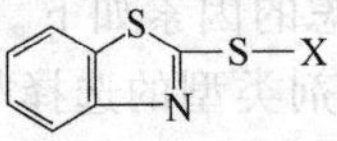

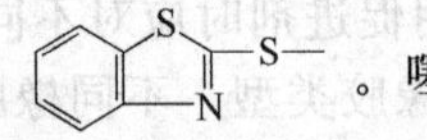

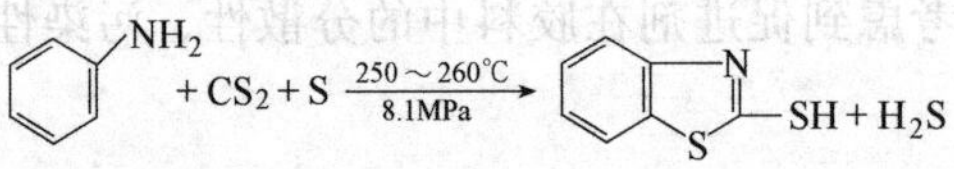

$$C_6H_5NH_2 + CS_2 + S \xrightarrow[8.1MPa]{250 \sim 260℃} \text{2-巯基苯并噻唑(—SH)} + H_2S$$

常压法是用邻硝基氯苯、多硫化钠和二硫化碳在 110～130 ℃和低于 0.34MPa 的条件下进行反应，制得钠盐，再经酸化而得。

（5）次磺酰胺类

最常用的有环己基苯并噻唑亚磺酰胺（促进剂 CZ）、2-吗啡啉基硫代苯并噻唑（促进剂 NOBS），属于半超速促进剂，该类促进剂焦烧时间较长，硫化速度较快，因而改善了胶料的加工安全性，并可采用较高的加工温度以提高生产效率。

（6）醛胺类

是由脂肪族醛与氨或胺缩合而得到的产品。总地来说是较弱的，常作第二促进剂用于厚壁制品。

（7）胍类

主要是二苯胍（促进剂 D）和二邻甲苯胍（促进剂 DOTG），属于中速促进剂，焦烧性能中等，极少单独使用，大都用作第二促进剂。如促进剂 D 与 M 或 DM 并用，能提高硫化速度，改善硫化胶性能，有良好的协同效应，是生产中常用的并用体系。

目前，由于橡胶加工温度和速度的提高，既要求控制焦烧又要求加快硫化速度，既需要较好的加工安全性，又需要加快硫化速度，同时还要保持硫化胶的性能。要解决这个问题就需要相应地改变硫化体系，进一步研究促进剂的并用，发展新型促进剂。

2.3.3 增黏剂

添加于橡胶、塑料或胶黏剂中，对被粘物体具有湿润能力，通过表面扩散或内部扩散，能够在一定的温度、压力、时间下产生高黏合性的物质称增黏剂。

丁苯胶、氯丁胶、丁基胶等合成胶的自黏性比天然胶差，给加工造成困难，致使制品的性能低劣。为改善胶料的自黏性，在合成胶胶料中使用松香、古马隆树脂、酚醛树脂等树脂状物，于是这些物质被称为增黏剂。现在增黏剂不仅是合成胶加工中不可缺少的助剂，而且在其他领域内应用也日趋广泛。其主要应用可归纳为如下几个方面：①改善合成橡胶胶料的自黏性，提高其加工性能；②提高橡胶胶黏剂的内聚力和对特种表面的黏接性，增加其耐热性及胶接保持时间；③增加胶黏带用胶黏剂、热熔胶黏剂、印刷油墨等各种胶黏剂的黏附力。

一般增黏剂多为热塑性树脂状物，相对分子质量约为200～1500，玻璃转化点和软化点均较低，软化点范围在5～150℃之间，常温下呈半液体或固态，故在单独存在时或配入适当溶剂后具有流动性。目前可作为增黏剂使用的树脂品种很多，其中产量最大的是天然树脂及其衍生物。

作为有效的橡胶增黏剂应具备以下几个条件：①与橡胶基质的相容性大；②增黏剂本身具有很强的黏着性；③增黏效果持久且随时间的变化小；④不减低硫化速度及硫化胶的物理化学性能。

橡胶用增黏剂的主要品种如下。

(1) 松香类树脂

松香为透明的玻璃状脆性物质，根据制法不同有脂松香、木松香和妥儿油松香等品种。脂松香系由松树切割后分泌出的树脂制得；木松香由溶剂抽提松树的根或枝块而得；妥儿油松香系由制造硫酸盐木浆或牛皮纸浆时制得。

松香是多种脂肪酸的混合物，有9种以上的异性体，主要成分是松香酸。由于松香系天然产物，故组成随松木种类、树龄、产地、季节、制造工艺等多种因素而异。松香的分子结构中既有能与烃类良好相溶的氢化菲核，又含有高极性的羧基，因此有着广泛的溶解性能，从正烷烃到低级醇类中均可溶解，而且对弹性体有着良好的相容性。松香中的各种树脂酸在纯物质时熔点范围为160～170℃，但在互混状态时则为软化点70～80℃的不定形树脂状，这正好在增黏剂的使用范围。此外，由于松香中含有立体障碍大的氢化菲核，使其对高分子化合物有很大的增塑效果，这些宝贵的性能是其他增塑剂所无可比拟的。

松香中的树脂酸，有的含有共轭双键（如松香酸），故反应性高，不稳定，易氧化。为了提高其耐氧化性能，可将松香改性，改性的方法一般有三种：①通过加氢反应制成二氢化（或四氢化）松香酸（氢化松香）；②通过歧化反应形成苯核，成为稳定的脱氢松香酸（歧化松香）；③通过聚合失去共轭双键，成为稳定的聚合松香。

(2) 烷基酚醛树脂

烷基酚醛树脂系由烷基酚和甲醛在酸性催化剂的作用下缩合而成，为油溶性和热塑性的树脂。

烷基酚醛树脂具有良好的增黏性能，主要用于合成橡胶以增加其自黏性，对硫化胶的物性无不良影响，甚至有改善的效果。

烷基酚醛树脂作为合成胶的增黏剂使用时，对自黏性、加工性及硫化胶物理化学性能的影响，与其结构及分子量分布有关。一般烷基的碳原子数越多，并且呈异构形的树脂，与橡胶的相容性大，增黏效果也越高。常用的有对叔丁基酚醛树脂和对叔辛基酚醛树脂。

(3) 古马隆-茚树脂

适宜作增黏剂使用的古马隆-茚树脂是常温下呈液状或软化点为70℃左右的产品，主要用于丁苯胶、丁腈胶、氯丁胶等合成橡胶中。其增黏效果不如烷基酚醛树脂等，但价格很便宜。

(4) 萜烯树脂

为黏稠液体至脆性固体，呈淡黄色。软化点10～135℃，溶于芳香烃和脂肪烃，植物油。萜烯树脂由萜烯混合物聚合而成，亦可由萜烯与顺丁烯二酸酐等共聚或与苯酚加聚成改性树脂，后者称萜烯苯酚树脂。萜烯树脂稳定性良好，是天然橡胶和合成橡胶的增黏剂，亦广泛用于黏合剂。

(5) 石油树脂

作为增黏剂使用的脂肪族及脂环族石油树脂，它们是 $C_4 \sim C_5$ 馏分的聚合物，主要成分有丁烯、异丁二烯、1,3-戊二烯和环戊二烯等。该类树脂与橡胶的相容性好，但由于含二烯烃成分多，不饱和性高，热稳定性差。其增黏效果比松香、萜烯树脂、烷基酚醛树脂等低，但比古马隆-茚树脂高，多用于丁苯橡胶的增黏。

增黏剂在橡胶中除能提高橡胶的自黏性外，还兼有增塑剂及软化剂的作用。目前使用增黏剂的合成胶主要有丁苯胶、丁腈胶、丁基胶、氯丁胶、聚硫橡胶及三元乙丙胶等，其用量随胶种、增黏剂品种及配合的方法而异，一般是在3～5份的范围内。

2.3.4　防老剂

无论是生胶还是硫化后的橡胶制品都具有不饱和双键，因此易受氧或臭氧的攻击而发生劣化变质，为防止这种劣化变质需配合各种防护助剂。一般把能防止氧化降解的助剂称为防老剂，能防止臭氧降解的助剂称为抗臭氧剂，有时也将两者统称为防老剂。

有机化合物的氧化降解一般按连锁反应机理进行，在热、氧、光等因素的作用下，首先生成烃自由基R·，R·又与空气中的氧作用，形成过氧自由基ROO·，该过氧自由基按连锁反应方式促进氧化，导致聚合物分解或分子链断裂。防老剂的作用在于将生成的橡胶烃自由基R·和过氧自由基ROO·转变成不参与连锁反应的形式，或使氢过氧化物ROOH分解成稳定的醇型化合物，从而防止老化反应。

对防老剂的性能要求是：①防老效果高；②尽可能无着色性和污染性；③对硫化无影响(不焦烧、不影响硫化胶物性)；④挥发性小，不喷霜，不渗移；⑤分散性好，固体粉末不飞扬，使用时易于计量；⑥无毒、无臭；⑦价廉易得；⑧用作合成橡胶的稳定剂时，对橡胶和乳液的分散性好，无水解性。

防老剂主要有胺类、酚类等，胺类防老剂又有胺和羰基化合物的缩合体及芳香族仲胺两类；酚类防老剂又有苯酚衍生物、双酚链烷衍生物、双酚硫醚衍生物及对苯二酚衍生物等。主要品种如下。

(1) 胺和羰基化合物的缩合体

芳香族胺和脂肪族醛缩合生成物如乙醛和苯胺的缩合物（防老剂AA)，其制法是用甲酸作催化剂在甲醇中使 α-萘胺和乙醛反应而得。

芳香族胺和脂肪族酮缩合物，如苯胺和丙酮缩合物（防老剂124)、对乙氧基苯胺和丙酮缩合物（防老剂AW）是以盐酸、碘或碘化铁等为催化剂，在常压或高压下，由苯胺、对乙氧基苯胺或二苯胺与丙酮反应而得。苯胺丙酮缩合物有良好的抗热老化性，对乙氧基苯胺丙酮缩合物具有抗臭氧效能，二苯胺和丙酮缩合物可作为抗屈挠龟裂剂。

(2) 芳香族仲胺类

主要有二苯胺类、苯基萘胺类和烷基芳基对苯二胺类。

二苯胺类有辛基化二苯胺（防老剂ODA)、壬基化二苯胺（防老剂NDA)，这类防老剂是用弗里德尔克拉夫茨催化剂，使二苯胺在溶剂存在下或无溶剂的熔融状态下，与辛烯或壬烯等不饱和烃进行常压反应而得。与苯乙烯的反应生成物可作为丁腈橡胶等极性合成橡胶制造时的稳定剂或加工用防老剂。

苯基萘胺类有苯基-α-萘胺（防老剂A）和苯基-β-萘胺（防老剂D)。这类防老剂是由萘酚或萘胺与苯胺反应而得。防老剂D中因含微量毒性 β-萘胺，现已停止使用，防老剂A可作为氯丁橡胶的稳定剂和润滑油的抗氧剂。

烷基芳基对苯二胺类有 N-异丙基-N'-苯基对苯二胺、N-(3-甲基丙烯酰氧代-2-羟基丙基)-N'-苯基对苯二胺、N-甲基丙烯酰基-N'-苯基对苯二胺。烷基芳基对苯二胺系由对硝基二苯胺或对氨基二苯胺与酮进行还原烷基化而得，是一类兼备抗老化性、抗屈挠龟裂性和抗臭氧性的防老剂，应用很广泛。

(3) 酚类防老剂

主要有苯酚衍生物、双酚链烷衍生物、双酚硫醚衍生物和对苯二酚衍生物等。

苯酚衍生物的主要品种有：2,6-二叔丁基甲酚（DBPC）、苯乙烯化苯酚（SP、SCM）和 β-(3,5-二叔丁基-4-羟基苯基）丙烯十八酯（1076）。DBPC系由对甲酚与异丁烯反应而得，是目前应用最广泛的非污染性防老剂。SP、SCM是由苯酚或甲酚与苯乙烯反应而得的廉价防老剂，因其为液状物，故可作合成橡胶的稳定剂。1076是为了改善DBPC的挥发性而开发的品种，是由2,6-二叔丁基苯酚与丙烯酸甲酯反应得到的甲基酯与十八碳醇进行酯交换反应而得。

双酚链烷衍生物的典型品种为2,2′-亚甲基基双（4-甲基-6-叔丁基）苯酚，双酚硫醚衍生物的典型品种为4,4′-硫代双（3-甲基-6-叔丁基）苯酚，对苯二酚衍生物的典型品种为2,6-二叔丁基对苯二酚。双酚链烷衍生物及双酚硫醚衍生物是由置换的苯酚与醛或氯化硫反应而得。对苯二酚衍生物是由对苯二酚与链烯反应而得。

为改善DBPC挥发性而衍生出的防老剂中，对乙基置换体比对甲基置换体的着色性小，双酚硫醚衍生物在聚乙烯等的过氧化交联中阻碍效果小。

(4) 其他防老剂

除胺类、酚类等防老剂之外，还有含硫化合物、含磷化合物和蜡类等防老剂品种。例如巯基苯并咪唑衍生物、硫脲衍生物、亚磷酸三（壬基苯）酯等。其中巯基苯并咪唑衍生物系由邻苯二胺与二硫碳制得的辅助防老剂，与酚类或胺类防老剂并用有显著的协同效应；硫脲衍生物为抗臭氧剂，是非污染性品种；亚磷酸三（壬基苯）酯由混合壬基酚与三氯化磷反应而得。主要作为合成橡胶的稳定剂，可与酚类防老剂并用。

蜡类也可以配合于橡胶中，在做成制品后蜡类迁移于制品表面形成保护膜，可物理性地防止臭氧的攻击，并可与各种防老剂并用。

2.3.5 防焦剂

将生胶加工成为橡胶制品必须经过塑炼、混炼、压出、成型、硫化等多种加工过程。在硫化体系助剂配合到胶料之后的加工过程中，有时加工温度接近硫化温度，常常会发生“提前硫化”，这一现象也称“焦烧”。

一般来说，防焦剂是指那些能防止胶料在操作期间产生早期硫化（即焦烧），同时又不影响促进剂在硫化温度下正常发挥作用的物质。使用防焦剂的目的是为了提高胶料的操作安全性，增加胶料、胶浆的贮存期。焦烧问题是现代橡胶加工中一个重要技术问题。控制焦烧有很多措施，但最简单的办法就是在胶料中加入防焦剂。理想的防焦剂应具有以下特性：①加入防焦剂能使胶料的焦烧时间延长，这样可提高胶料在高温下的加工安全性；②加入防焦剂不应延长总的硫化时间；③对硫化胶物理性能不应有不良影响；④不应有交联作用；⑤易分散、不喷霜、不污染、不变色、不产生气孔等。

常用防焦剂大多数为有机化合物，按其化学结构可分为酸类、酸酐类、硝基和亚硝基胺类以及含 >N—S— 键的有机化合物等。

防焦机理有两种方式：一是把硫化体系中活化的硫黄自由基或硫化体系本身惰性化；二是将它们暂时转化为其他稳定的形式，硫化时再恢复功能。

普通硫黄体系使用的防焦剂有有机酸、*N*-亚硝基化合物、含卤化合物。它们是过去常用的防焦剂，大部分都有延长焦烧的作用，同时还有降低硫化速度的作用，但有使硫化胶产生气孔的可能，并对硫化胶的物理性能和老化性能有不同程度的不良影响，因此往往只在不得已时才勉强使用。新型防焦剂是含 $\rangle$N—S— 键的一类有机化合物，如 *N*-环己基硫代邻苯二酰亚胺（防焦剂 CTP），其结构式如下。

$$\text{C}_6\text{H}_4(\text{C=O})_2\text{N—S—CH}\left\langle\begin{matrix}\text{H}_2\text{C—CH}_2\\ \\ \text{H}_2\text{C—CH}_2\end{matrix}\right\rangle\text{CH}_2$$

生产方法是将环己硫醇经氯化反应得到环己基次磺酰氯，然后在叔胺存在下，同邻苯二酰亚胺缩合即得。

该品与次磺酰胺促进剂并用时，只能改变次磺酰胺转化为多硫代苯并噻唑交联键母体的反应，一旦硫化过程开始，便不影响硫化速度。与其他促进剂体系并用也有同样的效应。防焦性能与硫黄用量有关，硫黄用量越高，效果亦越好。

2.4 纤维加工用助剂

纤维加工助剂是随着纺织及印染工业的发展而进步的，特别是20世纪70年代以后随着我国石油化工的发展，开始生产以涤棉混纺为主的各种混纺织物、中长纤维织物和合纤长丝织物等类纺织品，前处理、印染加工及后整理工艺随之发展，所需配套的各种助剂也开始陆续生产，20世纪至80年代中期形成高潮。21世纪初全世界纺织助剂共有近100个门类，1.5万个品种，年产量约280万吨，年消耗量约230万吨左右；东南亚地区纺织助剂的需求量年均增长率达4%，列世界第一；我国纺织助剂市场约占世界市场的10%左右，产量约26万～27万吨，其中前处理助剂7.4万～7.5万吨，占总量28.3%，染色助剂11.8万～12.2万吨，占45.3%，后整理助剂6.8万～7.1万吨，占26.4%。

纺织染整助剂是为了提高纺织品质量、改善加工效果、提高生产效率、简化工艺过程、降低生产成本，改善织物的服用性能（舒适、保暖、抗皱等），赋予功能性（防霉、防蛀、拒水、阻燃、抗菌等）等而在纺织产品加工中加入的化学品。根据纺织品加工工艺，可将纺织染整助剂分为纺织助剂和印染助剂，也可将其细分为纺织品前处理剂、纺织品染色和印花助剂、纺织品后整理剂等。

最早纺织加工助剂有肥皂、动植物油、淀粉、硫酸化蓖麻油及各种合成洗涤剂。现在纤维加工及印染所应有的助剂种类非常广泛。而按加工工序，前处理剂包括化纤油剂、浆料、退浆剂、煮练助剂、漂白助剂、净洗剂、润湿剂等。这些助剂除部分外，均为不同种类的表面活性剂。不同的表面活性剂及相应增效剂经拼混是纺织品前处理剂的主要组成部分。印染助剂包括匀染剂、乳化剂、丝光助剂、染色助剂、黏合剂、分散剂、固色剂、载体等，其加入目的是使染色均匀、染料得到最佳的利用率。后整理剂包括柔软剂、防水剂、防油剂、助燃剂、防腐剂、树脂整理剂等。纺织品后整理的目的是保持织物的尺寸稳定性和改善外观、改善手感、改进服用性能三个方面。目前我国已能生产前处理剂、印染加工助剂及后整理剂中的大多数种类的助剂，满足了我国纺织工业的基本需求，下面介绍一些主要品种。

2.4.1 化纤油剂

化纤油剂是在化学纤维的纺丝、牵伸及后处理过程中，喷附在纤维表面的化学助剂，可以提高纤维的摩擦、集束和抗静电性能，改善其牵伸、卷曲、卷绕及纺织加工性能。化纤油剂一般用润滑剂（有机或无机化合物）、抗静电剂（表面活性剂）、乳化剂（非离子型有机化合物）和其他添加剂配制而成，是水包油或油包水形态的乳液，为纺织助剂中用量较大的品种之一。

若将合成纤维用油剂按纤维品种分类，可分为短纤维油剂和长丝油剂两大类。若按纺织工序分类，则短纤维油剂可分为纺丝油剂和纺纱油剂；长丝油剂可分为纺丝油剂、织布油剂、针织油剂、加弹丝油剂、成品油剂和工业用丝油剂等。

(1) 短纤维油剂

短纤维油剂多为几种类型表面活性剂的复配物，主要作用是赋予纤维抗静电性，以消除纺织加工中产生的静电，改进纤维的平滑性，保证纤维顺利加工。这些表面活性剂通常配制成稀溶液或乳液使用，要求配得的油剂具有良好的耐热、低泡、对设备无腐蚀等性能。另外，为了避免重金属盐对阴离子型表面活性剂的沉淀作用，应使用去离子水配制油剂。短纤维油剂常用表面活性剂如下。

① 阴离子型表面活性剂

a. 磷酸酯　脂肪醇磷酸酯和脂肪醇聚氧乙烯醚磷酸酯，均为单酯和双酯的混合物。具有良好的抗静电性和平滑性，一定的抱合性，热挥发性小，可增加油膜强度，减少磨耗，故是短纤维油剂的最常用组分之一。

b. 硫酸酯　脂肪醇硫酸酯和脂肪醇聚氧乙烯醚硫酸酯，均具有良好的平滑性，且脂肪醇聚氧乙烯醚硫酸酯对涤纶、丙纶具有很好的抗静电效果。

② 阳离子型表面活性剂　油剂中使用的阳离子型表面活性剂有烷基二甲基羟乙基季铵盐和甲基三羟乙基季铵甲基硫酸盐等。阳离子型表面活性剂因对纤维有定向吸附的特点，故具有良好的抗静电性，可赋予纤维良好的平滑性和柔软性。能作为合成纤维的柔软剂。

a. 烷基二甲基羟乙基季铵盐　主要产品为十六烷基二甲基羟乙基氯化铵和十八烷基二甲基羟乙基季铵硝酸盐，分别由十六烷基二甲胺和十八烷基二甲胺与氯乙醇或环氧乙烷反应制得。

b. 甲基三羟乙基季铵甲基硫酸酯　亦称为抗静电剂 TM，是由三乙醇胺和硫酸二甲酯反应得到的。

③ 非离子型表面活性剂

a. 脂肪醇聚氧乙烯醚　由脂肪醇与环氧乙烷加成而得。抗静电效果不及离子型表面活性剂，但受温湿度影响较小。

b. 脂肪酸聚氧乙烯酯　由脂肪酸在氢氧化钠或氢氧化钾作催化剂的条件下，与环氧乙烷加成而得。具有良好的乳化性和相容性，低泡，热稳定性好。

c. 脂肪酸失水山梨醇酯及其聚氧乙烯醚　脂肪酸失水山梨醇酯可由山梨醇和脂肪酸直接反应制得，在酯化条件下，山梨醇从分子内脱水得到失水山梨醇及异山梨醇，等物质的量的山梨醇与脂肪酸反应时，生成的是相应的失水山梨醇和异山梨醇酯，酯化反应中可用对甲苯磺酸作催化剂，也可用碱性催化剂，如氢氧化钠、甲醇钠等。脂肪酸失水山梨醇酯在碱催化剂存在下，130～180℃与环氧乙烷加成，便可得到脂肪酸失水山梨醇酯聚氧乙烯醚。脂肪酸失水山梨醇酯及其聚氧乙烯醚分别称为 Span 系列和 Tween 系列表面活性剂，前者呈油溶性，后者为水溶性。它们均是聚丙烯脂纤维纺丝油剂的重要组分。两者可以根据不同配比配制具有不同 HLB 值的复合物，以满足各种使用要求。

d. 脂肪酸醇酰胺　油剂中经常使用的脂肪酸醇酰胺有椰子油二乙醇酰胺、油酸二乙醇酰胺和硬脂酸二乙醇酰胺等，可由脂肪酸或脂肪酸甲酯与二乙醇胺反应制得，产品为以脂肪酸烷醇酰胺为主的混合物。脂肪酸二乙醇酰胺可用作涤纶、丙纶等合成纤维纺丝油剂的组分，具有良好的润湿、净洗抗静电等性能；在洗涤溶液中还有很好的稳泡和增稠作用。

(2) 长丝油剂

长丝的主要加工工序是纺丝和拉伸，因此要求长丝油剂能够改善纤维的拉伸性、集束性和抗静电性能，本身应具有良好的热稳定性和化学稳定性，不会对后续加工带来不利影响，并对设备无腐蚀等。长丝油剂基本组成包括平滑剂、抗静电剂、集束剂、乳化剂和乳化调整剂等。

a. 平滑剂　天然平滑剂一般多为矿物油，也可使用植物油，或根据需要选用数种油脂以适当比例混合使用；有时也用动物油脂。合成平滑剂主要是酯类化合物，如脂肪酸的高碳醇酯、三羟甲基丙烷脂肪酸酯、苯二甲酸酯等；也可使用其他类化合物，如聚乙二醇、聚丙二醇、聚氧乙烯-聚氧丙烯嵌段共聚物等。

b. 集束剂　要提高长丝的集束性，应当选用对纤维吸附性好、凝聚性强的组成，它们对纤维渗透性好，黏度大。常用作集束剂的物质有磺化蓖麻酸丁酯盐、脂肪酸三乙醇胺盐、C_{12}～C_{18}烷基磷酸酯胺盐或钾盐、酯型非离子表面活性剂、烷基醇酰胺等。

c. 抗静电剂　长丝油剂中常用的抗静电剂为阴离子型的聚氧乙烯脂肪醇硫酸酯和烷基磷酸酯盐，其中烷基磷酸酯盐有很好的抗静电效果。阳离子型抗静电剂多为季铵盐，如抗静电剂 SN 和 TM，对纤维具有良好的吸附性及抗静电性，同时能改善织物手感。

2.4.2　渗透剂

在纺织工业的前处理和印染工序中都需用渗透剂。我国生产的渗透剂主要有丁基萘磺酸钠（渗透剂 BX，又称拉开粉）、琥珀酸酯磺酸钠（渗透剂 T）、聚氧乙烯醚类（渗透剂 JFC、BS)、脂肪醇硫酸酯（渗透剂 MP）、烷基磷酸酯（渗透剂 OPE）及复合型渗透剂等类别，主要的品种是渗透剂 JFC、T 和 BX。

（1）丁基萘磺酸钠

它是一种阴离子型表面活性剂，具有优良的润滑性、渗透性以及乳化和起泡等性能。遇铝、铁、锌、铅等盐类将产生沉淀。除阳离子型染料及阳离子型表面活性剂外，一般均能混用，但不能与非离子型均染剂同浴使用。可采用缩合法生产，将丁醇和萘在硫酸的催化作用下进行缩合反应得到了基萘，经发烟硫化、磺化、烧碱中和、次氯酸钠漂白，再经沉降过滤而得。结构如下：

C_4H_9　C_4H_9　SO_3Na

（2）聚氧乙烯醚类（渗透剂 JFC）

渗透性、润湿性、再润湿性均好，乳化性好洗涤效果佳，对各种纤维无亲和力。能与各种表面活性剂混用，属非离子型表面活性剂。采用加成法方法，将醇类在碱性介质中与环氯乙烷加成，经中和、漂白而得。渗透剂 JFC-2（仲辛醇聚氧乙烯醚）是将仲辛醇与环氧乙烷进行缩合而得。

（3）琥珀酸酯磺酸钠（渗透剂 T）

淡黄色至棕黄色黏稠液体，可溶于水，属阴离子型表面活性剂。渗透性快速均匀，再润湿性、乳化性、起泡性良好。耐重金属盐，但不耐强酸、强碱及还原剂。生产方法采用酯化法，将异辛醇和失水苹果酸在对甲苯磺酸存在下进行酯化反应，再用碱液中和后，加入焦亚硫酸钠和水进行加成反应，然后经冷却、静止、分离而得。

2.4.3　匀染剂

在织物印染中，匀染剂可促使染料分子均匀分布在织物上以保证染色质量。我国匀染剂的生产以非离子型产品为主，这类产品主要是脂肪醇聚氧乙烯醚类，它们对各类染料有良好的匀染性、缓染性、渗透性、分散性及助练性，是我国最通用的匀染剂产品。

脂肪醇聚氧乙烯醚（平平加 O；匀染剂 102）：具有良好的乳化性、匀染性、扩散性等。采用缩合法生产，以固体烧碱作为催化剂，将高碳醇与环氧乙烷缩合反应，再将反应液用醋酸中和；然后经双氧水漂白而得。通式如下，R 为 C_{12}～C_{18}烷基，n=15～16。

$$R—O\!\leftarrow\!CH_2—CH_2—O\!\rightarrow_{n}\!CH_2CH_3$$

脂肪胺聚氧乙烯醚（匀染剂 NFS）：属两性型表面活性剂，采用环氧乙烷加成法，将脂肪胺羟基化合物与环氧乙烷加成，经脱色而得。

此外，还有复合型匀染剂。如将多种非离子、阴离子型表面活性剂经复合配置而得匀染剂 SE；将各脂肪胺、聚氧乙烯醚混合配制而成匀染剂 WE 等。

2.4.4 柔软剂

由于在纤维的加工过程中，天然纤维所含蜡质和油脂被去除，同时合成纤维使用量的增加也使织物产生粗糙的手感。为使织物保持持久的滑爽、柔软，提高裁剪和缝制工序的效率，改善织物的穿着性，往往需要使用柔软剂。前述能增进平滑性的纺织用油剂，在广义上说也可其是柔软剂，但油剂不是持久性的，不能用于织物和衣着的整理。用于织物整理的柔软剂要求在织物上具有良好的耐洗涤性，以获得耐久的柔软效果。

柔软剂按织物整理加工要求可分为纤维素用柔软剂、合成纤维用柔软剂和树脂加工用柔软剂。纤维素用柔软剂多为阴离子表面活性剂；合成纤维用柔软剂多采用季铵盐类的阳离子型柔软剂；树脂整理柔软剂一般多采用非离子型柔软剂。如柔软剂 VS、柔软剂 MS 等，在热处理时，因为它们能与纤维素纤维分子中的羟基成化学结合，故均具有良好的耐洗性。常用的柔软剂如下。

（1）有机硅类

主要有柔软剂 C、柔软剂 EP 等。柔软剂 C 是由二甲基硅氧烷进行高度聚合而得，需控制聚合物相对分子质量在 6 万～7 万为宜，其结构式如下。

$$H_3C—\underset{CH_3}{\overset{CH_3}{Si}}—O\!\leftarrow\!\underset{CH_3}{\overset{CH_3}{Si}}—O\!\rightarrow_{n}\!\underset{CH_3}{\overset{CH_3}{Si}}—CH_3$$

柔软剂 EP 是由硅油、白蜡等在乳化剂作用下乳化复配而得。上述两种柔软剂都属于非离子型表面活性剂。有机硅油是耐久性的柔软剂，在一定的条件下，硅氧烷便发生氧化缩聚，在织物表面形成一层具有氧桥的平滑性与柔曲性好的透气性的拒水薄膜，并具有非常好的耐水性能。

（2）带有环氧基的阳离子表面活性乳化体（柔软剂 ES）

结构式为 $\left[\begin{array}{l} C_{17}H_{35}—C\!\!=\!\!N—CH_2 \\ \quad\quad\quad\quad\;\; N—CH_2 \\ \quad\quad\quad\quad\;\; CH_2CH_2NH_2—\overset{H_2}{C}—CH—CH_2\ (\text{环氧基 }O) \end{array}\right]^+ \cdot Cl^-$，由硬脂酸和二亚乙基三胺缩合反应生成十七烷基咪唑啉，再与环氧氯丙烷作用生成带环氧基的咪唑啉衍生物。柔软剂 ES 属阳离子型，因其带有反应性环氧基因，可与纤维素上的官能团发生化学反应，使其与纤维结合的更加牢固，因此，具耐洗性。可与非离子、阳离子表面活性剂混合使用，但不能与阴离子同浴使用。

(3) 十八烷基乙烯脲（柔软剂 VS）

结构式为 $C_{18}H_{37}NHCON\begin{matrix}CH_2\\ |\\ CH_2\end{matrix}$，能使织物具有优良的柔软手感和耐洗性能。广泛用作棉、黏胶、毛和合成纤维以及其混纺织物的柔软后处理剂。生产采用乙烯亚胺缩合法，将乙烯亚胺与十八异氰酸酯缩合，再加入增白剂 VBL、匀染剂 O，经搅拌、冷却、砂磨而得。

(4) *N*-羟甲基硬脂酰胺（柔软剂 MS-20）

结构式为 $C_{17}H_{35}—\overset{O}{\overset{\|}{C}}—NH—CH_2OH$，属混合离子型，能与树脂同浴整理，使用方便。用作棉、黏胶、涤纶及其混纺织物的柔软整理。以硬脂酸酰胺和甲醛为原料，经羟甲基化反应制得粗品，再经砂磨、过滤而得。

2.5 涂料加工用助剂

在涂料组成中，除作为成膜物质的基料外，还有颜填料、溶剂或水以及助剂等辅助材料。其中助剂用量虽然很少但作用显著。涂料助剂可以改进生产工艺，改善产品性能，提高涂料施工性能，减少对环境的污染，开发新型涂料品种，赋予涂料特殊功能和推出各种功能性涂料。特别是水性涂料的发展，极大地促进了助剂产品的多样化和专业化，高效、无毒害、低挥发性有机物 VOC、多功能化涂料助剂的研究和应用已成为主流。美国涂料助剂市场到 2007 年将达到 8 亿美元以上。

我国从 20 世纪 80 年代开始在涂料中广泛使用涂料助剂，常用的有附着力促进剂、防流挂剂、防发花剂、防浮色剂、流平剂、消泡剂和抑泡剂等。另外根据特殊要求，还有一些杀虫剂、防静电剂、防锈剂等。

2.5.1 附着力促进剂

附着力促进剂是能够提高涂层与基材黏结强度的化合物。一般此类化合物分子链的末端含有两种不同的官能团，其中一种官能团能够与基材表面反应，另一种官能团能够与基体树脂反应。附着力改进剂主要有以下三类。

(1) 树脂类附着力改进剂

含有羟基、羧基、醚键或氯代树脂、磺酰氨基等溶剂型树脂，一般与树脂有较好的混容性，又与底材可形成一定的化学结合，因而在涂膜与底材间形成化学结合力。

① 聚酯基二醇（K-FLEX 系列） 是线型的脂肪族结构，分子量分布狭窄并均一。为了能与氨基及异氰酸酯交联剂获得高反应性而进行固化，建议用作丙烯酸、醇酸、环氧和聚酯配方中的改性剂。用于高固体分涂料可提高硬度、附着力及固体含量，并能进行快固化。

② 氯化聚丙烯 可作为底漆涂装于聚丙烯底材或添加于树脂中，可解决涂料在未处理的 PP 或 PP/EPDM 塑料底材上附着不良问题，还可增进涂料的耐水性、耐汽油性及耐热性。

(2) 硅烷偶联剂类附着力增进剂

加有少量硅烷偶联剂的涂料，在涂布施工后，硅烷向涂料与底材的界面迁移，此时遇到无机表面的水分，可水解生成硅醇基，进而和底材表面上的羟基形成氢键或缩合成 Si—O—M（M 代表无机表面）共价键，同时硅烷各分子间的硅醇基又相互缩合形成网状结构的覆盖膜。硅类附着力促进剂常用于聚氨酯、环氧、丙烯酸酯及乳胶体系中。硅烷通式以 $RSiX_3$ 表示，当 X 为乙氧基、R 为乙烯基时，硅烷为乙烯基三乙氧基硅烷，分子式为

$$H_2C{=}CH—Si(OC_2H_5)_3$$

还有乙烯基三（β-甲氧乙氧基）硅烷、γ-（甲基丙烯酰氧基）丙基三甲氧基硅烷、乙烯基三氯硅烷和γ-氨基丙基三乙氧基硅烷等。

（3）钛酸酯偶联剂类附着力增进剂

钛酸酯偶联剂大致可分为四类：单烷氧基型、单烷氧基焦磷酸酯型、螯合型和配位体型。与硅烷偶联剂相似，钛酸酯偶联剂一端易与无机底材表面的吸附水结合形成化学键，另一端易与漆料中聚合物分子或发生化学反应而结合，或经缠绕而物理结合。因而钛酸酯偶联剂也发挥附着力促进剂的作用。

钛酸酯偶联剂一般分两步制备：第一步合成中间体四异丙基钛酸酯；第二步由四异丙基钛酸酯与脂肪酸通过酯交换反应合成偶联剂。其中第二步反应的工艺比较成熟，反应也容易进行。第一步中间体的合成有醇钠法、酯交换法及氨法等多种方法。我国异丙基钛酸酯的制备，主要以氨法为主，其反应式为

$$4C_3H_7OH + TiCl_4 \longrightarrow (C_3H_7O)_4Ti + 4HCl\uparrow$$

2.5.2　消泡剂和抑泡剂

消泡剂主要用于涂料生产中以阻止泡沫的形成，或加入到混合物中破坏泡沫的稳定。泡沫可以由液体膜与气体所构成，也可以由液体膜、固体粉末和气体所构成。前者称为二相泡沫，后者称为三相泡沫。涂料品种中所产生的泡沫，视其情况，有二相泡沫，也有三相泡沫。消泡剂应能在泡沫体系中产生稳定的表面张力不平衡，能破坏发泡体系表面黏度和表面弹性，具有低的表面张力和 HLB 值，不溶于发泡介质之中，但又很容易按一定的粒度大小均匀地分散于泡沫介质中，产生持续的和均衡的消泡能力。

通常，消泡剂是特定各种成分的混合物例如，矿物油、有机固体分、表面活性化合物；脂肪油、表面活性剂、硅烷衍生物；乙醇、硅烷衍生物、表面活性化合物；酯类化合物、矿物油、硅烷衍生物等。按消泡物质的种类大体可分为：低级醇系、有机极性化合物系、矿物油系和有机硅树脂系四类。国内外各种牌号的涂料用消泡剂，大多是用于乳胶涂料的。乳胶涂料用消泡剂多以复配型为主，已不再使用单一的物质作为消泡剂。乳胶漆用消泡剂是各种憎水基和乳化剂改性的烃类化合物，有些是以聚二甲基硅氧烷乳液为基础的化合物，有些则为分散着消泡组分的水分散物。

① 有机硅消泡剂（RJ-03）　由多官能团的硅油组成，将多官能团的硅油经过机械乳化制成，属非离子型。耐热，抗氯化，不易挥发，对金属不腐蚀，具有消泡、抑泡作用。

② 聚硅氧烷-聚醚共聚物和有机聚合物的混合物（Foamex810）　用于水性涂料、印刷油墨和以纯丙烯酸和苯乙烯-丙烯酸乳液为主的色浆的消泡。

除上述品种外，还有丙烯酸系聚合物、乙烯系树脂聚合物等消泡剂。

2.5.3　防流挂剂

涂料涂层流挂和流平是两个相互矛盾的现象。良好的涂膜流平性要求在足够长的时间内将黏度保持在最低点，有充分的时间使涂膜充分流平，形成平整的涂膜。这样就往往会出现流挂问题。反之，要求完全不出现流挂，涂料黏度必须特别高，它将导致涂料的流动性变差。为此需要一个优良的流变助剂，其流挂和流平两个性能取得适当平衡。防流挂剂就是指可以提高油漆的黏度，在油漆固化或施工过程中可以阻止流挂的一类的化合物。绝大多数这类化合物可以使油漆具有稠变性。常用的有有机膨润土类、气相二氧化硅、蓖麻油衍生物和触变性树脂等。

有机膨润土是通过改变体系的流变性质，使其具有触变性，从而防止颜料沉淀及施工流挂。它可以用于各种树脂体系。对有机、无机颜料都具有防止沉淀结块的作用，因此也可以

用于各种溶剂型漆中，是广泛使用的抗沉淀、防流挂助剂。一般采用先将10%的膨润土加入到85%的非极性溶剂中，搅拌分散均匀后再加入5%的工业乙醇，高速搅拌，使之完全分散和活化后，再加入颜料浆中共同研磨分散。

天然蒙脱土不够纯净而且是亲水性的，不能直接作为流变助剂。必须经过纯化步骤并和季铵盐（阳离子表面活性剂）进行离子交换反应后成为亲有机性，才能用于有机体系。

气相二氧化硅是四氯化硅在氧-氢焰中水解而成的，反应式如下。

$$SiCl_4+2H_2+O_2 \xrightarrow{1000℃} SiO_2+HCl$$

本品为人工合成物，为白色无定型起细粉状物，二氧化硅含量大于98.0%，平均粒径≤1.5μm。本品无毒、受热不分解、耐酸、碱性好。适用于厚浆涂料的增稠、由于其明显的氢键触变增稠作用，使涂料在施工时有好的施工性能，而一旦剪切力消除，其又很快失去流动性，可以防止厚浆涂料的流挂。用量为总配方量的5%左右。

有时各种不同的防沉降剂与其他助剂合用可以获得较好的防流挂性能，这种助剂在低剪切速率条件下，影响涂料的黏度，但是有助于颜料的分散，流动的控制及抗流挂。

2.5.4 防发花剂和防浮色剂

发花和浮色是指当涂料完成施工后，尚处于湿态漆膜逐渐形成中所发生的颜色变化。这是颜料混合物中一种或多种颜料在漆膜表面浓集而造成的现象，如果颜料的粒径变化范围较宽，则即使只含有一种颜料漆膜也会有发花的效果。发花，或垂直分离，是涂层中各种颜料组分的不平均分布所造成的现象，表现为施工后漆膜出现格子或条纹状纹路。浮色，或水平分离，是漆膜仍处于湿态时颜色所浮现的均匀变化。在涂料工业中浮色和发花经常相互使用，两种现象都存在与液态涂料体系中，但是它们是由不同的运动而引起的现象。也有一些人用发花来描述漆膜表面的斑点效果，用浮色来描述漆膜表面具有同一种颜色但是颜色深浅不同。

防止发花和浮色可以通过影响漆膜中的流动性、影响絮凝和颜料运动性及添加抗发花剂和防浮色剂防止来实现。

防发花剂是加入到含有单一或多种颜料的涂料体系中，可以阻止单一或多种颜料的相互分离，从而可以避免最终涂膜产生条纹或斑点的助剂。

防浮色剂是加入到含有多种颜料的涂料体系中，可以阻止颜料在分散和干燥过程中在涂膜表面的分散和聚集的助剂。

聚硅氧烷与特定的润湿剂并用常足以成功地克服发花现象。此外，特定的润湿剂与抗发花剂的组合能使颜料混合物产生共絮凝。从而阻止了导致漆膜个别颜料的过度絮凝。添加丙烯酸聚合物的高分子聚酯胺盐，添加有机硅的高分子聚酯胺盐或脂肪族系多元羧酸也都可作为防发花剂和防浮色剂使用。

2.5.5 流平剂

涂料施工后能否达到平整、光滑、均匀的涂膜的特性称为流平性。流平是涂料应用中非常重要的问题，它影响涂层外观和光泽。提高涂料流平性的助剂就是流平剂。常用的流平剂主要有三类。

(1) 改性聚硅氧烷

以相容性受限制的长链硅树脂为主要组成，这类物质具有控制表面流动的效果，起到改善流平作用。另外，硅油本身是一种表面活性剂，它又可以提高对底材的润湿性，从而改善流平性。这类流平剂可以强烈地降低涂料的表面张力，提高涂料对底材的润湿性，防止产生缩孔；能够减少湿膜表面因溶剂挥发而产生的表面张力差，改善表面流动状态，使涂料迅速流平。

有机硅流平剂是重要的流平剂，在任何情况下，有机硅助剂都能降低表面张力，增进表面滑爽，特别是可以避免发生表面张力的差异，保证表面的流平，消除各种缺陷。有机硅助剂都是从聚二甲基硅氧烷这一基本结构衍生的，短链的有机硅在涂料体系中混容性较好，具有改进流动性和低表面张力的功能，目前广泛采用二苯基聚硅氧烷、甲基苯基聚硅氧烷、有机基改性硅氧烷等。

（2）相容性受限制的长链树脂型流平剂

以相容性受限制的长链树脂为主要组成物，其作用是降低涂料与底材之间的表面张力而提高润湿性。由于其分子量较低，同涂料中的树脂不完全相混容，且其表面张力较低，可以从树脂中渗出，使被涂物体润湿，及早排除被涂固体表面所吸附的气体分子，从而防止涂膜表面缺陷。常用的有丙烯酸酯均聚物或共聚物、醋丁纤维素类等。它们可以在一定程度上降低涂料与底材的表面张力而提高润湿性，防止缩孔；并且能在涂膜表面形成单分子层面使涂膜的表面张力均匀化，改善表层流动性，抑制溶剂挥发速度，消除橘皮、刷痕等缺陷，使涂膜光滑平整。

（3）以高沸点溶剂为主要成分的流平剂

这类流平剂可调整溶剂的挥发速度，使涂膜在干燥过程中，具有较平衡的挥发速度及溶解力，防止因溶剂挥发过快、黏度过大而妨碍涂膜流动，造成流平不良的弊病，并可防止因溶剂挥发过快而引起的基料溶解性变差、析出所导致的缩孔现象。常用溶剂由芳烃、酮类、酯类或多官能团的高沸点溶剂混合物为主要组成。

参考文献

[1] 钱伯章，朱建芳．我国塑料助剂发展现状和进展．塑料科技，2007，35（10）：92-100.
[2] 张治国，尹红，陈志荣．纤维前处理用精炼助剂研究进展．纺织学报，2004，25（2）：105-108.
[3] 刘和平．涂料助剂的现状及发展趋势．广东化工，2007，34（7）：70-73.
[4] 李汉堂．国内外橡胶助剂的发展动态．橡塑资源利用，2006，4：29-36.
[5] 吕世光．塑料助剂手册．北京：轻工业出版社，1986.
[6] 山西省化工研究所编．塑料橡胶加工助剂：第2版．北京：化学工业出版社，2002.
[7] 李青山，王正平，王慧敏等编著．材料加工助剂原理及应用．哈尔滨：哈尔滨工程大学出版社，2002.
[8] 郭淑静主编．国内外涂料助剂品种手册．北京：化学工业出版社，1999.

第3章 表面活性剂

3.1 概述

表面活性剂工业是20世纪30年代发展起来的一门新型化学工业，随着石油化学工业的发展，发达国家表面活性剂的产量逐年迅速增长，已成为国民经济的基础工业之一。目前，国外已有表面活性剂5000多个品种，商品牌号达万种以上。

我国肥皂工业起步于1903年，但合成洗涤剂则始于20世纪50年代末60年代初，60年代开始表面活性剂有所发展，但发展速度和品种较发达国家相差甚大。1990年我国表面活性剂约290种，产量约31.8万吨。2005年我国表面活性剂产量达301.8万吨，居世界第二位；其中工业表面活性剂占我国表面活性剂总产量的比例从2000年的47.55%增长到2005年的72.26%。能够生产阳离子、阴离子、非离子、两性离子四大类、45个分类、130个小类的4714种表面活性剂产品，广泛应用于工业、农业、国防、军工和日常生活等领域。

3.1.1 表面与表面张力

人们周围的很多物质在一定条件下都可以形成气、液、固三种聚集状态，例如水、水蒸气、冰就是一种物质的三种不同聚集状态。不同聚集状态，即不同相的物质相互接触，形成相与相的分界面，称为“界面”。相界面类型取决于相互接触的两相物质的聚集状态。在各相之间存在的界面，有气-液、气-固、液-液、液-固、固-固五类相间的界面。由于人们的眼睛通常看不见气相，所以经常把由气相组成的界面（即气-液、气-固界面）称作表面。

表面上的分子所处的状态与体相内部分子所处的状态不同，体相内部分子受到周围分子的作用力，总地来说是对称的。而表面上的分子，由于两相性质的差异，所受的作用力是不对称的。因此，表面分子比起液相内部分子来说相对地不稳定，它有向液体内迁移的趋势，即有缩小表面积的趋势。通常人们看到的汞滴、露水珠呈球形，就是这个道理。

液体的表面张力来源于物质的分子或原子间的范德华引力。范德华引力包括取向力、诱导力和色散力，是永远存在于分子或原子间的一种作用力。取向力存在于极性分子之间；诱导力存在于极性分子之间或极性分子与非极性分子之间；而色散力无论是极性分子或非极性分子都有。所以表面张力是分子间吸引力的一种量度。

表面张力是由于表面层分子和液体内部分子所处的环境不一样形成的。如图3-1所示为气-液体系中表面层分子与液体内部分子所受力状态示意图，在液体内部的分子A周围分子对它的作用力是对称的，彼此相互抵消，合力为零。分子A在液体内部可以自由移动，不消耗功。而处在表面的分子则不同，液体内部分子对它的吸引力大，气体分子对它的吸引力小，总的合力是受到指向液体内部并垂直于表面的引力。这种力趋于把表面分子拉入液体内部，因而表层分子比液体内部分子相对地不稳定，它有向液体内部迁移的趋势，所以液体表面总有自动缩小的趋势。

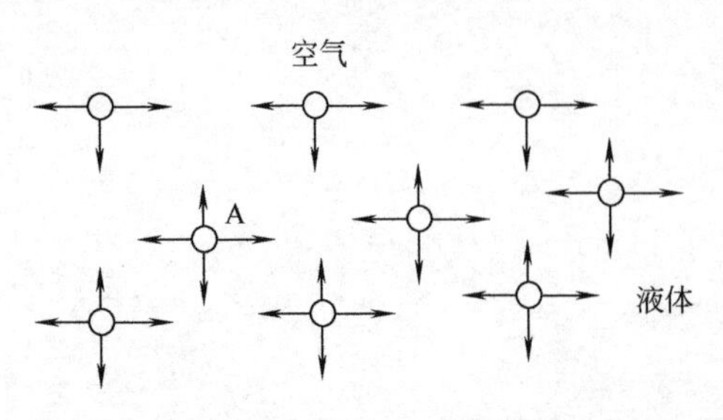

图3-1 液体分子在内部和表面受力状态示意图

液体表面张力可以这样测量，即采用一个钢丝制成的框（图3-2），框的一边是可以自由移动的AB钢丝。待此框从肥皂水中拉出，即可在框中形成一层肥皂水膜。肥皂膜因表面张力的作用而缩小。在可移动的钢丝 AB 上施加外力 F，才能使肥皂膜稳定存在。以 γ 表示表面张力，可移动的钢丝长度为 L。由于肥皂膜有前后两个表面，因此边缘总长为 $2L$。肥皂膜达到平衡时所施外力 $F=2\gamma L$。

$$\gamma=\frac{F}{2L}$$

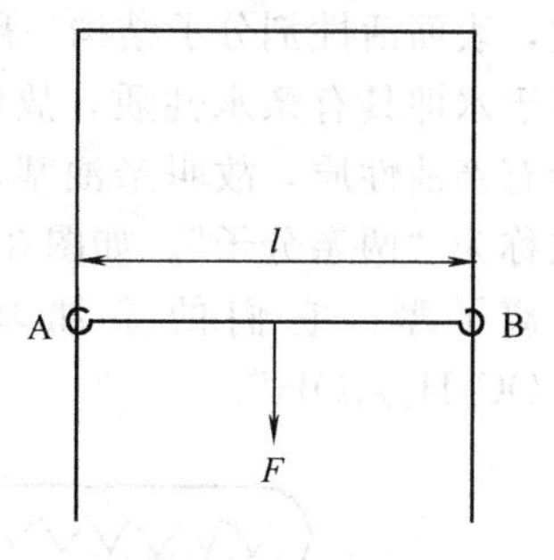

图 3-2 液体表面张力实验

γ 和 F 都是沿着液体表面的切线方向，垂直作用于界面边缘，但方向相反。因此，表面张力可以定义为，垂直作用于液体表面上任一单位长度，与液面相切的收缩表面的力。

平面的表面张力方向平行于表面；曲面的表面张力方向垂直向里并趋于缩小界面积。表面张力的单位通常以“$N \cdot m^{-1}$”表示。

液体的表面张力属于液体的基本性质。各种液体，在一定的温度、压力下有一定的表面张力值。纯液体的表面张力，通常是液体与饱和了本身蒸气的空气相接触面言的。

实验结果表明，液体的表面张力随温度的升高而下降。从分子的相互作用来看，当温度升高时，分子的动能增加，一部分分子间的吸引就会被克服，其结果是气相中的分子密度增加，液相中分子间距离增大。这两种效应皆使 γ 降低。当温度升高到接近临界温度 T_c 时，液相和气相的界线逐渐消失，表面张力最终降为零。

气体压力对表面张力也有影响，但原因比较复杂。一般增加气相压力，γ 下降；通常压力每增加 1MPa，表面张力约降低 $1mN \cdot m^{-1}$，例如，在 0.1MPa 下，水和四氯化碳的 γ 分别是 $72.8mN \cdot m^{-1}$ 和 $26.3mN \cdot m^{-1}$，而在 1MPa 时分别是 $71.5mN \cdot m^{-1}$ 和 $25.9mN \cdot m^{-1}$。

3.1.2 表面活性与表面活性剂

表面活性物质，是指能使其溶液表面张力降低的物质。习惯上把显著降低溶液表面张力、改变体系界面状态的物质，称为表面活性剂。

当然，不能只从降低表面张力的角度来定义表面活性剂，因为在实际使用时，有时并不要求降低表面张力。那些具有改变表面润湿性能、乳化、破乳、起泡、消泡、分散、絮凝等多方面的作用的物质，也称为表面活性剂。所以应该认为，凡是加入少量能使其溶液体系的界面状态发生明显变化的物质，称为表面活性物质。

表面活性剂一般都是线型分子，其分子中同时含有亲水（憎油）性的极性基团和亲油（憎水）性的非极性基团，从而使表面活性剂既具有亲水性又具有亲油性的双亲性。例如，在表面活性剂硬脂酸钠 $C_{17}H_{35}COONa$ 的分子中，“$C_{17}H_{35}$”为亲油基，“COO”为亲水基，从分子结构上看，它是两亲分子。但是具有两亲结构的物质，并不一定都是表面活性剂。例如：脂肪酸钠盐，当碳原子数较少时（如甲、乙、丙、丁酸钠盐），虽然也具有亲油和亲水两部分结构，但没有像肥皂那样的去污能力，所以不是表面活性剂。只有当含碳原子数达到一定数目后，脂肪酸钠盐才表现出明显的表面活性。可是，当碳原子数超过一定数目以后，由于变成不溶于水的化合物，又失去了表面活性的作用。所以，对于脂肪酸钠盐来说，含碳原子数在 3～20 之间，才有明显的表面活性剂特征。

3.1.3 表面活性剂的分子结构特点

在实际应用中，表面活性剂的品种繁多。但总括起来，可以把表面活性剂化学结构上的特点予以简单地归纳。表面活性剂分子，可以看作是碳氢化合物分子上的一个或几个氢原子，被极性基团取代而构成的物质。其中极性取代基可以是离子，也可以是非离子基团。因此，表面活性剂分子结构一般是由极性基和非极性基构成，具有不对称结构。它的极性基易溶于水即具有亲水性质，故叫亲水基；而长链烃基（非极性基）不溶于水，易溶于“油”，具有亲油性质，故叫亲油基，也叫疏水基。由此可知：表面活性剂分子具有“两亲结构”，故称为“两亲分子”。如图 3-3 所示为两种不同类型的“两亲分子”，(a) 为离子型，(b) 为非离子型。它们的亲油基相同，而亲水基则不同，一个为“OSO_3^-”，另一个为“$(OC_2H_4)_6OH$”。

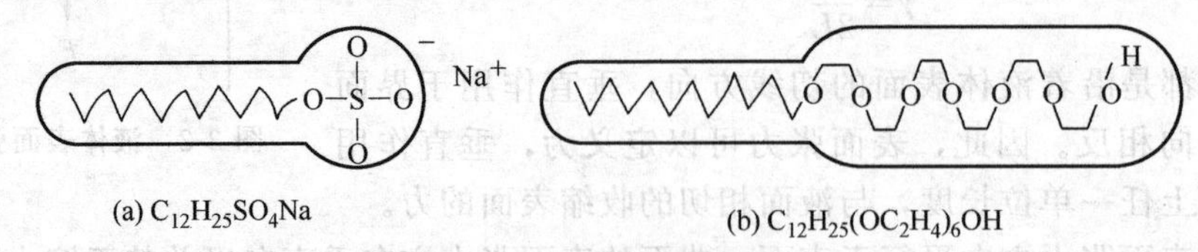

(a) $C_{12}H_{25}SO_4Na$　　(b) $C_{12}H_{25}(OC_2H_4)_6OH$

图 3-3　两亲分子示意图

表面活性剂的亲油基一般是由长链烃基构成，结构上差别不大，一般包括下列结构：

① 直链烷基（碳原子数为 8～20）；

② 支链烷基（碳原子数为 8～20）；

③ 烷基苯基（烷基碳原子数为 8～16）；

④ 烷基萘基（烷基碳原子数 3 个以上）；

⑤ 松香衍生物；

⑥ 高分子量聚环氧丙烷基；

⑦ 长链全氟（或高氟代）烷基；

⑧ 聚硅氧烷基；

⑨ 全氟聚环氧丙烷基（低分子量）。

表面活性剂的亲水基部分的基团种类繁多、常见的有羧基—COO^-、磺酸基—SO_3^-、硫酸酯基—OSO_3^-、醚基—O—、伯胺 R—NH_2—、仲胺 $[R^1—\overset{R^2}{\overset{|}{N}}H]$ 、叔胺 $[R^1—\underset{R^3}{\overset{R^2}{N}}]$ 、羟基—OH、磷酸酯基—OPO_3^- 等。

3.1.4　表面活性剂的分类

表面活性剂性质的差异，除与烃基的大小、形状有关外，主要与亲水基的不同有关。亲水基的变化比疏水基要大得多，因而表面活性剂的分类，一般也就以亲水基的结构，即按离子的类型而划分。

表面活性剂溶于水时，凡能离解成离子的叫做离子型表面活性剂，凡不能离解成离子的叫做非离子型表面活性剂。而离子型表面活性剂按其在水中生成的表面活性离子的种类，又可分为阴离子型表面活性剂、阳离子型表面活性剂、两性表面活性剂等。一些具有特殊功能或特殊组成的新型表面活性剂，未按离子性、非离子性划分，而是根据其特殊性列入特殊表面活性剂类。按此，表面活性剂可如下归类。

- 表面活性剂
  - 离子型表面活性剂
    - 阳离子型表面活性剂
    - 阴离子型表面活性剂
    - 两性表面活性剂
  - 非离子型表面活性剂
  - 特殊表面活性剂

① 阴离子型表面活性剂　阴离子型表面活性剂一般都具有好的渗透、润湿、乳化、分散、增溶、起泡、去污等作用，阴离子型表面活性剂按亲水基的不同，可分为：羧酸盐类、

磺酸盐类、硫酸酯盐类、磷酸酯盐类，每一种又可衍生出许多种类的表面活性剂，其中烷基苯磺酸钠的产量最大，它们是合成洗涤剂的重要成分之一。

② 阳离子型表面活性剂　阳离子型表面活性剂在工业上的应用，直接利用其表面活性的不多，而是利用其派生性质。它除用作纤维柔软剂、抗静电剂、防水剂、染色助剂等之外，还用作矿物浮选剂、防锈剂、杀菌剂、防腐剂等。

阳离子型表面活性剂以胺系为主，其分类见表 3-1。其中，季铵盐用途最大。最有代表性的是烷基二甲基苄基氯化铵（洁尔灭），用作杀菌剂。阳离子型表面活性剂的水溶液通常显酸性，而阴离子型表面活性剂的水溶液一般呈中性或碱性。所以一般情况下，不能与阴离子型表面活性剂配合使用。

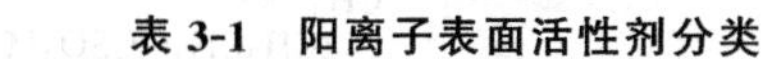

表 3-1　阳离子表面活性剂分类

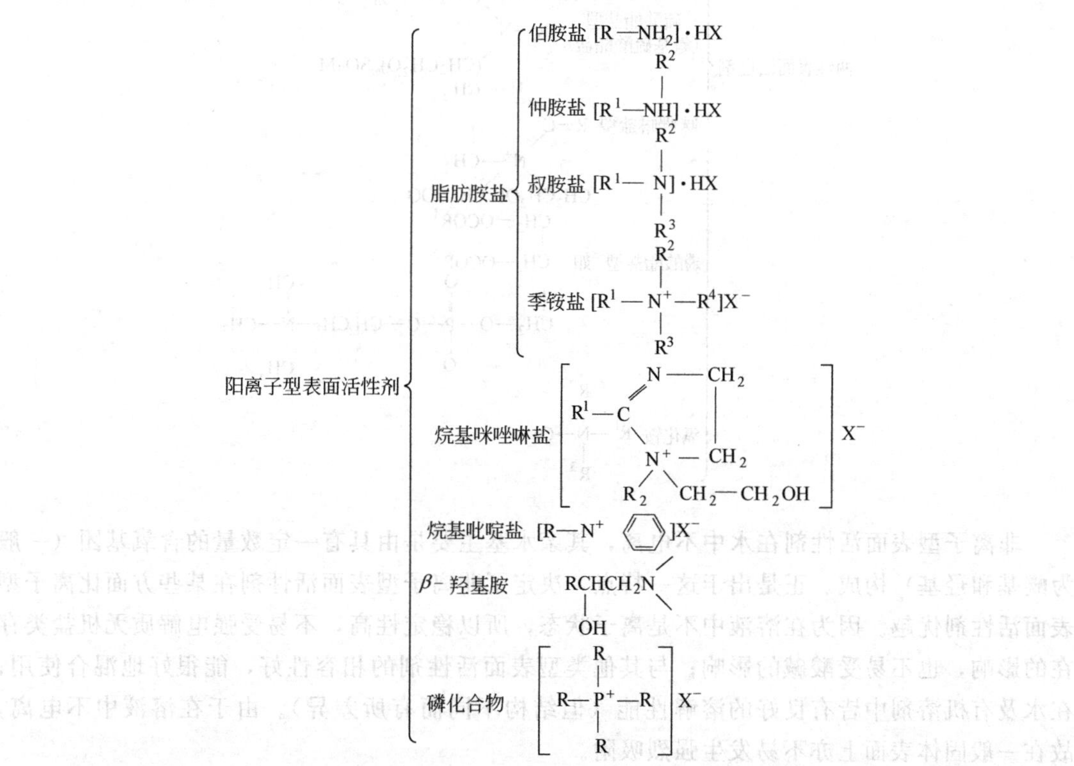

③ 两性表面活性剂　通常所说的两性表面活性剂，是指由阳离子部分和阴离子部分组成的表面活性剂。在大多数情况下，阳离子部分都是由胺盐或季铵盐作为亲水基，而阴离子部分可以是羧酸盐、硫酸酯盐、磺酸盐等。现在的两性表面活性剂商品几乎都是羧酸盐型。阴离子部分是羧酸基构成的两性表面活性剂，其中由胺盐构成阳离子部分的称氨基酸型，由季铵盐构成阳离子部分的则称为甜菜碱性。另外，氧化铵也是重要的一种。

两性表面活性剂开发较晚，从产量来看，目前所占比例还不大。但由于两性表面活性剂结构所决定的许多优异性能加上环境保护和人类安全性对消费品的要求愈来愈高，而两性表面活性剂的毒性比阳离子型的小得多且杀菌力好，因此预计两性表面活性剂的研究和生产将出现一个崭新的局面。两性表面活性剂的分类见表 3-2。

④ 非离子型表面活性剂　非离子型表面活性剂虽应用较晚，但却十分广泛，并且很多性能超过离子型表面活性剂。

表 3-2 两性表面活性剂的分类

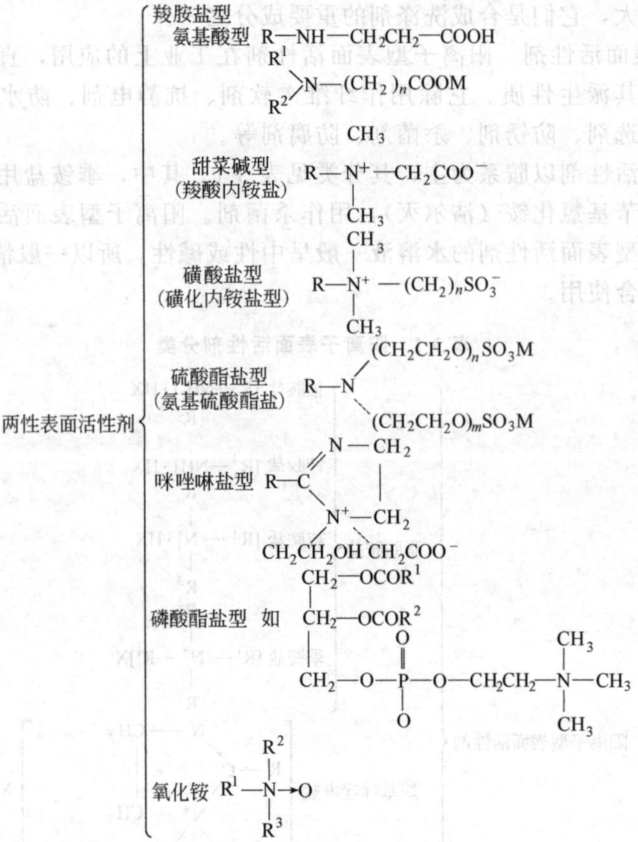

两性表面活性剂	类型	结构
	羧胺盐型	氨基酸型 $R—NH—CH_2CH_2—COOH$
		$(R^1)(R^2)N—(CH_2)_nCOOM$
	甜菜碱型（羧酸内铵盐）	$R—N^+(CH_3)_2—CH_2COO^-$
	磺酸盐型（磺化内铵盐型）	$R—N^+(CH_3)_2—(CH_2)_nSO_3^-$
	硫酸酯盐型（氨基硫酸酯盐）	$R—N[(CH_2CH_2O)_nSO_3M][(CH_2CH_2O)_mSO_3M]$
	咪唑啉盐型	$R—C(=N—CH_2—CH_2—N^+)$，N^+ 上连 CH_2CH_2OH 及 CH_2COO^-
	磷酸酯盐型 如	$CH_2—OCOR^1$ / $CH—OCOR^2$ / $CH_2—O—P(=O)(O)—O—CH_2CH_2—N(CH_3)_3$
	氧化铵	$R^1—N(R^2)(R^3)→O$

非离子型表面活性剂在水中不电离，其亲水基主要是由具有一定数量的含氧基团（一般为醚基和羟基）构成。正是出于这一特点，决定了非离子型表面活性剂在某些方面比离子型表面活性剂优越。因为在溶液中不是离子状态，所以稳定性高，不易受强电解质无机盐类存在的影响，也不易受酸碱的影响；与其他类型表面活性剂的相容性好，能很好地混合使用；在水及有机溶剂中皆有良好的溶解性能（但结构不同而有所差异）。由于在溶液中不电离，故在一般固体表面上亦不易发生强烈吸附。

非离子型表面活性剂产品，大部分呈液态或浆、膏状，这是与离子型表面活性剂不同之处。随湿度升高，很多非离子型表面活性剂溶解度降低甚至不溶。

非离子型表面活性剂的亲水基主要是由聚环氧乙烷基$\leftarrow C_2H_4O \rightarrow_n$构成，另外一部分就是以多醇（如甘油、季戊四醇、蔗糖、葡萄糖、山梨醇等）为基础的结构。非离子型表面活性剂的分类见表 3-3。

非离子型表面活性剂大多具有良好的乳化、润湿、渗透性能及起泡、洗涤、稳泡、抗静电等作用，且无毒。特别是烷基多苷，是新一代性能优良的非离子型表面活性剂，它不但表面活性高，去污力强，而且无毒、无刺激，生物降解性好，被誉为新一代“绿色产品”。非离子型表面活性剂广泛用作纺织业、化妆品、食品、药物等的乳化剂、消泡剂、增稠剂以及医疗方面的杀菌剂和洗涤、润湿剂等。

⑤ 特殊表面活性剂 特殊表面活性剂各自具有特殊的结构及性能，类别也较多，大致包括表 3-4 所示的几种。

表 3-3 非离子型表面活性剂的分类

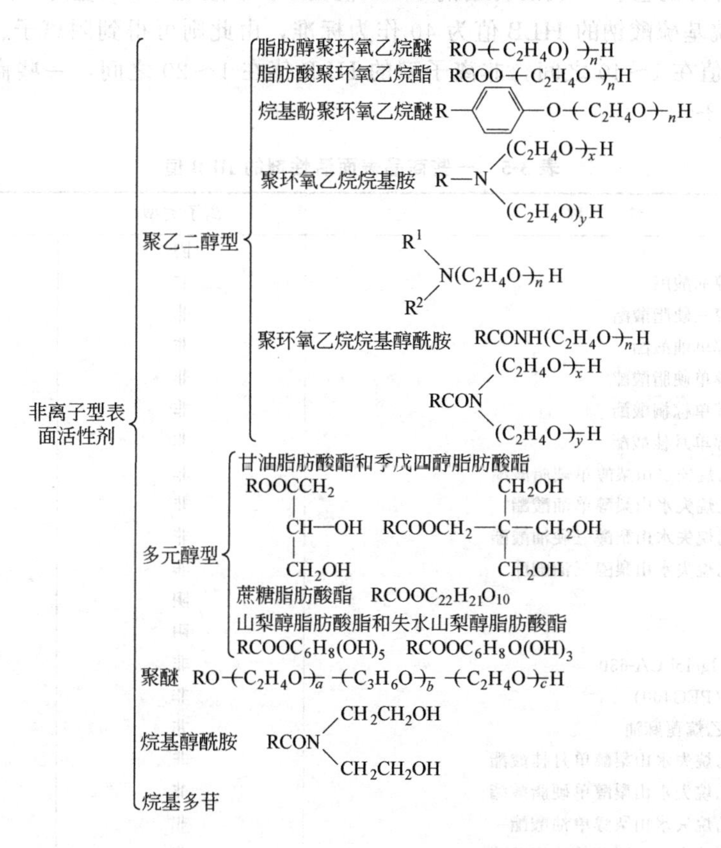

表 3-4 特殊表面活性剂

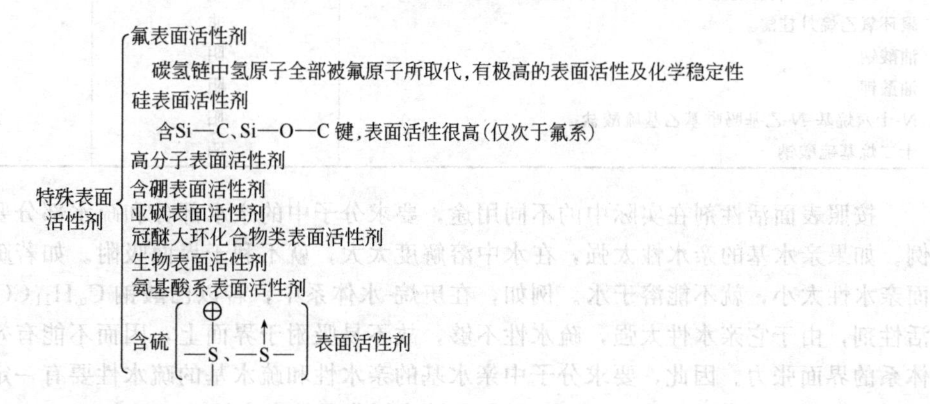

3.1.5 表面活性剂的物化性质

(1) 亲水-亲油平衡值

随着生产和科学的发展，表面活性剂品种的不断增加，应用范围也日趋广泛。只有充分了解表面活性剂的物理化学性质，才能在实际应用中合理选用。表面活性剂的亲水-亲油平衡值就是其重要的物理化学参数之一。

“亲水-亲油平衡”是指表面活性剂的亲水基和疏水基之间在大小和力量上的平衡关系。反映这种平衡程度的量被称为亲水-亲油平衡值（简称 HLB 值）。

HLB 值获得方法有实验法和计算法两种，后者较为方便。HLB 值没有绝对值，它是相对于某个标准所得的值。一般以石蜡的 HLB 值为 0、油酸的 HLB 值为 1、油酸钾的 HLB 值为 20、十二烷基硫酸钠的 HLB 值为 40 作为标准，由此则可得到阴离子、阳离子型表面活性剂的 HLB 值在 1～40 之间，非离子型的 HLB 值在 1～20 之间，一些商品表面活性剂的 HLB 值见表 3-5。

表 3-5 一些商品表面活性剂的 HLB 值

名　称	离子类型	HLB 值
油酸	阴	1
Span 85 失水山梨醇油酸酯	非	1.8
Span 65 失水山梨醇三硬脂酸酯	非	2.1
Span 80 失水山梨醇单油酸酯	非	4.3
Span 60 失水山梨醇单硬脂酸酯	非	4.7
Span 40 失水山梨醇单棕榈酸酯	非	6.7
Span 20 失水山梨醇单月桂酸酯	非	8.6
Tween 61 聚环氧乙烷失水山梨醇单硬脂酸酯	非	9.5
Tween 81 聚环氧乙烷失水山梨醇单油酸酯	非	10.0
Tween 65 聚环氧乙烷失水山梨醇三硬油酸酯	非	10.5
Tween 85 聚环氧乙烷失水山梨醇三油酸酯	非	11.0
烷基芳基磺酸盐	阴	11.7
三乙醇胺油酸酯	阴	12.0
聚环氧乙烷烷基酚 Igelol CA-630	非	12.8
聚环氧乙烷月桂醚(PEG400)	非	13.1
乳化剂 E1,聚环氧乙烷蓖麻油	非	13.3
Tween 21 聚环氧乙烷失水山梨醇单月桂酸酯	非	13.3
Tween 60 聚环氧乙烷失水山梨醇单硬脂酸酯	非	14.9
Tween 80 聚环氧乙烷失水山梨醇单油酸酯	非	15
Tween 40 聚环氧乙烷失水山梨醇单棕榈酸酯	非	15.6
Tween 20 聚环氧乙烷失水山梨醇单月桂酸酯	非	16.7
聚环氧乙烷月桂醚	非	16.9
油酸钠	阴	18
油酸钾	阴	20
N-十六烷基-*N*-乙基吗啉基乙基硫酸盐	阳	25～30
十二烷基硫酸钠	阴	约 40

按照表面活性剂在实际中的不同用途，要求分子中的亲水部分和疏水部分要有适当的比例。如果亲水基的亲水性太强，在水中溶解度太大，就不利于界面吸附。如若疏水性太强表面亲水性太小，就不能溶于水。例如，在庚烷-水体系中，若以已酸钠 $C_5H_{11}COONa$ 为表面活性剂，由于它亲水性太强，疏水性不够，故不易吸附于界面上，因而不能有效地降低这一体系的界面张力。因此，要求分子中亲水基的亲水性和疏水基的疏水性要有一定的比例，即整体亲水性应适当。用式(3-1) 表示表面活性剂分子的亲水性。

$$亲水性=\frac{亲水基的亲水性}{疏水基的疏水性} \tag{3-1}$$

由式(3-1) 可看出，对相同疏水基，若亲水基不同，则其亲水性也不同。例如，十二烷基磺酸钠的亲水性比十二烷基硫酸钠强。另一方面，当表面活性剂的亲水基相同时，疏水基越长，则亲水性就越差。例如：十八烷基磺酸钠比十二烷基磺酸钠难溶于水。因此，疏水基的疏水性可用疏水基的分子量来表示。

对于亲水基，由于种类繁多，不可能用分子量来表示其亲水性，因每一种亲水基的亲水能力不同。然而，对于聚环氧乙烷类非离子表面活性剂而言，分子量越大，则其亲水性就越强。故对非离子表面活性剂，一般可以用亲水基的分子量来表示其亲水性。

由于表面活性剂的分子结构所显示出来的亲水性可用 HLB 值表示，所以 HLB 值与表面活性剂用途之间的关系就显而易见了。表 3-6 表示 HLB 值范围与应用的关系，表 3-7 表示乳化各种油相所需的 HLB 值。

表 3-6　表面活性剂的 HLB 值范围及其应用

HLB 值范围	应　用	HLB 值范围	应　用
1.5～3.0	消泡	8～18	O/W 型乳化
3.0～6.0	W/O 型乳化	13～15	洗涤
7～9	润湿、渗透	15～18	增溶

表 3-7　乳化各种油相所需的 HLB 值

油　相	O/W 型乳状液 HLB 值	油　相	O/W 型乳状液 HLB 值	油　相	O/W 型乳状液 HLB 值
苯甲酮	14	十三醇	14	烷烃矿物油	10
月桂酸	16	四氯化碳	16	矿脂	7～8
亚油酸	16	苯	15	松油	16
蓖麻油酸	16	蓖麻油	14	蜂蜡	9
油酸	17	氯化石蜡	8	石蜡	10
硬脂酸	17	矿物油	14	棉籽油	7.5
十六醇	15	羊毛脂(无水)	12	硅油	10.5
葵醇	14	邻二氯苯	13		
十二醇	14	芳烃矿物油	12		

应当指出的是，上述 HLB 值与表面活性剂用途之间的关系只适用于非离子表面活性剂，且也有偏差，即不是唯一可靠的标准，因此，还应参考表面活性剂的其他一些性质。

(2) 某些表面活性剂 HLB 值的计算

既然 HLB 值是实际应用中选择表面活性剂的一种参考依据，因此如何求知 HLB 值就显得很有必要。现简单介绍几种计算方法以供参考，有的则可以直接查表得到。

① 非离子型表面活性剂

a. 聚乙二醇类和多元醇类　其 HLB 可按式(3-2) 计算。

$$\text{HLB 值}=\frac{\text{亲水基的分子量}}{\text{表面活性剂的分子量}}\times\frac{100}{5}=\frac{\text{亲水基的分子量}}{\text{疏水基分子}+\text{亲水基分子量}}\times\frac{100}{5} \tag{3-2}$$

对石蜡，由于没有亲水基，所以 HLB 值等于 0；对聚乙二醇，由于没疏水基，所以 HLB 值等于 20。因此，非离子型表面活性剂的 HLB 值在 0～20 之间。

b. 多元醇脂肪酸酯　其 HLB 值可按式(3-3) 计算

$$\text{HLB 值}=20\left(1-\frac{S}{A}\right) \tag{3-3}$$

式中，S 为酯的皂化值；A 为原料脂肪酸的酸值。皂化值代表整个分子大小，酸值代表疏水基的大小，都代表各自的倒数，所以 S/A 是疏水基在表面活性剂分子中的质量分数，而 $(1-S/A)$ 是亲水基在表面活性剂分子中的质量分数。

c. 聚乙二醇类　其 HLB 值可按式(3-4) 计算。

$$\text{HLB 值}=\frac{\text{EO}}{5} \tag{3-4}$$

式中，EO 为聚环氧乙烷部分的质量分数。

② 离子型表面活性剂　对于离子型表面活性剂，其 HLB 值的计算比非离子型表面活性

剂的复杂。这是由于亲水基种类繁多、亲水性大小不同等所致。

1963 年 Davies 提出，把表面活性剂的结构分解为一些基团，每个基团对 HLB 值均有各自的贡献，通过实验先测得各基团对 HLB 值的贡献，称做“基团数”（表 3-8），其中亲水基的为正值，亲油基的为负值，然后，将各亲水、亲油基的 HLB 基团数代入式(3-5）中，即可计算出表面活性剂的 HLB 值。

$$\text{HLB 值}=7+\sum\text{亲水基基团数}+\sum\text{亲油基的基团数} \tag{3-5}$$

表 3-8　一些基团的 HLB 值

亲水基	基团数	亲油基	基团数
—COOK	21.1	—CH—	
—COONa	19.1	—CH_2—	
—SO_3Na	11	—CH_3	−0.475
—N	9.4	=CH—	
酯(失水山梨醇环)	6.8		
酯(游离)	2.4		
—COOH	2.1		
—OH(自由)	1.9	—($CH_2CH_2CH_2O$)—	−0.16
—O—	1.3		
—OH(失水山梨醇环)	0.5	—CF_2—	−0.87
—(CH_2CH_2O)	0.33	—CF_3—	

例：太古油的化学结构为

$$CH_3(CH_2)_5\underset{\displaystyle\llcorner OSO_3Na}{CH}CH_2CH{=}CH(CH_2)_7{-}COOH$$

$$\text{HLB 值}=7+(11+1.3+2.1)+17\times(-0.475)=13.3$$

只要对表面活性剂的化学结构熟悉，就可以很方便地利用上述给出的公式计算出 HLB 值。

③ 混合表面活性剂　混合表面活性剂的 HLB 值一般可用加合的方法计算。

$$\text{HLB 值}=\frac{W_A\,HLB_A+W_B\,HLB_B+\cdots}{W_A+W_B+\cdots} \tag{3-6}$$

式中，W_i，HLB_i 分别为混合表面活性剂中 i 组分的质量和 HLB 值。

例：20％石蜡与 80％芳烃矿物油组成的混合物乳化所需的 HLB 值为 11.6。为乳化此混合油，需用 span20（HLB 值=8.6）与 Tween20（HLB 值=16.7）的混合乳化剂，其比例为：63％Span20 和 37％Tween20。此混合体系的 HLB 值＝8.6×63％＋16.7×37％＝11.59、适于乳化上述混合油。同样方法，还必须再实验一下其他有同样 HLB 值的混合乳化剂，以确定最佳方案。

3.1.6　表面活性剂的应用性能

3.1.6.1　润湿作用

(1) 润湿作用

广义而言，润湿是固体表面的一种流体被另一种流体所取代的过程。例如，水润湿玻璃，就是玻璃（固体）表面上的空气（一种流体）被水（另一种流体）所取代的过程。

润湿一般分为三类：接触润湿——沾湿，浸入润湿——浸湿；铺展润湿——铺展。不论何种润湿过程，其实质都是界面性质及界面能量的变化。

① 沾湿　指液体与固体接触，变液/气界面和固/气界面为固/液界面的过程。该过程体系的吉布斯自由能降低值用 W_a 表示，称为黏附功。$W_a=\gamma_{固/气}+\gamma_{液/气}-\gamma_{固/液}$。恒温恒压下，$W_a>0$，即自发沾湿。

② 浸湿　指固相浸入液体中的过程，即固/气界面为固/液界面所代替的过程。该过程体系的吉布斯自由能降低值用 W_i 表示，称为浸湿功。$W_i=\gamma_{固/气}-\gamma_{固/液}$。恒温恒压下，$W_i>0$，能自发浸湿。

③ 铺展　指液体在固体表面的扩展过程，即固/气界面为固/液界面所代替的过程。该过程体系的吉布所自由能降低值用 S 表示，称为铺展系数。$S=\gamma_{固/气}-(\gamma_{固/液}+\gamma_{液/气})$。恒温恒压下，$S>0$，液体可以在固体表面上自动铺展，连续地从固体表面上将气体取代。

从以上讨论可知，三种润湿发生的条件为

沾湿　$$W_a=\gamma_{固/气}+\gamma_{液/气}-\gamma_{固/液}\geqslant 0 \tag{3-7}$$

浸湿　$$W_i-\gamma_{固/气}-\gamma_{固/液}\geqslant 0$$

铺展　$$S=\gamma_{固/气}-(\gamma_{固/液}+\gamma_{液/气})\geqslant 0$$

对同一体系，$W_a>W_i>S$。因此，当 $S\geqslant 0$ 时，必有 $W_a>W_i>0$。若液体能在固体上铺展，则必能沾湿与浸湿，亦即铺展是润湿的最高标准。因此，常以铺展系数作为体系润湿性能的指标。

如图 3-4 所示，(a)～(d) 分别表示在固体表面上滴一滴不同组成的液体所出现的润湿的四种情况。其中，(a) 为完全润湿，(b) 为部分润湿，(c) 为基本不润湿，(d) 为完全不润湿。自固、液、气三相交界处作液滴的切线，它与固体表面的夹角 θ 称作接触角（或润湿角）。当 $\theta=0°$，表示完全润湿；$90°>\theta>0°$，为部分润湿；$180°>\theta>90°$，为基本不润湿；$\theta\geqslant 180°$为完全不润湿。

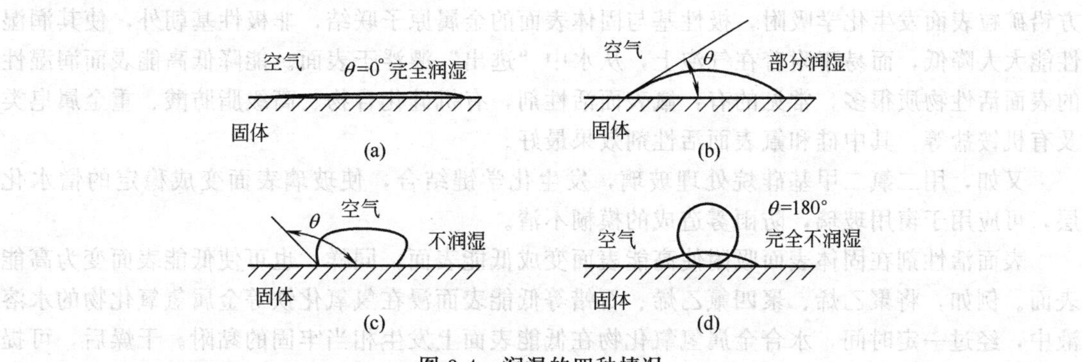

图 3-4　润湿的四种情况

以图 3-4 中的(b) 为例，放大为图 3-5。平衡时，$\gamma_{固/气}$、$\gamma_{液/气}$、$\gamma_{固/液}$及 θ 关系为

$$\gamma_{固/气}-\gamma_{固/液}=\gamma_{液/气}\cos\theta \tag{3-8}$$

此式称为润湿方程。

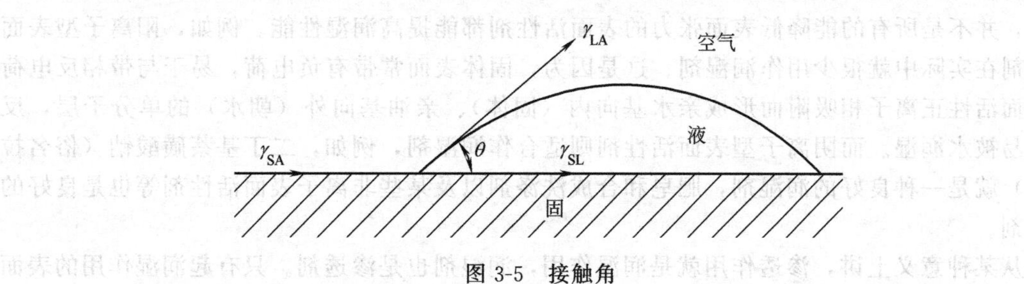

图 3-5　接触角

如将式(3-8) 分别代入式(3-7) 的各式中，则有

$$
\begin{aligned}
W_a &= \gamma_{液/气}(\cos\theta+1) \\
W_i &= \gamma_{液/气}\cos\theta \qquad (3\text{-}9) \\
S &= \gamma_{液/气}(\cos\theta-1)
\end{aligned}
$$

由此可看出，只要测出液体表面张力 $\gamma_{液/气}$ 和接触角 θ 后，即可求得 W_a、W_i、S 值，从而可解决应用各种润湿条件的困难。

从式(3-9) 可看出，接触角的大小也是润湿好坏的判据，在以接触角表示润湿性能时，习惯上将 $\theta=90°$ 定为润湿与否的标准。$\theta>90°$，称为不润湿；$\theta<90°$，称为润湿。θ 越小，润湿性能越好；当 $\theta=0°$ 叫做铺展。

(2) 表面活性剂的润湿作用

由润湿方程可以看出，固体表面能愈高，即 $\gamma_{固/气}$ 越大，愈易润湿。即高表面能固体比低表面能固体易于润湿。但是固体表面能的测定比较困难，只能知道一个大致范围。一般液体的表面张力都在 $0.1N \cdot m^{-1}$ 以下，以此为界，大于此值的固体称为高能表面固体，如金属及其氧化物、硫化物、无机盐等无机固体；而低于 $0.1N \cdot m^{-1}$ 的固体则称为低能表面固体，如有机固体、高聚物等。高能固体表面如与一般液体接触，体系表面的吉布斯自由能将有较大降低，故能为一般液体所润湿；低能固体表面一般润湿性能不好。

为了改变液体对固体表面的润湿性能，常于液体中加入某种表面活性剂。它主要起两方面的作用。

① 在固体表面发生吸附改变固体表面性质　表面活性剂是两亲分子，它的极性基易被吸附于固体表面，非极性基伸向空气，形成定向排列的吸附层。这种带有吸附层的固体表面裸露的是碳氢基团，具有低能表面特性，从而有效地改变了原固体表面的润湿性能，达到其实用的目的。例如，在选矿工艺中，常使用黄原酸钾（钠）浮选方铅矿。黄原酸钾（钠）在方铅矿粒表面发生化学吸附，极性基与固体表面的金属原子联结，非极性基朝外，使其润湿性能大大降低，而易于附着在气泡上，从水中“逃出”漂浮于表面。能降低高能表面润湿性的表面活性物质很多，常见的有：氟表面活性剂，有机硅化合物、高级脂肪酸、重金属皂类及有机铵盐等，其中硅和氟表面活性剂效果最好。

又如，用二氯二甲基硅烷处理玻璃，发生化学键结合，使玻璃表面变成稳定的憎水化层，可应用于窗用玻璃，防雨雾造成的模糊不清。

表面活性剂在固体表面吸附使高能表面变成低能表面，同样，也可使低能表面变为高能表面。例如，将聚乙烯、聚四氟乙烯、石蜡等低能表面浸在氢氧化铁等金属氢氧化物的水溶液中，经过一定时间，水合金属氢氧化物在低能表面上发生相当牢固的黏附。干燥后，可提高固体表面能，使“润湿性能也发生了”改变。

② 提高液体的润湿能力　水不能在低能固体表面上铺展。为了改善其润湿性质，常在水中加入一些表面活性剂来降低其表面张力，以使水能很好地润湿固体表面。这种表面活性剂此时称为润湿剂。作为润湿剂的表面活性剂应具有很强的降低液体表面张力的能力。但应注意，并不是所有的能降低表面张力的表面活性剂都能提高润湿性能。例如，阳离子型表面活性剂在实际中就很少用作润湿剂。这是因为，固体表面常带有负电荷，易于与带相反电荷的表面活性正离子相吸附而形成亲水基向内（固体）、亲油基向外（朝水）的单分子层，反而不易被水润湿。而阴离子型表面活性剂则适合作润湿剂，例如，二丁基萘磺酸钠（俗名拉开粉）就是一种良好的润湿剂，肥皂和合成洗涤剂以及某些非离子表面活性剂等也是良好的润湿剂。

从某种意义上讲，渗透作用就是润湿作用，润湿剂也是渗透剂。只有起润湿作用的表面

活性剂才能进一步发挥其渗透功能。例如，纺织物由无数纤维组成，可以想象，纤维之间构成了无数毛细管，只有液体润湿了毛细管壁，液体才能够在毛细管内上升至一定高度，从而使高出的液柱产生势压强，促使液体渗透到纤维内部，此即渗透作用。在纺织、染整加工过程中，不但要润湿织物表面，还需要使溶液渗透到纤维空隙中去。所以说，凡是能促使液体表面润湿的物质，也就能使溶液在织物内部渗透。从这种意义上讲，润湿剂也就是渗透剂。

(3) 影响润湿作用的因素

① 温度　一般来说，提高温度有利于提高润湿性能。但温度升高时，短链表面活性剂的润湿性能不如长链的好。这可能是因为温度升高，长链表面活性剂的溶解度增加，使其表面活性得以较好发挥的缘故。而低温时，长链的不如短链的好。

对于聚环氧乙烷类非离子表面活性剂，温度接近浊点时，润湿性能最佳。例如，0.1%壬基酚聚环氧乙烷醚溶液，25℃时对某物的润湿时间为50s，而70℃时仅17s。

② 浓度　一般，在低于表面活性剂的CMC情况下，润湿时间的对数与浓度的对数呈线性关系，浓度提高，润湿性能好。这是由于在低于CMC时，表面活性剂单分子定向吸附在界面上，要使界面达饱和吸附，增加润湿性能，浓度就需大些。

当浓度高于CMC时，不再呈线性关系。这是因为此时在溶液内部形成了胶束。作为润湿剂使用的表面活性剂浓度不宜过高，一般略高于CMC即可。

③ 分子结构

a. 疏水基　对直链烷基表面活性来说，如果亲水基在链的末端，直链碳原子数在3～12时表现出最佳的润湿性能。对于相同亲水基的表面活性剂，随碳链增长，它的HLB值下降。HLB值在7～15范围内其润湿性能最好。例如，烷基硫酸酯 $R—OSO_3Na$ 在碳链为 C_{12}～C_{14} 时润湿性能最好。

直链烷基苯磺酸钠，纯品以 C_{10} 的润湿能力最强。但因烷基苯磺酸钠难以得到纯品，因此实际上碳原子数在9～16也是较好的润湿剂，不过浓度需大于 $0.01mol \cdot L^{-1}$。

支链烷基苯磺酸钠的润湿能力较直链的强，其中以2-丁基辛基最为有效。磷酸酯盐中以烷基为双辛基的润湿性能最好。

b. 亲水基　一般情况下，亲水基在分子中间者的润湿性能比在末端的好。例如，十五烷基硫酸钠的几个异构体中，以 $—OSO_3^-$ 位于正中（第八位碳原子上）的润湿能力最强，随 $—OSO_3^-$ 基向端位移动，润湿能力逐渐减弱。

对于聚环氧乙烷类非离子表面活性剂，当R为 C_7～C_{10} 时，润湿性能最好。环氧乙烷(EO)数不同，润湿性能也有变化。以碳链为 C_8、C_9 的为例，当EO数为10～12时，润湿性能最好；EO>12时，润湿性能急剧变坏；EO较低时，润湿性能也差。

在聚丙二醇的环氧乙烷加成物中，当环氧乙烷含量为40%～50%时，不论分子量多大，都是这个分子量级别中润湿性能最好的。而当聚丙二醇的相对分子质量约为1600时，润湿性能最好。

3.1.6.2 乳化作用

(1) 乳状液

人们对乳状液并不陌生，牛奶就是一种常见的乳状液。

无论是工业上还是日常生活中，乳状液都有广泛的应用。例如，高分子工业中的乳液聚合。油漆、涂料工业的乳胶，化妆品工业的膏、霜，机械工业用的高速切削冷却润滑液，油井喷出的原油，农业上杀虫用的喷洒药液，印染业的色浆等，都是乳状液。

从广义上讲，两种互不相混溶的液体中，一种液体以微滴状分散于另一种液体中，所形成的多相分散体系，称为乳状液。这种形成乳状液的作用称为乳化作用。在乳状液中，以微细液珠形式分散存在的那一相称为分散相（内相、不连续相），另一相是连在一起的，称为分散介质（外相、连续相）。常见的乳状液，一般都有一相是水或水溶液（通常称为水相），另一相则是与水不相混溶的有机相（通常称为油相）。

乳状液大致可分为三类。

若与水不相混溶的油状液体呈细小的油滴分散在水里，所形成的乳状液称为水包油型乳状液，记作“油/水”（或“O/W”）。牛奶就属此类。在这种乳状液中，水是分散介质、油是分散相。O/W 型乳状液可以用水稀释。

若水以很细小的水滴被分散在油里，则叫油包水型乳状液，记作“水/油”（或“W/O”），原油即属此类。在这种乳状液中，油是分散介质，水是分散相。W/O 型乳状液只能用油稀释，而不能用水稀释。

油、水互为内外相的乳状液称为多重型［O(W/O)/W］乳状液。此种乳状液较少，这里不详细介绍。

一般乳状液为乳白色不透明的溶液。但实际上它的外观与分散相质点的大小密切相关，见表 3-9。

表 3-9 乳液外观与液珠大小的关系

液珠大小/μm	乳液外观	液珠大小/μm	乳液外观
>1	乳白色乳状液	0.05～0.1	灰色半透明液
0.1～1	蓝白色乳状液	<0.05	透明液

两种纯的、互不相混溶的液体即使经过长时间剧烈搅拌也不能形成稳定的乳状液，稍经放置，很快又分成两层。实验证明，要得到稳定的乳状液，必须加入第三种物质。第三种物质称为乳化剂，它通常是表面活性剂或高分子物质。

乳状液是热力学不稳定体系。因为要把一种液体高度分散于另一种液体中，就大大地增加了体系的界面，要对体系做功。这就增加了体系的总能量，这部分能量以界面能形式存在于体系之中。故被分散的液珠有力图减少界面、降低界面能、自发凝结的倾向。因此说，乳状液是热力学不稳定体系。

乳状液的制备方法很多，常用的方法如下。

① 逆转乳化法　逆转乳化法是制备微小粒子的 O/W 乳状液的一种常用方法。具体步骤是：先将乳化剂溶于油相中制成稠状液（适当加热）。然后在缓慢搅拌下加入水。随着水的继续加入，连续相发生转变，最后连续相由油相变为水相，形成 O/W 型乳状液。

在该乳化法中，乳化剂的选择、乳化温度、搅拌条件及水的加入速度等都是相当重要的。只要选择恰当，就能得到稳定性良好的乳状液。

② 相转变乳化法　该法是以非离子型表面活性剂的 HLB 值随湿度升高，由亲水性向亲油性变化的特性为基础的一种乳化法。先根据相转变湿度法测得相转变温度，在此温度下乳化，可以形成细小微粒的乳化液，然后冷却，即可得到 O/W 型乳状液。该法使用的乳化剂为非离子型表面活性剂或其混合物，也可加入适量乳化助剂。

③ 机械乳化法　该法比较简单，它是在人工或机械搅拌下，或用胶体磨使被乳化物分散于分散介质中的方法，对乳化剂的选择不像上述两种方法那样严格。

④ 低能乳化法　该法在化妆品生产中常使用，其原理与逆转乳化法类同，只是所用设备及操作方法有所不同。

(2) 表面活性剂的乳化作用

为了得到稳定的乳状液，常加入表面活性剂，其作用如下。

① 降低界面张力 表面活性剂在相界面上会发生吸附。由于吸附，表面活性剂分子定向、紧密地吸附在油/水界面上，使界面能降低，防止了油或水聚集。例如，煤油/水的界面张力一般在 $40mN \cdot m^{-1}$以上。如果在其中加入适当的表面活性剂，则界面张张力可降至 $1mN \cdot m^{-1}$以下。这样一来，把煤油分散在水中就显得容易得多。此外，因表面活性剂分子膜将液滴包住，可防止碰撞的液滴聚集。

表面活性剂通过降低体系的界面张力而使乳状液稳定的作用虽然重要，但它不能代表乳化剂的全部作用，否则无法解释无表面活性的物质能使乳状液稳定的现象。总之，界面张力降低并非是乳状液稳定的唯一衡量标准。

② 增加界面强度 表面活性剂在界面上吸附，形成界面膜。当表面活性剂浓度较低时，界面上吸附的分子较少，界面强度较差，所形成的乳状液稳定性也差，当表面活性剂溶液增高至一定浓度后，表面活性剂分子在界面上的排列形成一个紧密的界面膜，其强度相应增大，乳状液珠之间的凝聚所受到的阻力较大，因此形成的乳状液稳定性较好。实践证明，作为乳化剂的表面活性剂必须加入足够量，一般要超过该表面活性剂的 CMC 值，才具有最佳的乳化效果。例如，制备钾盐镀锌光亮剂时，其乳化剂用量高达 $250 \sim 350g \cdot L^{-1}$。当然，对不同种类表面活性剂，体系所需量也不同。

并不是所有的表面活性剂都能作为乳化剂。作为乳化剂的表面活性剂的分子结构必须是碳链较长、无支链、亲水基在一端的。如肥皂 $C_{12}H_{25}OSO_3Na$，当它溶于水中时，不但能大大降低界面张力，而且能作为亲水的胶体吸附在被分散的细小液珠表面，形成带电荷的亲水保护层。这个带电的亲水保护层，使它们之间具有斥力，而不致凝聚。

在表面活性剂水溶液的表面吸附膜的研究中，发现表面膜中有脂肪醇、脂肪酸和脂肪胺等极性有机物与表面活性剂同时存在时，膜强度大为提高。这是因为在表面吸附层中，表面活性剂分子（或离子）与醇等极性有机物相互作用，形成“复合膜”，增加了表面强度。

③ 产生界面电荷 以离子型表面活性剂作为乳化剂时，表面活性剂在界面吸附时，疏水基碳氢链插入到油相中，极性亲水部分在水相中。其他无机反离子部分与之形成扩散双电层。由于在一个体系中乳液滴微粒带有相同符号电荷，故当液滴接近时，相互有斥力，从而防止凝聚，提高了乳状液的稳定性。

研究结果表明，在所有影响乳化液稳定性的因素中，界面膜的强度是稳定性的主要影响因素，而界面张力的降低起相辅相成的作用。如果表面活性剂是离子型的，则表面电荷构成稳定性的另一因素。

由两种以上表面活性剂组成的乳化体系称为复合乳化剂。复合乳化剂吸附在油/水界面上，分子间发生作用可形成缔合物。由于分子间强烈作用，界面张力显著降低，同时，乳化剂在界面上形成的界面膜的强度也增大。

(3) 常见乳化剂及选择方法

① 常见乳化剂 乳化剂的应用十分广泛，特别是在食品、化妆品、纺织印染和石油等工业中更为常见。用于食品工业的乳化剂多是蔗糖脂肪酸酯、卵磷脂、甘油单柠檬酸酯、大豆磷酯、失水山梨醇脂肪酸酯及糊精等。用于化妆品的乳化剂多是聚环氧乙烷甘油脂肪酸酯、失水山梨醇聚环氧乙烷四油酸酯、烷基酚聚环氧乙烷醚和山梨醇聚环氧乙烷醚等。用于纺织染整工业的乳化剂多是脂肪醇聚环氧乙烷醚、烷基酚聚环氧乙烷醚、脂肪酸失水山梨醇酯、失水山梨醇聚环氧乙烷醚和脂肪酸皂等。用于石油钻井操作的乳化剂有脂肪酸皂类（松香酸皂、油酸皂）、$C_{12} \sim C_{15}$烷基苯磺酸、石油磺酸钠、癸醇磷酸酯、二甲苯萘磺酸钠和十八烷基苯磺酸等。另外，橡胶工业中常用硬脂酸钠、松香酸钠、十二烷基苯磺酸钠、烷基二苯醚磺酸钠、高级烷基醚硫酸酯盐、烷基酚聚环氧乙烷醚、脂肪醇聚环氧乙烷醚和聚丙二醇

环氧乙烷加成物等。

② 乳化剂的选择

a. 根据 HLB 值选择乳化剂　制备乳化液应根据乳化对象、乳状液类型选用适当的乳化剂，其依据是应选择和被乳化物相近 HLB 值的乳化剂。表 3-5 列出了一些表面活性剂的 HLB 值，但这些数据还远远不够。其他表面活性剂的 HLB 值可以通过查阅有关专门文献或通过实验测定得到。对于复合乳化剂，其 HLB 值可根据式(3-6) 进行计算。

b. HLB 值和其他方法相结合选择乳化剂　虽然 HLB 值作为选择乳化剂的依据很常见，但实际运用中，因被乳化物和乳化剂的化学结构及两者之间关系等诸因素的影响，单靠此还难以得到较满意的效果。因此，必须把它和其他一些因素结合起来考虑才更好。例如，应同时考虑下列因素：ⓐ乳化剂的离子型，乳化粒子和乳化剂带相同电荷时，相互排斥，会使乳液稳定；ⓑ用疏水基和被乳化物结构相似的乳化剂，乳化效果较好；ⓒ乳化剂在被乳化物中易溶解的，乳化效果较好；ⓓ被乳化物的疏水性越强，而乳化剂的亲水性也强，两者之间的亲和力较差，乳化效果就不好，此时就要选择有适当 HLB 值的乳化剂来调节。

c. PIT 法选择乳化剂　用 HLB 值选择乳化剂是粗略的，因为它没有考虑油和水溶液的性能、乳化剂浓度和温度变化等因素的影响。比如，被广泛使用的非离子型表面活性剂，由于温度上升，降低了表面活性剂的亲水性，当浊点现象达到极端时，其性质也随着发生变化。如一表面活性剂在较低温度时能制成 O/W 型乳状液，当温度升高时可能变为 W/O 型乳状液，即发生了“转相”。

考虑到 HLB 值法的不足，提出了相转变温度法（PIT 法），即利用相转变温度选择乳化剂的方法。相转变温度可以认为是乳化剂亲水亲油性质刚好平衡时的温度，是衡量乳状液稳定性的一种有用方法。

(4) 破乳

在生产、生活及科学研究中，人们有时希望得到稳定的乳状液，如配制农药喷洒液、研制电镀添加剂、配制化妆品、切削液等；有时又希望破坏已存在的乳状液，如 W/O 型乳状原油、豆乳制豆腐等。这就需要破坏乳状液，以除去全部或大部分水，即破乳。

破乳，实质上就是消除乳状液稳定化条件，使分散的液滴聚集、分层的过程。

破乳方法通常有三种。

① 机械法　最常用的是离心分离法，它是利用水、油密度的不同，在离心力作用下，促进排液过程而使乳状液破坏。在离心破乳过程中，对乳状液加热，使外相黏度降低，可加速排液过程，即加快破乳。

② 物理法　此法包括电沉降法、超声波法和过滤法等。电沉降法主要用于 W/O 型乳状液破乳。其机理是：在高压静电场作用下，油中的水珠发生聚集，从而使乳状液破坏。此法用于 O/W 型乳状液破乳效果不理想。超声波法破乳选用的超声波强度应适当，如强度太大反而会导致分散而达不到破乳目的。过滤法破乳是使乳状液通过多孔材料而实现破乳的。如用碳酸钙层，它仅能让水通过，而油则保留在其上，从而达到破乳目的。用黏土砂粒经亲油性大的表面活性剂处理作为过滤层，它仅能让油通过，而水不能通过，亦可达到破乳目的。如蒸汽机冷凝水中的油可用活性炭过滤除去。

③ 化学法　化学法破乳主要通过加入一种化学物质体系来改变乳状液的类型和界面性质，使之变得不稳定而发生破乳。在 O/W 型乳状液中加入制备 W/O 型乳状液用的乳化剂，即可达到破乳的目的。反之，在 W/O 型乳状液中加入制备 O/W 型乳状液用的乳化剂，也可达到破乳目的。例如，原油破乳是采用制备 O/W 型乳状液用的乳化剂（通常用蓖麻油硫酸化物）。对于用钠皂、钾皂为乳化剂制备的乳状液，如加入强酸或适当的含多价离子盐的

水溶液，即可破乳。这是由于加入的强酸和皂作用生成自由脂肪酸而使乳化剂失去乳化活性的缘故；加入多价离子盐是使乳状液发生变型而破乳的。油脂精炼时，加入食盐将水化的油破乳也是一个化学法破乳实例。

3.1.6.3　分散作用

(1) 悬浮液与分散作用

若一相以微粒状固体均匀地分布于另一相中，所形成的分散体系称为悬浮液。这种一种物质在另一种物质中的分布过程及功能称为分散作用。

悬浮液应用也很广。例如，颜料、陶土在水中的分散都属悬浮液。对于这类分散系统，一般被分散的物质称为分散相（不连续相），而另一种分散其他物质的物质则称为分散介质（连续相）。例如，颜料微粒分散于水中，颜料是分散相，水则为分散介质。

对于悬浮液，分散相粒子的大小在10^{-7}～10^{-5}m范围内。由大颗粒固体物料粉碎成微粒，增加了表面积，外界需做功，做功所消耗的能量部分转换成表面能贮藏在微粒表面中。对一定量的物质来说，粉碎程度越大，则表面积越大，表面能也越大。例如，将1kg整块SiO_2（表面积约为0.26m^2）粉碎成边长为10^{-9}m的微粒，总表面积增至$2.6\times10^6$$m^2$，由此表面能由原来的0.27J增至$2.7\times10^6$J，增大约一千万倍。

固体颗粒粉碎后，具有较高的能量，故在水中有聚结成大颗粒、降低能量的趋势，因此说悬浮液是一个热力学不稳定体系。

为保持悬浮液的稳定性，就需加入一种物质来防止分散相的凝聚，这种物质称为分散剂。

表面活性剂之所以能起分散作用，是因为它有润湿、渗透性能，它在粒子表面定向吸附，改变了粒子的表面性质，因而防止了粒子的聚集，例如，炭黑与水一起搅拌不能得到稳定的悬浮液，而当加入表面活性剂后，就可得到黑色悬浮液。

(2) 分散剂的选用

① 造纸用分散剂　在制浆造纸过程中，木浆所含树脂在漂白过程中要析出，如不加以清除，会凝聚黏附于设备上，给生产带来麻烦。树脂积聚物混入浆料中，会导致纸品出现疵斑等。为此，需加入分散剂，其添加量为0.1～0.3kg·t^{-1}纸浆。效果良好的树脂分散剂有脂肪醇聚环氧乙烷醚、甲醛和萘磺酸的缩合物、烷基酚聚环氧乙烷醚等。

② 纺织印染用分散剂　在纺织印染工业中常用的分散剂有以下几种，它们都能吸附在粒子上，有润湿、分散作用。

a. 阴离子表面活性剂　油酸钠、月桂醇硫酸钠、十二烷基苯磺酸钠、琥珀酸二辛酯磺酸钠等。

b. 非离子表面活性剂　辛基酚聚环氧乙烷醚、油醇聚环氧乙烷醚、失水山梨醇单月桂酸酯、聚环氧乙烷醚等。

c. 高分子分散剂　天然高分子化合物及其加工产物，如淀粉、明胶、海藻酸、木质素磺酸、羟甲基纤维素、羟乙基纤维素等。

d. 无机分散剂　硅酸盐、聚磷酸盐等，它们的负离子吸附于颜料表面，增大表面电位，其相互斥力促使分散液稳定。

分散剂在染色中起均匀分散染料和防止染料聚集，并阻止少量染料被破坏后积聚起来的低聚黏稠物对织物的油污作用。此外，分散剂还用于某些几乎不溶染料的研磨、加工，其作用是使染料颗粒分散，同时阻止已粉碎的染料颗粒再聚集。目前，常用的分散剂有萘系甲烷磺酸类，如分散剂NNO、扩散剂MF等。

在化学纤维工业中，分散剂用于分散染料的高温高压染色助剂，可大大提高其溶解度。

它不仅可以阻止染料粒子的结晶生长，保证染料的分散性，而且能帮助染料向纤维内扩散，防止染料焦化。

③ 石油工业用分散剂　当钻井液中的黏土和钻屑达到一定浓度时就会形成空间网状结构，水中的盐类，尤其是高价正离子会加速这种结构的形成，使钻井液流动性变差。加入稀释分散剂能拆散这种结构，释放出自由水，从而使泥浆黏度降低。常用的分散剂有本质素磺酸盐以及它与铁、铬离子形成的配合物、单宁磺甲基化物等。

④ 其他方面用分散剂　在生产化妆品时常加入分散剂，其目的是为了提高化妆品中各成分的分散度，最大限度地发挥其功能。常用的分散剂有硬脂酸皂、脂肪醇聚环氧乙烷醚、脂肪酸聚环氧乙烷酯、失水山梨醇脂肪酸酯、二烷基磺化琥珀酸盐和脂肪醇聚环氧乙烷醚磷酸盐等。

在橡胶工业中，使用分散剂吸附在液/固界面，能显著降低液/固界面的自由能，使被分散固体粉末均匀地分散在液体中，不至于再重聚，而使各种粉末配合剂均匀地、稳定地分散于胶乳中，以利于橡胶制品的生产。所用的分散剂种类很多，如磺酸钠、月桂酸钠、磺化蓖麻油、二丁基萘磺酸钠、十二烷基苯磺酸钠、亚甲基双萘磺酸钠、十二烷基聚环氧乙烷酯和脂肪酸聚环氧乙烷酯等。

在涂料生产中，为了制得颜料分散均匀、使用性能好的色浆，就需加入分散剂。常用的分散剂有二烷基（辛基、己基、丁基）磺酸盐、烷基苯磺酸盐、磺化蓖麻油、磺化丁基油酸、氯化烷基吡啶、烷基酚聚环氧乙烷醚、脂肪醇聚环氧乙烷醚和聚环氧乙烷乙二醇烷基酯等。

3.1.6.4　起泡与消泡

(1) 泡沫的形成

泡沫是常见的现象。例如，搅拌肥皂水可以产生泡沫，打开啤酒瓶即有大量泡沫出现等。广义而言，由液体薄膜或固体薄膜隔离开的气泡聚集体称为泡沫。啤酒、香槟、肥皂水等在搅拌下形成的泡沫称液体泡沫；面包、蛋糕等弹性大的物质以及泡沫塑料、饼干等为固体泡沫。人们通常所说的泡沫多指液体泡沫。

在液体泡沫中，液体薄膜——即液体和气体的界面起着重要作用。仅有一个界面的叫气泡，具有多个界面的气泡的聚集体则叫泡沫。

一般来说，纯液体不会产生泡沫。在纯液体中形成的气泡，当它们相互接触或从液体中逸出时，会立即破裂。如果液体中存在有表面活性剂，情况就不同了。由于它们被吸附在气液界面上，在气泡之间形成稳定的薄膜而产生泡沫。

泡沫的产生，有时是有利的，有时则是不利的。例如，矿物的泡沫浮选，消防上的泡沫灭火，石油开采中的泡驱油及化学工业中的泡沫塑料等，泡沫是人们所希望的；而在溶液浓缩、减压蒸馏、乳液生产、烧锅炉等操作中，泡沫则是不利的。因此，起泡现象与化学工业过程及人们日常生活密切相关。根据不同的需要，有时需强化起泡，有时则需减弱或消除泡沫。

若将丁醇水溶液和皂角苷稀溶液分别置于试管中，加以摇动，发现前者形成大量泡沫，后者形成少量泡沫，但丁醇水溶液中的泡沫很快消失，而皂角苷水溶液中的泡沫则不易消失。由丁醇水溶液形成的寿命短的泡沫，称为不稳定泡沫，而由皂角苷水溶液形成的寿命长的泡沫称为稳定泡沫。起泡力的大小是以在一定条件下，摇动或搅拌时产生泡沫的多少来评定的。

起泡力好的物质称为起泡剂。肥皂、洗衣粉、烷基苯磺酸钠等都是良好的起泡剂。但肥皂、洗衣粉形成的泡沫稳定性好，而烷基苯磺酸钠形成的泡沫稳定性不好。因此，起泡性好的物质不一定稳泡性好。能使形成的泡沫稳定性好的物质叫稳泡剂，如月桂酰二乙醇胺等。起泡剂和稳泡剂有时是一致的，有时则不一致。

（2）影响泡沫稳定性的因素

表面活性剂的泡沫性能包括它的起泡性和稳泡性两个方面。最近的研究表明，表面活性剂水溶液的起泡性和稳泡性皆随表面活性剂浓度上升而增强，到一定浓度后达到极限值。对阴离子、阳离子、非离子三种不同类型表面活性剂体系，起泡性极限值相差不大，而稳泡性极限则相差很远。

影响泡沫稳定性的因素很多也很复杂，下面就几个有关因素加以分析。

① 表面张力及其自修复作用　在形成泡沫时，液体表面积增加，体系能量随之增加；反之亦然。从能量角度考虑，降低液体表面张力，有利于泡沫的形成，但不能保证泡沫有较好的稳定性，只有当表面膜有一定强度，能形成多面体泡沫时，低表面张力才有助于泡沫的稳定。

很多现象说明，液体表面张力不是泡沫稳定的决定因素。例如，丁醇类水溶液的表面张力比十二烷基硫酸钠水溶液的表面张力低，但后者的起泡性却比丁醇溶液好。一些蛋白质水溶液的表面张力比表面活性剂水溶液的高，但却具有较好的泡沫稳定性。

表面张力不仅对泡沫的形成具有影响作用，而且在泡沫的液膜受到冲击而局部变薄时，有使液膜厚度复原、液膜强度恢复的作用。这种作用称为表面张力的自修复作用。此作用也是使泡沫具有良好稳定性的原因。如图3-6所示，当液膜受到冲击时，局部变薄，（2）处液膜比（1）处薄，变薄处的液膜表面积增大，表面吸附分子的密度相对减小，局部表面张力增加，即由原来的γ_1变为γ_2（$\gamma_2>\gamma_1$）。于是，（1）处表面分子就向（2）处迁移，使（2）处的表面分子密度增加。与此同时，在表面分子由（1）迁向（2）的过程中，会带动邻近的薄层液体一起迁移，结果使变薄的液膜又变厚，这就是表面活性剂的自修复作用。

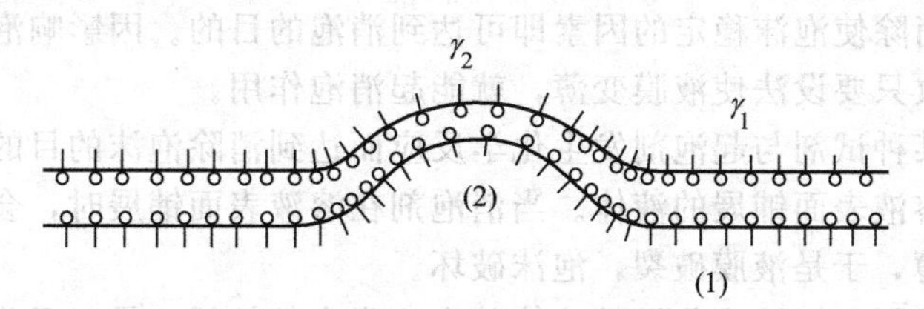

图3-6　表面张力的自修复作用

② 表面黏度　决定泡沫稳定性的关键因素是液膜的强度。而液膜的强度主要取决于表面吸附膜的坚固性。表面吸附膜的坚固性通常以表面黏度来衡量。表3-10是几种表面活性剂水溶液（1%）的表面黏度与泡沫寿命的关系。

表3-10　表面活性剂水溶液的表面黏度与泡沫寿命的关系

表　面　活　性　剂	表面黏度/(Pa·s)	泡沫寿命/min
辛基酚聚环氧乙烷(9～10)醚		6
月桂酸钾	39×10^{-3}	2200
十二烷基硫酸钠	55×10^{-3}	6100
十二烷基苯磺酸钠	3×10^{-3}	440

由表3-10可知，表面黏度越高，泡沫寿命越长。纯的十二烷基硫酸钠中加入少量十二醇作促泡剂、稳泡剂，表面黏度上升，提高了泡沫稳定性。同样，在月桂酸钠中加入月桂酰胺亦使泡沫寿命大大增加，同时表面黏度升高。

表面黏度大，使液膜不易受破坏，这里有双重因素，一是表面黏度大，使液膜表面强度增加；二是使邻近液膜的排液受阻，延缓了液膜的破裂时间，因而增加了泡沫的稳定性。

③ 气体的通过性　泡沫中的气泡总是大小不均匀的。小泡中的气体压力比大泡中的高，于是小泡中的气体通过液膜扩散到相邻的大泡中，造成小泡变小以至消失、大泡变大以至破裂。透过性越好的液膜其气体通过它的扩散速度就越快，泡沫的稳定性也越差。

气体的透过性与表面吸附膜的紧密程度有关。表面吸附分子排列越紧密，表面黏度越高，气体透过性越差，则泡沫越稳定。

④ 表面电荷　如果泡沫液膜带有相同的电荷，液膜的两个表面将相互排斥。因此，电荷有防止液膜变薄，增加泡沫稳定性的作用。离子型表面活性剂作为起泡剂时，由于表面吸附的结果，表面活性剂离子将富集于表面，形成带负电荷的表面层，反离子则分散于液膜溶液中，形成液膜双电层，如图 3-7 所示。当液膜变薄至一定程度时，两个表面层的静电斥力开始显著作用，防止了液膜进一步变薄。但应指出，此种静电相互作用在液膜厚时影响不大。

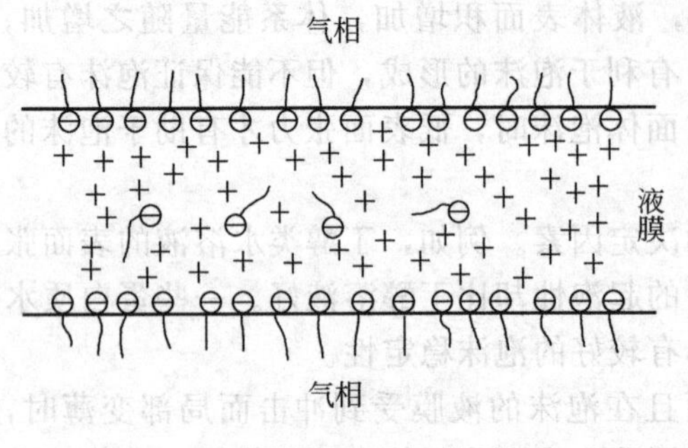

图 3-7　液膜双电层

综上所述，影响泡沫稳定性的诸因素中，液膜的强度是较重要的。作为起泡剂、稳泡剂的表面活性剂，其表面吸附分子排列的紧密和牢固程度是最重要的因素。吸附分子排列紧密，不仅使表面膜本身具有较高的强度，而且因表面黏度较高而使邻近表面膜的溶液层不易流动，液膜排液相对困难，厚度易于保存。同时，排列紧密的表面分子，还能降低气体的透过性，从而也可增加泡沫的稳定性。

(3) 消泡

从理论上讲，消除使泡沫稳定的因素即可达到消泡的目的。因影响泡沫稳定性的因素主要是液膜的强度，故只要设法使液膜变薄，就能起消泡作用。

可以通过加入某种试剂与起泡剂发生化学反应而达到消除泡沫的目的。用作消泡的化学物质，都是易于在溶液表面铺展的液体。当消泡剂在溶液表面铺展时，会带走邻近表面层的溶液使液膜局部变薄，于是液膜破裂，泡沫破坏。

一般能在表面铺展、起消泡作用的液体其表面张力都较低，易于吸附在溶液表面，使溶液表面局部表面张力降低，继而铺展即自此局部发生，同时会带走表面下一层邻近液体，致使液膜变薄而使泡沫破裂。

消泡剂种类很多，应用也甚广。如 2-乙基己醇、异辛醇、异戊醇等有分支结构的醇类及低级含氟醇等，常用于制糖、造纸、印染工业中。脂肪酸和脂肪酸酯常用作食品工业的消泡剂，失水山梨醇单月桂酸酯用于奶糖液蒸发、干燥和蜜糖液的浓缩过程中。天然油脂常用于制药和造纸工业中的消泡。高分子量的酰胺、如二硬脂酰乙二胺、油酰二乙烯三胺缩合物等常用于锅炉水的消泡，使用效果较好。磷酸三丁酯是常用的消泡剂，可用于水溶液消泡，也可用于润滑油的消泡。硅油，主要成分为聚二甲基硅氧烷 $(CH_3)_2SiO[Si(CH_3)_2O]_nSi(CH_3)_3$，它既可用于水溶液体系，也可用于非水体系。它的表面张力极低，易于在溶液表面铺展，亦容易在表面吸附，形成的液膜的表面强度很低。它的含量仅十万分之几即可起消泡作用，广泛用于造纸、明胶、乳胶、润滑油等制造业中。但由于它不溶于水，使用时需制成乳液。新一代聚硅氧烷消泡剂是在分子内引入聚环氧丙烷及环氧乙烷亲水基，这样既改善了它的溶解性，又可在高温下使用。另外，还有一些非离子表面活性剂也可用于消泡中。

3.1.6.5 增溶作用

(1) 增溶作用

表面活性剂在水溶液中形成胶束后，具有能使不溶或微溶于水的有机化合物的溶解度显著增大的能力，且溶液呈透明状，这种作用称为增溶作用。

增溶作用在热力学上是一个可逆平衡过程。这就是说，被增溶物在增溶剂中的饱和溶液可从过饱和溶液稀释得来，也可以从被增溶物逐渐溶解而得到。

实验证明，表面活性剂浓度在CMC以下，被增溶物的溶解度几乎不变，达到CMC以后则显著增高。这表明起增溶作用的主要是胶束。

增溶作用可使被增溶物的化学势显著降低，使形成的体系更加稳定。只要外界条件不变，体系不随时间变化，即增溶作用形成的体系在热力学上是稳定的。

增溶作用与胶束密切相关。也就是说，表面活性剂在溶液中形成胶束是增溶的先决条件。由于被增溶物的分子结构不同，因此它在胶束中存在的状态和位置也不同，大体上是取决于亲水性和疏水性的相对平衡，且基本上是固定的。增溶作用通常有四种方式。

① 非极性分子在胶束内部的增溶　被增溶物进入胶束内部，就好像被增溶物溶于液态烃内一样，如图3-8(a)所示。正庚烷、苯、乙苯等简单烃类的增溶即属此种增溶方式，其增溶量随着表面活性剂浓度升高而增大。

② 在表面活性剂分子间的增溶　被增溶物增溶在胶束的“栅栏”之间。即非极性碳氢链插入胶束内部，极性头处于表面活性剂的极性基之间，通过氢键或偶极作用联系起来。当极性有机物的烃链较大时，极性分子插入胶束的程度增大，甚至极性基也被拉入胶束内，如图3-8(b)所示。长链醇、胺、脂肪酸和某些染料即按此种方式增溶。

③ 在胶束表面的吸附增溶　被增溶分子吸附于胶束的表面区域或靠近胶束“栅栏”表面的区域，如图3-8(c)所示。某些小的极性分子，不溶于水也不溶于烃的一些非离子型染

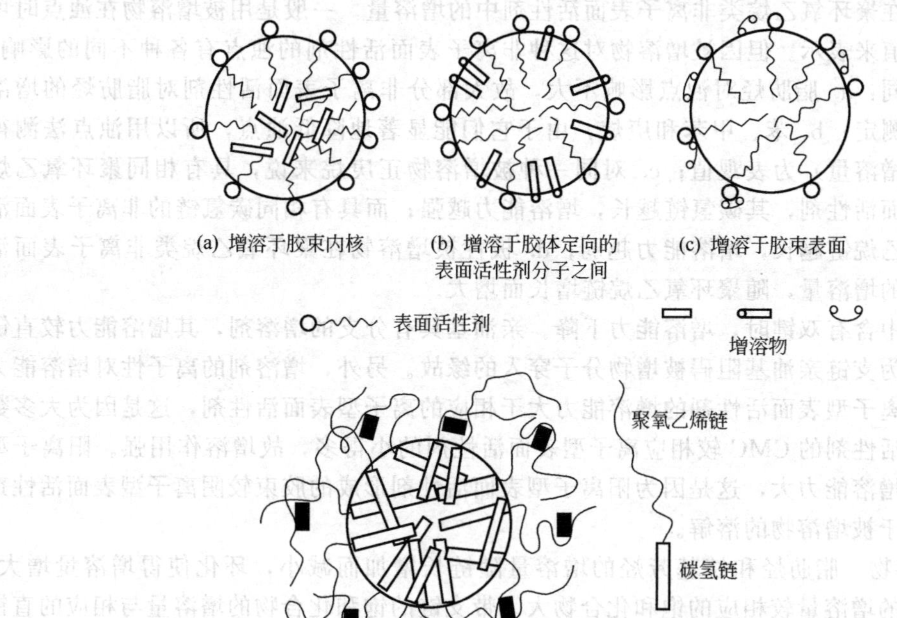

图3-8　几种增溶方式示意

料、甘油和蔗糖等的增溶即属于这种增溶方式。以这种方式增溶的被增溶物，其增溶量在CMC以上时几乎为一定值。其值一般比上述两种方式的小。

④ 在聚环氧乙烷链间的增溶　具有聚环氧乙烷基的非离子表面活性剂的增溶方式与前三种不同。被增溶物包藏于胶束的外层聚环氧乙烷的亲水链间，如图3-8(d)所示。苯、苯酚、氯代烃等的增溶即属于此种增溶方式，这种方式的增溶量最大。

按增溶量大小排序，上述四种方式的增溶能力顺序为：(d)>(c)>(a)>(b)。

研究表明，被增溶物在胶束溶液中分别分配于水相和胶束相中。它们在两相中的分配状态是不同的，胶束内部溶解的被增溶物呈溶解态，而在极性较大的胶束——水界面上吸附的被增溶物呈吸附态，两者的浓度一般不同。这也说明被增溶物都不同程度地在界面上微溶于水。

(2) 影响增溶作用的因素

① 增溶剂　在同系物增溶剂中，一般碳氢链越长，其CMC值小，胶束数目越多，增溶能力就越强。但应注意，增溶剂的碳氢链链长对增溶能力的影响与被增溶物有关。对非极性和极性很小的被增溶物，如苯、正庚烷等，增溶剂的碳氢链越长，其增溶能力越强；而对于极性增溶物来说，存在三种情况：a. 若被增溶物的碳氢链长于表面活性剂的碳氢链，则增溶作用主要是由被增溶物的碳氢链长所决定，碳氢链越长，溶解度越小；b. 若被增溶物的碳氢链链长接近表面活性剂的碳氢链链长时，增溶作用迅速变小；c. 当被增溶物的碳氢链比表面活性剂的碳氢链短时，则增溶作用由表面活性剂的碳氢链长来决定，其链越长，增溶能力越强。

当增溶剂为聚环氧乙烷类非离子表面活性剂时，由于这种表面活性剂的增溶主要是由聚环氧乙烷链起作用，因此必须同时考虑碳氢链长和聚环氧乙烷链长。一般聚环氧乙烷链长对增溶能力的影响较碳氢链长更大。

被增溶物在聚环氧乙烷类非离子表面活性剂中的增溶量，一般是用被增溶物在浊点时可被增溶的最大值来表示。但因被增溶物对这种非离子表面活性剂的浊点有各种不同的影响，因此情况也不同：a. 脂肪烃对浊点影响不大，故大部分非离子表面活性剂对脂肪烃的增溶量可用浊点法测定；b. 苯、甲苯和庚烷，由于它们能显著地降低浊点，所以用浊点法测得的溶解度（或增溶量）为表观值；c. 对同一种被增溶物正庚烷来说，具有相同聚环氧乙烷链的非离子表面活性剂，其碳氢链越长，增溶能力越强；而具有相同碳氢链的非离子表面活性剂，聚环氧乙烷链越长，增溶能力越弱；d. 极性被增溶物在聚环氧乙烷类非离子表面活性剂水溶液中的增溶量，随聚环氧乙烷链增长而增大。

当增溶剂中含有双键时，增溶能力下降。亲油基具有分支的增溶剂，其增溶能力较直链的小。这是因为支链亲油基阻碍被增物分子穿入的缘故。另外，增溶剂的离子性对增溶能力也有影响。非离子型表面活性剂的增溶能力大于相应的离子型表面活性剂，这是因为大多数非离子型表面活性剂的CMC较相应离子型表面活性剂的小得多，故增溶作用强。阳离子型表面活性剂的增溶能力大，这是因为阳离子型表面活性剂形成的胶束较阴离子型表面活性剂的疏松，有利于被增溶物的溶解。

② 被增溶物　脂肪烃和烷基芳烃的增溶量随链长增加而减小，环化使得增溶量增大。不饱和化合物的增溶量较相应的饱和化合物大。带支链的饱和化合物的增溶量与相应的直链异构体大致相同。多环化合物的增溶量随分子量增大而减小，甚至较分子量相等的直链化合物的增溶量还要小。实验结果表明，碳氢化合物的增溶量与其摩尔体积近似成反比。摩尔体积越大，增溶量越小，但仅适合于碳氢化合物增溶胶束内层的情况。另外，被增溶物的极性越大，其增溶量越大。例如，正庚醇比正庚烷增溶，增溶量增加1倍。

③ 温度　温度对增溶作用的影响有两个方面：一是温度变化可导致胶束本身性质发生变化；二是温度变化可引起被增溶物在胶束中的溶解情况发生变化。实验证明，对于离子型表面活性剂来说，温度对胶束大小影响不大，主要是影响被增溶物在胶束中的溶解度，其原因可能是热运动使胶束中能发生增溶的空间增大。

对于聚环氧乙烷类非离子表面活性剂来说，温度升高，聚环氧乙烷链的水化作用减小，胶束易于形成，胶束的聚集数也显著增加。于是非极性碳氢化合物和卤代烷烃等的增溶量增大；而对于极性被增溶物来说，其增溶位置是在胶束的“栅栏”的界面区域、温度开始上升阶段，胶束的聚集数增多，故增溶能力随温度升高而增大。如温度升高至一定值，聚环氧乙烷链加速脱水而易缩卷，使胶束“栅栏”界面区域起增溶的空间减小，于是增溶能力减小。对于碳氢链较短的极性化合物，在接近表面活性剂溶液的浊点时，其被增溶能力更为显著。对于某些醇，其增溶量随温度上升而下降。

除上述影响因素外，电解质、有机添加剂等对增溶作用也有影响。

3.1.6.6　洗涤作用

洗涤，是从固体表面除去异物的操作过程，它无论对人们的日常生活，还是对各种工业过程都有着十分重要的意义。小至人们日常生活中衣服洗涤和人体各部位的清洁，餐具、家具的洗刷，大到建筑物的清扫、设备管道的疏通和保护，飞机、汽车的清洗，以及精密仪器、仪表设备的保养和维护等，都与洗涤作用密切相关。因此，了解洗涤的基本原理，对提高洗涤效率是十分必要的。

(1) 洗涤作用的基本过程及机理

按其来源，污垢有衣物污垢，餐具、灶具污垢，卫生间的污垢，机械上的污垢等。仅就衣服污垢而言，有人体分泌物及排泄物，如汗、皮脂、皮屑、乳、血及尿等；有来自食品的污垢，有奶渍、油污、调味品、果汁等；有文化用品带来的污垢，如墨水、蜡笔、颜料、油墨等；还有来自大气中的固体颗粒，如煤灰、尘埃、铁锈、砂土等。总之，污垢形形色色，各种各类，一般为三类。

① 液体污垢　动植物油、矿物油等。

② 固体污垢　尘埃、黏土、铁锈、炭黑等。

③ 特殊污垢　蛋白质、淀粉、人体分泌物等。

以纤维织物为例，去除污垢的过程大致分为如下几个步骤。

① 吸附　洗涤剂分子或离子在污垢及纤维的界面上发生定向吸附。

② 润湿与渗透　由于洗涤剂分子的定向吸附、洗涤剂渗透到污垢和纤维之间，使污垢与纤维被润湿，从而减弱了污垢在纤维上的附着力。

③ 污垢的脱落　因洗涤剂减弱了污垢与纤维表面的附着力，再施以机械作用就促使污垢从纤维表面脱落。

④ 污垢的分散与稳定　由于洗涤剂的胶体性质，使脱离纤维表面的污垢分散在洗涤液中，并被乳化，或在胶束中被增溶，形成稳定的分散体系，已经乳化的污垢就不再附着于纤维上面。

洗涤过程如图 3-9 所示。

洗涤过程是一个可逆过程。分散和悬浮于介质中的污垢也有可能从介质中重新沉积于固体表面，这叫污垢的再沉积作用。一种优良的洗涤剂应具有两种作用：一是降低污垢与物体表面的结合力，具有使污垢脱离物体表面的能力；二是具有防止污垢再沉积的能力。

洗涤所用的介质通常是水，称为水洗。水洗是日常生活中普遍的洗涤过程。若洗涤使用的介质是有机溶剂，则称为干洗。如高级毛呢服装的洗涤，常用的溶剂为汽油或氯化烃等。

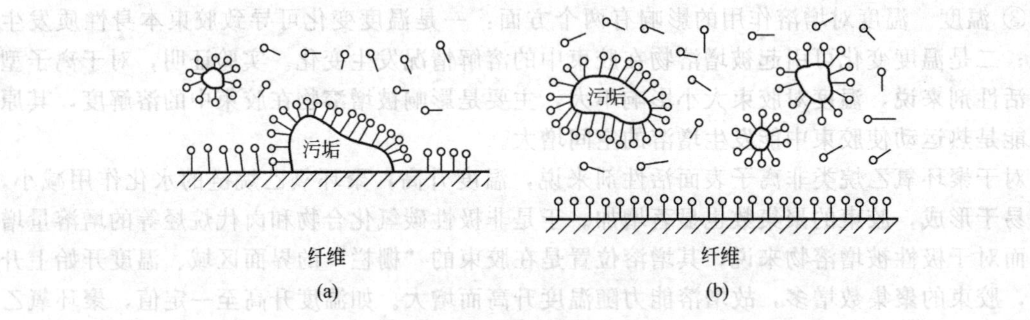

图 3-9　洗涤过程示意图

另外，机械零件加工后，在包装前常用煤油清洗，这里煤油为洗涤介质，还有一些军工精密零件需用高纯丙酮为介质进行清洗。

洗涤过程是一个多种作用综合的过程。若用方程式表示，则反应物为吸附有污垢的物品＋洗涤剂，生成物为物品＋吸附有污垢的洗涤剂。

洗涤作用的第一步首先是洗涤液润湿被洗物品表面。水在一般纯天然纤维（棉、毛、丝、麻）上的润湿性较好，而在合成纤维上的润湿性能较差，特别是聚丙烯（丙纶）纤维较差。在润湿剂（包含在洗涤剂中）存在下，达到CMC时，多种纤维都能较好地润湿，因此说，纤维润湿在洗涤作用中较容易。

洗涤作用的第二步是油污的去除。液体油污的去除是通过“蜷缩”机理而实现的。液体油污原来是以铺展开的液膜存在于物品表面，如图 3-10(a) 所示；洗涤液润湿物品表面后，使油污分子“蜷缩”起来，与织物接触面逐渐变小，最后变成油珠，如图 3-10(b) 和图3-10(c) 所示；然后被机械作用及冲洗而离开织物表面。

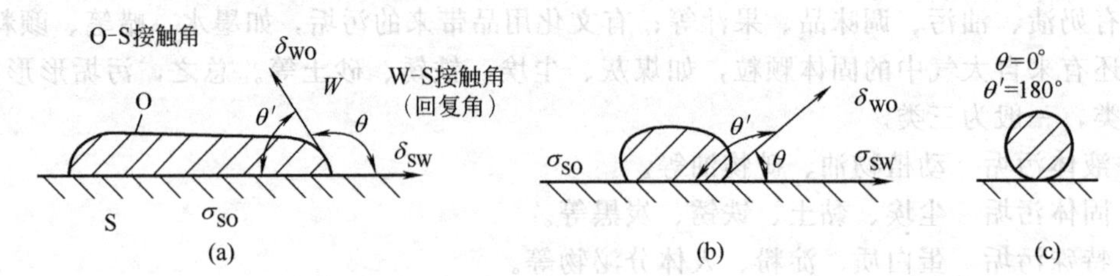

图 3-10　洗涤过程中油污“蜷缩”示意图

固体污垢的去除与液体污垢有所不同。在固体表面上的固体污点的黏附不是像液体那样展开成一片膜，而通常是在较少的一些点上与表面接触和黏附。黏附作用主要来自范德华力，其他力则次要得多。

对固体污垢的去除，主要是由于表面活性剂在固体污垢质点及固体表面的吸附。在洗涤过程中，首先，发生的是洗涤液对污垢质点和固体表面的润湿。根据式(3-7)，$S=\gamma_{SG}-\gamma_{SW}-\gamma_{WG}$。由于表面活性剂在固/液界面及溶液表面的吸附，$\gamma_{SW}$、$\gamma_{WG}$大大下降，因此铺展系数 S 可能变得大于零，洗涤液因此就能很好地润湿污垢质点表面。由于润湿后，表面活性剂分子会进一步插入污垢质点及织物间，使得污垢质点在织物表面的黏附力变弱，经机械作用，比较容易自固体表面上除去。

对于固体污垢的去除，与质点的大小有很大关系。污垢质点越大，越容易从表面除去。小于 0.1μm 的质点则很难除去。另外，对于固体污垢，即使有表面活性剂存在，如果不加机械作用也很难除去。这是因为固体质点不是流体，由于污垢与被洗物表面的黏附，洗涤液很难渗入它们之间，所以必须借助机械作用来帮助洗涤液渗透，从而减弱表面与污垢的结合，使污垢易于脱离。

实际上污垢不可能都是单一的固体或液体，而往往是液体和固体污垢的混合物。这类污垢的洗涤过程是将液体油污性的混合物“蜷缩”然后与纤维分离。固体污垢多因包裹在液体污垢中，因此在液体污垢“蜷缩”离开织物后，固体污垢被同时除掉而分散在洗涤液中，所以洗涤机理主要着眼于液体油污。

(2) 影响洗涤作用的因素

影响洗涤作用的因素很多，现简述如下。

① 表面张力　大多数优良的洗涤剂均具有较低的表面张力。根据固体表面润湿原理，对于一定的固体表面来说，液体的表面张力愈低，润湿性能通常就愈好。润湿性好，就有利于油污的乳化与去除，因而有利于洗涤。

② 表面活性剂的分子结构　一般来说，同系物中，碳链增长，表面活性好，洗涤性能也就越好（但有限度）。图 3-11 表示 55℃下钠皂的洗涤性能曲线。可以看出，碳链越长，其洗涤性能越好。

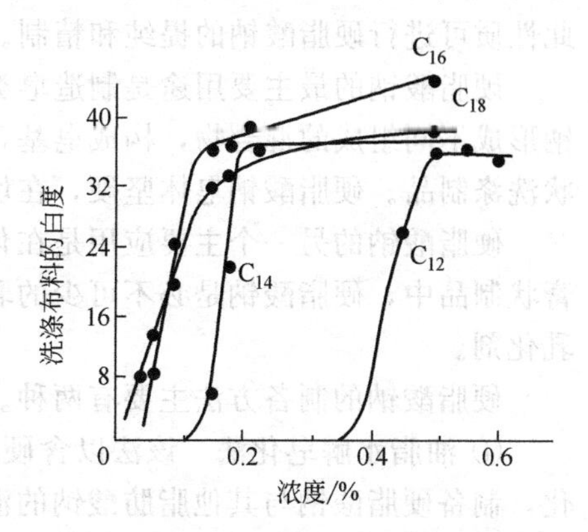

图 3-11　钠皂的洗涤曲线

③ 表面活性剂的浓度　浓度是洗涤作用的重要因素之一。当洗涤剂溶液中表面活性剂的浓度达到它的临界胶束浓度时，洗涤效果将急剧增加。所以，一般开始时表面活性剂在洗涤液中的浓度都要稍高于临界胶束浓度。当然，过高也是无助的，且造成浪费。

④ 增溶作用　表面活性剂的去污能力与表面活性剂的增溶作用是分不开的。非极性油污增溶于胶束的疏水性内核中，极性油污则增溶于胶束的表层亲水性区域内，使油污不再沉积，以提高洗涤效果。但在实际中，即使表面活性剂浓度达到 CMC，形成了胶束，但黏附于织物表面的污垢并非都是直接被胶束溶解，而是润湿作用使污垢先“蜷缩”，逐渐成球状油珠而脱离织物表面，形成悬浮的油滴，然后再增溶于胶束中。

一些非离子表面活性剂洗涤液，其去污程度随表面活性剂的 CMC 增加而增加。这就表明了增溶作用在洗涤过程中所起的作用。

⑤ 温度　对不同表面活性剂来说，温度升高，洗涤作用的情况是不完全相同的。

阴离子型表面活性剂在棉织物上去除污垢，一般随温度上升而去污能力明显增强。这可能是因为表面活性剂同污垢之间相互作用形成液晶相而被流动洗涤液从织物上去除的缘故。

非离子型表面活性剂能在低于溶解温度时与固体污垢形成液晶相，而提高去污能力。

对不同表面活性剂，温度对其形成胶束和胶束大小的影响不同。例如对十二烷基硫酸钠，升高温度不易形成胶束，当温度从 35℃升至 65℃，临界胶束浓度增加了 40%。也就是说在 65℃时要维持 35℃时胶束的形成能力，必须提高表面活性剂在洗涤液中的浓度。而非离子型表面活性剂则不同。例如 $C_{10}H_{21}O(CH_2CH_2O)_6H$，当温度从 15℃升至 45℃，临界胶束浓度下降了 44%，不但易形成胶束，而且胶束量也增大，故有利于洗涤。

从另一个角度来讲，提高水温虽能增加洗涤液中织物的膨胀及软化程度，使一些污垢移动，但同时又引起污垢和纤维的黏合。同时膨胀的纤维会缩小供洗涤剂溶液流动的纤维之间的毛细管空间，对洗涤不利。

另外，表面活性剂的吸附对洗涤作用有重要影响，但不同类型表面活性剂、不同污垢、不同纤维的情况各不相同，比较复杂，此处不再讨论。

总之，影响洗涤作用的因素是多种的，情况也较复杂，应视具体情况，具体分析。

3.2 阴离子型表面活性剂

阴离子型表面活性剂是表面活性剂中发展历史最悠久、产量最大、品种最多的一类产品。其特点是它们溶于水后能离解出发挥表面活性剂作用的带负电荷的基团。目前按其亲水基的特征分为羧酸盐类、磺酸盐类、硫酸酯盐类、磷酸酯盐类，下面介绍其中几个主要品种。

(1) 硬脂酸钠

硬脂酸钠，又称十八酸钠，化学简式为 $C_{17}H_{35}COONa$，硬脂酸钠是具有脂肪气味的白色粉末，它的熔点为 250～270℃，易溶于热水和热乙醇中，在冷乙醇中处于浑浊状态。不溶于乙醚、轻汽油及类似的有机溶剂中，也不溶于食盐和氢氧化钠等电解质浓溶液中。利用此性质可进行硬脂酸钠的提纯和精制。

硬脂酸钠的最主要用途是制造皂类洗涤剂。硬脂酸钠与其他碳链的饱和或不饱和脂肪酸钠形成不同组成的混合物，构成皂基，然后与功能性填料混合后，成型为洗衣皂和香皂等块状洗涤制品。硬脂酸钠皂体坚硬，在块状皂中兼具赋形剂与活性剂的双重作用。

硬脂酸钠的另一个主要应用是在化妆品中作乳化剂。例如，以雪花膏为代表的 O/W 型膏状制品中，硬脂酸钠是必不可少的乳化剂。在剃须膏、洗发膏制备中硬脂酸钠亦为常用的乳化剂。

硬脂酸钠的制备方法主要有两种。

① 油脂水解皂化法　该法以含硬脂酸较多的牛羊油等为原料，通过与氢氧化钠水解皂化，制备硬脂酸钠与其他脂肪酸钠的混合物，直接使用或经精制分离制得纯品。其反应方程式为

$$\begin{array}{l} C_{17}H_{35}COOCH_2 \\ \quad\quad | \\ C_{17}H_{35}COOCH + 3NaOH \longrightarrow \\ \quad\quad | \\ C_{17}H_{35}COOCH_2 \end{array} \begin{array}{l} CH_2—OH \\ | \\ CH—OH + 3C_{17}H_{35}COONa \\ | \\ CH_2—OH \end{array}$$

工业上制备硬脂酸钠分为间歇皂化法和连续皂化法两种方法。目前国内大多采用前一种方法。间歇皂化法是把油脂与碱液放入普通碳钢制的皂化釜中，在蒸汽加热下翻动煮沸，可精确地达到所要求的皂化程度。皂化时，油脂一次投入，而所需碱液分三次投入，浓度依次增大，以便皂化率>95%，形成皂胶。制得的硬脂酸钠皂胶，通常要经盐析处理，使皂胶中过量的水和甘油等杂质分离出来。然后再经碱析，使未皂化油脂进一步皂化，并除去皂胶中的无机盐，最后制得精制硬脂酸钠皂胶。

② 硬脂酸直接中和法　以硬脂酸为原料，用氢氧化钠或碳酸钠直接中和即可制得硬脂酸钠。其反应方程式为

$$C_{17}H_{35}COOH + NaOH \longrightarrow C_{17}H_{35}COONa + H_2O$$

$$C_{17}H_{35}COOH + Na_2CO_3 \longrightarrow C_{17}H_{35}COONa + NaHCO_3$$

中和法制备工艺简单直观，一般在 65℃下将氢氧化钠或碳酸钠水溶液直接与硬脂酸混合即可制得硬脂酸钠产品。

在上述两种制备方法中，用于制造各类洗涤剂的硬脂酸钠多采用油脂水解皂化法，所得皂胶经工艺调和，按产品质量要求调制成皂基，可制成不同规格的洗衣皂和香皂制品。而用作乳化剂的硬脂酸钠一般均采用直接中和法。

(2) 烷基苯磺酸钠

烷基苯磺酸钠是烷基苯磺酸盐中的重要盐类。它是一种黄色油状液体，经纯化可以形成六角形斜方薄片状结晶，通常烷基苯磺酸钠不是纯粹的化合物。最早用氯化煤油作烷基化原

料，得到的烷基苯质量不稳定。以后用四聚丙烯作烷基化原料，得到高支化度的烷基苯，此工艺路线盛行了十几年，终因支链烷基苯磺酸钠的生物降解性差，而在大部分国家里被淘汰。目前所用的烷基化原料主要有两大类，一类是正构卤代烷，另一类是洗涤剂单烯烃，洗涤剂单烯烃从结构上又分为内烯烃和 α-烯烃。

用卤代烷作烷基化原料时，多用 $AlCl_3$ 作催化剂。用烯烃作原料时，多用 HF 作催化剂或用 $AlCl_3$ 作催化剂。

① 直链烷基苯磺酸钠盐（LAS） 作为合成洗涤剂用表面活性剂，LAS使用量最多，约占世界总用量的40%以上。LAS是由氯化石蜡或烯烃与苯发生烷基化反应得到烷基苯，然后将其磺化，再用苛性钠中和制取。其反应式为

$$\underset{(\text{氯化石蜡})}{CH_3(CH_2)_{10}CH_2Cl} + C_6H_6 \longrightarrow \underset{(\text{十二烷基苯})}{C_{12}H_{25}\text{—}C_6H_5} + HCl \xrightarrow[\text{或发烟}H_2SO_4]{SO_3} \underset{(\text{十二烷基苯磺酸})}{C_{12}H_{25}\text{—}C_6H_4\text{—}SO_3H}$$

$$\text{或}\underset{(\text{直链}\alpha\text{-烯烃})}{2CH_3(CH_2)_9CH{=}CH_2} + C_6H_6 \xrightarrow[AlCl_3]{HF} C_{12}H_{25}\text{—}C_6H_5 + HCl \xrightarrow[\text{或发烟}H_2SO_4]{+SO_3} C_{12}H_{25}\text{—}C_6H_4\text{—}SO_3H$$

$$C_{12}H_{25}\text{—}C_6H_4\text{—}SO_3H + NaOH \longrightarrow \underset{(\text{十二烷基苯磺酸钠})}{C_{12}H_{25}\text{—}C_6H_4\text{—}SO_3Na}$$

十二烷基苯磺酸钠易溶于水，具有良好的去污能力和起泡性能。在硬水、酸性水、碱性水中均很稳定，对金属盐亦颇稳定。此外还可用作水溶促进剂、偶合剂、防结块剂、乳化剂等。

若采用三氧化硫为磺化剂，其磺化反应为气-液反应，磺化工艺有多釜串联和膜式两种。

多釜式串联的连续磺化工艺流程如图3-12所示。磺化一般由2～5个釜串联，烷基苯首先加入第一釜，然后依次溢流至下一釜中，三氧化硫和空气按一定比例从各个反应器底部的

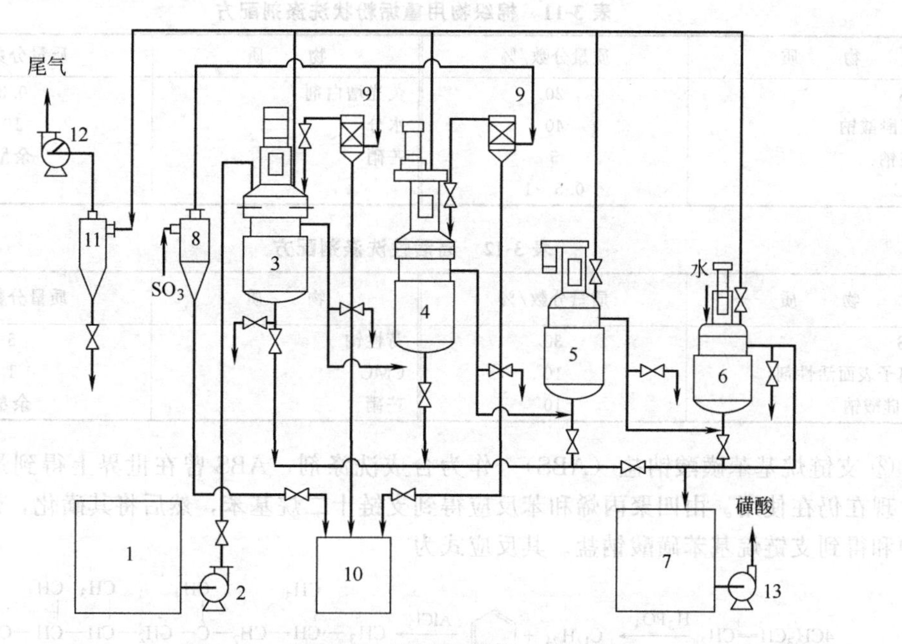

图3-12　多釜串联三氧化硫磺化工艺流程图

1—烷基苯贮罐；2—烷基苯输送泵；3—1# 磺化反应器；4—2# 磺化反应器；5—老化器；6—加水罐；7—磺酸贮罐；8—三氧化硫雾滴分离器；9—三氧化硫过滤器；10—酸滴暂存罐；11—尾气分离器；12—尾气风机；13—磺酸输送泵

分布器通入，通入量以第一釜最多，并依次减少，这样大部分反应在物料黏度较低的第一釜中完成。第一釜的温度为45℃，停留时间约15min。第二釜的温度为55℃，停留时间约8min。中和值控制第一釜出口为80～90mg NaOH/g，第二釜出口为120～125mg NaOH/g，最终产品为130～136mg NaOH/g。

膜式磺化工艺流程如图3-13所示。

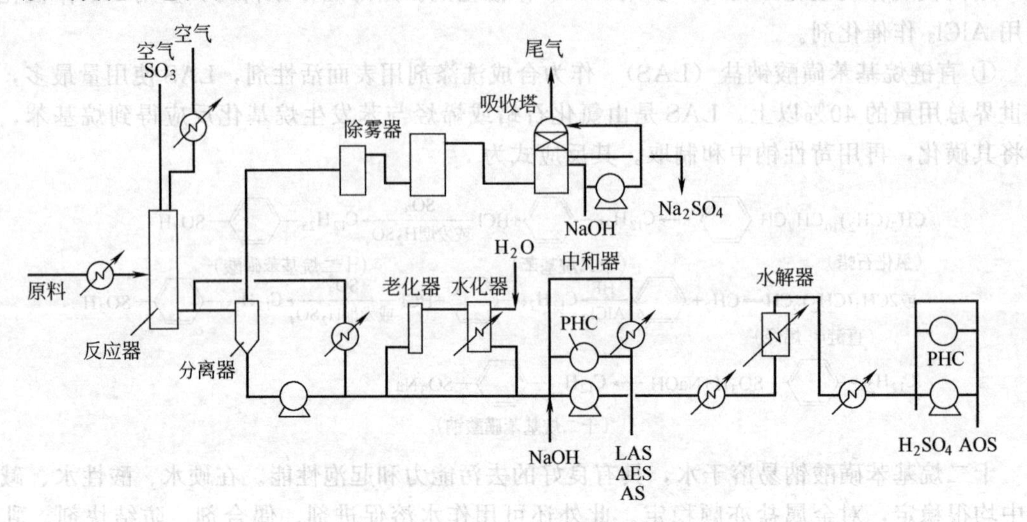

图3-13 *α*-烯烃制取AOS的工艺流程图

以三氧化硫为磺化剂的膜式磺化反应器不仅可用于制备烷基苯磺酸钠（LAS），也可用于制备烯烃磺酸盐（AOS）、脂肪醇硫酸盐（AS）及脂肪醇醚硫酸盐（AES）的生产。

直链烷基苯磺酸（LAS）的应用配方见表3-11和表3-12。

表3-11 棉织物用重垢粉状洗涤剂配方

物　质	质量分数/%	物　质	质量分数/%
LAS	20	荧光增白剂	0.3
三聚醚酸钠	40	水分	10
硅酸钠	5	芒硝	余量
CMC	0.5～1		

表3-12 高活性洗涤剂配方

物　质	质量分数/%	物　质	质量分数/%
LAS	30	苛性钠	5
非离子表面活性剂	10	CMC	1
RU硅酸钠	10	芒硝	余量

② 支链烷基苯磺酸钠盐（ABS）　作为合成洗涤剂，ABS曾在世界上得到最广泛的使用，现在仍在使用。由四聚丙烯和苯反应得到支链十二烷基苯，然后将其磺化，最后用苛性钠中和得到支链烷基苯磺酸钠盐。其反应式为

$$\underset{(丙烯)}{4CH_3CH{=}CH_2} \xrightarrow{H_3PO_4} \underset{(四聚丙烯)}{C_{12}H_{24}} + \underset{(苯)}{C_6H_6} \xrightarrow{AlCl_3} \underset{(支链十二烷基苯)}{CH_3-CH(CH_3)-CH_2-C(CH_4)(C_6H_5)-CH_2-CH(CH_3)-CH(CH_3)-CH_3}$$

$$CH_3-\underset{}{\overset{CH_3}{\overset{|}{C}H}}-CH_2-\underset{\text{C}_6\text{H}_5}{\overset{CH_3}{C}}-CH_2-\overset{CH_3}{CH}-\overset{CH_3}{CH}-CH_3 \xrightarrow[\text{(或发烟硫酸)}]{SO_3} CH_3-\overset{CH_3}{CH}-CH_2-\underset{C_6H_4SO_3H}{\overset{CH_3}{C}}-CH_2-\overset{CH_3}{CH}-\overset{CH_3}{CH}-CH_3$$

（支链十二烷基苯磺酸）

$$\xrightarrow{NaOH} CH_3-\overset{CH_3}{CH}-CH_2-\underset{C_6H_4SO_3Na}{\overset{CH_3}{C}}-CH_2-\overset{CH_3}{CH}-\overset{CH_3}{CH}-CH_3$$

（支链烷基苯磺酸钠，ABS）

ABS和LAS在去污方面几乎没什么不同，但是由于其生物降解性明显低劣，污染性强，使其应用受到了限制。

所谓微生物降解性是指表面活性剂被下水或河流中的微生物分解的难易程度。支链烷基苯磺酸钠，作为洗涤剂的主要成分，由于它难被生物降解，所以在河流或污水处理厂中产生大量的泡沫，从而导致其应用受到了限制。

(3) 脂肪醇硫酸酯盐

脂肪醇硫酸酯盐（AS），是工业和家庭中代替肥皂的早期合成洗涤剂。生产表面活性剂用的脂肪醇其碳数范围主要为 C_{12}～C_{15}，最早是从动植油脂加氢而得的。如用椰子油还原醇、豆蔻醇、鲸蜡醇及牛油制得的十八醇等。20世纪60年代以后，以石油为原料的合成脂肪醇的生产有了很大发展。工业上通常用氯磺酸、三氧化硫或硫酸酸化脂肪醇，再以氢氧化钠、氨或醇胺中和，即得到脂肪醇硫酸酯盐（钠），其反应式为

$$ROH+ClSO_3H \longrightarrow ROSO_3H+HCl$$

$$ROH+SO_3 \longrightarrow ROSO_3H$$

$$ROSO_3H+NaOH \longrightarrow ROSO_3HNa+H_2O$$

脂肪醇硫酸酯盐表面活性剂是润湿力、乳化力和去污力均良好的表面活性剂之一。可作为餐具洗涤剂、各种香波、牙膏、纺织用润湿剂，此外还可用作牙膏发泡剂、乳化剂、织物洗涤剂、硬表面清洁剂等。

(4) 脂肪醇磷酸酯盐

脂肪醇磷酸酯盐是由高级脂肪醇与五氧化二磷反应生成磷酸单酯和磷酸双酯，再用氢氧化钠中和得脂肪醇磷酸单酯盐和脂肪醇磷酸双酯盐。其反应式为

$$3ROH+P_2O_5 \longrightarrow RO-\underset{OH}{\overset{O}{\overset{\|}{\underset{|}{P}}}}-OR+RO-\underset{OH}{\overset{O}{\overset{\|}{\underset{|}{P}}}}-OH+3NaOH \longrightarrow$$

$$\underset{\text{（磷酸双酯盐）}}{RO-\underset{ONa}{\overset{O}{\overset{\|}{\underset{|}{P}}}}-OR}+\underset{\text{（磷酸单酯盐）}}{RO-\underset{ONa}{\overset{O}{\overset{\|}{\underset{|}{P}}}}-ONa}$$

脂肪醇磷酸酯钠对酸碱稳定，易于生物降解，具有良好的去污能力，可用于金属、玻璃

等的清洗，还用于纤维工业的助剂，近年来在金属润滑剂、合成树脂、纸张、农药、化妆品等领域也得到了应用。

3.3 阳离子型表面活性剂

阳离子表面活性剂溶于水时，与其亲油基相连的亲水基是阳离子，起活性作用的部分是阳离子。

阳离子表面活性剂绝大部分是含氮有机化合物，少数是含磷、硫、碘等有机化合物。含氮的阳离子型表面活性剂有伯胺盐、仲胺盐、叔胺盐及季铵盐。胺盐为弱碱性的盐，对 pH 较为敏感，在酸性条件下，形成可溶于水的胺盐，碱性则游离出胺。

(1) 烷基胺盐

高级伯醇、仲醇和叔醇的取代胺用盐酸、醋酸等中和，或叔胺与卤代烷反应，均可得到阳离子型表面活性剂。

$$\underset{\text{伯胺盐}}{R{-}NH_2\cdot X} \qquad \underset{\text{仲胺盐}}{\begin{matrix} R^2 \\ \quad\diagdown \\ \quad NH\cdot X \\ \quad\diagup \\ R^1 \end{matrix}} \qquad \underset{\text{叔胺盐}}{\begin{matrix} R^1 \\ | \\ R{-}N\cdot X \\ | \\ R^2 \end{matrix}}$$

式中，R 为 $C_{12}\sim C_{18}$；R^1，R^2 为 CH_3；X 为无机酸或有机酸。

烷基胺盐主要用作纤维助剂、矿物浮选剂、分散剂、乳化剂、防锈剂、抗静电剂、染料的固色剂等。

例如，烷基胺盐作磷酸盐矿物浮选剂，可使磷灰石与硅石得以分离。磷酸盐矿是磷灰石 [$Ca_5F(PO_4)_3$] 和硅石（SiO_2）的混合物。在选矿前先将矿石粉碎并制成泥浆。在配浆过程中就加入事先用醋酸部分中和使之处于溶解状态的脂肪胺。新生的二氧化硅结晶表面很易水合成硅酸，它能与脂肪胺成盐（烷基胺盐），它就定向在硅石细颗粒的界面上，亲油基伸入水相，亲油基力图避开水溶液，于是包有烷基胺盐的硅石颗粒就与起泡剂产生的气泡结合在一起上升到液面上。与此相反，磷灰石因为没有这种结合而沉在底部。从而使硅石与磷灰石分离。

例如，烷基胺盐可作防锈剂。在油田再生工艺及管道除锈中，都要加入酸，有酸接触，管道就会被腐蚀。加入脂肪胺类与酸中的氢离子形成阳离子表面活性剂定向排列在金属管道内壁和酸液的界面上。这种紧密排列脂肪链基团形成一种厚度只有 1～2 个分子的保护薄膜。保护金属不受酸的腐蚀。油田再生工艺是指在产油量下降时，适当地向岩层注入酸液，这样使岩层易被大量的高压水或蒸气破裂而释放出一些分散在油层内的原油，称为油田再生工艺。

(2) 季铵盐

季铵盐由脂肪族叔胺再进一步烷基化而成。在工业上有实用价值的季铵盐有长碳链季铵盐、咪唑啉季铵盐和吡啶季铵盐。

① 长碳链季镁盐　长碳链季铵盐在阳离子表面活性剂中产量最大。最典型的代表是双十八烷基双甲基氯化铵。烷基中的碳原子主要为 $C_{16}\sim C_{18}$。平衡离子除氯离子外，还可用溴离子、甲基硫酸盐离子。

双十八烷基双甲基氯化铵有两条主要生产技术路线。一是用脂肪酸先转化为脂肪腈，再加氢还原为仲胺，然后用甲酸加甲醛或与氯甲烷反应生成叔胺，最后用氯甲烷进行季铵盐化，其反应为

$$R-\underset{\underset{OH}{|}}{C}=O \xrightarrow[-H_2O]{NH_3} R-\underset{\underset{NH_2}{|}}{C}=O \xrightarrow{-H_2O} R-C\equiv N$$

$$2R-C\equiv N \xrightarrow[-NH_3]{4H_2} R-\overset{\overset{R}{|}}{N}H$$

$$R-\overset{\overset{R}{|}}{N}H \xrightarrow[CO_2,\ H_2O]{HCOOH \cdot CH_2O} R-\overset{\overset{R}{|}}{N}-CH_3$$

或

$$R-\overset{\overset{R}{|}}{N}H \xrightarrow[-HCl]{CH_2Cl} R-\overset{\overset{R}{|}}{N}-CH_3$$

$$R-\overset{\overset{R}{|}}{N}-CH_3 \xrightarrow{CH_3Cl} \left[R-\overset{\overset{R}{|}}{\underset{\underset{CH_3}{|}}{N^+}}-CH_3\right] \cdot Cl^-$$

另一种方法是用脂肪醇作原料，进行催化胺化生产仲胺，然后用氯甲烷反应得到季铵盐，其反应为

$$2R-CH_2OH \xrightarrow[-2H_2O]{NH_3} R-\overset{\overset{R}{|}}{N}H \xrightarrow[HCl]{2CH_3Cl} \left[R-\overset{\overset{R}{|}}{\underset{\underset{CH_3}{|}}{N^+}}-CH_3\right] \cdot Cl^-$$

双十八烷基双甲基季铵盐可作柔软剂或纺织助剂，亦可用于制备有机膨润土。有机膨润土是一种流变性调节剂，它在涂料工业中用于控制油漆的流变性，在油田钻探中用作润滑剂成分。

季铵盐的主要用途为作家用、医用和工业用杀菌剂、消毒剂、清洗剂、防霉剂；应用在游泳池中消灭藻类，在油田中杀微生物等。用作杀菌剂的季铵盐在结构中多数含有苄基。例如，十八烷基二甲基苄基氯化铵。

$$\left[C_{18}H_{37}-\overset{\overset{CH_3}{|}}{\underset{\underset{CH_3}{|}}{N^+}}-CH_2-C_6H_4\right]Cl$$

② 咪唑啉季铵盐　咪唑啉季铵盐是仅次于长碳链季铵盐，占第二位的阳离子表面活性剂，可作柔软剂。其合成工艺路线比较简便。由动物油脂，如牛油、猪油制得脂肪酸。将脂肪酸与多胺，如二乙基三胺或三乙基四胺共热脱水，胺类被酰化。生成的酰胺可用环氧乙烷进行氧乙基化。它也是一种玻璃纤维纺织时用的平滑剂和分散塑料颗粒的乳化剂。

酰胺在 200℃下进行闭环，生成咪唑啉环。最后用硫酸二甲酯进行甲基化，其反应为

$$RCOOH+H_2N-(CH_2)_2-\overset{\overset{H}{|}}{N}-(CH_2)_2-NH_2 \xrightarrow{-H_2O} RCO-\overset{\overset{H}{|}}{N}-(CH_2)_2-\overset{\overset{H}{|}}{N}(CH_2)_2-NH_2$$

$$\xrightarrow[2H_2O]{R-COOH} R-C\begin{matrix}=N-CH_2\\ \backslash N-CH_2\end{matrix},\ CH_2-CH_2-\underset{\underset{H}{|}}{N}-\overset{\overset{O}{\|}}{C}R \xrightarrow{(CH_3)_2SO_4} \left[R-C\begin{matrix}=\overset{\overset{CH_3}{|}}{N}-CH_2\\ \backslash N-CH_2\end{matrix},\ CH_2-CH_2-\underset{\underset{H}{|}}{N}-\overset{\overset{O}{\|}}{C}-R\right]^+ \cdot CH_3-SO_4^-$$

③ 吡啶季铵盐 吡啶与高级氯代烷或高级溴代烷反应可制成相应的吡啶季铵盐，其反应为

$$C_{16}H_{33}Cl + C_5H_5N \longrightarrow C_{16}H_{33}—N^+C_5H_5 \cdot Cl^-$$

或

$$C_{16}H_{33}Br + C_5H_5N \longrightarrow C_{16}H_{33}—N^+C_5H_5 \cdot Br^-$$

这些产品一般用作助染剂或杀菌剂等，其最大用途是作为纤维用疏水剂。

3.4 两性表面活性剂

这类表面活性剂同时具有阴离子、阳离子或同时具有非离子和阳离子或非离子和阴离子，所以称为两性型表面活性剂。起活性作用的部分是阴离子和阳离子。两性表面活性剂在碱性溶液中呈阴离子活性，在酸性溶液中呈阳离子活性，在中性溶液中呈两性活性。

两性表面活性剂现已越来越受到人们的注意，这是由于其特点所决定的。两性表面活性剂具有低毒性，对皮肤和眼睛具有低刺激性，有耐高浓度电解质性和极好的耐硬水性，甚至在海水中也可以有效地使用。它还具有良好的生物降解性。对织物有优异的柔软平滑性和抗静电性。有一定的杀菌性和抑霉性。有良好的乳化性和分散性。可以和几乎所有其他类型表面活性剂配伍，在一般情况下会产生协同效应。可以吸附在带负电或带正电的物质表面上而不生成憎水薄层，因此有很好的润湿性和发泡性。

由于两性表面活性剂有以上这些特点，因此在化工、纺织、染料、颜料、食品、制药、机械、冶金、洗涤等方面其应用日益扩大。可作洗涤剂、润湿剂、发泡剂、洗发剂、缓蚀剂、分散剂、杀菌剂、乳化剂、清洗剂、抗静电剂、柔软剂、染料助剂等。

（1）甜菜碱型

甜菜碱原是一种天然产物，最早从甜菜中分离提取出来的。其分子结构一般由季铵盐型阳离子和羧酸型阴离子所组成。

$$R^1—\underset{R^3}{\overset{R^2}{N^+}}—(CH_2)_n—COO^-$$

式中，R^1 为 $C_{12}\sim C_{18}$；R^2，R^3 为 CH_3；$n=1\sim2$。

例如，由烷基二甲胺与氯乙酸钠溶液在 50～80℃下反应得到烷基二甲基甜菜碱，其反应为

$$R—\underset{CH_3}{N}—CH_3 + ClCH_2COONa \longrightarrow R—\underset{CH_3}{\overset{CH_3}{N^+}}—CH_2COO + NaCl$$

烷基二甲基甜菜碱

（2）氨基酸型

氨基酸型两性表面活性剂，其阴离子基为羧酸，阳离子基为氨基，分子结构式为 $R—NH—(CH_2)_nCOOH$，$R=C_{12}\sim C_{18}$，$n=1\sim2$。氨基酸两性表面活性剂广泛用于香波和其他化妆品中。此外，还可用于洗涤剂、杀菌剂等。

这类两性表面活性剂开发得最早，产量也比较高。其中较为典型的品种为 *N*-烷基-*β*-氨基丙酸。一般应用较多的合成方法是用脂肪胺与丙烯酸甲酯反应，然后进行水解得产品，其反应为

$$RNH_2 + CH_2=CH—COOCH_3 \longrightarrow RNH(CH_2)_2COOCH_3$$

$$RNH(CH_2)_2COOCH_3 \xrightarrow{+H_2O} RNH(CH_2)_2COOH$$

(3) 咪唑啉型

咪唑啉型两性表面活性剂是最近几年新开发的品种，其产量约占两性型表面活性剂的一半。这类表面活性剂最突出的优点是具有极好的生物降解性能。此外，它对皮肤和眼睛的刺激性极小。发泡性很好，因此它较多地应用在化妆品助剂、香波、纺织助剂、金属缓蚀剂、清洗剂及破乳剂中。

具有实用意义的如 1-(β-羟乙基)-2-十七烷基咪唑啉型羧酸两性表面活性剂。它是由C_{12}～C_{18}的脂肪酸与多胺类合成得到的。首先脂肪酸与多胺缩合，其次是将缩合反应生成的咪唑啉环与氯乙酸或其他能引入阴离子基的烷基化剂进行烷基化反应，其反应为

$$CH_3(CH_2)_{16}COOH + H_2N(CH_2)_2NH(CH_2)_2OH \longrightarrow$$

$$CH_3(CH_2)_{16}-C(=N-CH_2-CH_2-)N-(CH_2)_2OH \longrightarrow$$

$$\xrightarrow[NaOH]{ClCH_2COOH} C_{17}H_{35}-C(=N-CH_2-CH_2-)N^+(OH)[(CH_2)_2OH][CH_2COO^-]$$

$$\xrightarrow[NaOH]{2ClCH_2COOH} C_{17}H_{35}-C(=N-CH_2-CH_2-)N^+(OH)[(CH_2)_2OCH_2COOH][CH_2COO^-]$$

(4) 磷酸酯型

磷酸酯型两性表面活性剂从其品种与数量上来看都比其他种两性表面活性剂少得多。目前应用较广的是卵磷脂类化合物。这类化合物在自然界所有生命有机体中都可以发现，如大豆和蛋黄的卵磷脂。

一般说来卵磷脂是含有磷酸酯盐型阴离子和季铵盐型阳离子两部分的两性表面活性剂，因为分子中有两个亲油基，所以几乎不溶于水，使它不能作洗涤剂使用。它主要应用在食品添加剂、饲料添加剂，也可应用在化妆品中，还可用作乳化剂、泡沫稳定剂。在油墨、油漆、涂料中作为分散剂、渗透剂。卵磷脂通式如下。

$$\begin{array}{l} CH_2-OCOR \\ | \\ CH-OCOR \\ | \\ CH_2-O-P(=O)(O^-)-OCH_2CH_2-N^+(CH_3)_2-CH_3 \end{array}$$

磷酸酯盐型阴离子部分　　季铵盐型阳离子部分

两性活性剂应用配方见表 3-13。

表 3-13 两性活性剂应用配方

护理卷发用香波配方	质量分数/%	防秃发用润发水配方	质量分数/%
月桂基硫酸铵	30.0	乙二醇硬脂酸酯	0.7
椰油酰胺基丙基甜菜碱	4.5	三乙醇胺-椰油-水解动物蛋白和山梨醇	3.0
椰油酰胺二乙醇胺	2.5	月桂基油烯基甲基胺动物胶原氨基酸	1.0
硬脂基三甲基铵水解动物蛋白	1.0	香精	0.2
瓜尔斗羟基丙基三甲基氯化铵	0.4	柠檬酸	0.1
对羟基苯甲酸甲酯	0.2	去离子水	56.4
聚氨基丙基缩二胍和氯二甲苯酚	0.2		

续表

护理卷发用香波配方	质量分数/%	防秃发用润发水配方	质量分数/%
胆固醇	0.5		
卵磷脂	0.5		
乙酸羊毛脂	10.0		
维生素 6	1.0		
乙醇	88.0		
香精	适量		

3.5 非离子型表面活性剂

非离子型表面活性剂在水溶液中不能电离，从而限制了其应用范围。非离子型表面活性剂可以分成两大类，即聚乙二醇型和多元醇型。

在聚乙二醇型非离子表面活性剂中，分子中的亲水基团不是一种离子，而是聚氧乙烯醚链和羟基，链中氧原子和羟基都能与水生成氢键，使化合物具有水溶性。水溶性大小与聚氧乙烯醚基的多少有关。工业上，聚乙二醇型产物常由环氧乙烷与脂肪醇、烷基酚、脂肪酸等亲油性化合物加成聚合而成。

(1) 脂肪醇聚氧乙烯醚

脂肪醇聚氧乙烯醚（AEO）是近代非离子型表面活性剂中最重要的一类产品，近年来其产量增长速度非常快，原因是家庭用重垢洗涤剂用量大，其生化降解性优良，价格低廉。

脂肪醇聚氧乙烯醚的通式为 R—$(OCH_2—CH_2)_n$—OH，其中 R＝C_{10}～C_{18}，脂肪醇常用月桂醇、油醇、十八醇与环氧乙烷在碱催化下反应制成，其反应为

$$ROH + n\underset{\diagdown O \diagup}{CH_2—CH_2} \xrightarrow{NaOH} R—(OCH_2CH_2)_n—OH$$

$$C_7H_{15}—\underset{\substack{|\\OH}}{CH}—C_6H_{13} + n\underset{\diagdown O \diagup}{CH_2—CH_2} \xrightarrow{NaOH} C_7H_{15}\underset{\substack{|\\(OCH_2CH_2)_nOH}}{CH}C_6H_{13}$$

在分批进行脂肪醇氧乙基化反应时，温度通常为 160～180℃，压力为 0.1～0.2MPa，催化剂可用氢氧化钠或甲醇钠。其最终产物实际上是一个包括未反应原料醇在内的不同聚合度的聚氧乙烯醚的混合物。

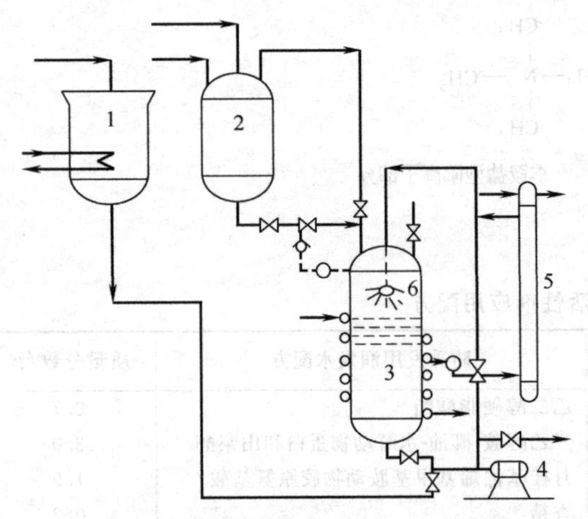

图 3-14 循环式间歇操作工艺示意图

1—疏水原料计量槽；2—环氧乙烷计量槽；3—反应器；4—循环泵；5—热交换器；6—文丘里管

脂肪醇氧乙基化反应在工业生产上可采用间歇生产、间歇式循环操作或连续操作方式。现介绍循环式间歇操作流程，如图 3-14 所示。

脂肪醇原料和催化剂在疏水原料计量槽 1 中加热到 150～160℃进行干燥后，由循环泵 4 将循环物料一起打入反应器 3 中的文丘里管式的喷出装置。在此装置中，借助循环喷出的速度，形成真空，抽入环氧乙烷计量槽 2 的气相环氧乙烷，在喷管中得到混合反应，然后喷入反应器 3 中，反应温度保持 160～180℃之间。热量的传递可借助于反应器 3 的外加蛇管及循环系统的热交换器 5。当按计量所需环氧乙烷

全部加完后，经反应后，反应产物就可送入成品贮罐中。

AEO不宜配制洗衣粉，但却是液状洗涤剂的理想原料，它对各种纤维都有较LAS好的去垢力，除用作液状洗涤剂外，在印染行业中作匀染剂、剥色剂、原毛净洗剂、纺丝油剂。

(2) 烷基酚聚氧乙烯醚

烷基酚聚氧乙烯醚的通式为 $R-C_6H_4-O(CH_2CH_2O)_nH$，它在非离子表面活性剂中仅次于AEO。

从性能上看基本与脂肪醇聚氧乙烯醚类似，但因其生物降解性差，在洗涤剂配方中其用量逐渐减少，而多使用脂肪醇聚氧乙烯醚。在家用洗涤配方中，酚醚仅限于特殊用途。目前主要广泛作为工业用表面活性剂。如消泡剂、破乳剂、石油中的分散剂、油溶性洗涤剂、农用的乳化剂、纺织加工整理剂、制革工业润滑剂和渗透剂等。

烷基酚醚是由烷基酚和环氧乙烷加合而成，反应为

$$R-C_6H_4-OH + \underset{\diagdown O \diagup}{CH_2-CH_2} \longrightarrow R-C_6H_4-OCH_2CH_2OH$$

$$R-C_6H_4-OCH_2CH_2OH + n\underset{\diagdown O \diagup}{CH_2-CH_2} \longrightarrow R-C_6H_4-O(CH_2CH_2O)_nH$$

烷基酚聚氧乙烯醚按烷基碳链的不同及加成环氧乙烷多少而异，可以得到一系列性质不同的化合物。

其间歇操作条件为：反应温度（170±30)℃，压力0.15～0.3MPa，催化剂氢氧化钠或氢氧化钾加料量为烷基酚量的0.1%～0.5%。反应开始前首先用氮气置换设备，再压入环氧乙烷，反应后用酸中和，漂白或用活性炭脱色。

在烷基酚聚氧乙烯醚中最主要的是壬基酚聚氧乙烯醚，商品牌号为乳化剂OP系列产品。这类产品化学稳定性好，表面活性强。

壬烯可由丙烯三聚而成，然后用三氟化硼为催化剂与苯酚反应生成壬基酚。再进一步与环氧乙烷发生乙氧基化反应。

$$C_9H_{18} + C_6H_5-OH \xrightarrow{BF_3} C_9H_{19}-C_6H_4-OH \xrightarrow{n\underset{\diagdown O \diagup}{CH_2-CH_2}} C_9H_{19}-C_6H_4-O(CH_2CH_2O)_nH$$

(3) 羧酸酯

多元醇型非离子表面活性剂由甘油、季戊四醇、山梨糖醇、失水山梨糖醇、蔗糖、烷醇胺等多羟基化合物同高碳脂肪酸进行酯化反应制得。

① 脂肪酸甘油酯　甘油单酯的制法，一般是在碱性催化剂如氢氧化钠或氢氧化钾等存在下于200～300℃将油脂与甘油进行酯化反应，也有用脂肪酸直接酯化的方法。由于脂肪酸和甘油的三个羟基的反应机率是相等的，所以酯化产品是几种化合物的混合物，其反应为

$$\begin{array}{l}RCOOCH_2\\ |\\ RCOOCH\\ |\\ RCOOCH_2\end{array} + \begin{array}{l}CH_2-OH\\ |\\ CH-OH\\ |\\ CH_2-OH\end{array} \xrightarrow[200℃]{NaOH} \begin{array}{l}RCOOCH_2\\ |\\ CH-OH\\ |\\ CH_2-OH\end{array}$$

实际上并非只是其中的一个羟基易于反应，任何一个羟基都有同样的反应能力，因而是单酯、双酯及三酯的混合物。其组成的比例，按投料的配比、催化剂、温度和时间的不同，可以得到不同比例的单酯、双酯及三酯的混合物。

在食品工业中常用它作烘烤制品时的脱模剂以及制备各种冷饮制品的乳化剂。在化妆品中它作乳膏的基质。在金属加工业中作润滑剂、缓蚀剂。

② 失水山梨醇脂肪酸酯 失水山梨醇脂肪酸酯是羧酸酯表面活性剂中的重要类别。它的单酯、双酯、三酯均为商品。失水山梨醇脂肪酸酯可由山梨醇和脂肪酸直接反应制得，在少量硫酸和140℃条件下，山梨醇从分子内脱水制得失水山梨醇及异山梨醇。

H_2COH–HCOH–HOCH–HCOH–HCOH–H_2COH $\xrightarrow[\text{30min}]{140℃,\ 浓H_2SO_4}$ (1,4-失水山梨醇) $\xrightarrow[\text{1h}]{140℃,\ 浓H_2SO_4}$ (1,4,3,6-失水山梨醇)

（山梨醇 $\xrightarrow[浓H_2SO_4]{140℃,1h}$ 1,4,3,6-失水山梨醇）

制造失水山梨醇酯所用的脂肪酸有：月硅酸、豆蔻酸、棕榈酸、油酸、硬脂酸、亚麻仁脂肪酸、牛油酸等。

失水山梨醇脂肪酸酯有软脂酸酯、硬脂酸酯和油酸酯等，可作乳化剂，广泛用于冰淇淋、面包、糕点、起酥油的乳化、防老化，还可作巧克力、速溶可可、牛奶等的分散剂。

非离子表面活性剂的应用配方见表3-14。

表 3-14 非离子表面活性剂的应用配方

餐具洗涤剂配方	质量分数/%	液体洗涤剂配方	质量分数/%
C_9～C_{11}烷醇聚氧乙烯醚	19	失水山梨醇脂肪酸酯	8
C_{12}～C_{18}烷基硫酸铵	6	脂肪酸蔗糖酯	2
C_{12}～C_{14}烷基单乙醇胺	5	三聚磷酸钠	20
乙醇	5	硫酸镁	20
二甲基苯磺酸钠	7	硫酸钠	45
水	58	丁二酸二钠	5

3.6 其他类型表面活性剂

其他类型表面活性剂有氟碳表面活性剂、硅表面活性剂、高分子表面活性剂及生物表面活性剂等。这里主要介绍一下氟碳表面活性剂及生物表面活性剂。

(1) 氟碳表面活性剂

氟碳表面活性剂和上述各类表面活性剂一样，也由亲水基和亲油基组成，但在表面活性剂的碳氢链中，氢原子全部被氟原子取代了。以电解法为例，氟碳表面活性剂的制备方法如下。

将磺酸或羧酸的酰氯化物溶于无水氢氟酸液体中，经电解后而制得全氟羧酰氟。

$$C_7H_{15}COCl + 16HF \xrightarrow{电解氟化} C_7F_{15}COF + HCl \xrightarrow{H_2O} C_7F_{15}COOH$$

磺酰氯电解氟化后得到全氟磺酰氟。

$$C_8H_{17}SO_2Cl + 18HF \xrightarrow{电解氟化} C_8F_{17}SO_2F + HCl \xrightarrow{H_2O} C_8F_7SO_3H$$

全氟羧酸和全氟磺酸用碱中和后，可得到全氟羧酸盐和全氟磺酸盐，这些盐类为全氟阴离子表面活性剂。

由于氟碳表面活性剂具有良好的耐化学药品性，可耐400～500℃的高温，极低的表面张力等，因而其用途甚广。如可作氟树脂乳液聚合时的乳化剂；水性涂料、乳胶涂料用润滑剂、消泡剂；玻璃、金属和塑料的防蚀剂，可用于眼镜片、光学透镜、汽车玻璃窗的防蚀剂。此类表面活性剂具有憎水憎油性，故常用于既防水又防油的纺织品、纸张及皮革。

（2）生物表面活性剂

人们预言，生物技术这一领域将是21世纪科研和开发重点之一，它将对工业生产和生活产生巨大的影响。

生物技术是20世纪70年代发展起来的。微生物在一定条件下，可将某些特定物质转化为具有表面活性的代谢产物，即生物表面活性剂。生物表面活性剂也具有降低表面张力的能力，加上它无毒、生物降解性能好等特性，使其在一些特殊工业领域和环境保护方面受到注目，并有可能成为化学合成表面活性剂的替代品或升级换代产品。

目前，对生物表面活性剂主要侧重于在与石油有关的工业方向的应用。如用于提高石油采收率、清除油污、乳化、工业W/O及O/W型乳状液的破乳等。此外，在食品、药物、化妆品工业及农业方面的应用也有一定进展。

其生成原理主要是微生物在一定条件下培养时，在其代谢过程中会分泌出具有一定表面活性的代谢产物，如糖脂、多糖脂、脂肽或中性类脂衍生物等。它们与其他表面活性剂一样，在分子中同样具有亲油基和亲水基。

由生物体代谢产生的两亲化合物可分为两类，一类是生物表面活性剂，另一类是生物乳化剂。生物表面活性剂是一些低分子量的小分子，它能显著降低表面张力。而生物乳化剂是一些生物大分子，它们不能显著降低表面张力，但它们对油水界面表现出很强的亲和力，能够吸附在分散的油滴表面，防止油滴凝聚，从而使乳状液稳定。

低分子量生物表面活性剂主要是糖脂，包括鼠李糖脂、槐糖脂、海藻糖脂等。

生物乳化剂有脂杂多糖、脂多糖复合物等。

习　　题

1. 什么是表面活性剂？它的分子结构具有哪些特点？
2. 表面活性剂按照结构划分可以分成哪几大类？各自具有哪些特点？
3. 什么是表面活性剂的亲水-亲油平衡值（HLB值）？简述其获得方法。
4. 表面活性剂的应用性能主要有哪些？
5. 阴离子型表面活性剂主要有哪几种？
6. 阳离子型表面活性剂主要有哪几种？
7. 非离子型表面活性剂主要有哪几种？
8. 两性型表面活性剂主要有哪几种？

参考文献

[1] 赵国玺. 表面活性剂物理化学. 北京：北京大学出版社，1984.
[2] 梁梦兰. 表面活性剂和洗涤剂. 北京：科学技术文献出版社，1990.
[3] 李宗石. 表面活性剂合成与工艺. 北京：轻工业出版社，1990.
[4] 殷宗泰. 精细化工概论. 北京：化学工业出版社，1987.
[5] 宋启煌. 精细化工工艺学. 北京：化学工业出版社，1995.
[6] 杜巧云，葛虹. 表面活性剂基础及应用. 北京：中国石化出版社，1996.

第4章 食品添加剂

4.1 概述

4.1.1 食品添加剂的定义

食品添加剂是指为改善食品品质和色、香、味以及为防腐和加工工艺的需要而加入食品中的化学合成或者天然物质。

食品添加剂一般不是食物，也不一定有营养价值，但不能影响食品的营养价值，且具有防止食品腐烂变质、增强食品感官性状或提高食品质量的作用。

4.1.2 食品添加剂的分类

食品添加剂有多种分类方法，可按其来源、功能、安全性评价的不同来分类。

按其来源，可将食品添加剂分为天然的和人工合成的两大类。天然食品添加剂是指利用动植物或微生物的代谢产物为原料，经提取所获得的天然物质。人工化学合成的食品添加剂是指采用化学手段，使元素或化合物通过氧化、还原、缩合、聚合、成盐等反应而得到的物质。目前使用的大多数属于人工合成的食品添加剂。人工合成的食品添加剂又可细分为一般化学合成品和人工合成天然等同物（如天然等同香料、色素等）。

根据《食品添加剂使用卫生标准》（GB 2760—1996），食品添加剂分为23类。即酸度调节剂、抗结剂、消泡剂、抗氧化剂、漂白剂、膨松剂、胶姆糖基础剂、着色剂、护色剂、乳化剂、酶制剂、面粉处理剂、被膜剂、水分保持剂、营养强化剂、防腐剂、稳定和凝固剂、甜味剂、增稠剂、香精香料和加工助剂等。

4.2 常用食品防腐剂

为了防止食品腐败变质，常常使用物理方法或化学方法来防腐。化学方法是使用化学物质来抑制微生物的生长或杀灭这些微生物，这些化学物质即为防腐剂（preservatives）。

4.2.1 防腐剂的作用原理

食品防腐剂可以使微生物的蛋白质凝固或变性，从而干扰其生长和繁殖，或者改变细胞膜的渗透性使生物体内的酶类和代谢产物逸出而导致其失活；或者干扰微生物体内的酶系，破坏其正常代谢，抑制酶的活性，达到食品防腐变质的目的。

4.2.2 常用食品防腐剂

4.2.2.1 苯甲酸及其盐类

(1) 苯甲酸（benzoic acid）

苯甲酸亦称安息香酸，为白色有荧光的鳞片状结晶，或单斜棱晶，质轻无味或微有安息香或苯甲醛的气味，在热空气中微挥发，于100℃左右升华，能与水汽同时挥发。苯甲酸有吸湿性，但在常温下难溶于水，易溶于乙醇、氯仿、乙醚、丙酮、二氧化碳和挥发性油中。

苯甲酸的工业生产方法主要有三种，即甲苯液相空气氧化法、三氯甲苯水解法、邻苯二甲酸酐脱羧法。

① 甲苯液相空气氧化法　最早用此法生产苯甲酸的是美国 Allied 公司。常用的催化剂为可溶性钴盐或锰盐，以乙酸为溶剂。

$$C_6H_5CH_3 + \frac{3}{2}O_2 \xrightarrow{催化剂} C_6H_5COOH + H_2O$$

其反应机理为自由基反应，反应温度为165℃左右，压力为0.6～0.8MPa。副产物主要有苯甲醛、苯甲醇、邻甲基联苯、联苯、对甲基联苯及酯类。副产物均可回收和利用，尤其是苯甲醛和苯甲醇，其本身单价常为苯甲酸的4～5倍，可以大幅度提高装置的产值和利润。苯甲酸的生产工艺流程如图4-1所示。

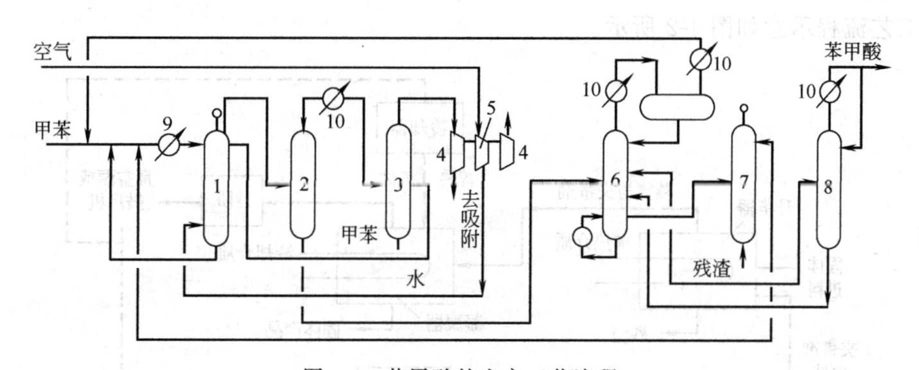

图4-1 苯甲酸的生产工艺流程

1—氧化反应器；2—气液分离器；3—气液分离器；4—透平膨胀机；5—压缩机；6—精馏塔；7—催化剂回收装置；8—精馏塔；9—废热锅炉；10—冷凝器

② 甲苯氯化水解法　甲苯于100～150℃进行光氯化反应所得三氯苄基苯，在$ZnCl_2$存在下（或用石灰乳及铁粉）与水反应得苯甲酸。以三氯苄基苯计，苯甲酸产率为74%～80%。反应式为

$$C_6H_5CH_3 + Cl_2 \xrightarrow[100\sim150℃]{h\nu} C_6H_5CCl_3$$

$$C_6H_5CCl_3 + C_6H_5COOH \longrightarrow C_6H_5COCl + HCl$$

$$C_6H_5COCl + H_2O \longrightarrow C_6H_5COOH + HCl$$

由于该法耗氯，HCl水溶液腐蚀设备极严重，仅作为甲苯氯化水解制苯甲醛和苯甲醇的副产物回收利用的补充方法。

③ 邻苯二甲酸酐加热脱羧法　该方法可分为液相法和气相法。前者的催化剂为邻苯二甲酸铬盐和钠盐；后者的催化剂为等量的碳酸铜和氢氧化钙。

$$C_6H_4(CO)_2O \xrightarrow[\triangle]{H_2O} C_6H_4(COOH)_2$$

$$C_6H_4(COOH)_2 \xrightarrow{催化剂} C_6H_5COOH + CO_2\uparrow$$

(2) 苯甲酸的精制

甲苯氧化法是制取苯甲酸的主要方法，以此法制得的苯甲酸的精制方法如下。

① 精馏　以甲苯液相氧化制得的苯甲酸在 93.3kPa 的低压下精馏得粗苯甲酸。在医药、食品工业中所用的苯甲酸纯度要求很高，为获得高纯度苯甲酸，必须采用其他的精制方法来精制苯甲酸。

② 升华结晶法　苯甲酸在 100℃以上即升华，冷却其蒸气，使之凝聚为晶体可得到精制苯甲酸。升华精制苯甲酸的产品纯度高，但能耗高，操作时间长，效率低，生产能力不高样品损失也较大。

其工艺流程示意如图 4-2 所示。

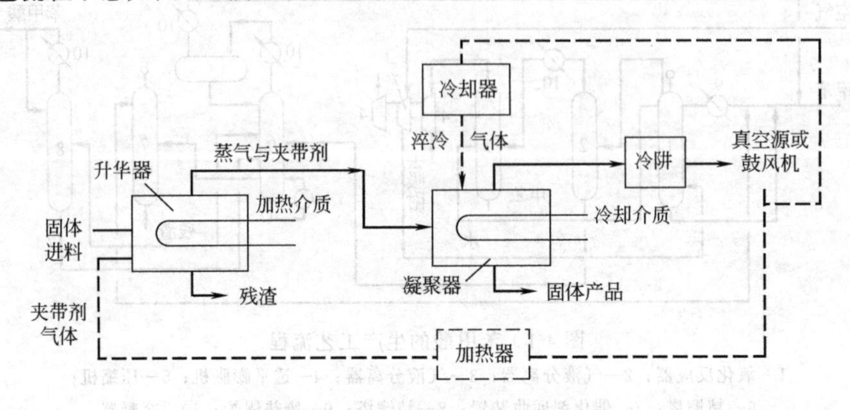

图 4-2　简单升华的工艺流程图

③ 溶液重结晶法　粗苯甲酸精制为食品级苯甲酸最常用的方法是热水溶液重结晶法。

苯甲酸 25℃时，在 100mL 水中溶解度为 0.34g，但 95℃时溶解度为 6.80g，因此冷却高温下苯甲酸饱和水溶液时会有较多的晶体析出，通过多次重结晶可较好地去除杂质。目前，结晶设备主要选用的是釜式结晶器。

④ 熔融结晶法　苯甲酸的熔点为 122.4℃，粗苯甲酸与杂质可形成低共溶混合物。根据相平衡知识可知，将熔融的粗苯甲酸缓慢冷却时可析出纯苯甲酸，经多级结晶可得纯度达 99.9%以上的高纯苯甲酸。

熔融结晶法对精细化工发展极为有利，它在现代分离精制技术中占有极重要的地位。

(3) 苯甲酸钠 (sodium benzoate)

苯甲酸钠亦称安息香酸钠，为白色颗粒或晶体粉末，无臭或微带安息香气味，有收敛性，在空气中稳定；易溶于水，53.0g/100mL (25℃)，其水溶液的 pH 值为 8。溶于乙醇，1.48/100mL (25℃)。

工业上苯甲酸钠是由苯甲酸和碳酸钠（或碳酸氢钠）在水溶液中进行中和反应生成盐，再经脱色、过滤、浓缩、结晶、干燥粉碎而得。

4.2.2.2　山梨酸及其盐类

(1) 山梨酸 (sorbic acid)　山梨酸为 2,4-己二烯酸，结构式为 $CH_3—CH═CH—CH═CH—COOH$。山梨酸为无色针状结晶或白色晶体粉末，无臭或微带刺激性臭味，耐光、耐热性好，在 140℃下加热 3h 无变化。山梨酸难溶于水，易溶于乙醇、乙醚、丙二醇、无水乙醇、花生油、甘油、冰醋酸、丙酮中。

以巴豆醛（丁烯醛）和乙烯酮为原料，在三氟化硼催化下进行反应制得粗品，然后在水中进行再结晶精制，即得食品级山梨酸。反应如下。

$$CH_3CH{=}CHCHO + CH_2{=}CO \xrightarrow{\text{催化剂}} CH_3CH{=}CHCH{=}CHCOOH$$

上述反应的催化剂为等物质的量的三氟化硼、氯化锌、氯化铝以及硼酸和水杨酸。反应温度为0℃左右，然后在80℃下加热3h以上，冷却后对析出的结晶进行重结晶，收率达70%。

除上述生产工艺外，还可以巴豆醛和丙二酸为原料、以巴豆醛和丙酮为原料、以山梨醛为原料、以丁二烯和醋酸为原料进行生产。

(2) 山梨酸钾 (potassium sorbate)　山梨酸钾的结构式为 $CH_3—CH{=}CH—CH{=}CH—COOK$。

山梨酸钾由碳酸钾或氢氧化钾中和山梨酸反应而得。其为白色至浅黄色鳞片状结晶、晶体颗粒或晶体粉末，无臭或微有臭味，长期暴露在空气中易吸潮、被氧化分解而变色。山梨酸钾易溶于水。

4.2.2.3　对羟基苯甲酸酯类

对羟基苯甲酸酯又称尼泊金酯，是一种无色结晶或白色结晶粉末，对霉菌和酵母菌有抗菌作用。尼泊金酯的防腐效果比苯甲酸及其钠盐好，使用量仅为其1/10，且不易受pH值变化的影响，毒性低，无刺激性，是目前国际公认的高效广谱防腐剂之一，其抑菌效果随脂肪链的延长而增强。其缺点是水溶性较差，常需用醇类先溶解后再使用，价格也较贵。

(1) 制备工艺

对羟基苯甲酸酯是通过对羟基苯甲酸与醇，在硫酸存在下进行酯化反应而得。

① 对羟基苯甲酸的合成　以苯酚为原料，在KOH、K_2CO_3及少量水存在下，首先生成苯酚钾，再与CO_2发生羧基化反应，生成对羟基苯甲酸。

$$C_6H_5OH \xrightarrow[\text{少量水}]{KOH, K_2CO_3} C_6H_5OK \xrightarrow[(2)\,HCl]{(1)\,CO_2} HO-C_6H_4-COOH$$

这是目前工业上生产对羟基苯甲酸的主要方法，但该工艺需要加压，因而对设备要求高，操作复杂，产品成本偏高。除苯酚法外，还可以采用对氯苯甲酸碱熔法、水杨酸法、苯酚和四氯化碳合成法。

② 尼泊金酯的合成　尼泊金酯的合成通常采用直接酯化法制备。即对羟基苯甲酸和相应的醇，在酸性催化剂的作用下脱水，得到尼泊金酯。

$$HO-C_6H_4-COOH + ROH \xrightarrow{\text{催化}} HO-C_6H_4-COOR + H_2O$$

$$(R{=}CH_3,\ C_2H_5,\ C_3H_7\cdots)$$

酯化反应是一个典型的酸催化下的可逆反应。为了提高酯的收率，可采用过量的醇或酸用共沸蒸馏或借干燥剂除去生成的水。硫酸是经典的酯化反应催化剂，原料价格低廉，产品收率较高，但由于硫酸的腐蚀性，产品纯度不好，副反应多，且有三废污染等缺点，各国许多学者正致力于其他催化剂的研究。目前文献报道比较有效的催化剂有对甲苯磺酸、结晶氯化铁及其他铁盐、固体超强酸、杂多酸及混合酸等。各类催化剂都有各自的优缺点，可根据实际生产需要选择和扩大实验。

(2) 各种对羟基苯甲酸酯

对羟基苯甲酸酯包括对羟基苯甲酸乙酯亦称尼泊金乙酯、对羟基苯甲酸丙酯、对羟基苯甲酸丁酯等。

对羟基苯甲酸乙酯为无色细小结晶或白色晶体粉末，几乎无味，稍有麻舌感的涩味，耐光和热，不亲水，无吸湿性，微溶于水，易溶于乙醇、丙二醇、花生油。

对羟基苯甲酸丙酯为无色细小结晶或白色晶体粉末，无臭无味，微有涩感，微溶于水，易溶于乙酸、乙醇、丙二醇、丙酮，溶于甘油、花生油。其水溶液呈中性。

对羟基苯甲酸丁酯为无色细小结晶或白色晶体粉末，无臭，口感最初无味，稍后有涩味，难溶于水，易溶于乙醇、丙酮、乙醚。溶于花生油。

4.2.2.4 丙酸及丙酸盐

丙酸及其盐类是近年来发展起来的一种新型食品防腐剂，广泛用于食品、饮料、饲料及谷物的防霉保鲜，对人体无毒副作用，是世界上公认的一种有着广阔发展前景的食品防腐剂。

(1) 丙酸的合成工艺

丙醛氧化法是目前世界各国生产丙酸的主要方法。该工艺实际上包括两步，即丙醛生产和丙醛氧化。丙醛生产通常采用乙烯加氢醛化法，目前有钴催化剂高压羰基化法和铑或钌催化剂低压羰基化法两种。高压羰基化是在20～28MPa、130～150℃条件下进行，由于此过程中丙醛部分加氢生成丙醇，使丙醛收率较低。低压羰基化是在2MPa、100℃条件下进行，醛类可直接从反应混合物中蒸出，收率较高。

丙醛氧化生成丙酸是用锰作催化剂，在40～45℃、0.3～0.7MPa下进行的。该氧化在低温、低压下进行，反应条件温和，选择性好，转化率高。

$$CH_3CH_2CHO + \frac{1}{2}O_2 \longrightarrow CH_3CH_2COOH$$

除上述方法外，还可以采用丙腈水解法、乙烯羰基合成法、丁酮卤仿反应法生产丙酸。

(2) 丙酸钙

丙酸钙是随丙酸发展起来的食品防腐剂。丙酸钙作为一种食品添加剂，对人体无毒、无副作用，不但可延长食品的保鲜期，而且丙酸钙和其他脂肪酸一样可通过代谢作用被人体吸收，供给人体必需的钙，这是其他防腐剂所无法相比的。

丙酸钙为白色结晶或白色晶体粉末或颗粒，无臭或微带丙酸气味，用作食品添加剂的丙酸钙为一水盐，对光和热稳定，有吸湿性，易溶于水，不溶于乙醇，醚类。丙酸钙呈碱性，其10%水溶液的pH值为8～10。

丙酸钙由丙酸与碳酸钙或氢氧化钙进行中和反应而得。

(3) 丙酸钠 (sodium prolionate)

丙酸钠为白色结晶或白色晶体粉末或颗粒，无臭或微带特殊臭味，易溶于水，溶于乙醇，微溶于丙酮，在空气中吸潮。在加热下，丙酸与碳酸钠发生中和反应而生成丙酸钠，也可采取丙酸与氢氧化钠进行中和反应制取丙酸钠。

4.3 食品增稠剂

4.3.1 概述

4.3.1.1 食品增稠剂的定义

食品增稠剂 (thickening agents) 是指在水中溶解或分散，能增加流体或半流体食品的黏度，并能保持所在体系的相对稳定的亲水性大分子物质。

增稠剂分子中含有许多亲水基团，如羟基、羧基、氨基和羧酸根等，能与水分子发生水化作用。增稠剂分子质点大小一般在1～100nm之间，质点水化后以分子状态高度分散在水中，构成单相均匀分散体系。因此，食品增稠剂是一类高分子亲水胶体物质，具有亲水胶体的一般性质。可以用作胶凝剂、增稠剂、乳化剂、成膜剂、泡沫稳定剂、润滑剂等。

4.3.1.2　影响食品增稠剂作用效果的因素

(1) 结构及分子量对黏度的影响

一般增稠剂是在溶液中容易形成网状结构或具有较多亲水基团的胶体，具有较高的黏度。因此，具有不同分子结构的增稠剂，即使在相同浓度下，黏度亦可能有较大的差别。同一增稠剂品种，随着平均分子量的增加，形成网状结构的概率也增加，故增稠剂的黏度与分子量密切相关，即分子量越大，黏度也越大。食品在生产和贮存过程中黏度下降，其主要原因是增稠剂降解，分子质量变小。

(2) 浓度对黏度的影响

随着增稠剂浓度的增高，增稠剂分子的体积增大，相互作用的概率增加，吸附的水分子增多，故黏度增大。

(3) pH值对黏度的影响

介质的pH值与增稠剂的黏度及其稳定性的关系极为密切。增稠剂的黏度通常随pH值发生变化，如海藻酸钠在pH值5～10时，黏度稳定；pH值小于4.5时，黏度明显增加。在pH值2～3时，藻酸丙二醇酯呈现最大的黏度，而海藻酸钠则沉淀析出。明胶在等电点时黏度最小，而黄原胶pH值变化对黏度影响很小。多糖类苷键的水解是在酸催化条件下进行的，故在强酸介质的食品中，直链的海藻酸钠和侧链较小的羧甲基纤维素钠等易发生降解造成黏度下降。所以，在酸度较高的汽水、酸奶等食品中，宜选用侧链较大或较多，而位阻较大，又不易发生水解的藻酸丙二醇酯和黄原胶等。而海藻酸钠和CMC等则宜在豆奶等接近中性的食品中使用。

(4) 温度对黏度的影响

随着温度升高，分子运动速度加快，一般溶液的黏度降低，如对于海藻酸钠溶液，温度每升高5～6℃，黏度就下降12%。温度升高，化学反应速率加快，特别是在强酸条件下，大部分胶体水解速度大大加快。高分子胶体解聚时，黏度的下降是不可逆的。为避免黏度不可逆的下降，应尽量避免胶体溶液长时间高温受热。少量氯化钠存在时，黄原胶的黏度在−4～93℃范围内变化很小，这是增稠剂中的特例。

(5) 切变力对增稠剂溶液黏度的影响

一定浓度的增稠剂溶液的黏度，会随搅拌、泵压等的加工、传输手段而变化。

(6) 增稠剂的协同效应

增稠剂混合复配使用时，增稠剂之间会产生一种黏度叠加效应，这种叠加可以是增效的，即混合溶液的黏度大于各组分黏度之和；这种叠加也可以是减效的，例如阿拉伯胶可降低黄蓍胶的黏度。增稠剂有较好增效作用的配合是：CMC与明胶，卡拉胶、瓜尔豆胶和CMC，琼脂与刺槐豆胶，黄原胶与刺槐豆胶等。

(7) 其他因素对黏度的影响

除了pH值和温度对黏度影响较大以外，还有多方面影响黏度的因素。在海藻酸钠溶液中添加非水溶剂或增加能与水相混溶的溶剂（如乙醇等）的量，溶液的黏度会提高，并最终导致海藻酸钠的沉淀。而高浓度的表面活性剂会使海藻酸钠溶液的黏度降低，最终使海藻酸盐从溶液中盐析出来，单价盐也会降低稀海藻酸钠的黏度。

4.3.1.3　食品增稠剂的分类

迄今世界上用于食品工业的食品增稠剂已有40余种，根据其来源，主要分为以下类别。

(1) 来自于海藻的增稠剂

海藻胶是从海藻中提取的一类食品胶。不同的海藻品种所含的亲水胶体结构、成分各不相同，功能、性质及用途也有所差异。

(2) 由微生物合成的增稠剂

由真菌或细菌产生的物质，用于食品增稠剂，例如黄原胶等。

(3) 来自于动物组织的增稠剂

从动物的皮、骨、筋、乳等中提取，主要是蛋白质类，也有明胶、酪蛋白、壳聚糖等。

(4) 来自于植物的增稠剂

可以从不同植物表皮损伤的渗出液中制得增稠剂，由葡萄糖或其他单糖缩合的多糖衍生物所组成，在其分子中带有羟基，对其增稠作用有重要的影响。例如阿拉伯胶。

从植物及其种子制得的增稠剂，例如瓜尔豆胶、刺槐豆胶等，它们都是多糖酸的盐。

(5) 多糖类的衍生物

对多糖进行化学改性，可以得到它们的各种衍生物，具有很好的增稠作用，在食品工业中有非常广泛的应用。通常以纤维素、淀粉等为原料，在酸、碱、盐等化学物质作用下，经过水解、缩合、化学修饰等工艺制得。例如羧甲基纤维素钠、磷酸化淀粉等。

(6) 化学合成的聚合物

通过聚合反应，可以得到一些亲水性的高分子物质，用于食品增稠剂，如聚丙烯酸钠等。

4.3.2 常用的食品增稠剂

4.3.2.1 海藻胶

海藻胶具有很好的增稠性、稳定性、胶凝性、保形性、薄膜成形性等特性，另外还有独特的保健功能，所以在食品工业中应用很广泛。

(1) 海藻酸钠 (sodium algimate)

海藻酸钠别名褐藻酸钠、藻胶。分子式为 $(C_6H_7O_6Na)_n$。

海藻酸钠为白色至浅黄色纤维状或颗粒状粉末。几乎无臭、无味；不溶于乙醚、乙醇或氯仿等；溶于水，其溶液呈中性，形成黏稠液体，具有高黏性；在低含量 (0.5%) 和低切变速度 ($1\sim100s^{-1}$) 下，近似牛顿流体；其水溶液黏度与 pH 值有关，pH 值在 4 以下则凝胶化，pH=10 以上则不稳定。

海藻酸钠溶于水形成均匀溶液，其黏性和流动性受温度、切变速度、分子量、浓度以及水中含有的溶剂的性质所影响。pH 值、一价盐、多价阳离子和季铵化合物等也影响其流动性质。

海藻酸钠与黄原胶、瓜尔豆胶、西黄蓍胶、蛋白质胶、明胶、淀粉相容性好，而与二价以上金属离子形成盐而凝固。

海藻酸钠与大多数多价阳离子反应会形成交联，如与钙离子交联形成的网状结构，可控制水分子的流动性，用此方法可得到热不可逆性的刚性结构，其失水收缩不显著。将钙离子加入海藻酸钠溶液中的方法可影响最终形成凝胶的性质，如果钙离子加得太快，结果形成不均匀凝胶，会使结构失去连续性；慢速控制钙盐的加入则可以得到较均匀的凝胶。

海带、海藻和巨藻是制备本品的主要原料。现以海藻为例说明其制备的工艺。

① 将海藻洗净，除去附着的盐分和夹杂物，切成细丝。

② 以低浓度的酸性溶液浸泡，除去盐类及可溶性蛋白质等水溶性成分。

③ 加热至 40～50℃，加入碳酸氢钠，使海藻膨化成黏稠状，此时控制 pH=12，海藻酸钙转化为海藻酸钠，反应生成的碳酸钙析出沉淀。为使反应液达到高 pH 值，也可使用一部分氢氧化钠。

④ 分离出的海藻酸钠加水稀释、过滤、漂白后，加少量硫酸使凝胶沉淀，将凝胶置离心机分离，除去可溶性成分后，将其混悬于甲醇中，加入计量的氢氧化钠或碳酸钠中和，可

得海藻酸钠，用压榨法除去甲醇，干燥、粉碎即得。

(2) 海藻酸丙二醇酯（propylene glgcol alginate）

海藻酸丙二醇酯，简称 PGA。它是海藻酸的部分羧基被丙二醇酯化，部分羧基被适当的碱中和生成的酯类化合物。

海藻酸丙二醇酯为白色或带黄白色粉末状物，几乎无臭或微有芳香气味，易吸湿，溶于冷水、温水及稀有机酸溶液，形成黏稠状胶体溶液。不溶于甲醇、乙醇、苯等有机溶剂。抗金属盐的能力较强，除铁、铜、铅、钡等金属离子外，对其他金属离子稳定。

(3) 琼脂（agar）

琼脂别名琼胶、冻粉等，为无色透明或类白色至淡黄色半透明细长薄片，或为鳞片状无色或淡黄色粉末，无臭，味淡，口感黏滑，不溶于冷水，溶于沸水。含水时柔软而带韧性，不易折断；干燥后发脆而易碎。在冷水中浸泡，缓缓吸水膨润软化，吸水率可达20倍。在沸水中极易分散成溶胶，溶胶呈中性。

4.3.2.2 微生物合成胶

(1) 黄原胶（xanthan gum）

黄原胶是一种多功能的多糖聚合物。外观为乳白色、淡黄色至浅褐色颗粒或粉末状固体，微臭。它易溶于水，水溶液呈中性，为半透明状。黄原胶水溶液有显著的触变性，对悬浮、分散、乳化等起稳定作用。浓度为2%的黄原胶已不能流动。黏度不受盐、蛋白酶、纤维素酶、果胶酶的影响。除水外，异丙醇、甘油、乙二醇等在较高的温度下也可以溶解黄原胶。黄原胶与大多数的合成、天然增稠剂如藻胶酸钠、淀粉等具有相容性。

黄原胶来源于微生物发酵。其生产按照操作方式可分为间歇式、半连续式和连续式等。

间歇式生产是将微生物菌种和培养液一次性装入发酵罐内进行培养，细胞不断生长、产物也不断形成。经过一段时间后，将整个反应产物取出。该法简单方便，是目前黄原胶工业生产中较普遍采用的方法。但发酵时间也长，发酵产物中黄原胶含量低，后处理较困难等缺点。

连续式操作是指将微生物菌种和培养液一起加入到发酵罐内进行培养。一方面新鲜培养液不断加入到发酵罐内，另一方面又将反应液连续不断地取出，保持反应条件处于一种恒定状态。

与间歇操作相比，连续操作可提高设备利用率和单位时间的产量，节省非生产时间，便于自动控制。但是由于长时间的连续培养使菌种发生变异的可能性较大，故要大规模工业生产应用还存在一定困难。

从发酵罐出来的黄原胶产品是一个复杂的系统，含有细胞、代谢产物和未用完的培养液等。目前，在黄原胶产品的分离提取主要有乙醇沉淀法，钙盐-乙醇沉淀法，KCl-乙醇法，季铵盐-甲醇法，超滤膜脱盐法等。以乙醇沉淀法为例：将发酵液用盐酸调节 pH 值至酸性，加入乙醇沉淀得黄原胶粉；再加入乙醇并用10%KOH 调节 pH 值使之呈中性。过滤，挤干沉淀物，然后在60～65℃温度下烘干，粉碎，过筛，得工业级黄原胶粉剂。除超滤膜脱盐法外，其他方法与此类似。

(2) 凝胶多糖（curdlan）

凝胶多糖又叫凝结多糖、热凝胶，为白色至近白色粉末，几乎无臭。1%水悬浮液在54～78℃以下，可形成凝胶，再加热至54～78℃，仍可溶，为热可逆性凝胶。2%水悬浮液加热至90℃，凝胶强度达7.5MPa。在 pH 值在2.0～10.0范围内，均可形成凝胶，且强度不变。因属中性多糖类，对光、热、空气均稳定。

凝胶多糖由非致病性和无毒菌株革兰阴性土壤杆菌属的产碱杆菌或土壤放线菌经发酵法

生产，将培养基中所蓄积的凝结多糖用碱溶解，分离掉菌体后，用酸中和、浓缩、析出、洗净、干燥、粉碎而得。

(3) 结冷胶 (gellan Gum)

结冷胶别名凯可胶，呈米黄色，无特殊的滋味和气味。耐热、耐酸性能良好，对酶的稳定性亦高。溶于热水及去离子水，水溶液呈中性；不溶于非极性有机溶剂。

4.3.2.3 动物来源胶

(1) 明胶 (gelatin)

食用明胶为白色或淡黄色透明至半透明带有光泽的脆性薄片、颗粒或粉末，无臭，无味，不溶于冷水、乙醚、乙醇、氯仿，可溶于热水、甘油、乙酸、水杨酸、苯二甲酸、尿素、硫脲、硫氰酸盐、溴化钾等溶液。依来源不同，明胶的物理性质有较大的差异，其中以猪皮明胶性质较优，透明度高，且具有可塑性。

明胶为两性电解质，在等电点，明胶溶液的黏度最小，而凝胶的熔点最高，渗透压、表面活性、溶解度、透明度和膨胀度等均最小。

明胶的生产方法有碱法、酸法、盐碱法和酶法四种。以碱法为例：首先将牛皮、猪皮的内层油脂刮去，然后切成小块，置于3.5%～4.0%的石灰乳中浸泡3～40d。浸泡后的生皮用水洗净，在搅拌下用1.0%的盐酸中和3～4h，经洗涤使pH值在6.0～6.5。最后用60～70℃的热水提取。提取后的稀胶水经浓缩，干燥、粉碎后即得成品。

(2) 酪蛋白酸钠 (sodium caseinate)

酪蛋白酸钠亦称酪酸钠、干酪素，其作为食品添加剂，安全性高。

酪蛋白酸钠为白色至淡黄色颗粒状，粉末或片状。无臭、无味或稍有特异香气和味道。易溶于或分散于水。呈中性。其水溶液加酸产生酪蛋白质沉淀。

(3) 壳聚糖 (chitosan, CS)

壳聚糖是由甲壳素经浓碱处理脱乙酰基后得到的。壳聚糖又称脱乙酰几丁质、甲壳胺、可溶性甲壳素等。壳聚糖是含游离氨基的碱性多糖，为阳离子聚合物，呈白色固体或米黄色结晶性粉末或片状。可溶于矿酸、有机酸及弱酸稀溶液，呈透明黏性胶体。在氯代醋酸与某些氯代烃组成的二元溶剂中能溶解或溶胀。

壳聚糖游离氨基的邻位为羟基，有螯合二价金属离子的作用，并呈现各种颜色。

根据产品的黏度不同，可以将壳聚糖分为高黏度（>1000Pa·s）、中黏度（100～200Pa·s）和低黏度（25～50Pa·s）三种类型。其中脱乙酰度、分子量、溶液浓度及pH值是影响黏度最主要因素。

将新鲜蟹壳、虾壳除去杂物，水洗，晒干，用盐酸除去钙等无机盐，再用氢氧化钠除去脂肪和蛋白质，经脱色、精制而成甲壳素。

将粉末状或片状甲壳素按固液比1∶3浸泡于45%NaOH溶液中；在70℃保温12h左右，并不断搅拌，脱除乙酰基后，过滤；滤渣用水洗至中性后，于70℃下干燥，即可得白色壳聚糖。

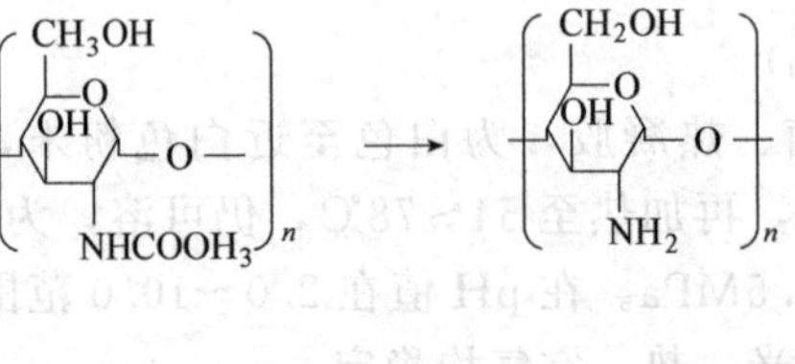

4.3.2.4 植物胶

(1) 阿拉伯胶 (Arabic gun)

阿拉伯胶来源于金合欢树树皮的渗出液。为黄色至浅黄褐色半透明块状体，白色颗粒或粉末状物，无味无臭。它极易溶于水，形成清晰和黏稠液体，呈弱酸性，在水中的溶解度为50%，不溶于乙醇和大多数有机溶剂。是工业用途最广泛的水溶性胶。同时还可作为增稠剂、乳化剂、稳定剂、润湿剂、配方助剂、表面活性剂、表面上光剂等应用。

(2) 果胶 (pectin)

果胶以柚子、柑橘、苹果等果实的果皮为原料，经加盐酸萃取，压榨过滤，真空浓缩，用乙醇沉淀，再经洗涤、脱水、干燥、粉碎而制得。果胶是一种非淀粉多糖，为白色至黄褐色粉末，几乎无臭，在20倍水中溶解成黏稠体，不溶于乙醇和其他有机溶剂。

(3) 刺槐豆胶 (locust bean gum)

刺槐豆胶是由角豆树（生长在地中海沿岸国家）种子胚乳部分经焙烤、热水提取、浓缩、蒸发、干燥、粉碎、过筛而成。其化学结构与瓜尔豆胶一样，是甘露糖为主链的半乳甘露聚糖。刺槐豆胶外观为白色或微带黄色粉末，无臭或稍带臭味。在80℃水中可完全溶解而成黏性液体，pH值为3.5～9时黏度无变化，但在此范围以外时黏度降低。食盐、氯化镁、氯化钙等溶液对其黏度无影响，但酸（尤其是无机酸）、氧化剂会使其黏度降低。在碱性胶溶液中加入大量的钙盐则形成凝胶。在水分散液中（pH值5.4～7.0）添加少量四硼酸钠，亦可转变成凝胶。

(4) 罗望子多糖胶 (tamarind gum/tamarind polysaecharide)

罗望子多糖胶亦称罗望子胶，外观微带褐红色或灰白色至白色的粉末，无臭，少量油脂可使之结块并具有油脂味。是一种亲水性植物胶，易溶于热水中。在冷水中易分散并溶胀。不溶于醇、醛、酸等有机溶剂。能与甘油、蔗糖、山梨醇及其他亲水性胶互溶。

具有类似果胶的性能，有糖存在时，可形成凝胶，其适宜pH值的范围比果胶更广泛，凝胶强度约为果胶的两倍。

(5) 瓜尔胶 (guar gum)

瓜尔胶别名瓜尔豆胶，为白色或稍带黄褐色粉末，有的呈颗粒状或扁平状，无臭或稍有气味，保水性强，低浓度即可制成高黏度溶液。水溶液呈中性，有较好的耐碱性和耐酸性。

瓜尔胶由瓜尔豆的种子胚乳，经焙炒，用热水提取，除去不溶物后，浓缩、干燥、粉碎而成。

4.3.2.5 羧甲基纤维素钠 (sodium carboxymethyl cellulose, Na-CMC)

羧甲基纤维素钠是葡萄糖聚合度为100～2000的纤维素的衍生物，为白色或淡黄色纤维状或颗粒状粉末物，无臭，无味。有吸湿性，易分散于水中成为溶胶。不溶于乙醇、乙醚、丙酮、氯仿等有机溶剂。

羧甲基纤维素钠具有黏性、稳定性、保护胶体性、薄膜形成性等，为良好的食品添加剂，但由于其性能易受各种因素的影响，故对不同的食品需选用相适应聚合度和取代度的产品。

羧甲基纤维素钠是将纤维素与氢氧化钠反应生成碱纤维素，然后用氯乙酸进行羧甲基化而制得。

4.3.2.6 淀粉衍生物

(1) 糊精 (dextrin)

淀粉可以发生水解，由大分子逐步降解为小分子，这个过程的中间产物总称为糊精。

糊精为白色、黄色或棕色粉末，也可是多角形、圆形或椭圆形、平头形颗粒。

糊精以谷物淀粉为原料，用α-淀粉酶水解，或在适宜的食品级酸和缓冲剂存在下加热使其部分水解而成。其过程包括酸化、预干燥、糊精化及冷却。

(2) β-环状糊精(β-cyclodextrin)

β-环状糊精为白色结晶性粉末，无臭，稍甜，溶于水，难溶于甲醇、乙醚、丙酮。在碱性水溶液中稳定，遇酸则缓慢水解，其碘配合物呈黄色，结晶形状呈板状。本品具有增溶、缓释、乳化、抗氧化、抗分解、保温、防潮，并具有掩蔽异味等作用，为新型分子包裹材料。

淀粉糊化后经微生物产生的环状葡萄糖基转移酶作用后，经脱色、压缩、结晶、分离而制得。

(3) 氧化淀粉(oxidized starch)

氧化淀粉为白色至类似白色粉末，无臭、无味，易分散于冷水中，约65℃开始糊化。

氧化淀粉由天然淀粉与次氯酸钠反应制得。其工艺过程为：①在反应器中放入淀粉、氧化剂溶液及部分水；②搅拌至混合物呈现良好的流动性后，用10%氢氧化钠溶液调节pH值至7.5，并开始缓慢加热；③当温度上升到糊化温度后，停止加热，并保温在糊化温度±2℃之内；④糊化开始后，注意观察混合物的流动性，至混合物的流动性不在变化后，得到氧化淀粉糊；⑤将上述氧化淀粉糊干燥、粉碎即为成品氧化淀粉。在制备过程中，氧化剂有效氯的含量、反应温度、反应体系的pH值、淀粉品种等均对氧化淀粉的质量有影响。

(4) 淀粉磷酸酯钠(sodium starch phophate/sodium phospate starch)

淀粉磷酸酯钠为白色至类似白色粉末，无臭，无味，溶于水，不溶于乙醇等有机溶剂。

将淀粉悬浮在磷酸钠溶液中，将混合物搅拌10～30min，过滤，滤饼采用空气干燥或在40～45℃下干燥至含水5%～10%，然后加热至150～200℃进行反应即可得淀粉磷酸酯钠。

(5) 羟丙基淀粉(hydroxypropyl starch)

羟丙基淀粉别名羟丙基淀粉醚，为白色粉末，无臭，无味，对酸、碱稳定，糊化温度低于原淀粉，冷、热黏度变化较原淀粉稳定。与食盐、蔗糖等混用对黏度无影响。

羟丙基淀粉由淀粉与环氧氯丙烷反应制得。其工艺过程为：① 将浓度约35%～45%淀粉乳加入干淀粉重5%～10%的硫酸钠或氯化钠；② 再加入干淀粉重的1%～2%氢氧化钠作为催化剂；③然后加入预定量的环氧氯丙烷，于35～50℃下反应8～24h；④反应结束后，过滤、洗涤除去盐和可溶性的副产物，最后干燥得产品。

(6) 羧甲基淀粉钠(sodium carboxy methylstarch)

羧甲基淀粉钠(CMS-Na)简称羧甲基淀粉(CMS)。羧甲基淀粉为阴离子型高分子电解质，外观为白粉末，无臭，无味。常温下溶于水，形成胶体状溶液。不溶于甲醇、乙醇及其他有机溶剂。商品羧甲基淀粉钠取代度大多在0.3左右。取代度在0.1以上的产品能溶于冷水，可得澄清透明的黏稠溶液。与原淀粉相比，CMS黏度高，稳定性好，适用作增稠剂和稳定剂。

CMS对人体无害，因此在食品工业中，CMS可作为增稠剂。加入量一般为0.2%～0.5%。CMS还可作为稳定剂，加入到果汁(如奶或乳饮料)中，加入量为蛋白的10%～12%，以保持产品的均匀稳定，防止奶蛋白的凝聚，从而提高乳饮料的质量。

羧甲基淀粉为淀粉与一氯乙酸的反应产物。合成工艺与其他改性淀粉无太大差别。

(7) 化学合成食品胶

化学合成食品胶主要为聚丙烯酸钠等。聚丙烯酸钠的外观为白色粉末。无臭无味。吸湿性极强。溶于水形成极黏稠的透明液体。

4.4 食品着色剂

4.4.1 概述

着色剂是使食品着色和改善食品色泽的物质。

常用食品中着色剂有60多种。通常分为食用合成色素和食用天然色素两大类。

合成色素主要是利用有机物合成某种颜色的色素，目前世界各国允许使用的合成色素几乎是水溶性色素。

天然色素主要是利用动物、植物和微生物制取的，在着色性能方面和合成色素相差很大。

食用天然色素同食用合成色素相比，其优点为：①天然色素多来自动物、植物组织，安全性较高；②有的天然色素（如β-胡萝卜素）具有一定营养强化作用；③有的品种具有特殊的芳香气味，添加到食品中能给人带来愉快的感觉。其缺点为：①成本高；②色素含量一般较低，着色力差；③稳定性较差；④难于用不同色素配出任意色调；⑤在加工及流通过程中，由于外界因素的影响多易劣变。

4.4.2 常见的合成色素

4.4.2.1 苋菜红（amaranth）

苋菜红又称鸡冠紫红、蓝光酸性红和食用色素红色2号。苋菜红为红棕色或紫色颗粒或粉末。无臭、耐光、耐热，它微溶于水，溶于甘油、丙三醇及稀糖浆中。稍溶于乙酸和纤维素，不溶于其他有机溶剂中。对柠檬酸、酒石酸等稳定。遇碱则变成暗红色。

苋菜红由1-氨基萘-4-磺酸经重氮化后与2-萘酚-3,6-二磺酸偶合，经盐析，精制而得。

4.4.2.2 胭脂红（ponceau 4R）

胭脂红也称为丽春红4R、大红等。胭脂红为红色至深红色颗粒或粉末，无臭，溶于水，水溶液呈红色；溶于甘油，微溶于乙醇，不溶于油脂。耐光性、耐还原性差，耐细菌性较弱，遇碱变为褐色。

1-萘胺-4-磺酸经重氮化后与2-萘酚-6,8-二磺酸在碱性介质中偶合，生成胭脂红，加食盐盐析，精制而得成品。

4.4.2.3 赤藓红（erythrosine）

赤藓红又称樱桃红、四碘荧光素、食品色素3号。为红色或红褐色颗粒或粉末，无臭，易溶于水，溶于乙醇、丙二醇和甘油，不溶于油脂，耐热性、耐碱性、耐氧化还原性好，耐细菌性和耐光性差，遇酸则沉淀，吸湿性强。

4.4.2.4 柠檬黄（tartrazine）

柠檬黄又称酒石黄、酸性淡黄等。柠檬黄为橙黄色至橙色颗粒或粉末，无臭，耐光性、耐热性、耐酸性和耐盐性均好，耐氧化性较差，遇碱微变红，还原时褪色，易溶于水。

将双羟基酒石酸钠与苯肼对磺酸缩合，碱化后生成柠檬黄。

4.4.2.5 日落黄（sunset yellow FCF）

日落黄也称夕阳黄、橘黄、晚霞黄。为橙色颗粒或粉末，无臭，耐光、耐热性强，易吸湿。易溶于水，溶于甘油、丙二醇，微溶于乙醇，不溶于油脂。在柠檬酸中稳定，耐酸性强；遇碱呈红褐色，耐碱性尚好；还原时褪色。

将对氨基苯磺酸重氮化后，在碱性条件下与2-萘酚-6-磺酸相偶合生成日落黄，然后用食盐盐析、过滤、精制而得成品。

4.4.2.6 靛蓝（indifo carmine）

也称食品蓝、酸性靛蓝、磺化靛蓝。靛蓝为蓝色到暗青色颗粒或粉末，无臭。在水中的溶解度为1.1g/100mL（21℃），低于其他食品合成色素；耐热性、耐光性、耐碱性、耐氧化性、耐盐性和耐细菌性均较差，还原时褪色。

将靛蓝粉用硫酸磺化，以碳酸钠中和，然后用硫酸钠或食盐进行盐析，再精制而得成品。

4.4.2.7 亮蓝（brilliant blue FCF）

亮蓝为带有金属光泽的红紫色颗粒状粉末，无臭，水溶液呈蓝色，溶解度为 18.7g/100mL。在酒石酸、柠檬酸中稳定，耐碱性强，耐盐性好。但溶液加金属盐就缓慢地沉淀，耐还原作用较偶氮色素强。

苯甲醛邻磺酸与乙基苄基苯胺磺酸缩合后，用重铬酸钠或二氧化铅将其氧化成色素，中和后用硫酸钠盐析，再经精制即得成品。

4.4.3 天然着色剂

食用天然色素按其来源可分为植物色素、动物色素、微生物色素。按化学结构不同，天然色素又分为：四吡咯衍生物，如叶绿素；异戊二烯衍生物，如类胡萝卜素；多酚类衍生物，如花青素、花黄素等；酮类衍生物，如红曲色素、姜黄素等；醌类衍生物，如虫胶红色素、胭脂红等。此外，按溶解性质的不同，还可分为水溶性色素和脂溶性色素。

4.4.3.1 甜菜红（beet red）

甜菜红又称甜菜根红，为红紫色至深紫色液体，块状或粉末体，或糊状物，有异臭。甜菜红苷的性状类似花色苷，可水解成甜菜苷和葡萄糖。易溶于水、牛奶、50%乙醇或丙二醇的水溶液，几乎不溶于无水乙醇、甘油、油脂。水溶液呈红至红紫色。中性至酸性范围内呈稳定红紫色。在碱性条件下转化呈黄色的甜菜黄素。加热后褪色较严重，不因氧化而褪色或变色，可因光照而略为褪色。某些氯化物如漂白粉、次氯酸钠等可使甜菜红苷褪色。抗坏血酸对它有一定的保护作用。

红甜菜根先用2%亚硫酸氢钠液热烫（95～98℃）10～15min，灭菌，然后用水浸提。提取液经浓缩得深红色甜菜红浆料，或干燥成甜菜红粉末。制造过程中应除去天然存在的盐类、糖类和蛋白质。可添加食品级柠檬酸、乳酸或L-抗坏血酸，以调节 pH 值和保持其稳定。

4.4.3.2 红曲色素（momascas cocours red rice starter）

红曲色素为棕红色到紫色的碎末，质轻而脆，微有酸味，无霉变，无虫蛀。溶于热水、酸、碱溶液。浓度低时呈鲜红色，浓度高时带黑褐色并有荧光。溶于苯，呈橘黄色。微溶于石油醚，呈黄色。易溶于氯仿，呈红色。耐酸性、耐碱性、耐热性、耐光性均好。几乎不受金属离子的影响。对氧化、还原作用也稳定，几乎不受 0.1%的过氧化氢、维生素 C、亚硫酸钠等氧化还原剂的影响。遇氯易褐变。

红曲色素由发酵法制取。将籼米、大米或糯米以水浸湿、蒸熟（或煮熟），加曲霉，经培养发酵制成红曲米。红曲色素是用乙醇提取红曲米而得的。

4.4.3.3 红花黄（carthamus yellow）

红花黄是红花中所含的黄色色素，为黄色或棕黄色粉末，易吸潮，吸潮呈褐色并结成块状，吸潮后的产品不影响使用效果，易溶于水、稀乙醇、稀丙二醇，几乎不溶于无水乙醇，不溶于乙醚、石油醚、油脂和丙酮，本品耐光性好，在 pH 值为 2～7 范围内色调稳定。碱性条件下带红色，对热稳定性差，耐微生物性较好。但遇铁离子（即使是 1mg/kg）变为黑色。而遇 Ca^{2+}、Sn^{2+}、Mg^{2+}、Al^{3+} 等离子则几乎无影响，加于果汁经 80℃瞬时杀菌，色素残留率 70%。本品耐盐性好，添加聚合磷酸盐可防止变色。

夏天红花开花期间摘取带色的花，将此管状花加水浸提，浸提液经精制、浓缩、干燥而得红花黄成品。

4.4.3.4 叶绿素铜钠（sodium coper chlorophyllin）

叶绿素铜钠为墨绿色粉末，无臭或微臭。有吸湿性，易燃易爆，溶于水，水溶液呈蓝绿色，透明，无沉淀，微溶于乙醇和氯仿，几乎不溶于乙醚和石油醚，水溶液中加入钙盐析出沉淀。耐光性较叶绿素强。

叶绿素铜钠以干燥的蚕沙或植物为原料，用乙醇或丙酮等提取出叶绿素，然后使之与硫酸铜或氯化铜作用，铜取代出叶绿素中的镁，再将其用苛性钠溶液皂化，制成膏状物或进一步制成粉末。

4.4.3.5 β-胡萝卜素

β-胡萝卜素是胡萝卜素中一种最普通的异构体。胡萝卜素广泛存在于动物、植物中，以胡萝卜、辣椒、南瓜等蔬菜中含量最多，水果、谷类、蛋黄、奶油中也存在。它有三种异构体，α-胡萝卜素、β-胡萝卜素、γ-胡萝卜素，其中以β-胡萝卜素最为重要。

β-胡萝卜素为深红紫色至暗红色有光泽的微晶体或结晶性粉末，微有异臭和异味，不溶于水、甘油，难溶于甲醇、乙醇、丙酮，可溶于氯仿、二硫化碳、乙烷、植物油、油脂。β-胡萝卜素稀溶液呈橙黄至黄色，浓度增大时呈橙色。在一般食品的pH值范围内较稳定，不受还原物质的影响。对光热和氧不稳定。受微量重金属、不饱和脂肪酸、过氧化物等影响易氧化，铁离子可促进其褪色。在弱碱中较稳定，而酸性下不稳定。

4.4.3.6 姜黄色素（curcumin）

姜黄素呈橙黄色，伴有特殊的香辛气味。不溶于水和乙醚，溶于乙醇、冰醋酸、丙二醇。碱性条件下呈红色，与金属离子，尤其是铁离子，形成螯合物，导致变色，约50mg/kg铁离子就开始影响色素，10mg/kg以上时变为红褐色，染色能力降低，因此需选用适当容器。

姜黄根茎晒干研磨成粉，即姜黄粉。姜黄粉用丙二醇或乙醇提取液体色素液，再将其浓缩、干燥制膏或精制成结晶。

4.4.3.7 栀子黄（crocin）

栀子黄又叫黄栀子、藏花素。栀子黄色素的主要成分是栀子苷。成品为黄色液体，糊状或粉状。无臭，易溶于水，在水中即溶解成透明的黄色溶液，不溶于油脂。其色调几乎不受pH值影响，在酸性或碱性溶液中较β-胡萝卜素稳定，特别是在碱性条件下其黄色更鲜明。

将栀子去皮粉碎后用水浸提，提取液经过滤、煮沸（杀菌）、再过滤后进行真空浓缩或喷雾干燥即得成品。

4.4.3.8 辣椒红（chilli red）

辣椒红是存在于辣椒中的类胡萝卜素，具有特殊气味和辣味的深红色黏性油状液体，产品通常为两相混合物，无悬浮物，主要香味物质为辣椒素。溶于大多数非挥发性油，几乎不溶于水，部分溶于乙醇，不溶于甘油。乳化分散性、耐热性、耐酸性均好，耐光性稍差。Fe^{3+}、Cu^{2+}、Co^{2+}等促使辣椒红褪色，遇铝离子形成沉淀。在pH值为3～12之间颜色不变。

辣椒红以红辣椒为原料，经乙醇或丙酮反复提取，以石油醚重结晶得成品。

4.4.3.9 酱色（caramel）

酱色即焦糖色素，是蔗糖、饴糖、淀粉水解产物等在高温发生不完全分解并脱水聚合而形成的红褐色或黑褐色的混合物。酱色具有焦糖香味和愉快的苦味，易溶于水，水溶液呈透明状红棕色，在日光照射下相当稳定，至少保持6h不变色。

4.4.3.10 黑豆红（black soya bean red pigment）

黑豆红是从野大豆种皮中提取的。黑豆红为紫红色粉末。易溶于水和稀乙醇溶液，溶液无沉淀，呈透明状。不溶于无水乙醇、乙醚、丙酮。黑豆红溶液的色调受pH值的影响，中性溶液呈红棕色，酸性溶液呈红色，而碱性溶液则呈深红棕色。

4.4.3.11 高粱红（gaoliang color，Sorghum pigment）

高粱红为棕红色液体，糊状、块状或粉末状物，略带特殊气味。溶于水，pH 在 4～12 范围内易溶，水溶液呈中性时为棕红色透明溶液，碱性时为深棕红色透明溶液，酸性时为棕红色溶液（色较浅）。溶于乙醇、含水丙二醇。不溶于石油醚、氯仿、油脂。高粱红水溶液对热、光稳定；加入金属离子能形成配合物，但添加微量焦磷酸钠能抑制金属离子的影响。

以高粱的种子、高粱壳为原料，用水、乙醇、丙二醇混合溶剂浸提，经过滤、浓缩、干燥而得成品。

4.4.3.12 可可壳色素（caco pigment Caco color）

可可壳色素为巧克力色粉末，无臭，无异味。易溶于水。pH 值为 7 左右稳定，pH 值大于 5.5 时红色较强，pH 值小于 5.5 时黄橙色色调较强，但巧克力本色不变。耐热性、耐光性、耐氧化性均好，但耐还原性差，遇还原剂易褪色。

可可豆经发酵、焙炒后，用温水洗涤，以热水浸提可溶性色素，除去弱酸性的黏质多糖类杂质，经中和后，添加赋形剂后喷雾干燥而得。

4.4.3.13 玫瑰茄红（roselle red）

玫瑰茄红色素可溶于水，溶液为酸性时呈红色，在碱性溶液中呈蓝色。耐热性、耐光性好。对金属离子 Fe^{2+}、Cu^{2+} 稳定性较差。

玫瑰茄的花萼用乙醇浸提，过滤使色素提取液与花萼分离。滤离的花萼粉碎后再用含1%盐酸的乙醇溶液提取，合并两提取液，于 30℃下减压浓缩成浓缩液或蒸干制成粉末。

4.4.3.14 栀子蓝色素（gardenia blue）

栀子蓝色素为蓝色粉末，几乎无臭，无味。吸湿性小。易溶于水、乙醇溶液和丙二醇水溶液。溶液呈鲜明蓝色。在 pH 值 3～8 区间色调无变化。耐热性好，耐光性差。

将栀子去皮粉碎后用水浸提，制得的栀子黄色素用食品加工用酶处理后形成蓝色色素。

4.4.3.15 紫胶色素（lac dye，Lac color laccaic acid）

紫胶色素又称虫胶红，为红紫色或鲜红色粉末或液体，色调随 pH 值变化而变化，酸性时呈红色至红紫色，碱性时呈红紫色。酸性对热稳定。微溶于水，溶于乙醇和丙二醇，不溶于棉籽油。

以紫胶虫的雌虫分泌的树脂状物质为原料，用水抽提，经钙盐沉淀精制。

4.4.3.16 玉米黄（maize yellow）

玉米黄的形态和颜色与温度有关，高于 10℃时为血红色油状液体，低于 10℃时为橘黄色半凝固油状物。不溶于水。溶于乙醚、石油醚、丙酮和油脂。可被磷脂、单甘酯等乳化剂所乳化。溶液偏酸、偏碱对玉米黄的颜色无影响。稀溶液为柠檬黄色。耐光性较差，在40℃以下稳定，高温易褪色。

4.4.3.17 萝卜红（radish red）

萝卜红是从四川涪陵地区产的一种红心萝卜的鲜根中提取的色素。为红色不定形粉末。易吸湿，吸湿后结成块状。易溶于水，几乎不溶于无水乙醇。水溶液呈樱桃红色，在弱碱溶液中呈蓝紫色，在强碱溶液中呈深黄色。在酸性溶液中稳定，长时间煮沸不变色。

4.5 食品抗氧化剂

4.5.1 概述

抗氧化剂（antioxidants）是防止或延缓食品氧化，提高食品的稳定性和延长贮存期的物质。它能阻止或延迟空气中氧气对食品中油脂和脂溶性成分（如维生素、类胡萝卜素等）的氧化作用，从而提高食品的稳定性和延长食品的保质期。

不同类型的抗氧化剂作用机理不同。

① 自由基吸收剂　脂类化合物的氧化反应是自由基历程的反应，此类抗氧化剂可以与脂类化合物自由基反应将自由基转变为更稳定的产物，因而氧化反应。

② 金属离子螯合剂　食用油脂通常含有微量的金属离子，食品中某些组分对金属离子的螯合作用，势必减小氧化还原电势，稳定金属离子的氧化态。

③ 氧清除剂　氧清除剂通过除去金属中的氧而延缓氧化发生。

④ 单线态氧猝灭剂　β-胡萝卜素等是单线态氧的有效猝灭剂，因而能起到抗氧化剂的作用。

⑤ 甲基硅酮抗氧化剂　甲基硅酮可以产生一种物理屏障作用以阻止氧从空气中渗透进油内。当氧化在表层发生时它可抑制自由基链反应。

⑥ 多功能抗氧化剂　磷脂和美拉德反应物可以通过不同的历程延缓氧化作用。

⑦ 酶抗氧化剂　由氧化酶和过氧化物作用产生的超氧化物自由基可以被超氧化物歧化酶除去。

按照抗氧化剂的溶解性，抗氧化剂可将其分为油溶性和水溶性两种；按照抗氧化剂的作用机理可将其分为自由基吸收剂、金属离子螯合剂、氧清除剂、氢过氧化物分解剂、酶抗氧化剂、紫外线吸收剂等几类。

4.5.2 油溶性抗氧化剂

油溶性抗氧化剂能溶于油脂，对油脂和含油脂食品能很好地发挥抗氧化作用，防止其氧化酸败。常用的有没食子酸丙酯、丁基羟基茴香醚、二丁基羟基甲苯等。

4.5.2.1　没食子酸丙酯（propyl gallate）

没食子酸丙酯，简称 PG，分子式 $C_{10}H_{12}O_5$，为白色至浅黄褐色晶体粉末，或为白色针状结晶。无臭，微有苦味。没食子酸丙酯遇铜离子、铁离子发生呈色反应，变为紫色或暗绿色。有吸湿性，对光不稳定。

没食子酸丙酯以正丙醇和没食子酸为原料，硫酸作催化剂，加热进行酯化反应后，将多余的丙醇蒸馏回收，残留物用活性炭脱色，用蒸馏水或乙醇重结晶而制得。其工艺流程如图 4-3 所示。

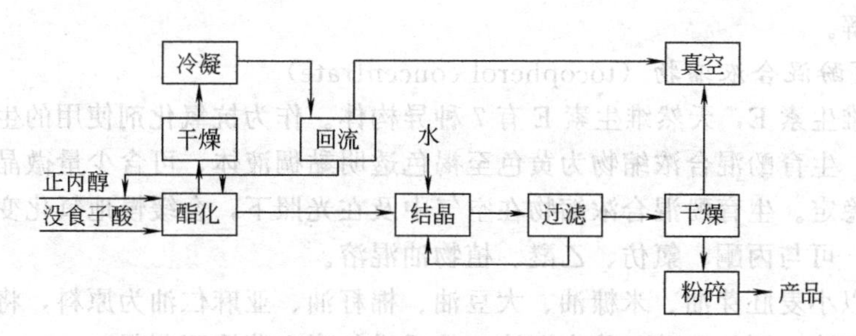

图 4-3　没食子酸丙酯工艺流程图

4.5.2.2　丁基羟基茴香醚（butyl hydroxy anisol）

丁基羟基茴香醚，简称 BHA，分子式 $C_{11}H_{16}O_2$ 为无色至浅黄色蜡样晶体粉末或结晶，稍有石油类臭气和刺激性气味，不溶于水，易溶于猪油和植物油等油脂及丙二醇、丙酮等。BHA 还具有较强的抗菌能力，可阻止寄生曲霉孢子的生长和阻碍黄曲霉毒素的生成。

4.5.2.3　二丁基羟基甲苯（bibutyl hydroxy toluene）

二丁基羟基甲苯亦称 2,6-二叔丁基对甲酚，简称 BHT，为无色结晶或白色晶体粉末，无臭、无味。它不溶于水、甘油，易溶于乙醇、丙酮、甲醇、矿物油等。

4.5.3 水溶性抗氧化剂

水溶性抗氧化剂能溶于水，主要用于食品氧化变色，常用的是抗坏血酸类、异抗坏血酸及其盐、植酸、乙二胺四乙酸二钠、氨基酸类、肽类、香辛料和糖醇等。

4.5.3.1 抗坏血酸（ascorbicbic acid）

抗坏血酸亦称维生素C，为白色至微黄色结晶或晶体粉末和颗粒，无臭，带酸味。干燥状态性质较稳定，但热稳定性较差，在水溶液中易受氧化而分解，在中性和碱性溶液中分解尤甚，在pH值为3.4～4.5时较稳定。易溶于水、乙醇，不溶于乙醚、氯仿和苯。

4.5.3.2 异抗坏血酸（erythorbic acid）

异抗坏血酸为白色至带黄色结晶，或结晶粉末，为维生素C的异构体之一。有强还原性，无臭，有酸味。溶于水、乙醇，稍溶于甘油。异抗坏血酸水溶液遇空气、金属离子、热及光可分解。

4.5.4 天然抗氧化剂

天然抗氧化剂普遍取自天然的可以食用的物质中，诸如蔬菜、水果、调味料、中药材、海草等，农业和食品工业的下脚料，某些微生物发酵产品等。天然抗氧化剂主要用于油脂的抗氧化以及食品贮藏和加工。

4.5.4.1 茶多酚（pyrocatechin）

纯的茶多酚为白色无定形粉末，可溶于水和甲醇、乙醇、丙酮、乙酸乙酯等有机溶剂，微溶于油脂，不溶于氯仿。其耐热性和耐酸性较好，在pH值为2～7范围内均十分稳定，在碱性条件下易氧化褐变。

绿茶加入热水中浸提，经过滤、减压浓缩后加入等容量的三氯甲烷萃取，溶剂层用于制取咖啡碱，水层加入三倍容量的醋酸乙酯进行萃取，弃去水层，醋酸乙酯层经浓缩后喷雾干燥得粗茶多酚混合物，再精制即得。

4.5.4.2 植酸（phytic acid）

植酸亦称肌醇六磷酸，简称PH，是从米糠、麦麸等谷类和油料种子的饼粕中分离出来的含磷有机酸，它是一种安全性高的天然抗氧化剂。植酸为浅黄色或浅褐色黏稠状液体。植酸易溶于水、95%乙醇、丙二醇和甘油，微溶于无水乙醇，几乎不溶于醚、苯、乙烷和氯仿。遇高温分解。

4.5.4.3 生育酚混合浓缩物（tocopherol concentrate）

生育酚即维生素E，天然维生素E有7种异构体。作为抗氧化剂使用的生育酚是7种异构体的混合物。生育酚混合浓缩物为黄色至褐色透明黏稠液体，可含少量微晶体蜡状物，几乎无臭，对热稳定。生育酚混合浓缩物在空气中及在光照下，会缓慢地氧化变黑。它不溶于水，溶于乙醇，可与丙酮、氯仿、乙醚、植物油混溶。

在工业上以小麦胚芽油、米糠油、大豆油、棉籽油、亚麻仁油为原料，将其不皂化物用苯提取，除去沉淀，再加乙醇，除去沉淀，然后进行真空蒸馏而制得。

4.5.4.4 甘草抗氧化物

甘草是我国具有悠久历史的传统中药材。从甘草中提取的抗氧化成分，是一种既可增甜调味、抗氧化，又具有生理活性、能抑菌、消炎、解毒、除臭的功能性食品添加剂。

4.5.4.5 磷脂（lecithins）

磷脂别名卵磷脂、大豆磷脂为浅黄色至棕色透明或半透明黏稠液体，或浅棕色粉末或颗粒，无臭或略带坚果的气味与滋味。仅部分溶于水，但易水合形成乳浊液。磷脂由大豆榨油后的副产品，经有机溶剂提取分离，或进一步乳化、喷雾干燥制成。

除上述品种外，天然抗氧化剂还包括愈创树脂、米糠素、栎精等。

4.6 食品乳化剂

4.6.1 乳化剂的定义与分类

乳浊液是两种以上不相溶的溶液形成的混合物，它包括水包油型和油包水型。乳化剂(emulsifyingagents)是指能改善乳化体中各种构成相之间的表面张力，形成均匀分散的乳浊液的物质。在食品工业中，乳化剂具有稳定食品的物理性质，改进食品组织结构，简化和控制食品加工过程，改善风味、口感，提高食品质量，延长货架寿命等的功能。

乳化剂是分子中同时具有亲油基和亲水基的一类两亲性物质，可以在油水界面定向吸附，起到稳定乳液和分散体系的作用。乳化剂有多种分类方法。

按其是否带有电荷分离子型乳化剂和非离子型乳化剂。离子型乳化剂主要有硬脂酰乳酸钠、磷脂和改性磷脂、黄原胶、羧甲基纤维素等。非离子型乳化剂主要包括甘油酯类、山梨醇酯类、木糖醇酯类、蔗糖酯类和丙二醇酯类等。

按分子量大小可分为小分子乳化剂和高分子乳化剂。小分子乳化剂的乳化效力高。高分子乳化剂的稳定效果好。

按其亲油亲水性可分为亲油性乳化剂与亲水性乳化剂。亲油性乳化剂的亲水亲油平衡值(简称 HLB) 在 3～6 之间，如脂肪酸甘油酯类、山梨醇酯类等乳化剂，易形成油包水型(W/O) 乳浊液。亲水性乳化剂的 HLB 值在 9 以上，如低酯化度的蔗糖酯、吐温系列乳化剂、聚甘油酯类乳化剂等，易形成水包油型 (O/W) 乳浊液。

4.6.2 乳化剂在食品体系中的作用

① 分散体系的稳定作用　乳化剂由于其两亲作用，在油水界面定向吸附，使油相界面变得亲水，水相界面变得亲油，使原本不相溶的不同体系变得相溶，从而使体系稳定。

② 发泡和充气作用　乳化剂是表面活性剂，在气-液界面定向吸附，可以大大降低气-液界面的表面张力，使气泡容易形成。

③ 破乳和消泡作用　乳化剂中 HLB 值较小者在气-液界面会优先吸附，但其吸附层不稳定，缺乏弹性，造成气泡破裂，因而起到消泡作用。这种作用在很多食品添加剂加工中非常重要，如豆腐制作中的消泡，味精、蔗糖生产中的消泡等。

④ 对体系结晶的影响　乳化剂可以定向吸附于结晶体系的晶体表面，改变晶体表面张力，影响体系的结晶行为。一般情况下会干扰结晶，使晶粒细小。这有利于晶体食品中晶种制备。对糖果、雪糕、巧克力等糖品晶粒大小的控制很有效果。

⑤ 与淀粉相互作用　食品乳化剂一般为脂肪酸酯，淀粉可以和脂肪酸的长链结构形成配合物，达到延长淀粉质食品保鲜期的目的。

⑥ 与蛋白质配合作用　乳化剂的亲油亲水基团，可以与蛋白质的特定结构发生亲水相互作用、疏水相互作用、氢键作用和静电作用等。在焙烤食品中，可以强化面筋网络结构，防止油水分离造成的硬化，增加韧性和抗拉力。

⑦ 抗菌保鲜作用　很多水溶性乳化剂，如蔗糖酯对细菌有很强的抑制作用。表面活性剂定向吸附于果蔬表面，可以形成一层连续的保护膜，控制果蔬的呼吸，达到保鲜的目的。

4.6.3 影响乳状液的因素

乳状液是两种以上不相混溶的混合物（不相溶物质有水、油或脂肪）其中一种液体以微粒形式分散到另一种液体里形成的分散体，被分散的间断的相叫分散相（或内相），外部的液体叫连续相（或外相）。

影响乳状液的因素包括如下几个方面。

① 乳化剂的结构　对于 O/W 型乳状液来说，宜选用分子大的乳化剂；乳化剂为非离子

表面活性剂时，以采用长链的亲水乳化剂为宜。为使 W/O 型乳状液稳定，应采用亲油基和亲水基均大的乳化剂，为得到低温下稳定的 W/O 型乳状液，应采用易溶于油的乳化剂，

当以甘油脂肪酸酯作乳化剂制备 W/O 型乳状液时，添加降低相转变温度的物质，如山梨醇、氨基酸及盐等，可提高稳定性。

② 黏度　分散相的黏度高会减小分散液滴上浮或下降速度，并可以防止分散液滴的聚结，保持乳状液的稳定性。

③ 电荷作用　离子表面活性剂会增加分散液滴的电荷，带同种电荷的分散液滴互相靠近时，由于液滴之间的静电作用（相互斥力），可大大减小液滴聚集机会。有时增大液滴电荷质，也可增加乳状液的稳定性，这是由于双电层电荷所致。

④ 界面吸附层　增大界面膜强度可提高乳状液稳定性，一般在乳状液中添加聚合物，非离子表面活性剂和固体粉末状物质等可增大界面膜强度。

⑤ 温度　温度降低，乳状液的两相，特别是连续相黏度增大，会使乳状液变稳定。

⑥ 稳定剂　为使乳状液稳定，可在乳状液中加入稳定剂。经常用作稳定剂的物质有明胶、蛋黄、胶类等天然高分子化合物。稳定剂可与乳化剂形成界面活性物质，起到两相间的密度调整剂、增黏剂、液滴电荷增强剂的作用。

此部分内容，部分可参考表面活性剂部分。

4.6.4 部分常用乳化剂简介

4.6.4.1 蔗糖脂肪酸酯（sucrose fatty acid ester）

蔗糖脂肪酸酯亦称脂肪酸蔗糖酯，简称 SE，可细分为单脂肪酸酯、双脂肪酸酯和三脂肪酸酯。

由于酯化所用的脂肪酸的种类和酯化度的不同，蔗糖脂肪酸酯可为白色至微黄色粉末，蜡状或块状物，也有的呈无色至浅黄色的稠状液体或凝胶。其 HLB 值在 3～15。单酯含量越多，HLB 值越高，HLB 值低的可用作 W/O 型乳化剂，HLB 高的可用作 O/W 型乳化剂。

蔗糖脂肪酸酯的制备方法主要是酯交换法：即蔗糖与部分或全部脂肪酸低碳醇酯在碱性催化剂作用下进行酯交换反应而得蔗糖脂肪酸酯粗品，然后用乙醇进行重结晶干燥而得精品。

4.6.4.2 甘油单硬脂酸酯（glycerin monostearate monostearin）

甘油单硬脂酸酯亦称单硬脂酸甘油酯，简称单甘酯，是一种多元醇型非离子表面活性剂，为微黄色蜡状固体物，凝固点不低于 54℃，不溶于水，与热水强烈振荡混合时可分散在其中，溶于乙醇、油和烃类，HLB 值 3.8，具有优良的乳化性能。美国食品和药物管理局将本品列为一般公认安全物质。

甘油单硬脂酸酯可用酯化法制取。

$$\begin{array}{l}CH_2OH\\|\\CHOH\\|\\CH_2OH\end{array}\;\underset{H^+}{\overset{CH_3\overset{O}{\overset{\|}{C}}CH_3}{\rightleftharpoons}}\;\begin{array}{l}CH_2O\\|\quad\;\;\diagdown C(CH_3)_2\\CHO\diagup\\|\\CH_2OH\end{array}\;\underset{H^+}{\overset{RCOOH}{\rightleftharpoons}}\;\begin{array}{l}CH_2O\\|\quad\;\;\diagdown C(CH_3)_2\\CHO\diagup\\|\\CH_2OCOR\end{array}\;\underset{H^+}{\overset{H_2O}{\rightleftharpoons}}\;\begin{array}{l}CH_2OH\\|\\CHOH\\|\\CH_2OCOR\end{array}+CH_3\overset{O}{\overset{\|}{C}}CH_3$$

R=17脂肪烃基

4.6.4.3 硬脂酰乳酸钙（calcium stearyl lactylate）

硬脂酰乳酸盐能与淀粉和蛋白质相结合，形成配合物，从而改善食品内部的组织结构，在面包、蛋糕、馒头、乳制品等食品中具有优越的乳化、安定及增加面团筋力的作用，同时还可起到保鲜、延缓食品老化的作用。

硬脂酰乳酸钙简称CSl，为白色至奶油色粉末或薄片状物，或块状物，具有特殊的焦糖气味。熔点44～51℃，难溶于冷水，微溶于热水，加水搅拌可分散，2%水悬浮液的pH值为4.7，溶于乙醇、植物油、热猪油。在空气中稳定。

硬脂酰乳酸钙是乳酸缩合后与硬脂酸酯化后的钙盐。具体工艺过程为：在反应釜中，按配比加入L-乳酸、硬脂酸及催化剂，加热搅拌，反应温度控制在100～110℃左右，直至无水分挥发，反应结束后降温，缓慢加入氢氧化钙中和，中和反应完毕后经、冷却、精制、固化、粉碎或轧片而成。

4.6.4.4 酯胶（松香甘油酯）（glycerol ester of wood rosin）

酯胶的主要成分为纵酸三甘油酯，还有少量的纵酸二甘油酯和单甘油酯。

酯胶为黄色或浅褐色透明玻璃状物，质脆，无臭或微有臭味，相对密度1.080～1.100。不溶于水、低分子醇，溶于芳香族溶剂、烃、萜烯、酯、酮、橘油及大多数精油。

工业上生产松香酯的主要方法是松香与脂肪醇在催化剂作用下发生酯化反应。松香甘油酯是用精制、纯化后的浅色木松香，甘油采用食用级甘油。与一般的羧基不同，松香树脂酸羧基位于叔碳原子，空间位阻很大，反应时活化能较高，必须在高温条件下、长时间反应才能进行。

$$2R-COOH + \begin{array}{l} CH_3-OH \\ | \\ CH-OH \\ | \\ CH_2-OH \end{array} \xrightarrow[\triangle]{催化剂} \begin{array}{l} CH_3-OOC-R \\ | \\ CH-OH \\ | \\ CH_2-OOC-R \end{array} \quad \begin{array}{l} CH_3-OOC-R \\ | \\ CH-OOC-R \\ | \\ CH_2-OOC-R \end{array}$$

松香 甘油

$$\begin{array}{l} CH_3-OOC-R \quad CH_3-OOC-R \\ | \qquad\qquad\qquad\quad | \\ CH-O ——— CH \\ | \qquad\qquad\qquad\quad | \\ CH_2-OOC-R \quad CH_2-OOC-R \end{array}$$

R为

松香与脂肪醇反应的主要催化剂是固体酸催化剂，其他催化剂由于对设备的腐蚀性强或者是价格昂贵或是反应过程中产生有害气体而无法在工业上大规模应用。

4.6.4.5 失水山梨醇单油酸酯（sorbitan monooleate，Span 80）

失水山梨醇单油酸酯商品名称司盘80，为琥珀色黏性液体，或浅黄色至棕色粒状或片状硬质蜡固体物，有特殊气味，味柔和。温度高于熔点时，能溶于乙醇、乙醚、乙酸乙酯、苯胺、甲苯、石油醚和四氯化碳，不溶于冷水，但能分散于热水。

生产Span 80可采用先醚化后酯化的二步法制取工艺，在反应体系中加入醚化催化剂，通过工艺条件来达到控制山梨醇失水度。工艺流程如图4-4所示。具体工艺过程：首先加入定量的山梨醇溶液（70%），在搅拌下升温到110℃进行脱水，再加入醚化催化剂后缓慢升温至150℃，并保持3h，进行山梨醇醚化反应。然后加入一定量油酸和催化剂，升温至200℃进行酯化反应，测定酸值小于8mg KOH/g时，结束反应。

司盘类乳化剂还包括Span 60、Span 40、Span 20等。

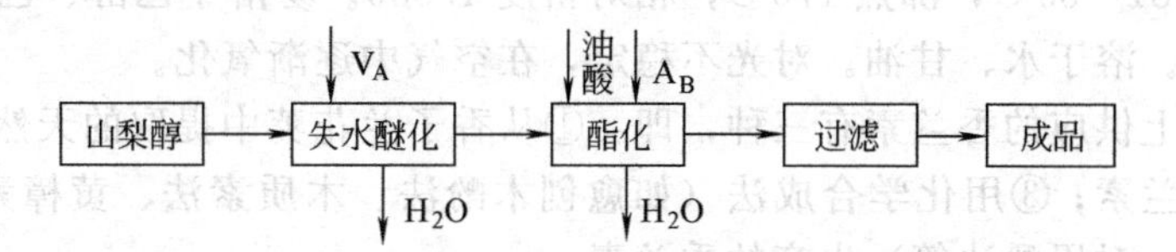

图4-4 Span 80二步法生产工艺流程

4.6.4.6 甘油双乙酰酒石酸单酯（diacety tartaric acidl esters of monoand diglycerides diacetyltartartaricr and fatty acid esters of glycerol）

甘油双乙酰酒石酸单酯亦称二乙酰酒石酸单甘酯，简称 DATEM，为微黄色蜡糖块状物。制造时加入抗结剂如碳酸钙或磷酸三钙而得到的产品，为白色粉末状物，有微酸臭，能与油脂混容。溶于甲醇、丙酮、乙酸乙酯，难溶于水、乙酸和其他醇，能分散在水中，有一定的抗水解性，3%的水溶液，pH 值为 2～3。

4.6.4.7 改性大豆磷脂（modified soybean phosphalipids（Hydroxylated lacithin））

改性大豆磷脂别名羟化卵磷脂，为浅黄色至黄色粉末或颗粒状，有特殊的"漂白"味，部分溶于水，在水中很容易形成乳浊液，比一般的磷脂更容易分散和水合。极易吸潮，易溶于动植物油，部分溶于乙醇。

以天然磷脂为原料，经过氧化氢、过氧化苯酰、乳酸和氢氧化钠或是过氧化氢、乙酸和氢氧化钠羟基化后，再经物化处理、丙酮脱脂得到粉粒状无油无载体的改性大豆磷脂。

4.6.4.8 聚氧乙烯失水山梨醇单油酸酯（tween 80）

由失水山梨醇脂肪酸酯与环氧乙烷在 130～140℃和催化剂参与下进行加成而得的聚氧乙烯失水山梨醇单油酸酯商品名称为吐温 80，为浅黄色至橙色油状液体，有轻微的特殊臭味。HLB 值 15.0。皂化值 45～55mg KOH/g。酸值不大于 2mg KOH/g。羟值 65～80mg KOH/g。易溶于水，形成无臭、几乎无色的溶液，溶于乙醇、异丙醇、非挥发油、乙酸乙酯和甲基，不溶于矿物油和石油醚。

除此之外，吐温系列乳化剂还包括 Tween 60、Tween 40、Tween 20 等。

4.7 食品赋香剂

4.7.1 概述

食品在生产过程中，常常要添加少量的香精和香料（perfume compound and flavouring)，以改善或增强食品的香气和香味，这些香精和香料则被称为赋香剂或加香剂。

香料的品种很多，美国食用香料制造者协会（FEMA）提出的、由 FDA 认可的属于一般认为安全范围（GRAS）的食用香料，至 2000 年为止已有 1963 种。我国通过 GB 2760—1996 公布的准用和暂时允许使用的香料（不包括香辛料）共 1093 种。

香料的分类有以下几种：①按来源可分为天然香料、天然等同香料和人造香料；②按形态可分为精油、浸膏、净油、香膏、酊剂；③按结构可分为烃类香料、醇类香料、酚类香料、醚类香料、醛类香料、酮类香料、缩羰基类香料、羧酸类香料、酯类香料、内酯类香料、呋喃类香料、吡咯类香料、噻吩类香料、噻唑类香料、噻唑啉类香料、吡嗪类香料、吡啶类香料、含氮香料、含硫香料等有机化合物类型。

4.7.2 食品工业中常用的一些香料

4.7.2.1 香兰素（vanillin）

香兰素又名香草醛，学名为 4-羟基-3-甲氧基苯甲醛。

香兰素是白色或微黄色针状结晶物质。微甜，有芳香气味，具有类似香荚兰豆特有的香气和口味。熔点 81～83℃，沸点 170℃，相对密度 1.056。易溶于乙醇、乙醚、氯仿、冰醋酸和热挥发性油。溶于水、甘油。对光不稳定，在空气中逐渐氧化。

目前在市场上供应的香兰素有三种，即：①从香子兰花荚中提取的天然香兰素；②用微生物法生产的香兰素；③用化学合成法（如愈创木酚法、木质素法、黄樟素法、丁香酚法、对羟基苯甲醛法、对甲酚法等）生产的香兰素。

以愈创木酚制备香兰素的方法是使愈创木酚（学名邻甲氧基苯酚）与乙醛酸缩和，再经酸化反应、脱羧反应制得粗品，经提纯得香兰素。反应式如下。

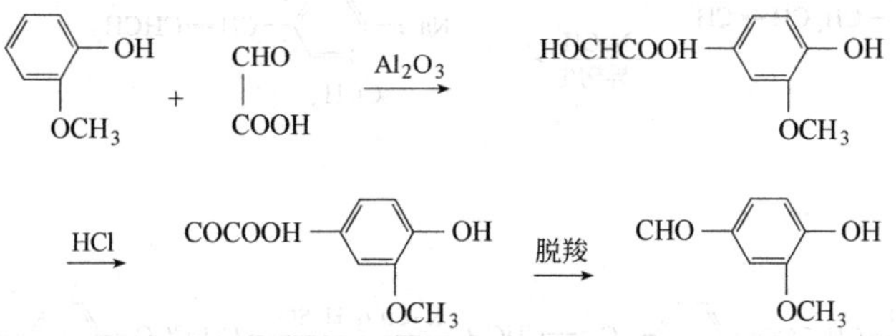

(邻甲氧基苯酚) + CHO—COOH $\xrightarrow{Al_2O_3}$ HOCHCOOH—(3-甲氧基-4-羟基苯基) $\xrightarrow{HCl}$ COCOOH—(3-甲氧基-4-羟基苯基) $\xrightarrow{脱羧}$ CHO—(3-甲氧基-4-羟基苯基)

香兰素属香料，它还是很好的修饰剂和定香剂。其具体制备过程如下。

(1) 粗品香兰素的制备

向氢氧化钠水溶液中加入邻甲氧基苯酚、乙醛酸的水溶液和氢氧化铝，搅拌下于25℃反应。反应结束后，从反应混合物中过滤出氢氧化铝，得反应液；滤出的氢氧化铝用氢氧化钠水溶液洗涤。合并反应液和洗涤液，加入盐酸调pH值为6，用乙醚抽提未反应的邻甲氧基苯酚3次，回收邻甲氧基苯酚。将抽余水溶液、氢氧化钠和氧化铜加入高压反应釜中，在202.6Pa（表压）的压力下，以0.15L·min^{-1}的流速通入空气，搅拌下于125℃进行反应，最后向反应釜中加入盐酸调pH值=1.5，再用乙醚抽提3次，得粗品香兰素，收率92.1%。

(2) 香兰素的分离精制

利用香兰素分子中的醛基与$NaHSO_3$发生加成反应生成α-羟基磺酸钠，用萃取法提纯香兰素，然后用醋酸丁酯将香兰素萃取到有机相，经水洗后，脱溶剂，甲苯结晶，乙醇重结晶得到产品，其工艺流程如图4-5所示。

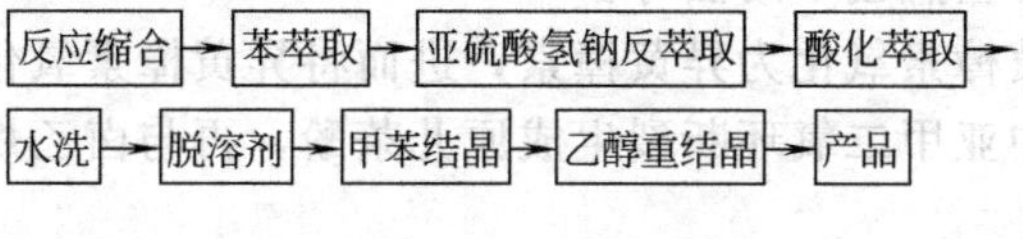

反应缩合→苯萃取→亚硫酸氢钠反萃取→酸化萃取→水洗→脱溶剂→甲苯结晶→乙醇重结晶→产品

图4-5 工艺流程图

亚硫酸氢钠反萃取法提纯香兰素，具有较好的选择性和收率，能够达到工业生产的分离和提纯目的。

愈创木酚法是目前香兰素最主要的合成路线。该工艺三废较少，后处理方便，收率比较高，是国内外目前最常用的方法。其中乙醛酸法的反应式如下：

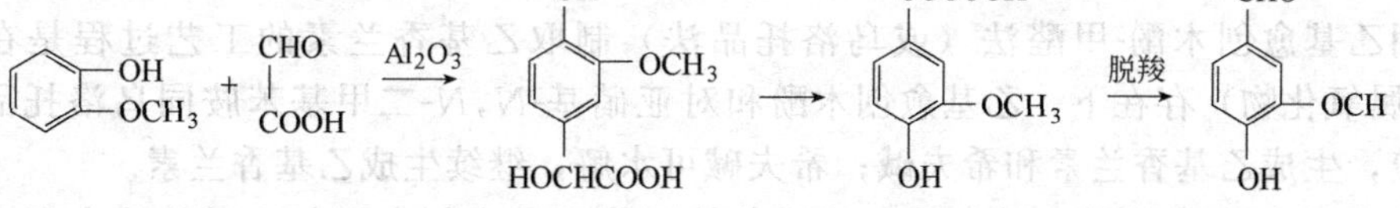

(邻甲氧基苯酚：OH, OCH_3) + CHO—COOH $\xrightarrow{Al_2O_3}$ (4-羟基-3-甲氧基苯基)HOCHCOOH $\longrightarrow$ (4-羟基-3-甲氧基苯基)COCOOH $\xrightarrow{脱羧}$ (4-羟基-3-甲氧基苯基)CHO

除上述方法外，以丁香酚为原料，采用直接氧化或间接氧化法也可制备香兰素。

直接氧化法是在碱存在下，将丁香酚（来自于丁香油）异构化，使丁香酚分子中的烯丙基转变为丙烯基，得异丁香酚钠，然后用氧化剂将异丁香酚钠氧化成香兰素钠盐，再经酸化获得香兰素。

间接氧化法是将丁香酚异构化生成的异丁香酚钠与$(CH_3CO)_2O$作用，生成的异丁香酚乙酸酯经$K_2CrO_3+H_2SO_4$氧化后在酸性介质中水解成香兰素。其反应式为

$$\text{HO}-\underset{\text{OCH}_3}{\text{C}_6\text{H}_3}-\text{CH}_2\text{CH}{=}\text{CH} \xrightarrow[\text{异构化}]{\text{NaOH}} \text{NaO}-\underset{\text{OCH}_3}{\text{C}_6\text{H}_3}-\text{CH}{=}\text{CHCH}_3$$

$$\xrightarrow{(\text{CH}_3\text{CO}_2)_2\text{O}} \text{CH}_3\text{COO}-\underset{\text{OCH}_3}{\text{C}_6\text{H}_3}-\text{CH}{=}\text{CHCH}_3 \xrightarrow{\text{K}_2\text{CrO}_3+\text{H}_2\text{SO}_4} \text{CH}_3\text{COO}-\underset{\text{OCH}_3}{\text{C}_6\text{H}_3}-\text{CHO}$$

$$\xrightarrow[\text{H}^+]{\text{H}_2\text{O}} \text{HO}-\underset{\text{OCH}_3}{\text{C}_6\text{H}_3}-\text{CHO} + \text{CH}_3\text{COOH}$$

4.7.2.2　乙基香兰素（ethyl vanillin）

乙基香兰素，又称乙基香草醛，化学名称3-乙氧基-4-羟基苯甲醛，为白色或乳白色针状、片状或粉末状结晶。微溶于水。溶于乙醇、丙二醇和许多天然或合成香料。具有明显甜香气及轻微花香和奶香，与香荚豆香有些相似，香气持久性极好，即使溶解状态也有一定香味。香味比香兰素浓2～2.5倍。但两者各具风格。

目前，乙基香兰素的合成方法有近十种。根据原料的不同，可分为黄樟素法、对甲酚法、对羟基苯甲醛法和乙基愈创木酚法等。

黄樟素法首先是将黄樟素氧化为异黄樟素，进而将异黄樟素氧化为洋茉莉醛，在强碱醇溶液中加热使洋茉莉醛中亚甲二氧环断裂生成原儿茶酚，再与卤乙烷或硫酸二乙酯反应即可得乙基香兰素。

对甲酚法是以对甲酚为原料，通过在由乙醇钠溶液存在下加入适量的钴盐催化剂，并通入氧气进行醛化反应制得乙基香兰素。

对羟基苯甲醛法是首先在氯仿溶液中，于4～10℃下，将对羟基苯甲醛溴化为3-溴-4-羟基苯甲醛；再以DMF为溶剂，在氧化铜的存在下，3-溴-4-羟基苯甲醛与乙醇钠于75℃下反应3h，制得乙基香兰素。

乙基愈创木酚法以邻氯硝基苯或邻苯二酚为原料制备乙基愈创木酚，进而将乙基愈创木酚与甲醛、三氯乙醛、氯仿或乙醛酸等经过一系列反应生成乙基香兰素。

采用乙基愈创木酚-甲醛法（或乌洛托品法）制取乙基香兰素的工艺过程是在催化剂（一种金属氧化物）存在下，乙基愈创木酚和对亚硝基-*N*,*N*-二甲基苯胺同乌洛托品产生的甲醛反应，生成乙基香兰素和希夫碱；希夫碱可水解，继续生成乙基香兰素。

乙基愈创木酚-乙醛酸法首先是在碱性条件下将乙基愈创木酚与乙醛酸缩合生成3-乙氧基4-羟基苯乙醇酸，进而被氧化成3-乙氧基-4-羟基苯乙醛酸，再在酸性介质中脱羧得到乙基香兰素。

电化学法是用乙基愈创木酚的氢氧化钠溶液与乙醛酸的碳酸钠溶液在30℃下搅拌反应24h，得到3-乙氧基-4-羟基苯乙醇酸；然后再将3-乙氧基-4-羟基苯乙醇酸配成10%的溶液，加入电解槽中，同时加入5%氢氧化钠溶液，在60℃时，进行电解氧化，脱羧后制得乙基香兰素。

在上述各种乙基香兰素的合成方法中，黄樟素法虽然原料来源广泛，但合成路线长，工艺复杂，同时生成难以分离的异乙基香兰素，产率低，故在使用上受到限制。对甲酚法避免了有毒物质的使用，大大降低了“三废”的排放，是一条极具发展潜力的绿色生产路线，但产率尚待提高。对羟基苯甲醛法第一步溴化反应产率可达 95%以上，第二步和乙醇钠反应时需高温高压，反应条件苛刻，反应产率低，有待进一步研究。乙基愈创木酚-甲醛法是较成熟的工艺，是目前我国合成乙基香兰素的主要方法，其缺点是工艺路线长，综合回收利用配套设备投资多，“三废”问题严重，在国外已被淘汰。乙基愈创木酚-三氯乙醛法亦存在同样的问题。乙基愈创木酚-氯仿法原料易得，反应条件温和，但有异乙基香兰素生成，难以分离，产率不高。

乙基愈创木酚-乙醛酸法工艺简单，反应条件易于控制，收率高，产品纯度高，“三废”污染少，国外已有较成熟的工艺，国际市场上的乙基香兰素大部分采用此法生产。但若采用高温化学氧化时，需要加入大量的铜盐或氧化铜作催化剂，尽管反应中生成的亚铜盐或氧化亚铜可被加入的氧化剂氧化后循环利用，但反应终了时除去催化剂十分困难。因此，若采用有机电化学合成中的阳极氧化法代替铜盐或氧化铜催化高温氧化法，则可解决上述问题。而且，同时具有如下优点：无须外加氧化剂和催化剂，污染减少，反应选择性高，产物纯度高，电解装置简单，在低电压、低电流下进行电解，耗电少，有利于工业化。但需解决电极污染和电流效率低等问题。

4.7.2.3 麦芽酚（maltol）和乙基麦芽酚（ethyl maltol）

麦芽酚化学名称为 3-羟基-2-甲基-4-吡喃酮。商品名叫味酚、帕拉酮和考巴灵。麦芽酚作为食用香料具有甜的、蜜饯样的水果香气和焦糖香味。为白色或微黄色针状结晶或结晶粉末。溶于水、乙醇及氯仿。在室温下，其蒸气压较高，易蒸发。水溶液呈酸性，在碱性介质中不稳定，遇碱则形成盐。遇三氯化铁呈紫红色。在酸性条件下，麦芽酚的增香和调香效果较好。pH 值逐渐增高，香味则渐趋变弱。碱性条件下，香味明显减弱。

乙基麦芽酚化学名称为 3-羟基-2-乙基-4-吡喃酮。乙基麦芽酚是最近十余年来推广得最快的香料之一，而且有让人喜欢的糖甜、果甜香气，具有去苦增甜、增加奶味和焦香味作用。乙基麦芽酚为白色粉末结晶，在室温下较易挥发，但香气较持久。易溶于热水、乙醇、丙二醇及氯仿。乙基麦芽酚是麦芽酚的同系物。由于分子结构发生了微小的变化，成为一种香气更浓、挥发性更强的化合物。它的增香作用相当于麦芽酚的 10 倍左右。

工业上常用的合成法是以糠醛为原料合成麦芽酚和乙基麦芽酚，反应方程式如下。

$$\text{(furan)-CHO} \xrightarrow[(CH_3CH_2)_2O]{RMgBr} \text{(furan)-CH(OH)-R} \xrightarrow[H_2O-MeOH]{Cl_2} \text{(HO, R-dihydropyranone)} \xrightarrow[H_2O-MeOH]{Cl_2} \text{(Cl, HO, R-dihydropyranone)} \xrightarrow[\triangle]{H_2O} \text{(3-OH, 2-R-4-pyranone)}$$

首先以卤代烃与镁为主要原料制备格氏试剂，与糠醛反应合成 α-呋喃烷醇。加入甲醇和水（体积比 2∶3），冷却至−5℃以下，再加入甲醇和 α-呋喃烷醇的混合液，同时通氯气，反应始终维持在 10℃以下进行。反应完毕后，蒸去反应混合物中的甲醇。在 90～95℃下加热回流 3h，趁热过滤，冷却。滤液用 50%NaOH 溶液调 pH 值至 2.2，置于 5℃下冷却 0.5h，过滤后得到第一批产物。滤液用氯仿萃取，回收氯仿，得到第二批产物。合并两次的粗产物，经无水乙醇重结晶得到白色芳香性针状结晶。

采用一锅法全合成工艺，具有流程短、条件温和、设备简单、“三废”少、产品易提纯等优点，产率约为 30%。该法的工艺流程可以分成三个阶段：通入氯气进行氧化、重排后制得粗产品、结晶和重结晶得到白色针状或粉状结晶体。尽管合成乙基麦芽酚的工艺流程比较成熟，但也存在一些问题，如水解反应时易聚合成块、产率较低等；反应过程中，很难了解反应的进度，会造成原料和能源的浪费或是出现反应不完全的情况，这些方面有待改进。

4.7.2.4　其他

食品工业中常用的香料还包括很多种

(1) 甘草酊 (glycyrrhiza tincture)

甘草除杂后，用水提取后的浓缩液即为甘草酊。其主要含有甘草素、甘草次酸、甘草苷、异甘草苷、新甘草苷等。为黄色至橙黄色液体，有微香，味微甜。

(2) 可可酊 (cocoa tincture)

可可粉用乙醇提取，经浓缩而得可可酊。其主要成分为醛、酮、酯、醇等化合物，为褐色澄清液体，有纯正的可可香气味。

(3) 咖啡酊 (coffee tincture)

咖啡酊含有挥发性酯类、乙酸、醛等 60 余种芳香物质和咖啡因、单宁、焦糖等，为棕褐色液体，具有咖啡香气味和口味。

咖啡酊由咖啡树的成熟种子，经干燥，除去果皮、果肉和内果皮后，在 180～250℃下焙烤，冷却后磨成细粒状，然后用有机溶剂提取而得。

(4) 枣子酊 (red date tincture)

枣子酊为棕褐色液体，无悬浮物，无沉淀，具有枣子的清香气味和甜味，无苦味和焦味。枣子酊由鼠李科植物枣的成熟干燥果实，用乙醇提取，过滤后而得。

(5) 香荚兰豆酊 (vanilla tincture)

香荚兰豆酊主要含有香兰素、大茴香醛、大茴酸、洋茉莉醛和羟基苯甲醛等，为浅棕色液体，有清甜的豆香和膏香味。

香荚兰豆酊具体提取方法为：香荚兰豆过 95℃热水，擦除表面水后打包，在干燥室内发酵，然后开包晾干、陈放，用乙醇提取，提取液经过滤、浓缩即得。

(6) 癸醇 (denyl alcohol)

癸醇为无色黏稠液体，具有类似玫瑰和橙的花香，并带甜味花香。易溶于乙醚、乙醇、矿物油、丙二醇及大多数非挥发性油。不溶于水和甘油。癸醇由椰子脂肪醇分馏而得到。

(7) 香叶油 (geranium oil)

香叶油的主要含有左旋香茅醇、香叶醇、甲酸香叶酯、橙花醛、香叶醛、丁香酚、玫瑰醚、异薄荷酮、异戊醇、叶醇、乙醇等，为橄榄绿至棕绿色或琥珀黄至黄绿色液体，具有蜜甜-微青香气，易溶于乙醇，可溶于大多数植物油、矿物油和丙二醇，而不溶于甘油。

用水蒸气蒸馏法，由香叶天竺葵茎叶提油即香叶油。

(8) 桉叶油 (eucaly ptus oil)

桉叶油主要成分为 1,8-桉叶素 (80％以上)、莰烯、水芹烯等。外观为无色或淡黄色易流动液体。具有桉叶素的特征香气，有樟脑和药草气息，有凉味。

用水蒸气蒸馏法从蓝桉或含桉叶素的某些樟树品种的叶、枝中提取精油，再经精制加工制得。

(9) 肉桂油 (cassia oil)

肉桂油别名中国肉桂油，主要成分为反式肉桂醛、乙酸肉桂酯、香豆素、水杨醛、苯甲酸、苯甲醛、乙酸邻甲氧基肉桂酯、反式邻甲氧基肉桂醛等。肉桂油的粗制品是深棕色液体，精制品为黄色或淡棕色液体。放置日久或暴露于空气中会使油色变深、油体变稠。严重的会有肉桂酸析出。可溶于冰醋酸和乙醇。肉桂油由中国肉桂的枝、叶或树皮、籽用水蒸气蒸馏法提油。得率：鲜枝、叶为0.3%～0.4%；树皮为1%～2%；籽为1.5%。

(10) 天然薄荷脑（L-menthol，natural）

天然薄荷脑别名左旋薄荷脑，为无色柱状结晶，沸点216℃。在水中可溶解0.05%，能溶于乙醇、丙二醇、甘油和石蜡油中，暴露于大气中会升华。薄荷脑具有清凉气息，使人精神振奋；扩散时，透发愉快的薄荷特征香气，但不持久。

用水蒸气蒸馏法从鲜的或阴干的薄荷的茎叶（地上绿色部分）蒸馏得天然薄荷脑。一般得率为0.3%～0.6%（按干料计为1%～2%）。

(11) 桂花浸膏（osmanthus concrete）

桂花浸膏主要香气成分有*α*-紫罗兰酮、*β*-紫罗兰酮、二氢-*β*-紫罗兰酮、*trans*-芳樟醇氧化物、*cis*-芳樟醇氧化物、芳樟醇、香叶醇、间乙基苯酚、棕榈酸乙酯、壬醛、乙酸香芹酯、*α*-松油醇、*trans*-2,4,6-三甲基-2-乙烯基-5-羟基四氢吡喃、*cis*-2,4,6-三甲基-2-乙烯基-5-羟基四氢吡喃、橙花醇、壬醇和*β*-水芹烯等。

桂花浸膏系我国独特天然香料，为深黄色或棕色蜡状半固体，具有甜清花香，兼有蜡气和桃子样果香气息，香气持续而持久。由桂花的鲜花经食盐水盐渍后用石油醚浸提而得。

(12) 树苔浸膏（tree moss concrete）

树苔浸膏为深棕色或绿棕色固体物（苯浸膏），深棕色黏稠物（石油醚浸膏），具有清滋香气兼有松木气味。树苔浸膏以树苔为原料，用苯或石油醚进行浸提，提取液经浓缩后即得浸膏。用苯提取，得率为2%～4%；用石油醚提取，得率为1.5%～3.0%。

(13) 白兰浸膏（white orchid concrete）

白兰浸膏主要香气成分为芳樟醇、邻氨基苯甲酸甲酯等，外观为棕红色至深棕色膏状物，具有白兰鲜花香气。

白兰浸膏以白兰鲜花为原料，用香花规格70#溶剂（鲜花提取用石油醚）浸提，然后蒸去溶剂而得。得膏率为2.2%～2.5%。

(14) 橡苔浸膏（oak moss concrete）

橡苔浸膏主要香气成分有地衣二酚、地衣二酚单甲醚、煤地衣酸甲酯和煤地衣酸乙酯等。

橡苔浸膏有苯浸膏和石油醚浸膏两种。苯浸膏为深绿色蜡状固体物，有特殊橡苔清香气。石油醚浸膏为棕绿色黏稠液体。

橡苔浸以附生于桃树上的松罗科植物栎扁枝衣为原料，用苯或石油醚为溶剂进行浸提。用苯浸提时，得率为2%～4%；用石油醚浸提时，得率约为1.5%～3%。

(15) 九里香浸膏（myrraya panscuata concrete）

九里香浸膏主要香气成分为水芹烯、桧烯、蒎烯、芋烯、松油醇、异黄樟素、石竹烯、杜松烯和杜松醇等，外观为棕黄色膏状物，具有九里香花香的特征。

九里香浸膏由九里香鲜花经石油醚浸提、浓缩而得。

(16) 金合欢浸膏（cassie concrete）

金合欢浸膏主要含金合欢醇、水杨酸甲酯、丁香酚、苄醇、芳樟醇、香叶醇、大茴香醛、苯甲醛、癸醛、莳萝醛、丁香酚甲醚、对甲酚、松油醇、橙花叔醇、香豆素、羟基苯乙酮和苯甲酸等。

金合欢浸膏的外观为黄色至棕色蜡状固体物。浸膏有幽清花香，近紫罗兰香气，味甜。以金合欢属植物鸭皂树的鲜花为原料，用溶剂浸提而得。得率为0.4%～0.9%。

(17) 岩蔷薇浸膏（labdanum concrete，rock rose concrete）

岩蔷薇浸膏亦称赖百当浸膏，主要香气成分为*α*-蒎烯（45%左右）、苯甲醛、苯乙酮、

1,5,5-三甲基-6-环己酮、双乙酰、糠醛和冰片等。其外观为绿黄色至棕褐色膏状物，具有类似玻璃龙涎的香气。以岩蔷薇的枝叶为原料，用乙醇浸提，然后以溶剂萃取而得。

(18) 晚香玉浸膏（tuberose concrete）

晚香玉浸膏又名月下香浸膏，主要香气成分有香叶醇、橙花醇、乙酸橙花酯、苯甲酸甲酯、邻氨基苯甲酸甲酯、苄醇、金合欢花醇、丁香酚和晚香玉酮等。其外观为浅棕色至深棕色蜡状物，具有晚香玉花香气。

摘取含苞待放的晚香玉花蕾，待开放后立即用石油醚浸提，经浓缩后即得。产率为0.08%～0.14%。

(19) 墨红花浸膏（rose crimsom glory concrete）

墨红花浸膏含净油30%以上，主要含芳樟醇、香茅醇和香叶醇等。其外观为橙红色膏状物，具有纯正的墨红鲜花的香气。

墨红花浸膏用沸点为68～71℃的香花浸提用石油醚，在室温下浸提墨红鲜花，然后加以浓缩制得。

(20) 玫瑰浸膏（rose extract）

玫瑰浸膏的主要香气成分有高分子烃类、醇类（鲸蜡醇等）、脂肪酸、萜烯醇、脂肪醇酯类以及苯乙醇、芳樟醇、香叶醇、香茅醇、金合欢花醇、丁香酚和香茅酸等。其外观为黄色、橙黄色或褐色油状物或蜡状物，有玫瑰花香气。溶于乙醇和大多数油脂。微溶于水。

玫瑰浸膏以蔷薇科灌木玫瑰的鲜花为原料，用2倍的石油醚按冷法浸提，经过滤后，油水混合物先经常压浓缩，再用13.3～16kPa真空浓缩，温度不得超过50℃，浓缩完毕后即得。得率约0.2%。

除上述物质外，一些有机物，如乙醛、苯乙酮、正丁醇等也在香料中有不同程度的应用。

4.8 食品酶制剂

4.8.1 概述

从生物（包括动物、植物、微生物）中提取的具有生物催化能力的物质，辅以其他成分，用于加速食品加工过程和提高食品产品、质量的制品，称为酶制剂（enzymes）。

酶是生物细胞原生质合成的具有高度催化活性的蛋白质，因其来源于生物体，因此通常被称作“生物催化剂”。又由于酶具有催化的高效性、专一性和作用条件温和等优点，所以越来越受到重视，被广泛应用于食品加工。在提高产品质量、降低成本、节约原料和能源、保护环境等方面产生了巨大的社会效益和经济效益。

利用微生物发酵法生产酶制剂远远优于从动物、植物中提取酶制剂，现已成为工业用酶制剂的主要来源。酶制剂虽来源于生物，但通常使用的不是酶的纯品。制品中的有关组分(包括产酶生物如微生物的某些代谢产物，甚至是有害的物质）有可能在使用时随着食品而被摄入，从而影响人体健康，因此，必须对酶制剂包括生产酶制剂的菌种进行安全评价。对于生产酶制剂所用的载体、稀释剂和加工助剂等，应是通常食用或许可使用的物质，而酶制剂本身应符合一定的规格标准。

酶制剂已广泛用于食品生产中，如用酶法生产饴糖、高麦芽糖、葡萄糖、果葡糖浆以及糊精、可溶性淀粉等，需使用各种淀粉酶；在蛋白类食品加工中，以酶法制造干酪、蛋白饮料、软化肉制品等，均使用蛋白酶；在水果、蔬菜、粮食加工中，如水果罐头防浊、果汁澄清等，通常使用的为果胶酶、纤维素酶；在酿造酒、酱油、啤酒、乙醇等中，使用各种不同品种的酶；此外还用于食品贮藏等。我国已工业化生产的用于食品工业的酶制剂有α-淀粉酶、高温 α-淀粉酶、β-淀粉酶、异淀粉酶、糖化酶、葡萄糖异构酶、果胶酶、改性蛋白酶、细菌中性蛋白酶、β-葡聚糖酶、木瓜蛋白酶、菠萝蛋白酶 12 种。

国际生物化学联合委员会将酶分为六大类：氧化还原酶类、转移酶类、水解酶类、裂解酶类，异构酶类、合成酶类。

酶具有如下一些特性。

(1) 催化效率高

酶的催化效率比一般催化效率高，有的可高达几百亿倍。例如，铁离子和过氧化氢酶都可以催化双氧水分解成为水和氧气。在一定条件下，1mol 铁离子可催化 10^{-5}mol 双氧水分解。在相同的条件下，1mol 过氧化氢酶却可催化 10^{5}mol 的双氧水分解，过氧化氢酶的催化效率达到铁离子的 10^{10} 倍。

(2) 具有专一性

酶的专一性是指一种酶只能催化一种或一类结构相似的底物进行某种类型的反应。根据其严格程度的不同，酶的专一性可分为绝对专一性和相对专一性。

① 绝对专一性 一种酶只能催化一种底物进行一种反应。这种高度的专一性称绝对专一性。例如，当酶所作用的底物或生成的产物含有不对称碳原子时，酶只能作用于异构体的一种，这种绝对专一性称为立体异构专一性。

② 相对专一性 一种酶能够催化一类结构类似的底物进行某种类型的反应。这种专一性称为相对专一性。例如，脱氢酶可作用于伯醇和仲醇，进行脱氢反应，分别生成醛和酮。在食品加工中广泛应用的 α-淀粉酶、糖化酶、蛋白酶都属于相对专一性的酶。

(3) 酶的作用条件温和

酶催化作用一般都在常温、常压及 pH 值近乎中性的温和条件下进行，一般可在 pH 值 3～9 进行反应，反应温度在 25～90℃之间，大多数反应温度为 45～55℃。所以，用酶作催化剂，可以节省能源和设备投资。

4.8.2 常用酶制剂

4.8.2.1 α-淀粉酶（α-amylase）

α-淀粉酶别名液化型淀粉酶、液化酶、α-1,4-糊精酶。

α-淀粉酶为米黄色、灰褐色粉末，能水解淀粉分子中的 α-1,4-葡萄糖苷键。能将淀粉切成长短不一的短链糊精和少量的低分子糖类，从而使淀粉糊的黏度迅速下降，即起“液化”作用，所以该酶又称液化酶。一般 α-淀粉酶在 pH 值 5.5～8 稳定，pH 值 4 以下易失活，酶活性的最适 pH 值为 5～6。作用温度范围 60～90℃，最适作用温度 60～70℃。纯化的 α-淀粉酶在 50℃以上容易失活，但是有大量钙离子存在下，酶的热稳定性增加。α-淀粉酶的耐热性还受底物的影响，在高浓度的淀粉浆中，最适温度为 70℃的枯草杆菌 α-淀粉酶，以 85～90℃时活性最高。

α-淀粉酶可将直链淀粉分解为麦芽糖、葡萄糖和糊精；切断直链淀粉分子内的 α-1,4-糖苷键，而不能分解支链淀粉的 α-1,6-糖苷键。α-淀粉酶作用开始阶段，迅速地将淀粉分子切断成短链的寡糖，使淀粉液的黏度迅速下降，淀粉与碘呈色反应消失，这种作用称为液化作用，故又称为液化型淀粉酶。

α-淀粉酶分子中含有一个结合得相当牢固的钙离子，这个钙离子不直接参与酶-底物配合物的形成，其功能是保持酶的结构，使酶具有最大的稳定性和最高的活性。

不同来源的 α-淀粉酶的最适 pH 值稍有差异。从人类唾液和猪胰得到的 α-淀粉酶的最适 pH 值范围较窄，在 6.0～7.0 之间，枯草杆菌 α-淀粉酶的最适 pH 值范围较宽，在 5.0～7.0 之间；嗜热脂肪芽孢杆菌 α-淀粉酶的最适 pH 值则在 3.0 左右；高粱芽 α-淀粉酶的最适

pH 值为 4.8，在 pH 值酸性一侧它很快失活，而在 pH 值 5.0 以上时失活速度较低；大麦芽 α-淀粉酶的最适 pH 值范围为 4.8～5.4，小麦 α-淀粉酶的最适 pH 值在 4.5 左右，当 pH 值低于 4 时，活性显著下降，而超过 5 时，活性缓慢下降。

有钙离子存在时，α-淀粉酶的稳定性较高。来源不同的 α-淀粉酶对热的稳定性也同样有差异。枯草杆菌 α-淀粉酶和嗜热脂肪芽孢杆菌 α-淀粉酶对热的稳定性特别高。一般 α-淀粉酶的最适温度为 70℃，而细菌-淀粉酶的最适温度可达 85℃以上，α-淀粉酶对热稳定性高，这一特性在食品加工中极为宝贵。在工业生产中，为了降低淀粉糊化时的黏度，可选用 α-淀粉酶。使用时先将需要量的细菌淀粉酶制剂调入淀粉浆液中，加热搅拌，α-淀粉酶随着温度的升高而发挥作用，当达到淀粉糊化温度时，糊化的淀粉颗粒已经成为低分子的糊精了，淀粉浆液变为黏度小的溶液。

4.8.2.2 糖化酶（amylogluconsidase）

糖化酶亦称糖化淀粉酶、淀粉葡萄糖苷酶、葡萄糖淀粉酶和糖化型淀粉酶。

糖化酶的特征因菌种而异，大部分制品为液体。由黑曲霉而得的液体制品呈黑褐色，含有若干蛋白酶、淀粉酶或纤维素酶。在室温下最少可稳定 4 个月。最适 pH 值为 4.0～4.5。最适温度为 60℃。由根霉而得的液体制品需要冷藏，粉末制品在室温下可稳定 1 年。最适 pH 值为 4.5～5.0，最适温度为 55℃。

糖化酶作用于淀粉时，能从淀粉分子的非还原性末端逐一地将葡萄糖分子切下，并将葡萄糖分子的构型由 α-型转变为 β-型。它既可分解 α-1,4 糖苷键，也可分解 α-1,6 糖苷键。因此，糖化酶作用于直链淀粉和支链淀粉时，能将它们全部分解为葡萄糖。

4.8.2.3 木瓜蛋白酶（papain）

木瓜蛋白酶别名木瓜酶。

纯木瓜蛋白酶系由 212 个氨基酸组成的单链蛋白质，相对分子质量为 23406。制品含有木瓜蛋白酶、木瓜凝乳蛋白酶和溶菌酶等不同的酶。为乳白色至微黄色粉末，具有木瓜特有的气味，稍具有吸湿性。木瓜蛋白酶水解蛋白质能力强，但几乎不能分解蛋白胨。最适作用温度 65℃，最适作用 pH 值 5.0，易溶于水、甘油，不溶于一般的有机溶剂。

4.8.2.4 果胶酶（pectinase）

果胶物质是所有高等植物细胞壁和细胞间层中的成分，也存在于植物细胞汁液中，与水果、蔬菜的食用质量有很大关系。采用果胶酶处理果肉，可以提高果汁的产量，促进果汁澄清。也用于生产药用的低甲氧基果胶和半乳糖醛酸。果胶酶也是导致许多水果和蔬菜在成熟后过分软化的原因。番茄酱和橘汁类食品也常因果胶酶的作用，破坏了果胶物质所形成的胶体，使产品的黏度和浊度降低，原来分散状态的固形物失去了依托而沉淀下来，从而降低了这些食品的质量。

果胶酶为果胶甲酯酶、果胶裂解酶、果胶解聚酶的复合物。为浅黄色粉末，无结块，易溶于水。可分别对果胶质起解脂作用，产生甲醇和果胶酸。水解作用产生半乳糖醛酸和寡聚半乳糖醛酸。作用温度 10～60℃，最适温度 45～50℃。作用 pH 值为 3.0～6.0，最适 pH 值为 3.5。果胶酶的热稳定性较差，若以果胶酶为底物，60℃保温 15min，酶活力剩余 23%。Fe^{2+}、Ca^{2+}、Zn^{2+}、Sn^{2+} 等离子对酶有抑制作用。液体果胶酶制剂为棕褐色，允许微混有少许凝聚物。

4.8.2.5 葡萄糖氧化酶（glucose oxidase）

葡萄糖氧化酶为类白色至浅棕色粉末，或为浅褐色至淡黄色液体。溶于水，水溶液呈淡黄色，几乎不溶于乙醇、氯仿和乙醚。最适 pH 值为 5.6，适用 pH 为 3.5～6.5 的条件下具有很好的稳定性，pH 大于 8.0 和小于 2.0 都会使酶迅速失活。

4.8.2.6　脂肪酶（lipase）

脂肪酶是由米曲霉（thermomyces lanuginosus）生产的脂肪酶。

脂肪酶一般为近白色至淡棕黄色结晶性粉末，由米曲霉制成者可为粉末或脂肪状，基本作用是使三甘油酯水解为甘油和脂肪酸。最适作用 pH 值为 7～8.5，植物性者 pH 值为 5，最适作用温度为 30～40℃。可溶于水（水溶液一般呈淡黄色），几乎不溶于乙醇、氯仿和乙醚。

4.8.2.7　乳糖酶（lcactase）

乳糖酶别名β-半乳糖苷酶。乳糖酶主要作用是使乳糖水解为葡萄糖和半乳糖。最适 pH 值：由大肠杆菌制得者为 7.0～7.5；由酵母菌制得者为 6.0～7.0；由霉菌制得者为 5.0 左右。最适作用温度为 37～50℃。在正常使用浓度下，72h 内约可使 74%的乳糖水解。

习　题

1. 食品添加剂的种类有哪些？(10 种以上)
2. 营业强化剂有哪些？
3. 对食品添加剂的要求有哪些？
4. 什么是日允许摄入量（ADI）、半致死量（LD_{50}）和中毒阈量？
5. 根据分类，分别举例说出几种营养食品和功能性食品。
6. 何谓必需氨基酸？何谓非必需氨基酸？
7. 说明下列果冻配料表中的食品添加剂的作用：水、蔗糖、果肉、卡拉胶、乳酸钙、柠檬酸、香料、甜酸素、山梨酸、柠檬黄、胭脂红。
8. 说明下列一种软糖配料中的食品添加剂的作用：白砂糖、麦芽糖、明胶、柠檬酸、荔枝香精。
9. 蛋黄酱和冰淇淋中的乳化剂有何异同？

参考文献

[1] 贺小贤主编．生物工艺学．北京：化学工业出版社，2000.
[2] 袁勤生，赵健主编．酶与酶工程．上海：华东理工大学出版社，2005.
[3] 俞俊棠，唐孝宣主编．生物工艺学：下册：上海：华东理工大学出版社，1999.
[4] 钟耀广主编．功能性食品．北京：化学工业出版社，2004.
[5] 金宗濂主编．功能食品教程．北京：中国轻工业出版社，2005.
[6] 徐贵发主编．功能食品与功能因子．济南：山东大学出版社，2005.
[7] 戈进杰．生物降解高分子材料及其应用．北京：化学工业出版社，2002.
[8] 严瑞瑄主编．水溶性高分子手册．北京：化学工业出版社，2003.
[9] 李永平．Span-80 合成工艺的改进．爆破器材．2002，31 (2).
[10] 张艳，章亚东等．蔗糖脂肪酸多酯的合成方法及性能研究进展．日用化学工业，2005，35 (5).
[11] 张逸伟，卢世等．由硬脂酸钠和环氧氯丙烷合成硬脂酸甘油酯．化学试剂，1997，19 (1).
[12] 张亚丽．硬脂酰乳酸钙的制备工艺研究．食品添加剂，2005，5.
[13] 章朝晖．乳化剂硬脂酸单甘酯的特性、制备和应用．精细石油化工进展，2001，09.
[14] 谢银保，杨锦宗等．分步催化合成 Span-80 的新方法．精细化工，1994，06.
[15] 贾庆明，王亚明等．磁性纳米固体超强酸的制备及合成松香甘油酯的研究．林产化学与工业，2004，08.
[16] 李景林，许雪棠等．LaZSM-5 分子筛催化合成松香甘油酯．化学通报，2001，4.
[17] 谷玉杰，吕剑．单硬脂酸甘油酯合成方法的改进．日用化学工业，2006，36 (5).
[18] 谷玉杰，吕剑．高纯度单硬脂酸甘油酯的合成．应用化工，2004，33 (2).
[19] 祝一锋，胥洪原．硬脂酰乳酸钠合成新工艺及其在食品中的应用．表面活性剂工业，1997，03.
[20] 沈金玉，李利军等．蔗糖多酯的研究与开发．清华大学学报（自然科学版），1999，39 (12).
[21] 韦异，梁帆等．蔗糖酯合成工艺研究．广西工学院学报，2002，10 (2).
[22] 毛连山，王加国等．优质失水山梨醇单硬脂酸酯的合成．化学工业与工程技术，2005，01.
[23] 赵黔榕，吴春华等．纳米氧化锌催化合成松香甘油酯的研究．化学世界，2004，9.

[24] 郑秋鉴，许小平. 松香缩水甘油酯的制备及其在聚酯合成上的应用. 福州大学学报（自然科学版），2004，30（6）.
[25] 王超杰，陈炳志等. 癸异戊二烯醇的合成研究. 精细化工，2000，17（9）.
[26] 熊国华，张强等. 没食子酸丙酯合成工艺. 西北大学学报（自然科学版），1994，8.
[27] 郑波涛. 香兰素的合成工艺进展. 化工之友，2007，9.
[28] 刘万民，陈范才等. 乙基香兰素合成方法研究进展. 四川化工，2004，7（3）.
[29] 穆旻，郑福平等. 麦芽酚和乙基麦芽酚的合成及其在食品工业中的应用. 中国食品学报，2006，6（1）.
[30] 吴方宁，丁兴梅等. 香兰素的合成及技术展望. 化工技术与开发. 2006，35（2）.
[31] 黎其万，黄唯平. 麦芽粉及麦芽酚-3-O-β-D-葡萄糖苷的合成. 合成化学，2004，4.
[32] 钱运华，金叶玲. 食品抗氧化剂没食子酸丙酯的合成. 江苏化工，2004，32（4）.
[33] 赵元，丁绍民等. 香兰素生产工艺研究进展. 化工进展，2001，3.
[34] 吴鑫干，陈舒伐. 苯甲酸的合成和精制. 现代化工，2003，8.
[35] 廖列文，崔英德等. 丙酸及其酯类的合成及应用进展. 化工进展，2001，8.
[36] 聂毅. 山梨酸及其盐的合成与发展. 辽宁化工，2001，30（1）.
[37] 林世静，孙阳昭. 食品防腐剂的合成方法综述. 中国石油化工学院学报，2004，12（3）.
[38] 徐明. 异丁香酚氧化制备香兰素工艺优化. 生物质化学工程，2009，43（3）.

第5章 胶 黏 剂

5.1 概述

胶黏剂，又称黏合剂，简称胶，它是一类通过黏附作用而使被粘接物体结合在一起的物质。黏表示像胶水或糨糊一样能使一个物体附着在另一个物体之上的性质。工业上习惯采用“胶黏剂”的称谓。而粘表示用黏的物质将两个物体连接在一起。在不同的应用领域，或不同的使用习惯，这两个概念实际上是有差别的，但也可以是统一的。

在合成聚合物领域中，胶黏剂产量仅次于塑料、橡胶、纤维和涂料，成为一类应用广泛的化工产品；同时它又是一类重要的精细化工产品。胶黏剂的应用领域非常广泛，涉及建筑、包装、航天航空、电子、汽车、机械设备、医疗卫生、轻纺等国民经济中各个领域，以及人民生活的诸多方面。

人类使用胶黏剂的历史源远流长。在几千年前，人类就学会了以黏土、骨胶、生漆、淀粉、动物血液、沥青、松香等天然产物作为胶黏剂。用以建造房屋、粘接箭羽、标枪头与标枪杆等。例如，中国的万里长城、马王堆汉墓、埃及的金字塔等无一不是天然胶黏剂作用的体现。大规模的生产胶黏剂，是从荷兰开始的，他们从17世纪末开始大规模生产天然高分子胶黏剂。随后是英国、美国、德国和瑞士。虽然如此，胶黏剂作为一个行业，直到20世纪初，从酚醛树脂开始，才使胶黏剂和粘接技术进入到一个全新的时代。1909年酚醛树脂在美国问世；1930年脲醛树脂问世；1937年世界上最早的双组分聚氨酯胶黏剂在德国问世；1946年瑞士科学家试制成功双酚A型环氧树脂。在那个年代，万能胶、白胶和快干胶也相继问世。从20世纪70年代后期开始，功能性胶黏剂开始问世。

随着工业需求的增加和技术的发展，粘接技术得到了突飞猛进的发展。首先是产量比以前有了很大的提高，其次是种类增加、性能更加优越。例如热熔胶黏剂，就有水溶型热熔胶、水分散型热熔胶、快固化型热熔胶、溶剂型热熔胶、泡沫热熔胶、压敏热熔胶、导电热熔胶、反应型热熔胶、可生物降解的热熔胶、抗蠕变热熔胶以及热熔密封胶等诸多品种。还出现了很多性能优良的胶黏剂，在各行业大显身手。例如出现了室温固化、高温使用的结构胶，中温固化单组分结构胶，高温固化结构胶黏剂，室温固化全透明环氧胶，水下使用的结构胶，可油面粘接使用的汽车卷边胶以及各种导热胶、导电胶、密封胶等。有很多重要的胶黏剂，配方不断改善，性能不断提高，已经出了好几代产品了。例如压敏胶黏剂，第一代是溶剂型的，第二代是乳液型的，第三代则为热熔压敏胶，每一代都有自己的特色和优点。

据估计，2005年全球胶黏剂与密封剂市场的总销售额约为270亿～300亿美元，其中美国市场销售额达79亿美元。约占全球市场的1/3～1/4。2003年，日本胶黏剂总产量约为108万吨，其中进口1.44万吨，出口3.2万吨，出口额达到378亿日元。

2005年中国内地胶黏剂及密封剂产品量为427.2万吨，销售额为33亿元人民币，应用领域及消费量见表5-1。同期我国内地进口各类胶黏剂、密封剂及其原辅材料共17.11万吨，金额约为6.17亿美元。进口产品主要为聚氨酯结构胶和结构密封胶，高性能环氧树脂胶和聚酰胺胶，铸模和铸芯用胶黏剂；还包括数量可观的配制胶黏剂的原辅料，如EVA、SIS、PET、PA和PU等合成树脂。2005年我国出口各类胶黏剂及其原材料共11.53万吨，金额约为2.28亿美元，出口产品主要为改性丙烯酸酯胶、厌氧胶、氰基丙烯酸酯胶、热熔胶及

表 5-1 2005 年我国胶黏剂各应用领域消费量

主要应用领域	消费量/万吨	主要应用领域	消费量/万吨
胶合板及木工	197.5	交通运输	12.6
建筑建材	80.6	装配(电子电器、机械、仪器仪表等)	6.8
包装及商标	53.0	自用	3.4
纸加工和书本装订	25.0	其他	5.3
制鞋及皮革	25.0	总计	427.2
纤维及服装	18.0		

热熔压敏胶、铸模及铸蕊用胶黏剂等。中国内地胶黏剂和密封胶的需求量预计将以每年11%的速度增长。

除上述领域外，用于电子电器、仪器仪表、医疗卫生、航空航天、交通运输等行业的高新技术和特种胶黏剂产品将会以每年 12%～15%的速度增长。

目前，我国合成胶黏剂业的发展趋势表现为四大特点：一是环保节能型产品加快发展；二是高性能高品质胶黏剂有较大发展，特别是用于机械、电子、汽车、建筑、医疗卫生和航天航空领域的胶黏剂将发展更快，部分特种胶黏剂产量将以高于 20%的速度增长；三是胶黏剂生产向规模化、集约化的优势企业集中，产品质量和档次将会有较大提高；四是外资企业继续发展，企业数量增加、生产规模扩大、资金投入加大、高新技术产品明显增加。

5.1.1 粘接的优缺点

与传统的铆接、螺栓连接、焊接等机械物理方法相比，粘接具有一系列独到的优点：

① 可实现不同种类或不同形状的材料之间的有效连接；

② 应力分布均匀，不易产生应力破坏；

③ 采用粘接工艺可大大减轻被连接物体的重量；

④ 工作效率高，成本低；

⑤ 可赋予被粘物体以特殊的性能。

正是由于上述的这些主要优点，使胶黏剂得以迅速发展。但粘接中也存在的种种问题，从而限制了它在某些场合的应用：

① 耐候性较差，在空气、日光、风雨、冷热等气候条件下，会产生老化现象，影响使用寿命；

② 由于大多数胶黏剂为有机合成高分子物质，所以在高温或低温下，力学性能会下降；

③ 与机械物理连接法相比，尤其是溶剂型胶黏剂会对环境和人体产生危害。

5.1.2 胶黏剂的化学组成及作用

一般来讲，构成胶黏剂的组分并不是单一的，除了使两被粘接物质结合在一起时起主要作用的黏料之外，尚包括许多其他辅助成分。

(1) 黏料

起粘接作用的主体成分称为黏料或基料。它可以是天然产物，也可以是人工合成的物质。其中，合成高聚物占有绝对的优势。因此，有关聚合物胶黏剂的合成工艺、配制方法为本章的重点。

(2) 固化剂和促进剂

固化剂直接参与化学反应，使黏料固化。固化的结果使黏料产生交联结构，而提高其性能。固化剂有时也称硬化剂、硫化剂。

促进剂是在胶黏剂配方中起到促进化学反应，缩短固化（硫化）时间的成分。

固化剂和促进剂是胶黏剂配方中最主要的成分之一，且随着主体物质的不同而不同；但并非任何配方均需要。

（3）稀释剂

用来降低胶黏剂黏度的液体物质称为稀释剂。它可以使胶黏剂具有适宜的使用黏度。稀释剂分为活性稀释剂和非活性稀释剂两种。顾名思义，活性稀释剂含有活性基团，能参与最后的固化反应；而非活性稀释剂没有活性基因，不参与反应，仅起到降低黏度的作用。

（4）填料

为了改善胶黏剂的性能或降低成本而加入的一种非黏性固体物质。常用的粉状填料有木粉、碳酸钙、石棉粉、滑石粉、陶土、硅藻土、云母粉、石墨粉、炭黑粉等；纤维状填充剂有石棉和玻璃纤维等；片状填充剂有纸、棉布、玻璃布、玻璃毡（带）等。

（5）偶联剂

有助于提高被粘物与胶黏剂粘接能力的一类物质。其分子的一端与胶黏剂反应，另一端与被粘接物质反应，从而使两种不同的材料“偶联”起来，以提高粘接强度。常用的偶联剂包括有机硅偶联剂和钛酸酯偶联剂。偶联剂可直接加在胶黏剂基体中，也可以喷涂在被粘物表面。

（6）其他助剂

胶黏剂的主要成分除上述物质之外，还可包括分散剂、改性剂、稳定剂、增稠剂、增塑剂、阻燃剂、防老剂、触变剂等（参见第2章和第3章）。

5.1.3 胶黏剂的分类

胶黏剂的品种繁多，组成各异，从不同的角度去考虑和划分就会有不同的结果。

（1）按主体化学成分分类

胶黏剂按主体化学的分类见表5-2。

表5-2 胶黏剂按主体化学成分的分类

<table>
<tr><td rowspan="12">胶黏剂</td><td>无机胶黏剂</td><td colspan="3">水泥、水玻璃、硅溶胶、磷酸盐等</td></tr>
<tr><td rowspan="11">有机胶黏剂</td><td rowspan="3">天然胶黏剂</td><td>动物胶</td><td>骨胶、皮胶、虫胶、酪素胶</td></tr>
<tr><td>植物胶</td><td>淀粉胶、大豆蛋白胶、阿拉伯树胶、海藻酸钠、木质素、单宁、松香、生漆等、纤维素、半纤维素</td></tr>
<tr><td>矿物胶</td><td>沥青、煤焦油、硫黄胶</td></tr>
<tr><td rowspan="8">合成胶黏剂</td><td rowspan="5">树脂型</td><td>酚醛树脂胶、氨基树脂胶</td></tr>
<tr><td>环氧树脂胶、聚氨酯胶、不饱和树脂胶</td></tr>
<tr><td>杂环聚合物胶</td></tr>
<tr><td>有机硅树脂胶</td></tr>
<tr><td>丙烯酸酯胶、聚醋酸乙酯胶、聚乙烯醇胶</td></tr>
<tr><td rowspan="2">橡胶型</td><td>氯丁橡胶、丁腈橡胶、丁苯橡胶</td></tr>
<tr><td>聚硫橡胶、硅橡胶</td></tr>
<tr><td>复合型</td><td>酚醛-丁腈、酚醛-氯丁、环氧-尼龙</td></tr>
</table>

（2）按受力情况分类

按受力情况，胶黏剂可分为结构胶和非结构胶。结构胶用于受力部件的粘接，要求粘接接头承受的应力和被粘物体相当或接近。这类胶黏剂一般为环氧树脂类——热固性树脂胶黏剂。

非结构胶黏剂一般为热塑性树脂胶黏剂、橡胶型胶黏剂。在非结构胶黏剂使用中不承受较大的动、静负荷。

(3) 按形态分类

胶黏剂按形态分类可分为水溶液型、乳液型、溶剂型、膏状、棒状、胶膜、胶带、粉状等。

(4) 按用途分类

按用途分类主要包括胶合板及木工用胶、建筑建材用胶、包装及商标用胶、纸加工和书本装订用胶、制鞋及皮革用胶、纤维及服装用胶、交通运输用胶、装配（电子电器、机械、仪器仪表等）用胶、金属用胶、汽车用胶等。

(5) 按使用特点分类

按使用特点分类包括热熔胶、密封胶、压敏胶、导电胶、瞬干胶、AB胶、光学胶等。

5.2 粘接原理及工艺

粘接作为三大连接技术（焊接、机械连接、粘接）之一，是一种复杂的物理、化学过程。粘接所涉及的学科广泛，从理论上探讨粘接的本质对胶黏剂的开发及胶黏剂工艺技术的改善有着重要的意义。

粘接的基本原理有机械理论、吸附理论、扩散理论、静电理论等。

粘接的基本工艺过程包括：正确选择胶黏剂，合理的粘接接头设计，良好的表面处理，恰当的调胶、施胶，适当的接头粘接方法、条件及养护，粘接接头的后期整理及修饰等过程。

5.2.1 粘接的基本原理

(1) 机械理论

粘接力是由于胶黏剂渗入被粘物体的表面或填满其凹凸不平的表面，经过固化，胶黏剂产生契合、钩台、锚合等作用而形成的。可以看出，对于多孔材质，机械理论可以对其粘接现象做出很好的解释。

(2) 吸附理论

当胶黏剂分子充分润湿被粘物表面，并与之良好接触，且分子间的距离小于0.5nm时，两种分子之间必定要发生相互吸引作用并最终趋于平衡，其界面间的相互作用力主要为范德华力，即分子间作用力。这种吸附不但有上述的物理吸附，有时也存在着化学吸附，其吸附力相当于化学键力。正是这些吸附力而使两物体粘接在一起。

(3) 扩散理论

该理论认为：聚合物之间粘接力的主要来源是扩散作用，即两聚合物端头或链节相互扩散，从而导致界面的消失和过渡区的产生。一般来讲，胶黏剂与被粘物两者的溶解度参数越接近，粘接温度越高，时间越长，其扩散作用也越强，由扩散作用导致的粘接力也越强。这种理论最适合聚合物之间的粘接。

(4) 静电理论

胶黏剂与被粘接材料接触时，在界面两侧会形成双电层，如同电容器的两块极板，从而产生静电引力。在聚合物膜与金属粘接方面，静电理论占有一定的地位。

关于粘接过程，尚有其他的一些理论解释，如化学键理论、非界面层理论等。总之，每种理论都有其正确的一面，同时也存在着不同的缺陷。因此，只有将这些理论进一步发展，尤其是综合，才能对粘接现象做出较好的解释，并对粘接工作起到更好的指导作用。

5.2.2 胶黏剂的选择原则

胶黏剂的品种繁多，各有其应用范围和使用条件。因此在粘接之前，正确地选择胶黏剂是保证良好粘接的关键因素之一。一般来讲，应从如下几个方面进行考虑：

① 被粘接材料的性质以及被粘接材料和胶黏剂的相容性；

② 被粘接材料应用的场合及受力情况；

③ 粘接过程有无特殊要求；

④ 粘接效率及胶黏剂的成本。

在胶黏剂的选择过程中，相同材料的已有粘接经验也是很重要的一个方面。但需要注意，当几种化学性质完全不同的胶黏剂都可以满足一种粘接接头的物理性质方面的要求时，不要超规格使用胶黏剂，因为片面地追求一些指标时，将有可能导致另一些指标的可靠性不足。

5.2.3 粘接接头设计

合埋的粘接接头设计是保证粘接的重要因素之一。接头设计要遵循的基本原则为：

① 避免应力集中，受力方向最好在粘接强度最大的方向上，尽量使之承受剪切力；

② 合理地增加粘接面积，结构尽量采用套接、嵌接或扣合连接的形式；采用搭接或台阶式搭接时，应增大搭接的宽度，尽量减少搭接的长度。

③ 接头设计尽量保证胶层厚度一致；

④ 防止层压制品的层间剥离；

⑤ 接头设计尽量避免对接形式，如条件允许时，可采用胶-铆、胶-焊、胶-螺纹连接等复合形式的接头。

现以T形接头为例，如图5-1所示，说明良好接头的形式。

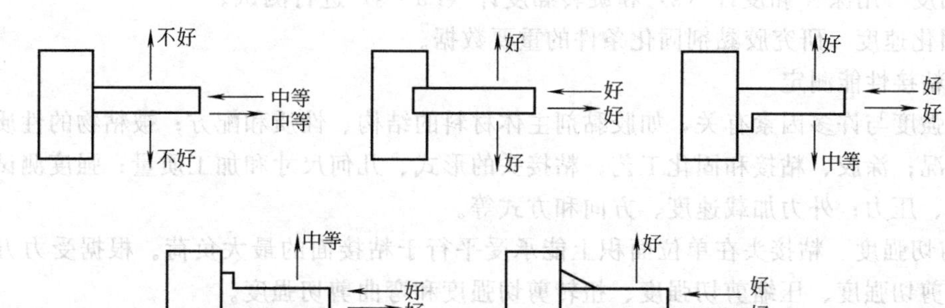

图5-1 T形接头负载情况

接头结构设计，尚没有准确的计算方法与标准的模式，在实践中对重要的零件粘接应进行模拟试验（可参考“工程力学”方面的书籍）。

5.2.4 被粘接面的表面处理

为保证粘接的顺利进行，更重要的是使粘接达到更好的效果，通常需要对被粘接表面进行表面处理，以更新表面，适量增加粗糙度或改变表面的物化性质等。

常用的表面处理方法如下。

(1) 溶剂碱液和超声波脱脂法

a. 溶剂脱脂法　常用擦洗法，即用无油棉花（脱脂棉）蘸溶剂如丙酮、汽油、甲苯等直接擦洗被粘材料表面。

b. 碱液脱脂法　采用热碱液处理油污表面，如30%～55%磷酸钠（$Na_4P_2O_7$）、10%～50% NaOH、10%～60%Na_2CO_3或30%～85%的碱性硅酸盐。

c. 超声波脱脂法　一般部件放在功率为$20W/cm^2$的超声波中处理20～60s即可得到足够清洁表面。

（2）机械加工法

机械加工法主要为打磨和喷砂。用砂纸打磨操作简便，但均匀性较差。喷砂法能迅速简便地清除表面的污物，并可产生不同粗糙度的表面。

（3）化学腐蚀法

被粘材料经上述处理后还可放在酸液或碱液中进行化学腐蚀处理，以进一步除去表面上的残留污物，并使表面生成具有良好内聚强度的活化或钝化氧化层。

（4）涂底胶或偶联剂法

在处理好的表面上，先涂一层很薄的底胶或偶联剂，以改进胶接性能。

（5）电晕法和等离子体法

用电晕法和等离子体法处理聚乙烯、聚丙烯、聚四氟乙烯等难粘材料的表面，可使被粘接表面的接触角降低，甚至产生活化基团，从而使胶接强度大大提高。

除上述工艺过程外，粘接过程还包括调胶、施胶、固化成型、修整加工等步骤。

5.2.5 粘接性能的测试内容、方法

（1）胶黏剂的物化性能测试

① 外观　测定胶液的均匀性、状态、颜色和是否有杂质。

② 密度　用密度瓶测定液态胶黏剂的密度。

③ 黏度　用涂-4黏度计（s）和旋转黏度计（Pa・s）进行测试。

④ 固化速度　研究胶黏剂固化条件的重要数据。

（2）粘接性能测定

粘接强度与许多因素有关，如胶黏剂主体材料的结构、性质和配方；被粘物的性质与表面处理情况；涂胶、粘接和固化工艺；粘接头的形式、几何尺寸和加工质量；强度测试的环境如温度、压力；外力加载速度、方向和方式等。

① 剪切强度　粘接头在单位面积上能承受平行于粘接面的最大负荷。根据受力方式分为：拉伸剪切强度、压缩剪切强度、扭转剪切强度和弯曲剪切强度。

② 拉伸强度　粘接头在单位面积上所能承受垂直于粘接面的最大负荷。

③ 剥离强度　当应力集中在试片胶缝边缘时的拉伸强度。如刚性材料（如金属）与柔性材料如橡胶、织物粘接时，需测定剥离强度。剥离强度的测试主要以“T”形180°剥离为主。

④ 冲击强度和持久强度

a. 冲击强度　胶黏剂在冲击负荷作用下，产生破坏时单位面积上所做的功。

b. 持久强度　又称蠕变性能，指胶黏剂固化后，抵抗恒定负荷随时间作用的能力。

⑤ 疲劳强度　指接头抵抗交变载荷的性能，即在给定条件下对粘接接头重复施加一定载荷而不引起断裂破坏的最大应力。循环次数约为10^7次。

（3）其他性能

根据胶黏剂的不同使用目的，胶黏剂的性能测试还包括电性能、光学性能、耐水性、耐热性等。

这些性能对评价胶黏剂，正确、安全使用胶黏剂具有极重要的作用。

5.3 无机胶黏剂

无机胶黏剂即由无机物组成的胶黏剂。从化学组分来看，其主要包括硅酸盐、磷酸盐、硫酸盐、硼酸盐等。从固化机理来看，可分为气干型、水固型、热熔型及反应型。

无机胶黏剂既包括石膏等较为古老的粘接材料，也包括一些较新的品种。无机胶黏剂的耐热性、阻燃性、耐久性、耐油性等比有机胶黏剂要好得多，可成功地用于火箭、导弹及燃烧器耐热部件的粘接，也可广泛地用于各种金属、玻璃、陶瓷等材料的粘接。

20世纪60年代初期，我国研制的磷酸-氧化铜无机胶首先在刀具粘接上得到应用。随后逐步应用于其他机器零部件的粘接。事实证明我国的无机粘接技术在世界上也是处于领先地位的。今后的研究工作着重解决无机胶脆性大、乙组分易结晶的问题，同时仍应加大推广应用的力度。

5.3.1 热熔型

这类胶黏剂是指黏料本身受热到一定程度后即开始熔融，然后熔融的黏料润湿被粘材质，经冷却后重新固化达到粘接目的的一类胶黏剂。其主要特点是除具有一定的粘接强度外、具有较好的密封效果。其中应用较普遍的为焊锡、银焊料等低熔点金属。而以 $PbO-B_2O_3$ 为主体，按比例适当加入 Al_2O_3、ZnO、SiO_2 等制成的各类低熔点玻璃及再经适当热处理后形成的具有微细的陶瓷状结构的玻璃陶瓷作为这类胶黏剂的一个分支也正日益广泛地应用于金属、玻璃和陶瓷的粘接、真空密封等领域上。例如，一种玻璃胶黏剂以 $PbO-B_2O_3$ 为主体，适当加入 ZnO、Al_2O_3 粉末，使用时用水调成糊状．即可在500～600℃下进行粘接，以用于显像管的真空密封。

5.3.2 空气干燥型

这类胶黏剂是指胶黏剂中的水分或溶剂在空气中自然挥发，从而固化形成粘接的一类胶黏剂。最具有代表性的当属俗称水玻璃的碱金属硅酸盐类胶黏剂，可表示为 $M_2O \cdot nSiO_2 \cdot mH_2O$。式中M代表钾、钠、锂等金属离子，也可为季铵和叔胺；n 称为模数，此值与性质有密切的关系。以硅酸钠为例。当 $n=3.0$ 时，粘接温度最高；$n=5.0$ 时，耐水性最好。以耐水性为考察对象，Li＞K＞Na。这类胶黏剂因具有制造过程简单、使用方便、安全无毒、价格低廉等优点而广泛用于纸制品、包装材料、建筑材料、金属、陶瓷、玻璃、石材等领域，以及有耐热、防火要求的材质的粘接。其中最常见的为硅酸钠，即水玻璃，如 $n=3.2\sim3.4$，40～42°Bé（波美度）的水玻璃对木材、纸张有良好的粘接效果。

下面是一种金属与陶瓷粘接的胶黏剂的配方及工艺。

玻璃粉	50	硅酸钠	适量
氧化铁	50		

将玻璃粉、氧化铁过320目筛，称量后，用硅酸钠调成糊状，即可使用。

粘接条件为：室温固化3h，然后在40～60℃下固化3h，80～100℃下固化3h，120～150℃下固化2h。

此类胶黏剂还可作为土壤胶黏剂，应用于水坝建造、公路修建、边坡加固、移沙固定、地下工程及军事等方面。

5.3.3 水固型

这类胶黏剂是指遇水后即发生化学反应并固化凝结的一类胶黏剂，也称为水硬型胶黏剂。此类胶黏剂主要包括石膏、各类水泥等。目前，广泛应用于建筑行业上的石膏、水泥已自成体系。

以水泥为胶黏剂，也可粘接木材原料，生产水泥刨花板、水泥木丝板、水泥纤维板。水泥刨花板的生产过程包括：原料制备、搅拌、铺装、板坯加压、养护、干燥、齐边等基本工序。水泥、木材原料与水的比例为 60∶20∶20。混合好的原料在 2.4MPa 的压力下，于 2～3min 内将其厚度压至初始值的 1/3，并保持压力，且在 70～80℃下干燥 6～8h，以便使水泥固化。在砂光和出厂前，需存放 12～18d，以进一步使其固化。在压制过程中，可加入 CO_2 以促进水泥的凝固，从而大大缩短保压时间，提高生产效率。水泥刨花板的厚度在 8～40mm 之间。水泥刨花板具有防火、防虫、防腐、耐候、无有害气体释放、尺寸稳定性好等一系列优点。

与水泥刨花板的生产类似，可制备石膏刨花板以及其他植物纤维板材。

5.3.4 化学反应型

这类胶黏剂是指由胶料与水以外的物质发生化学反应固化形成粘接作用的一类胶黏剂。该类胶黏剂属无机胶黏剂中品种最多、成分最复杂的一类，主要包括硅酸盐类、磷酸盐类、胶体二氧化硅、胶体氧化铝、硅酸烷酯、齿科胶泥、碱性盐类、密陀僧胶泥等，其中有一些的粘接机理至今仍处在研究、探讨阶段。该类胶黏剂的固化温度可以是室温也可以是 300℃以下的中低温，固化时间随固化温度的高低而有所不同，从几小时到几十小时不等。这类胶黏剂的显著特点是粘接强度高、操作性能好、可耐 800℃以上的高温等。

下面以氧比铜-磷酸盐胶黏剂为例说明其制造及使用情况。

(1) 氧化铜粉制备

将氧化铜粉在 900℃左右灼烧一定时间后冷却，研磨成 200 目以上的铜粉，备用。

(2) 磷酸盐的制备

取一定量的 $Al(OH)_3$，热熔于磷酸中，得到外观为白色透明的黏性液体，即酸性磷酸铝溶液。

(3) 胶黏剂的制备

按 1∶5 取制备好的酸性磷酸铝和氧化铜粉末，调制均匀，即可涂胶，待胶液略干时可二次涂胶，然后再施压黏合。

(4) 固化条件

室温放置一定时间后缓慢地加热到 100℃，并保持 1h 即可。

此类胶黏剂的另一配方及工艺实例为：向 100mL 磷酸中加入 5～10g 氢氧化铝，搅拌均匀，并加热至 260℃后冷却即为黏料。可溶性铜盐与碱反应而得氧化铜经 920℃左右的高温处理，过 200 目筛。粘接时将浓缩磷酸与氧化铜调和在一起，涂在被粘物上，固化后即达到粘接的目的。被粘物件可承受 1000℃以上的高温，如连接方式为套接或槽接时，剪切强度一般可达 70～80MPa 或更高。

以 Al_2O_3-P_2O_5-H_2O 为胶黏剂，制备方法同上。以 MgO 为硬化剂，还可作为铸造型砂用胶黏剂。

反应型无机胶黏剂现已广泛用于工具和机械设备的制造和维修、兵器生产、仪表元件、钻探等各类金属粘接中。如在机械加工业上各种刀具与刀体、小砂轮与砂轮轴、油石与研磨棒的粘接；布氏硬度计压头上金刚石的粘接以及整流器元件、高压电磁管的密封等诸多方面上均取得了相当满意的应用效果。

5.4 天然胶黏剂

天然胶黏剂是指由天然有机物制成的胶黏剂。它是最早进入人类生活领域的胶黏剂。由于天然胶黏剂原料易得，价格低廉，生产工艺简单，使用方便，一般均为水溶性，且大多为低毒或无毒，所以尽管合成胶黏剂在相当程度上取代了天然胶黏剂，但目前天然胶黏剂仍在木材、纸张、皮革、织物等材料的粘接上有着一定的使用价值。且随着石油、煤炭等资源的日益匮乏，天然胶黏剂已再次成为胶黏剂的研发方向之一。

天然胶黏剂的优点是明确的，但同时天然胶黏剂在粘接力、耐水性、耐候性、耐霉菌腐蚀等方面的缺陷也是非常明显的。近年来人们正致力于研究对天然胶黏剂进行化学改性，以进一步提高性能，扩大应用范围。

按原料来源，主要的天然胶黏剂有骨胶、皮胶、虫胶、酪素胶、淀粉胶、大豆蛋白胶、阿拉伯树胶、海藻酸钠、木质素、单宁、松香、生漆等、纤维素、半纤维素、沥青、煤焦油、硫黄胶泥等。

5.4.1　骨胶

骨胶属于动物蛋白质胶或氨基酸类胶。动物蛋白质胶还包括皮胶、鱼胶、血胶、酪素胶等。骨胶的一般生产方法是：①将原料轧碎至平均为1～8cm大小的碎块；②用苯、石油醚等有机溶剂进行萃取，使脂肪含量降至1%以下；③在一个转鼓中使骨料相互摩擦，以使表面上残余的肉和筋等分离；④装入漂白罐中，加水并通入二氧化硫气；⑤经二氧化硫处理和水洗后在0.25MPa左右的压力下进行萃取；⑥萃取液经过滤后再蒸发浓缩到50%左右；⑦加入适当的防腐剂后冷却形成凝胶；⑧烘干成为骨胶。传统的骨胶生产工艺过程如图5-2和图5-3所示。酪素胶生产工艺流程如图5-4所示。

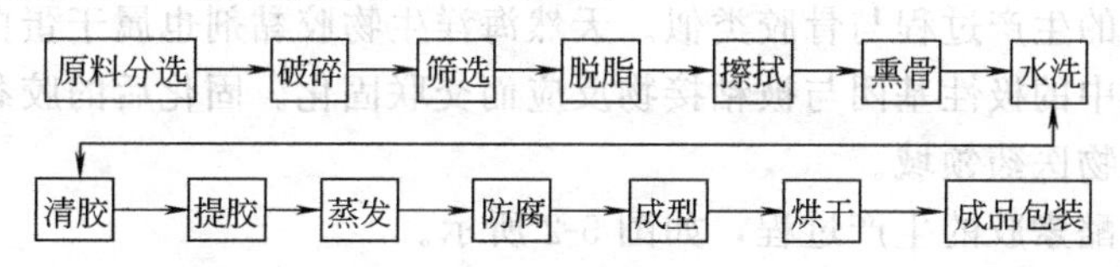

图5-2　传统骨胶生产工艺过程

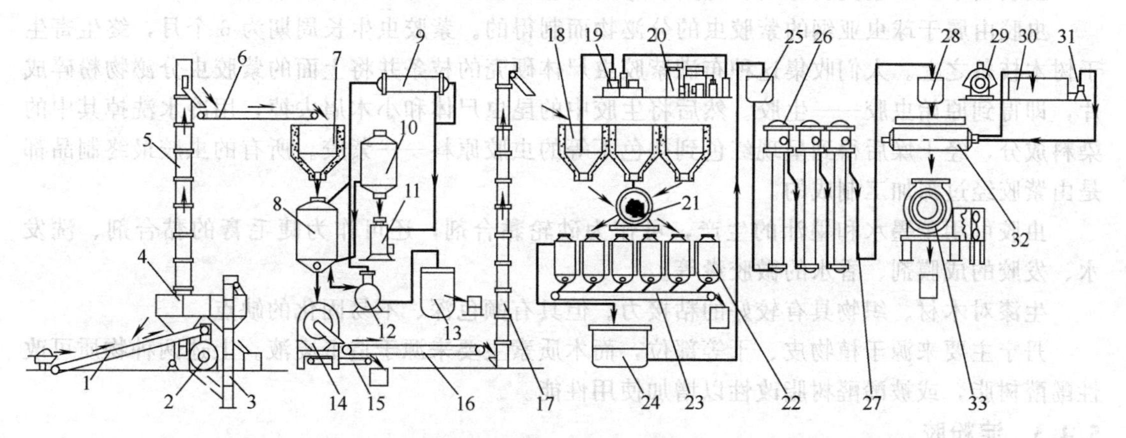

图5-3　骨胶生产流程图

1—皮带输送机；2—砸骨机；3—提升机；4—分离筛；5—提升机；6—皮带输送机；7—骨料；8—提油锅；9—冷凝器；10—苯槽；11—苯水分离器；12—苯油分离器；13—油贮槽；14—擦骨机；15—皮带输送机；16—皮带输送机；17—提升机；18—熏骨机；19—硫黄燃烧机；20—空气压缩机；21—洗骨机；22—提胶锅；23—皮带输送机；24—清胶桶；25—清胶高位槽；26—蒸发器；27—齿轮泵；28—浓胶高位槽；29—压缩机；30—盐水箱；31—盐水箱；32—滴胶滚筒；33—烘干机

在上述步骤④中，二氧化硫溶于水而生成亚硫酸。亚硫酸除有漂白作用外，还有灭菌和酸处理作用。二氧化硫使骨料中的部分磷酸钙转变为磷酸二氢钙而溶解于水中，这样可使骨

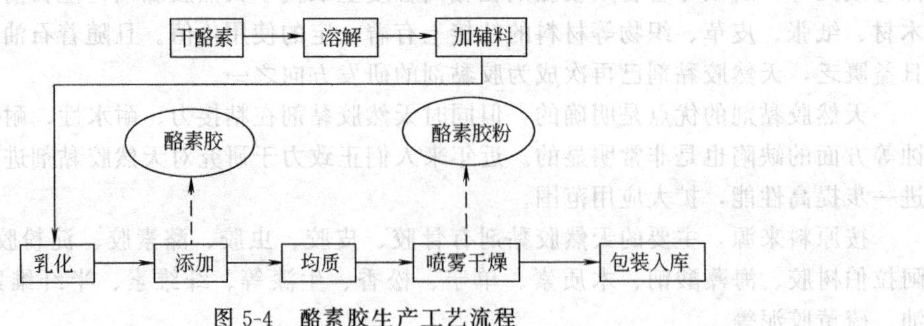

图 5-4 酪素胶生产工艺流程

质疏松而便于后续步骤中的萃取。

目前，骨胶除用于铅笔、砂布、砂纸等的黏结及胶合木器、装订书本、火柴等外，还可用于造纸、纺织工业的施胶剂。例如草帽施上骨胶后，再用甲醛处理，将具有不易变形并防水的特性。

骨胶的使用方法分为 4 个步骤：①用水将固体胶粉/粒调制成胶液；②在被粘接物表面涂胶；③在施压之前使胶膜晾至略微发黏；④均匀施压至达到初粘强度。这一过程大约需要 24h。

其他蛋白质胶的生产过程与骨胶类似。天然海洋生物胶黏剂也属于蛋白质胶。蛋白质胶可通过氨基酸侧链中的极性基团与被粘接物反应而交联固化。固化后的胶黏剂具有一定的耐水性，可应用于生物医药领域。

与此相类似，酪素胶的生产过程，如图 5-2 所示。

5.4.2 虫胶

虫胶属于多羟基类胶黏剂。此类胶黏剂还包括生漆、丹宁、木质素等。

虫胶由属于球虫亚纲的紫胶虫的分泌物而制得的。紫胶虫生长周期为 6 个月，终生寄生于树木枝条之上。人们收集这种布满紫胶虫尸体硬壳的枝条并将上面的紫胶虫分泌物粉碎成片，即得到原始虫胶——生胶。然后将生胶中的昆虫尸体和小木屑去掉，用冷水洗掉其中的染料成分，经干燥后得到呈现红色到褐色不等的虫胶原料——紫胶。所有的虫胶最终制品都是由紫胶经过深加工制成的。

虫胶可用于墨水和墨汁的生产，可作为砂轮黏合剂，还可作为睫毛膏的黏合剂、洗发水、发胶的成膜剂、香水的微胶囊等。

生漆对木材、织物具有较好的粘接力。但具有颜色深、不易固化的缺点。

丹宁主要来源于植物皮、干等部位，而木质素主要来源于造纸废液。上述两种物质可改性酚醛树脂，或被酚醛树脂改性以增加使用性能。

5.4.3 淀粉胶

淀粉胶属于多糖类化合物。属于此类的胶黏剂还包括甲壳素、海藻酸钠、纤维素等。

淀粉原料是一种可再生的生物资源，因此是取之不尽的工业原料。通常能作为淀粉原料的植物主要有玉米、土豆、木薯、甘薯、小麦、大米和橡子等。其中产量最大的是玉米淀粉，约占世界淀粉量的 80%以上，我国的玉米淀粉约占淀粉量的 90%。淀粉具有重要的工业价值，利用它可生产丁醇、丙醇、异丙醇、丙酮、甘油、甲醇、甲烷、醋酸、柠檬酸、乳酸、2-亚甲基丁二酸、葡萄糖酸等一系列化工产品。还可生产胶黏剂。

由淀粉质原料制得的工业淀粉，不再经任何加工处理，一般称为普通淀粉或原淀粉。采用热、机械、放射性或高频辐射等物理方法，酸、碱、氧化剂等化学方法以及生物化学方法，使原淀粉的结构、物理、化学性质改变，从而出现特定性能和用途的产品叫变性或改性淀粉。若用化学方法，改变了淀粉分子中的某些化学结构或物理结构，从而改变了淀粉的一些性质，这样得到的新型变性淀粉叫淀粉衍生物。我国目前淀粉99%以上的品种都是原淀粉的直接利用。因此在我国淀粉衍生物的研究和开发非常是更加迫切。

淀粉衍生物的种类甚多，已经形成工业生产的有醚化淀粉、氧化淀粉、羧基淀粉、阳离子淀粉等。这些产品的物理特性，如水中溶解度、膨胀度、流动性等都优于原淀粉。因此淀粉衍生物作为一种新型化工材料广泛应用于食品、造纸、纺织、医药、选矿、皮革、涂料、塑料、铸造、环保、"三废"治理和日用化妆品等各个工业部门。

淀粉酯的品种也很多，一类为淀粉有机酸酯，如甲酸酯、乙酸酯等；另一类为淀粉的无机酸酯，如硝酸酯、磷酸酯等。各种淀粉酯有其特定的用途。如淀粉醋酸酯可用于纸张的胶黏剂及纸张表面的涂胶剂；淀粉磷酸酯能代替阿拉伯胶、虫胶而使用；淀粉磷酸酯可用于造纸工业中的施胶剂和补强剂，化妆品的填充黏合剂，着色纸颜料的黏合剂等方面。

一种氧化淀粉胶黏剂的配方为

玉米面淀粉	50	硼砂	1
双氧水	50	滑石粉或碳酸钙粉末	15
10%氢氧化钠溶液	适量	蒸馏水	50

以上述配方合成氧化淀粉胶黏剂的方法为：

① 按配方在反应器中放入水、氧化剂及淀粉；

② 搅拌30min左右，当混合物呈现良好的流动性后，用10%氢氧化钠溶液调节pH值至7.5，并开始缓慢加热；

③ 当温度上升到60℃时混合物开始糊化，保持温度在(60±2)℃之内；

④ 糊化开始后，注意观察混合物的流动性，至混合物的流动性不再变化后，得到淀粉糊；

⑤ 降温至30℃后，加入15g滑石粉和1g硼砂，搅拌均匀，即可。

注意：在上述生产过程中，必须缓慢升温。

5.4.4 其他天然胶黏剂

按原料来源，天然胶黏剂还包括大豆蛋白胶、松香、沥青、煤焦油、硫黄胶泥等。

大豆蛋白胶与动物蛋白质胶类似；松香经皂化反应可制备成造纸施胶剂；沥青、煤焦油可直接应用于耐火材料的制造，对骨料起粘接作用；沥青、煤焦油也可用在建筑方面，作为油毡的胶黏剂或密封剂。

糠醛胶是利用植物纤维原料中的多缩戊糖生产的。糠醛可作为酚醛树脂的溶剂以提高粘接强度。糠醛还可与甲醛反应生产呋喃树脂，用于铸造材料的生产。

硫黄胶泥锚接法是预制桩接桩时常用的方法之一，而硫黄胶泥的质量又是决定接桩成败的关键因素。一种硫黄胶泥的配方为硫黄：水泥：粉砂：聚硫708胶=44：11：44：1，经小火熬制，控制温度、时间，且搅拌均匀即可。硫黄胶泥的冷却收缩较大，至试块的最终成型需补加料十几次才可让试模充填密实，最后用电熨斗将表面熨平。硫黄胶泥强度富余系数不大时，试块制作如果搅拌不匀、气泡排不净、冷却收缩后加料次数不够等会导致试块强度不合格。

天然来源的胶黏剂可直接使用，也可通过与合成胶黏剂的混合/反应来改善，提高性能。并且，其与合成胶黏剂配合使用占主要方面。

5.5 三醛胶

三醛胶系指酚醛树脂胶黏剂、脲醛树脂胶黏剂和三聚氰胺甲醛树脂胶黏剂。其中，脲醛树脂胶黏剂和三聚氰胺甲醛树脂胶黏剂也称氨基树脂胶黏剂。它们主要应用于木材加工行业。现以主要以酚醛树脂胶黏剂为例，说明它们的反应原理及合成工艺。

5.5.1 酚醛树脂的合成、反应及固化机理

酚醛树脂是酚类化合物与醛类化合物缩聚而得的树脂。酚醛树脂是最早的人工合成高聚物之一。酚醛树脂中的酚类包括苯酚、甲酚、二甲酚、间苯二酚、对叔丁基酚、腰果酚等；醛类主要为甲醛，也可以是糠醛。为改变酚醛树脂性质较脆的弊病，在配方中还可以加入一些改性物质，如不饱和脂肪酸（油酸、亚麻油、桐油）、丁腈橡胶、环氧树脂、金属有机化合物等。但是，纯的苯酚和甲醛的反应产物仍然是最主要的。

苯酚和甲醛反应时，苯酚的酚羟基的邻位和对位能与甲醛反应生成各种羟甲酚，一羟甲酚、二羟甲酚、三羟甲酚。这些羟甲酚可以继续和苯酚上羟基的邻位、对位反应，也可以相互反应，生成不同的化合物，直至生成高分子化合物。

酚醛树脂分为热塑性（线型）酚醛树脂（novolac）和热固性酚醛树脂（resol）。

（1）热塑性酚醛树脂的合成

热塑性酚醛树脂是在酸性介质中（pH<3），酚过量的情况下（通常酚醛摩尔比为 6∶5 或 7∶6）进行缩合反应的产物。聚合最终形成热塑性酚醛树脂的分子结构为：

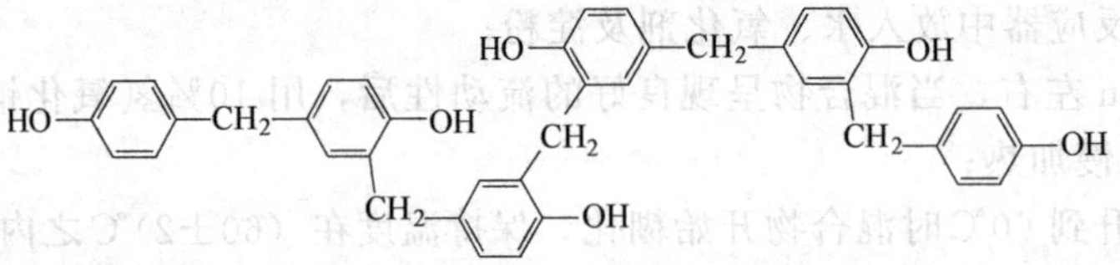

（2）邻位热塑性酚醛树脂的合成

高邻位热塑性酚醛树脂是（high ortho novolak）在 pH 值为 4～7 范围内，采用二价金属盐作催化剂时缩聚而成。这类催化剂中最有效的是锰、镉、锌、镁和钴盐。一般常用的是 $Mn(OH)_2$、$Co(OH)_2$、醋酸锌等。其最终的分子结构如下所示。

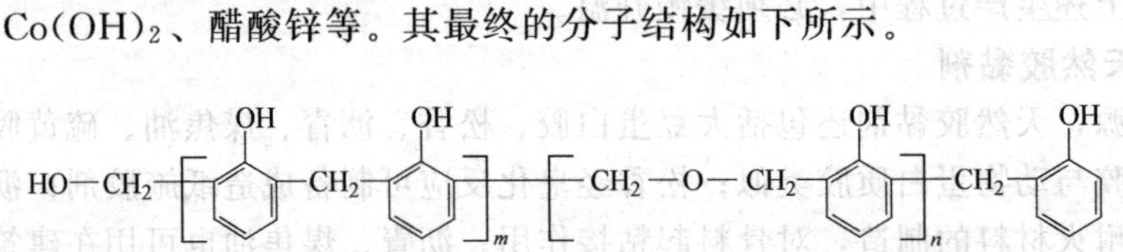

（3）热固性酚醛树脂的合成

热固性酚醛树脂是甲醛过量情况下的缩聚产物。一般在碱性介质中反应，酚醛摩尔比为 6∶7（pH＝8～11）。此反应包括在碱性条件下形成单元酚醇与多元酚醇混合物的加成反应，以及羟甲基的缩合反应。缩合产物如下所示。

工业上通常通过控制反应程度来制得不同用途的树脂。

(4) 不同阶段的热固性酚醛树脂

由于缩聚反应推进程度的不同，所以各阶树脂的性能也不同，一般将树脂分为A、B、C三个阶段。

A阶树脂：能溶解于乙醇、丙酮及碱的水溶液中，加热后能转变为不溶不熔的固体，它是热塑性的，又称可熔酚醛树脂。

B阶树脂：不溶解在碱溶液中，可以部分地或全部地溶解于丙酮或乙醇中，加热后能转变为不熔不溶的产物，也称半熔酚醛树脂。B阶酚醛树脂的分子结构比可熔酚醛树脂要复杂得多，分子链产生支链，酚已经在充分地发挥其潜在的三官能团作用，这种树脂的热塑性较可熔酚醛树脂差。

C阶树脂：为不溶不熔的固体物质，不含有或含有很少能被丙酮抽提出来的低分子物。C阶树脂又称为不熔酚醛树脂，其分子量很大，具有复杂的网状结构，并完全硬化，失去其热塑性及可熔性。

C阶（体型）树脂结构可表示如下。

C阶树脂分子的排列并不像上面那样理想整齐，实际上是一种很杂乱的交联结构，有的羟基分散，无法完成缩聚反应。因此在硬化后的树脂分子中，尚有不均匀的地方和微孔。

(5) 酚醛树脂的固化机理

热塑性酚醛树脂的固化需添加固化交联剂。六亚甲基四胺（hexa）是使用最广泛、性能最佳的固化剂之一。除此之外，固化剂也可用多聚甲醛和三噁烷［$(CH_2O)_3$］等。固化剂的加入量一般为10%～15%。一种六亚甲基四胺的固化机理认为：固化剂在加热的情况下首先与树脂中存在的少量水反应生成甲醛和氨，然后在氨的催化下使甲醛与树脂大分子反应而发生交联。

热固性酚醛树脂的固化有酸固化和热固化两种。在室温下，许多强有机酸或无机酸可作为热固性树脂的固化剂，如对甲苯磺酸、硫酸、盐酸等。然而到目前为止，热固化是热固性树脂固化的主要形式，一般固化温度为130～200℃，与树脂的反应一样，未反应的活泼点与活泼基团或活泼基团之间继续反应，最终形成不熔融的三维网状结构。用甲酯乙酯、乙酸乙酯也可作为热固性酚醛树脂的固化剂、但这种酚醛树脂一般称为热固性酚醛树脂。

5.5.2 酚醛树脂的改性研究

酚醛树脂虽然具有较高的耐热性，但是它的致命的弱点是性脆。另外，酚醛树脂的苯酚核和亚甲基易氧化，这也使它的耐热性受到影响。由于酚羟基是一个强极性基团，容易吸水，使制品的电性能差，机械强度大为下降。酚羟基易在受热或紫外光作用下发生变化，生成醌或其他结构，造成材料颜色的变化，所以必须对酚醛树脂进行改性，可以获得性能更加优良的新产品。

众所周知，聚合物的改性有共混和共聚两种方法。

(1) 共混改性

酚醛树脂可用共混的方法进行改性。如与聚乙烯醇缩醛共混可提高室温剪切强度，增加柔软性且耐寒、耐大气老化，可作飞机金属结构胶；与丁腈橡胶共混物综合了酚醛树脂的热稳定性与丁腈橡胶高弹性的特点；与氯丁橡胶所制得的胶黏剂通常称“万能胶”；另外，酚醛树脂还可与丙烯酸类聚合物、环氧树脂、硅橡胶等共混来改进酚醛树脂的性能。

(2) 共聚改性

酚醛树脂的可共聚酚类单体有：二甲酚、甲酚（cresol）、双酚 A、对叔丁基酚、对辛基酚、壬基酚、腰果酚（cardanol）、苯乙烯化苯酚、间二苯酚（resorcinol）、苯基苯酚等；可共聚醛类有：糠醛和乙醛。上述这些物质可以全部地或部分地代替苯酚和甲醛。除了这两类物质外，如松香、桐油等天然物质，以及马来酸酐、丙烯酸、苯胺、环氧氯丙烷、有机硅等众多有机合成物质，磷酸、硼酸、三氯化钼等无机物质均可作改性物质而加入反应体系当中。

虽然酚醛树脂的改性方法是多种多样的，但是从反应机理来看，利用酚羟基或树脂中的羟甲基与改性物质中的活泼基团进行反应是这一系列反应的本质。例如羟甲基与双键的反应如式（5-1），与腈基的反应如式（5-2）等。

$$\text{C}_6\text{H}_4(\text{CH}_2\text{OH})(\text{OH}) + \text{-CH=CH-} \longrightarrow \text{C}_6\text{H}_4\langle\text{CH}_2\text{-CH-CH-O}\rangle + H_2O \tag{5-1}$$

$$\sim\text{CH}_2\text{CH(CN)}\sim + \sim\text{CH}_2\text{OH} \longrightarrow \sim\text{CH}_2\text{CH}\sim\text{-C(=NH)-OCH}_2\sim \tag{5-2}$$

5.5.3 酚醛树脂的生产工艺及影响因素

(1) 酚醛树脂生产工艺流程

传统的酚醛树脂生产均采用被称为“本体法”的方法进行生产。具体的工艺方法是将酚类和醛类全部地或分次地加入到反应器中，在酸或碱的催化下进行反应，达到一定的反应程度后经中和、真空脱水、冷却、粉碎等工艺过程而成为粉状、块状树脂或液态树脂。液态树脂可以是水溶液或乳液，也可以是醇溶液。

本体法生产树脂的最大优点是工艺简单、不会含有过多的杂质，但是本体法也存在着诸多的缺陷，如：①酚醛树脂的缩聚反应是放热反应，随着反应的不断进行，体系黏度增大，散热逐渐困难，从而造成分子量分布较宽、终点难以控制；②不论何种状态的树脂，反应后期均需脱除全部的或部分的水，这样势必使能耗较大，反应周期延长，生产效率低下；③作为固体树脂，一般必须经粉碎过程，这样的结果是不但劳动强度大，而且粒径较大，粒度分布也不均匀；④当生产用强酸或强碱作催化剂时，腐蚀严重，设备费用大。

由此可见，如何改进酚醛树脂的合成方法，提高生产效率，降低能耗是摆在各酚醛厂家面前的首要问题。20 世纪 70 年代开发成功的悬浮法合成树脂新工艺以及同期的乳液合成工艺，正是为了解决这一问题而努力的结果。

悬浮聚合实质上是借助于较强烈的搅拌和悬浮剂的作用，将单体分散在不溶的介质中，单体以小液滴的形式进行本体聚合，在每个小液滴内，单体的聚合过程与本体聚合相似。其具体的工艺方法是：酚类和甲醛在含有分散剂的水溶液中，在碱性催化剂的作用下进行反应，反应进行到一定程度后，使反应体系冷却或直接向体系中加水冷却，得到粒状酚醛树脂的悬浮液，悬浮液经离心分离、洗涤、干燥后即可直接得到粒状树脂。悬浮法生产热塑性酚醛树脂的工艺过程主要有如下一些步骤：本体缩聚，加水稀释，加碱中和，加分散剂，脱酚，分离干燥等。这一系列过程均是在常压下进行的。稀释过程是为了防止树脂结块，而分离过程最好在较低的温度下进行，以防止结块或烧结。

可以看出，不论是热塑性，还是热固性酚醛树脂，用悬浮法进行生产均比传统的本体法有如下一些优点。

① 体系黏度较低、传热效果好、反应终点易于控制。

② 反应无需真空脱水，耗能相对较少，效率高。

③ 无需粉碎过程，直接得到粒状球形树脂，产品粒度均匀，劳动强度低。

④ 聚合釜体积可以增加，可用 $9.5\sim11.4m^3$ 的反应釜。

⑤ 可以连续自动化生产，树脂质量稳定，改换品种容易。

⑥ 产品分子量高，分子量分布均匀，贮存稳定，耐烧结性好，固化速度快，热流动性好，这样可提高贮存，运输能力，提高加工效率。

⑦ 可在同一反应釜内生产一步法和二步法树脂。

悬浮法生产酚醛树脂在存在这些优点的同时也存在这一些缺陷。

① 有时为迅速冷却的需要，必须向体系中加水，这势必减少反应容积，这同洗涤用水一起会增加处理废水量。

② 包覆于颗粒内的水分难于排除。

悬浮法球状酚醛树脂工艺的研究成功提高了树脂的多方面性能，从而使产品用途更为广泛，如在聚合物共混、摩擦元件、磨削砂轮等方面的应用结果表明，均比传统法树脂的性能有所提高。

除以上两种合成工艺外，酚醛树脂亦可用乳液聚合的方法进行生产，从文献资料来看，前苏联、日本、德国等国家在这一领域中做了较多的研究工作。其合成方法是：酚与醛在催化剂及乳化剂存在下进行反应，最终得到真正的乳液产品，而不是传统的醇溶性树脂所谓的“酚醛乳液”。乳液聚合产品的优点是对于某些部门可以直接应用。免除了溶剂的污染，并且工艺控制也较简便。与本体法或悬浮法相比，乳液合成工艺可连续生产，提高生产效益。但是由于乳化剂及助剂的存在，对树脂的性能会产生不同的影响。对于生产固体树脂来讲，需要经凝聚、洗涤、干燥等工艺过程，耗时费力，这也是其不利的一面。

一般的酚醛树脂生产工艺的方块流程图如图 5-5 所示，生产工艺的装置流程图如图 5-6 所示。

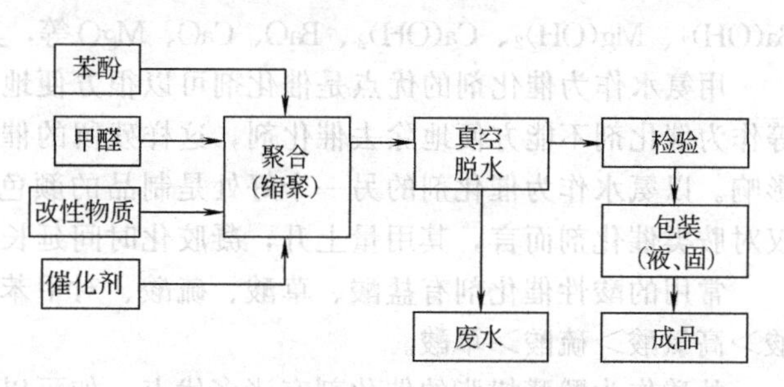

图 5-5 酚醛树脂生产方块流程图

(2) 影响酚醛树脂生产的因素

① 所用原料的化学结构和单体官能度 为了得到体型结构的高聚物，两种原料的官能度总数不应少于 5，醛表现为二官能度的单体，所以酚类必须为三官能度。如果为邻甲酚或对甲酚，则只能生成线型树脂。不同类型的酚，由于其结构和官能度不同，其所表现出的反应活性也不同，以苯酚的反应活性为 1 作为对比，3,5-二甲酚、间甲酚、3,4-二甲酚、2,5-二甲酚、

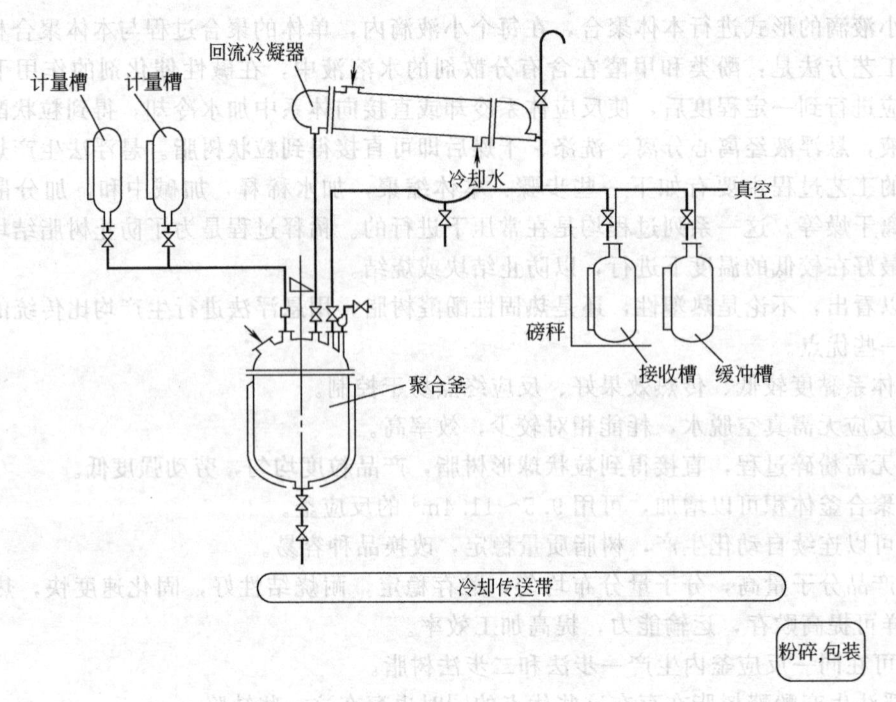

图 5-6 酚醛树脂生产的工艺流程图

对甲酚、邻甲酚、2,6-二甲酚分别为7.75、2.88、0.83、0.71、0.35、0.26、0.16。

② 酚与醛的摩尔比 从反应官能度上可以看出，醛的用量多于酚则可生成热固性酚醛树脂。反之则生成热塑性酚醛树脂。一般合成热固性酚醛树脂应用碱性催化剂，合成热塑性酚醛树脂应用酸性催化剂。酚醛的摩尔比小于1，但是接近于1时可生成热固性树脂。

对于热固性树脂而言，随着醛的摩尔比的增高，树脂的浊点、黏度、硬化速度以及树脂的收率均会有不同的增加。通常树脂的摩尔比一般为1∶1.2左右。甲醛含量太高会使树脂的耐烧结性降低，甲醛含量过低，会由于反应不充分而造成污染和经济损失。

③ 催化剂 催化剂的催化性能、可分离性以及价格是选择催化剂所必须考虑的因素。假如产品对介电性、耐水性等要求较高的话，那么催化剂最好是可以从体系中分离出来的。

催化剂的种类直接影响着树脂的性质。常用的碱性催化剂有 NaOH、NH_4OH、$Ba(OH)_2$、$Mg(OH)_2$、$Ca(OH)_2$、BaO、CaO、MgO 等，其催化能力为 $NaOH>Ba(OH)_2>NH_4OH$。

用氨水作为催化剂的优点是催化剂可以很方便地除去，且其价格低廉。而使用氢氧化钠等作为催化剂不能方便地除去催化剂，这样残留的催化剂在某些情况下会对制品的性能产生影响。以氨水作为催化剂的另一个好处是制品的颜色较浅，这对于今后的成型加工很有利。仅对胺类催化剂而言，其用量上升，凝胶化时间延长。

常用的酸性催化剂有盐酸、草酸、硫酸、对甲苯磺酸等。其催化能力为对甲苯磺酸＞盐酸＞高氯酸＞硫酸＞草酸。

盐酸作为酚醛树脂的催化剂有诸多优点，如可以除去，反应迅速，树脂颜色较浅等。草酸作为催化剂的反应较平缓，易于控制。硫酸的腐蚀性较大，一般不推荐使用。

催化剂的用量、反应温度和反应时间是应综合考虑的因素。它们之间的协调、配合是经济地生产出优质树脂的保证。酚醛树脂生产的反应温度一般在60～100℃之间。反应温度高，聚合时间短，不同种类催化剂及其用量会对反应时间产生很大的影响。据报道，反应温度是影响反应速率的最主要因素，反应速率随催化剂的用量增加而加快。

酚醛树脂爆聚及自聚的原因及预防措施见表5-3。

表5-3 酚醛树脂爆聚及自聚的原因及预防措施

项 目	爆 聚	自 聚
产生原因	1. 催化剂加入量过多； 2. 树脂黏度过大； 3. 催化剂加入过快，搅拌不均匀	1. 存放时树脂桶不密封； 2. 露天存放，太阳直照； 3. 桶内不干净，带有已固化的树脂； 4. 贮存时环境温度过高
预防措施	1. 催化剂用量要适当； 2. 固化剂缓慢加入； 3. 加催化剂时，要开动搅拌	1. 树脂桶应密封； 2. 贮存在阴凉通风处，最好贮存在20℃以下； 3. 树脂桶必须干净

5.5.4 酚醛树脂的应用

上面已经述及，酚醛树脂在胶黏剂方面的应用由来已久。纯酚醛树脂可直接用于胶黏剂，用来粘接木材等物质。粘接木材时，在酚醛树脂液中还可以加入部分改性物质与填料。而改性的酚醛树脂或共混改性的酚醛树脂的应用领域就更为广阔了。丁腈橡胶改性的酚醛树脂可用于粘接铝合金、钢、铜、工程塑料、尼龙及其一些高分子薄膜。这些产品可用于从日常生活到航天探险之上。同样的还有酚醛-氯丁胶黏剂、酚醛-氟橡胶胶黏剂、酚醛-聚乙烯醇缩醛胶黏剂等。现以酚醛-丁腈橡胶胶黏剂为例说明酚醛橡胶型溶剂胶黏剂的制造工艺。

(1) 酚醛-丁腈胶黏剂的基本组成

酚醛-丁腈胶黏剂中的酚醛树脂是此种胶黏剂的主要组分之一，它可以为胶黏剂提供良好的耐热性、黏合性、刚硬性和交联结构。此种胶黏剂中所用的酚醛树脂既可以是热塑性树脂，也可以是热固性树脂，但是一般应用高邻位酚醛树脂。这是由于它和丁腈橡胶的硫化速度相匹配，且对丁腈橡胶的硫化能力较强。

丁腈橡胶中随着丙烯腈含量的增加，丁腈橡胶的黏合力、耐热性、耐油性、耐老化性、剪切强度等均能提高，但耐低温性能降低。因此，一般选丙烯腈含量为40%的丁腈橡胶。

此种胶黏剂如果以液体状态使用，必须在固态的胶黏剂组分中加入适当的溶剂，在选择溶剂时一般要考虑到贮存性、毒性、易燃性、挥发性和价格等。通常使用的溶剂有丙酮、丁酮和乙酸乙酯等。

丁腈橡胶的硫化体系主要是硫黄硫化体系。常用的促进剂有DM。

此种胶黏剂中常用的填料有炭黑、氧化镁、硅酸钙、石棉、玻璃纤维等。填料具有补强、提高耐热性、降低成本、调节膨胀系数等作用。

在此种胶黏剂中还经常使用增塑剂以提高弹性和耐寒性，添加抗氧剂以提高耐热、抗老化能力，还可以添加一些增稠剂以调节使用性能。

酚醛-丁腈胶黏剂的基本配方见表5-4。

表5-4 酚醛-丁腈胶黏剂

成 分	含量/质量份	成 分	含量/质量份
热塑性酚醛树脂	70～200	促进剂	0.5～1
丁腈橡胶	100	防老剂	0.5～1
填料	0～100	硬脂酸	0～1
氧化锌	5	炭黑	0～20
硫黄	1～3	增塑剂	0～10

(2) 酚醛-丁腈橡胶胶黏剂的制造

① 胶液制备　先在冷辊上塑炼丁腈橡胶，然后按顺序加入配合剂混炼。将混炼后的新鲜胶片粉碎，配成胶液，最后按比例加入酚醛树脂，用打浆机混合均匀即为酚醛-丁腈胶黏剂。

② 胶膜的制备　胶膜的制备有干法和湿法之分。干法即混炼好的胶片经压延机连续压延成型。湿法即将上述胶液浇铸于模型中干燥成型而得。

(3) 粘接工艺

胶液的粘接工艺一般为直接使用即可。其固化条件为 120～200℃，压力 0.3～2MPa（3～20kgf/cm²），时间为1～4h。

胶膜的使用是先在被粘接表面上涂上一层酚醛-丁腈橡胶胶黏剂作为底胶，待溶剂挥发后，铺上胶膜，加压固化即可。

酚醛树脂除上述应用方法外，还可以有许多不同的应用方式。如在各种模塑制品、摩擦材料、摩阻材料、耐火材料、铸造等方面的使用均各有特色。例如广泛用于航空、汽车、拖拉机等各种机器及仪器运转部分的制动、控速、传动及转向等机构中的摩阻材料，即可用酚醛树脂作为胶粘接或起到初期的粘接作用而生产。酚醛树脂摩阻材料中除酚醛树脂外，还包括增强纤维，磨料和填料等。其制造工艺如图 5-7 所示。其中的增强纤维有：矿物纤维、钢纤维、玻璃纤维、碳纤维等。纤维表面通常进行表面处理。磨料有无机填料，如陶土、高岭土、云母、重晶石、二硫化钼等；有机摩擦粉，如碳素、石墨、橡胶粉、腰果壳油等；改善导热性，减少磨损及稳定高温摩擦系数的铁、铜等金属粉末。

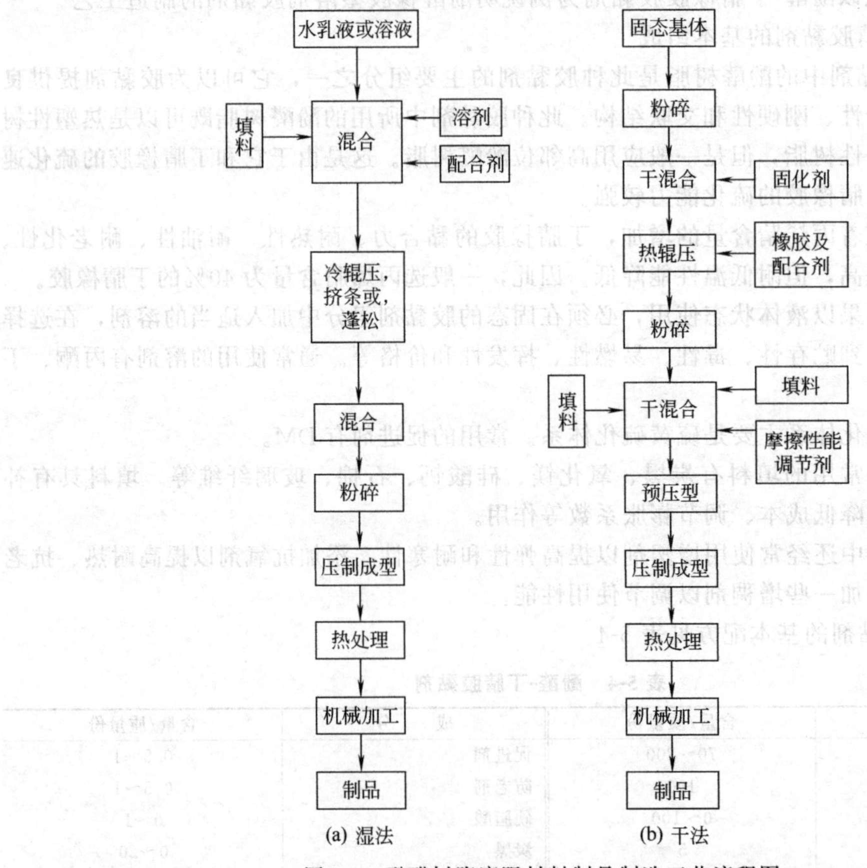

图 5-7　酚醛树脂摩阻材料制品制造工艺流程图

5.5.5 脲醛树脂的生产

脲醛树脂是尿素与甲醛反应得到的聚合物。加工成型时发生交联，成为不溶不熔的热固性树脂。固化后的脲醛树脂颜色比酚醛树脂浅，呈半透明状，耐弱酸、弱碱，绝缘性能好，耐磨性极佳，价格便宜，但遇强酸、强碱易分解，耐候性较差。

脲醛树脂的生产一般分为两步，第一步是在弱碱性条件下发生加成反应，生成一羟甲基脲和二羟甲基脲，然后在酸性条件下进行缩聚反应，生产脲醛树脂的低聚物。最终的产物在中性条件下贮存。

线性脲醛树脂可以氯化铵、六亚甲基四胺等为固化剂，可室温固化。脲醛树脂主要用于木材胶黏剂，粘接条件为在150℃，15min，压力0.6～1.5MPa。脲醛树脂还可以作为粘接组分用于制造模塑料、纸和织物的浆料、贴面板、建筑装饰板等。

脲醛树脂的生产设备、工艺与酚醛树脂基本相同。一种木器用胶的配方见表5-5。

表5-5 木器用脲醛树脂配方

原料名称	规格/%	质量份Ⅰ	质量份Ⅱ
尿素	97	18.5	10.0(分两次加入,第一次3/4,第二次1/4)
甲醛	37	47.5	37.2
氢氧化钠	30	适量	适量(调节pH值在7.0～7.5)
盐酸	10	适量	适量(调节pH值在1～2)
固化剂	20	适量	0.5(六亚甲基四胺)

脲醛树脂在使用过程中的最大缺点是释放游离醛。有许多方法可以降低游离醛的含量。如控制摩尔比、控制反应过程，尿素分次加入，添加填料、助剂、改性剂等。采用上述方法，目前已有游离醛非常低的环保产品面市。

与上述胶黏剂反应原理、合成装备相类似的胶黏剂还包括三聚氰胺甲醛树脂、糠醇树脂及改性糠醇树脂（糠醇-糠醛树脂、糠醇改性脲醛树脂、糠醇-甲醛树脂等）、糠醛-丙酮树脂、糠醛-苯酚树脂等。

5.6 醋酸乙烯系胶黏剂

这里所指的醋酸乙烯系胶黏剂主要是指以醋酸乙烯为主要单体的一类胶黏剂。包括聚醋酸乙烯酯、醋酸乙烯的共聚物（如：醋酸乙烯-苯乙烯、醋酸乙烯-丙烯酸酯、醋酸乙烯-丁二烯、醋酸乙烯-乙烯、醋酸乙烯-马来酸酐、醋酸乙烯-氯乙烯）以及以醋酸乙烯为基础的胶黏剂（如聚乙烯醇、聚乙烯醇缩醛）等。这些物质作为胶黏剂在建筑、纺织、包装、木工等行业均有不同程度的应用。现主要以聚醋酸乙烯酯为例说明此类胶黏剂的合成工艺与性能。

5.6.1 聚醋酸乙烯酯胶黏剂

醋酸乙烯的聚合可采用本体聚合、溶液聚合和乳液聚合等多种方法。但用于胶黏剂的一般采用乳液聚合的方法进行生产，其所得产物称为聚醋酸乙烯乳液胶黏剂，简称“白乳胶”或“白胶”。它可用于书籍装订、标签、木材加工、箱制品、卷烟、皮革加工、瓷砖粘贴等许多方面。

聚醋酸乙烯乳液在其他行业上的应用实际上也是依靠它的粘接性能、快黏性和成膜性能。在建筑行业，聚醋酸乙烯乳液主要用于建筑物的内外墙涂料，特别是砖石建筑的表面，流平性和保色性是这类涂料的突出性能。纺织工业使用聚醋酸乙烯乳液主要是作为整理剂，以赋予织物持久性强度和较好的手感。纸加工工业一般使用粒径较小的聚醋酸乙烯乳液，用作纸张和纸板涂料中黏土颜料的黏料。

(1) 聚醋酸乙烯乳液生产工艺

聚醋酸乙烯的工业化实现于1925年，它可以和许多单体进行共聚，不能单独和醋酸乙烯进行共聚的单体可以作为第三单体加入，以实现其聚合的目的。

醋酸乙烯的乳液聚合可采用间歇法、连续法和半连续法中的任何一种。聚合中常用的引发剂为过硫酸盐，乳化剂和保护胶体为聚乙烯醇等，另外尚需加入 pH 调节剂及分子量调节剂等。为改善聚醋酸乙烯的柔韧性，在聚合过程中有时也加入 DBP 等增塑剂。

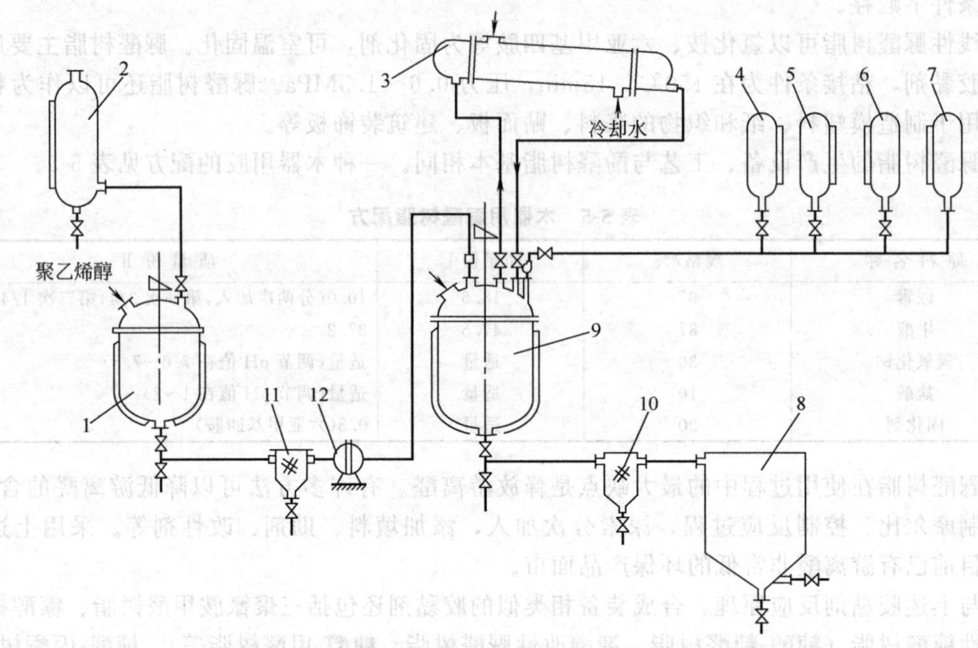

图 5-8 通用型聚醋酸乙烯酯乳液生产工艺流程

1—聚乙烯醇溶解釜；2—软水计量槽；3—冷凝器；4—单体计量槽；
5—增塑剂计量槽；6—pH 调节剂计量槽；7—引发剂计量槽；
8—乳液贮槽；9—聚合釜；10—过滤器；11—过滤器；12—隔膜泵

根据图 5-8，乳液法聚醋酸乙烯酯的生产工艺过程为：

① 把软水经软水计量槽 2 计量后注入聚乙烯醇溶解釜中；

② 把规定量的聚乙烯醇由人孔投入聚乙烯醇溶解釜 1 内；

③ 向聚乙烯醇溶解釜的夹套中送入水蒸气，升温至 80～90℃，搅拌溶解，配制成聚乙烯醇溶液；

④ 把醋酸乙烯酯投入单体计量槽 4，把邻苯二甲酸二丁酯投入增塑剂计量槽 5，把预先配制的规定量的 10％的过硫酸钾溶液和 10％碳酸氢钠溶液分别投入引发剂计量槽 7 和 pH 缓冲剂计量槽 6 内；

⑤ 把聚乙烯醇溶液由聚乙烯醇溶解釜 1 通过过滤器 11 用隔膜泵 12 输送到聚合釜中，并由人孔加入规定量的 OP-10，开动搅拌使其溶解；

⑥ 通过各计量槽向聚合釜 9 中加入 15 质量份醋酸乙烯酯，占总量 40％的过硫酸钾溶液，并搅拌、乳化 30min；

⑦ 打开聚合釜 9 夹套的水蒸气阀门，将釜中物料升温至 60～65℃，此时聚合反应放热可使釜内温度自行升高至 80℃左右；

⑧ 当温度稳定后，通过各计量槽向聚合釜 9 中滴加醋酸乙烯酯、过硫酸钾溶液，并通

过滴加速度控制聚合反应温度在78～80℃之间，控制滴加时间在8h左右；

⑨ 加完全部物料后，通蒸汽升温至90～95℃，并保温30min；

⑩ 向聚合釜9夹套内通冷水，冷却至50℃后加入规定量的碳酸氢钠溶液和增塑剂邻苯二甲酸二丁酯，且充分搅拌，使其混合均匀，然后通过过滤器过滤后，放入乳液贮槽，即可。

(2) 聚醋酸乙烯乳液树脂的质量指标

树脂乳液要求的质量指标项目一般是相同的，这包括外观、固含量、pH值、黏度、贮存期、玻璃化温度、游离单体的含量等。不同的树脂及同一类树脂的不同牌号之间，上述指标是不相同的。另外的性能包括颗粒的粒径、分子量及其分布、膜的性能（透明性、耐水性、耐油污性）等。这些指标其实是相互关联的。一般用于木材粘接的聚醋酸乙烯乳液的出厂指标如下。

外观：乳白色均匀乳状液。

固含量：50%±2%。

pH值：4～6。

黏度：1.5～4Pa·s (20℃)。

贮存期：2年。

(3) 聚醋酸乙烯酯乳液的应用

作为聚合物乳液，聚醋酸乙烯酯乳液具有成本低、低毒、机械强度高、对环境污染小等一系列优点。它可以粘接多种表面、快速固化、具有优良的机械稳定性、可抗微生物侵蚀、耐氧化及紫外线辐射。聚醋酸乙烯乳液还可以制成高固含量、低黏度的乳液以便于应用。

聚醋酸乙烯酯乳液在常温下可直接使用。为改善其性能有时还加入淀粉作为增稠剂、乙二醇作为防冻剂。

5.6.2 其他醋酸乙烯系胶黏剂

以醋酸乙烯为基础的胶黏剂有聚乙烯醇、聚乙烯醇缩甲醛、聚乙烯醇缩丁醛及醋酸乙烯的共聚物（醋酸乙烯-苯乙烯、醋酸乙烯-丙烯酸酯、醋酸乙烯-丁二烯、醋酸乙烯-乙烯、醋酸乙烯-马来酸酐、醋酸乙烯-氯乙烯）等。这些物质作为胶黏剂在建筑、纺织、包装、木工等行业均有不同程度的应用。但聚乙烯醇及聚乙烯醇缩醛，由于流程长、能耗高，因此有资料建议应减少其产量，用其他胶黏剂来代替。

(1) 醋酸乙烯-乙烯共聚物胶黏剂

醋酸乙烯-乙烯共聚物乳液，即VAE乳液。以它为基料配合增黏剂、增稠剂、交联剂、填充剂等制成的VAE乳液胶黏剂具有无毒、无臭、不燃、不爆、无环境污染、无健康危害、无火灾危险的环保型胶黏剂。

VAE乳液及其胶黏剂具有干燥速度较快、胶膜柔韧性好、粘接强度高、耐水性较好、耐酸碱、耐油、耐磨、耐老化等优异性能。同时，VAE乳液易于改性，可进一步提高性能，扩大应用范围。VAE乳液可广泛用于无纺布、静电植绒、PVC膜、建筑装修、地毯背衬、纸塑复合、商品标签、家具制造、食品包装、热熔封装、迟效胶黏剂等多种领域。

目前，VAE乳液已经发展到了三元共聚乳液，如醋酸乙烯-乙烯-丙烯酸酯、醋酸乙烯-乙烯-丙烯酰胺、醋酸乙烯-乙烯-马来酸酯、醋酸乙烯-乙烯-不饱和二元酸等。加入丙烯酸与醋酸乙烯和乙烯共聚制得了羟基化VAE乳液，可增加对金属的粘接性，还可增稠。近年来又有醋酸乙烯-乙烯-丙烯酸异辛酯-甲基丙烯磺酸钠四元共聚物的报道。为了提高固化速度和粘接强度，已经出现了高固含量（65%～75%）的VAE乳液产品。

醋酸乙烯-乙烯共聚物乳液以醋酸乙烯、乙烯为主要单体，聚乙烯醇为保护胶体，双氧水和叔丁基过氧化氢为氧化剂，焦亚磷酸钠和亚硫酸氢钠甲醛（SFS）为氧化剂，硫酸亚铁为助还原剂，醋酸钠和异辛酸钠为缓冲剂进行乳液聚合而成。

国产VAE乳液的乙烯含量一般在15%左右，固含量在50%～55%，黏度在0.2～3 Pa·s之间，牌号有十几种，应用这些乳液，采用复配的方法，可配制多种不同用途的胶黏剂。

① 903多功能建筑胶 是以VAE乳液、复合增黏树脂和硅酸盐类无机胶黏剂等制成。用于瓷砖和马赛克的粘贴。

② CP-1软泡沫复合胶黏剂 主要组成为VAE乳液、丙烯酸酯-醋酸乙烯乳液等。用于聚氨酯软泡与涤纶布、针织布等的复合粘接。

③ BST-7水基纸塑复合胶黏剂 主要成分为VAE乳液（707或705）100份（质量份，下同）、复配型改性松香10份、有机磷酸酯（TBP）2.7、消泡剂等。可代替溶剂型覆膜胶用于印刷纸与BOPP复合。

④ J-148PVC膜-木复合用胶黏剂 其组成为VAE乳液、松香树脂、萜烯树脂、增稠剂和增塑剂（DBP）。用于PVC木纹膜与胶合板、刨花板等木制品的复合粘接。

⑤ PVC片材与人造板粘接用胶黏剂 主要成分为VAE乳液（706）100、松香20份、助剂A（增稠）7份、PVA17-88 0.5份、稳定剂4份、非离子表面活性剂1份。

⑥ VAE系列高速卷烟机用胶黏剂 VAE乳液（707）55份、改性单体30份、混合无皂乳化剂1份、DBP（DOP）5份、助剂（蓖麻油、磷酸三丁酯、乙二醇等）适量，消泡剂适量，用作高速卷烟机上搭口、接嘴、成型、包装通用的胶黏剂。

⑦ XK型高速卷烟胶 主要组成为VAE乳液（705、707）、PVAc乳液、PVA17-88、PVA17-99、复合改性剂、乳化剂、增塑剂等。用于高速卷烟机（6000～8000支·min^{-1}）接嘴。

⑧ 塑编布-纸胶黏剂 其组成为VAE乳液50～60份、增黏剂（松香类）20～25份、DBP 0～10份、聚乙烯醇缩甲醛溶液20～25份、水20～25份。用于塑编网布与牛皮纸复合粘接制造复合包装袋。

⑨ 瓷砖胶黏剂 VAE乳液70份、硫酸盐水泥200份、波特兰水泥200份、可膨胀水泥20份、细砂400份、活性黏土180份、水230份，粘贴瓷砖牢固耐久。

⑩ 混凝土制品修补用胶黏剂 VAE乳液56份、水泥285份、细河砂840份、粗砂1030份、水137份。

⑪ 双组分耐水胶黏剂 A组分：VAE乳液（705或707）50份、超细碳酸钙10份。B组分：TDI 20份、甲苯（无水）100份。$m_A:m_B=10:1$，用于粘接木制品，固化速度快、耐水性好。

⑫ 快固单组分胶 是由VAE乳液100份、芳族低聚物20份、聚醚类增稠剂3份组成，固含量66%，黏度100Pa·s。用于粘接玻纤装饰片与石膏板。

⑬ 聚烯烃用水乳型胶黏剂 VAE乳液（Sumikaflex401）100份、含N树脂（EpominP1000）3份、松香酯（SuperesterE730-55）30份，将其涂在纸上与PP薄膜压合，剥离强度为0.2kN·m^{-1}。

(2) 聚乙烯醇及聚乙烯缩醛胶黏剂

聚乙烯醇自身即可以作为胶黏剂应用于纸张粘接等方面。聚乙烯醇还可与硼砂、淀粉等进行复合，以提高耐水性和粘接强度。

聚乙烯醇缩醛是聚乙烯醇在酸性催化剂存在下与醛类进行缩醛化反应的产物。缩醛的性质决定于聚乙烯醇的分子量、水解程度、醛类的化学结构和缩醛化程度等。一般而言，所用醛类的碳链愈长，树脂的玻璃化温度愈低，耐热性愈差，但韧性和弹性提高，在有机溶液中的溶解性也相应的增加。溶解性能也决定于结构中醛的含量。缩醛度为50%时，可溶于水配成水溶液胶黏剂；缩醛度高时，不溶于水，只溶于有机溶剂。低缩醛度的聚乙烯醇缩甲醛在水中的溶解度很高，曾经成为建筑装修工程中的主要胶黏剂。而聚乙烯醇缩丁醛主要用于无机玻璃的粘接，以制造工业上常用的多层安全玻璃。其缩醛度一般为70%～80%，加入BOP等增塑剂后可制成无色透明的胶膜。

5.7 丙烯酸系胶黏剂

丙烯酸系胶黏剂是一类性能独特、应用范围广泛的胶黏剂。按形态和应用特点，丙烯酸胶黏剂可分为溶剂型、乳液型、反应型、压敏型、瞬干型、厌氧型、光敏型和热熔型等多种。由此不难看出，丙烯酸系胶黏剂的适用范围相当广泛，甚至可以说丙烯酸系胶黏剂在所有金属、非金属材料的粘接上都能找到其用武之地。

(1) 化学基础

丙烯酸系胶黏剂的广泛适用性与其单体的特性具有很大的关系。首先，有多种多样的丙烯酸酯和甲基丙烯酸酯可供选择，提供了多种功能团，如丙烯酸正丁酯、异丁酯、异丙酯、叔丁酯、环己酯、羟乙酯、羟丙酯、氨烷基酯、烯丙酯、五氯苯酯、含磷丙烯酸酯、含溴丙烯酸酯、氯乙酯等共三十种以上；其次，这些单体可以很容易和其他单体，如丙烯腈、苯乙烯、醋酸乙烯、氯乙烯、丁二烯、乙烯、乙烯基醚等进行共聚，使聚合物形式更加多样；此外，丙烯酸系胶黏剂可以制成各种物理形态，以适应不同要求。

聚合物的性能在很大程度上受聚合条件所影响。通过改变催化剂用量、反应时间、反应温度及单体浓度可以调节聚合物的分子量及其物理性能。

丙烯酸系聚合物的玻璃化温度是其最重要的特征之一，它控制着此类胶黏剂的许多重要性能。从表5-6可以看出，其玻璃化温度可在－82～100℃这一广阔范围内变化。通过Fox公式，根据均聚物的T_g值可以很容易计算共聚物的T_g。这些为设计聚合物的性能打下良好的基础。但是，只有玻璃化温度是不够的，一般还需要加入含有官能团的单体对聚合物进行改性。这类单体包括丙烯酸、甲基丙烯酸、丙烯酰胺、甲基丙烯酰胺、*N*-羟甲基丙烯酰胺、丙烯酸或甲基丙烯酸羟乙酯、羟丙酯、丙烯酸缩水甘油酯等共聚单体。这些功能性单体可提供聚合物以自交联、内增塑等性能。

表5-6 一些丙烯酸酯聚合物的玻璃化温度 单位：℃

酯 基	甲基丙烯酸酯聚合物	丙烯酸酯聚合物	酯 基	甲基丙烯酸酯聚合物	丙烯酸酯聚合物
甲基	105	9	2-羟丙基		110
乙基	65	－22	聚甲基丙烯酸	116	
正丁基	20	－54	聚丙烯酸	106	
2-乙基己基	－10	－82	聚醋酸乙烯酯	28	
2-羟乙基		110	聚苯乙烯	100	

大分子链之间的直接交联反应即为自交联，是通过连在分子链上的羧基、羟基、氨基、酰胺基、氰基、环氧基、双键等进行的；外交联常常是在羧基胶乳中加入脲醛树脂或三聚氰胺甲醛树脂等进行的。按交联温度，丙烯酸酯乳液有室温交联与高温交联两种，其中室温交

联有两种情况：一种是加入亚麻仁油、桐油等改性的醇酸树脂的聚合物乳液在室温下进行氧化交联；另一种是羧基胶乳中加入 Zn、Ca、Mg、Ac 盐等进行离子交联。丙烯酸系树脂中共聚单体所起的作用见表 5-7。

表 5-7　丙烯酸系树脂中共聚单体所起的作用

单　体	赋予聚合物的特性
甲基丙烯酸甲酯、苯乙烯、丙烯腈、(甲基)丙烯酸	硬度
丙烯腈、(甲基)丙烯酸、(甲基)丙烯酰胺	耐溶剂性、耐油性
丙烯酸乙酯、丙烯酸丁酯、丙烯酸辛酯	柔韧性、压敏性
苯乙烯、甲基丙烯酸高级酯	耐水性
苯乙烯、丙烯酸低级酯	抗沾污性
(甲基)丙烯酸酯	耐候性、耐久性、透明性
交联单体	耐水性、硬度、附着力、耐溶剂性

除此之外，改性物质还可以包括一些聚合物，如氨基树脂、环氧树脂等。在很多情况下，它们是为了使聚合物产生交联，以提高耐热性、耐溶剂性和内聚强度。

(2) 乳液型胶黏剂

乳液型丙烯酸系乳液聚合可采用间歇乳液聚合工艺、连续乳液聚合工艺、半连续乳液聚合工艺、预乳化聚合工艺、种子聚合工艺等。胶黏剂行业经常采用的主要是半连续乳液聚合工艺、预乳化聚合工艺或兼有上述两种方法的合成工艺等。

① 半连续乳液聚合工艺　先将一部分单体、引发剂、乳化剂和反应介质加入到反应器当中，聚合开始或聚合到一定时间后，再把剩余的物料连续地或分次地加入到反应器当中，同时进行反应，剩余物料加入完毕后，直至达到所要求的反应程度为止。

② 预乳化聚合工艺　先将单体分散在水中，成为单体乳状液，然后按照反应程序把预乳化的单体加入到反应器当中进行反应的一种方法。采用预乳化工艺，加入的可以是多种单体的混合物，这种混合均匀的单体液滴，有利于形成结构均匀的聚合物。在上述过程中，也可同时补加部分乳化剂，以进一步增加反应体系的稳定性。间歇聚合工艺、连续聚合工艺等均可以采用预乳化方法。

一种采用半连续乳液聚合工艺的静电植绒胶黏剂的配方见表 5-8。其具体的生产工艺为：

① 分别把组分 A 和组分 B 混合均匀；

② 在反应器中加入 560 份蒸馏水，40 份烷基酚聚氧乙烯醚，50% 的 *N*-羟甲基丙烯酰胺水溶液，240 份单体混合物；

③ 开动搅拌，通氮气 20min；

④ 加入 0.5 份过硫酸钾和 0.5 份偏亚硫酸钠，升温至 55℃；

⑤ 缓慢加入已经混合好的剩余的组分 A 和组分 B，以及 4%的过硫酸钾 40 份和 4%的偏亚硫酸钠 40 份；控制反应时间为 240min 即得成品乳液。

⑥ 上述乳液配以氨水、六羟树脂等可得黏度为 20Pa·s 的黏稠乳液，此乳液即为静电植绒胶黏剂。

表 5-8　静电植绒胶黏剂单体配比

组分 A	用量/质量份	组分 B	用量/质量份
丙烯酸甲酯	90	*N*-羟甲基丙烯酰胺	13
丙烯酸乙酯	352	水	160
丙烯酸辛酯	150		
丙烯酸	15		

乳液型丙烯酸系胶黏剂的黏合可分为压敏黏合、接触黏合、热压黏合、真空黏合、湿法层压黏合等。在这些应用中，胶黏剂可以是直接应用的。同时，乳液型丙烯酸系胶黏剂中还可以加入填料，或与其他聚合物乳液进行拼混，以作为地板胶黏剂、装饰砖胶黏剂、瓷砖胶黏剂、地毯胶黏剂、地板砖胶黏剂等。例如一种瓷砖胶黏剂的配方见表5-9。另一种塑-塑复合胶黏剂的配方及工艺为丙烯酸丁酯186份，丙烯酸12份，*N*-羟甲基丙烯酰胺2份，在18份VAE共聚乳液存在下进行聚合，丙烯酸酯聚合物包覆在EVA粒子外形成核-壳型乳液，制得的胶黏剂对聚乙烯的剥离强度为$5N \cdot 25mm^{-1}$。

表5-9 一种瓷砖胶黏剂的配方

组分	用量	组分	用量
乳液型丙烯酸系胶黏剂(固含量50%)	210	尿素	30
丙二醇	10	消泡剂	1
水	70	碳酸钙	500
分散剂	5	增稠剂	14

(3) 溶液型胶黏剂

溶液聚合法制得的聚丙烯酸酯类胶黏剂也是应用广泛的一大胶种。但由于有机溶剂存在有毒、易燃、对环境有污染等缺点，使得溶剂型胶黏剂的开发利用受到一定限制，但因其具有粘接性能好、抗冲击性高等优点，故在相当长时期内仍将占有很大市场。

溶液型丙烯酸树脂胶黏剂所选用的溶剂原来多以甲苯、天拿水（二甲苯、醋酸丁酯、环己酮等组成的混合溶剂）、醋酸乙酯、二甲苯等为主。由于环保的要求，现多用醇、酯作溶剂，如乙醇、乙酸乙酯等。因溶剂起链转移作用，故溶剂种类不同使得聚合物的聚合度、链状分子的形状及胶液的黏度等都有所不同。另外，又因单一溶剂很难达到良好的效果，人们经常用混合溶剂来改善胶黏剂的质量和黏度，如四氯化碳和乙酸乙酯作混合溶剂。溶液聚合法生产丙烯酸系溶液胶黏剂或丙烯酸系固体聚合物的工艺流程如图5-9所示。

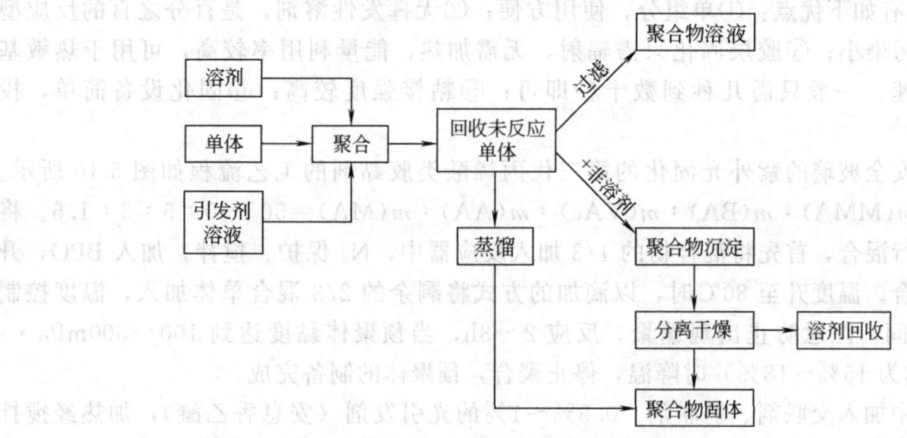

图5-9 丙烯酸溶液聚合方块流程图

(4) 反应型丙烯酸酯胶黏剂

反应型丙烯酸系胶黏剂也称第二代丙烯酸酯胶黏剂（second age of acrylic SGA）、室温快固型丙烯酸酯胶黏剂、AB胶或蜜月胶。这是一类新型的结构胶黏剂，它是以丙烯酸酯的自由基共聚合为基础的双组分胶黏剂。它通常以甲基丙烯酸酯、高分子弹性体和引发剂溶液为主剂，以促进剂溶液为底剂。上述引发剂一般为异丙苯过氧化氢、过氧化氢羟基异丙苯等，促进剂有*N*,*N*-二甲基苯胺、苯胺丁醛缩合物等。使用时，将主剂和底剂分别涂在两个黏合面上，当两个黏合面接触时，立即发生自由基聚合反应，几分钟内，黏结过程即可完成。制备这类胶黏剂的技术关键在于：①单体纯度高、采用氧化-还原引发体系；②适当的高分子弹性体和增黏剂；③适量的多官能团单体和预聚体；④良好的贮存稳定性。现提供两种反应型丙烯酸酯胶黏剂的配方供参考（单位：质量份）。

配方1	A组分		B组分
甲基丙烯酸甲酯	85	氯磺化氯乙烯	100
甲基丙烯酸	15	异丙苯过氧化氢	6
二甲基丙烯酸乙二醇酯	2	*N*,*N*-二甲苯胺	2

配方2	A组分		B组分
甲基丙烯酸甲酯	42	ABS树脂	25
甲基丙烯酸羟乙酯	18	异丙苯过氧化氢	8
二甲基丙烯酸乙二醇酯	15	甲基硫脲	
甲基丙烯酸	6	邻苯二酚	0.1

该胶的特点有：①非混合型，即不需要计量和混合，两组分可分别涂刷，然后合拢，接触反应即形成牢固粘接；②室温下5～10min即可固化；③胶接强度高，并可用于油面胶接。现有SGA虽然综合性能优异，但是也存在稳定性差、贮存期短、单体挥发气味大、对湿热耐受性较差、易燃、有毒等问题。

目前，该胶黏剂已广泛应用于航空、汽车、机械、造船、电器仪表、家具和工艺美术等部门的结构胶接、应急修补、装配定位和堵油防漏等。

第三代丙烯酸类胶黏剂简称TGA胶，也属于反应型丙烯酸胶黏剂。它是由低黏度丙烯酸酯单体或丙烯酸酯低聚物、光敏剂和弹性体组成的。在紫外光照射下，光引发剂形成激生态分子，分解成自由基，使低黏度丙烯酸酯单体或丙烯酸酯低聚物进行接枝、聚合、交联等化学反应达到固化。目前已开发应用的光引发剂有安息香醚、芳香酮、缩酮等。

TGA胶具有如下优点：①单组分，使用方便；②无挥发性溶剂，是百分之百的反应型胶黏剂，环境污染小；③胶层固化只需辐射，无需加热，能量利用率较高，可用于热敏基材；④固化迅速，一般只需几秒到数十秒即可；⑤粘接强度较高；⑥固化设备简单，投资少。

例如生产安全玻璃的紫外光固化的第三代丙烯酸类胶黏剂的工艺流程如图5-10所示。单体配比为：m(MMA)∶m(BA)∶m(VAc)∶m(AA)∶m(MA)＝50∶40∶5∶3∶1.5。将单体按配比进行混合，首先将混合物的1/3加入反应器中，N_2保护、搅拌，加入BPO，升温进行本体聚合。温度升至80℃时，以滴加的方式将剩余的2/3混合单体加入，温度控制在80～90℃之间，注意防止出现暴聚。反应2～3h，当预聚体黏度达到100～500mPa·s（聚合转化率约为15%～18%）时降温，停止聚合，预聚体的制备完成。

在预聚物中加入交联剂、偶联剂、0.5%～1%的光引发剂（安息香乙醚），加热经搅拌混合均匀即为胶黏剂。将上述胶黏剂在加热的状态下真空脱气后，注入四周有PVB封条的玻璃夹层内，排气、密封，在紫外灯（波长365nm，高压汞灯3～5s）或日光下照射2～3h

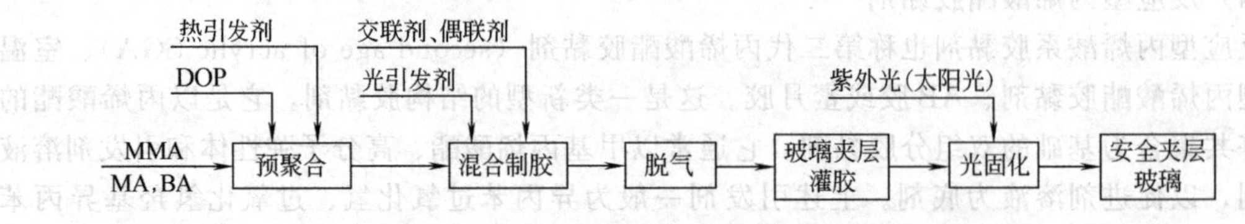

图5-10　以第三代丙烯酸类胶黏剂生产安全玻璃的工艺流程

至固化完全，即生产出夹层安全玻璃。在上述配方中还可加入总量10%的DOP为增塑剂，以进一步改善性能。

丙烯酸及其酯的聚合物除用于胶黏剂之外，还有很多用途，如聚丙烯酸钠既可作为高吸水树脂，也可用于卫生材料（婴儿尿布），还可用于絮凝剂、分散剂、水处理剂、土壤改良剂（保水剂）直至食品添加剂等。丙烯酸及其酯的共聚物的应用领域更为广阔，如纤维改良剂、应用于涂料行业、造纸行业、建筑业、地板的装修、表面处理液、医药片剂的包衣、润滑油添加剂等。

5.8 α-氰基丙烯酸酯胶黏剂

α-氰基丙烯酸酯在1947年由B. F. Goodrich公司的Alan Ardis首次合成出。他介绍了这种加热固化且透明的聚合物，但并未发现其黏合性能。直到1951年，Eastman Kodak公司的工作人员在鉴定α-氰基丙烯酸酯单体时，不小心把折光仪的棱镜粘接到一起，才发现了它的粘接性能。因此，世界上第一个商品化的α-氰基丙烯酸酯胶黏剂叫做Eastman 910。

有人仅从结构上将氰基丙烯酸酯胶黏剂归属于丙烯酸酯系胶黏剂。但从反应机理上，其有别于通常的丙烯酸系胶黏剂；从粘接特性上，其属于快速固化型胶黏剂。在胶黏剂品种中，氰基丙烯酸酯胶黏剂属于产量较少、价格较贵的一类胶黏剂。但由于其使用方便、瞬时固化粘接而发展较快。它的主要成分为α-氰基丙烯酸酯，可以是甲酯、乙酯、丙酯、烯丙酯、正丁酯、异丁酯、正戊酯、异戊酯、正辛酯、异辛酯、甲氧基乙酯、乙氧基乙酯等。其中，α-氰基丙烯酸乙酯占销售量的95%以上。α-氰基丙烯酸的正丁酯、异丁酯、正戊酯、异戊酯等主要用于制造医用胶黏剂。α-氰基丙烯酸的甲氧基乙酯、乙氧基乙酯具有低气味、无白化的特点，生产量在上升。国内的商品名为501、502、504等。2005年，中国内地生产量达到5500t，产量超过美国，占世界首位，同期的销售额为5.5亿元人民币。

α-氰基丙烯酸酯中由于氰基和酯基具有很强的吸电子性，所以在弱碱或水存在下，可快速进行阴离子聚合而完成粘接过程。

(1) 氰基丙烯酸酯的合成原理

α-氰基丙烯酸酯的合成工艺有很多种，但普遍采用的是将相应的氰乙酸酯与甲醛发生加成缩合反应，然后加热裂解这种缩合产物，即可得α-氰基丙烯酸酯。

$$n\,\mathrm{CH_2(CN)COOR} + n\,\mathrm{HCHO} \xrightarrow{\text{缩合}} \left[\mathrm{CH_2{-}C(CN)(COOR)}\right]_n \xrightarrow{\text{裂解}} n\,\mathrm{CH_2{=}C(CN){-}COOR}$$

聚（烷基-2-氰基丙烯酸酯）在磷酸酯和P_2O_5存在下于140～260℃热裂解为α-氰基丙烯酸酯[CH ═C(CN)COOR]。

在间歇操作中，上述反应的产率可达80%以上。为使反应平稳，不使单体重新聚合，应加入少量的酸性化合物来中和第一个反应中的碱（P_2O_5等），同时应向体系中加入自由基型阻聚剂（对苯二酚等）以防止在高温下引发自由基聚合。

(2) 胶黏剂的配制

为便于此类胶黏剂的贮存和使用，主体物质α-氰基丙烯酸酯中需要加入一些助剂，如稳定剂、阻聚剂、增稠剂（PMMA）、增塑剂（磷酸酯、DOP、DBP）等，同时还可以引入弹性填料（丁苯橡胶、醋酸乙烯和丙烯酸酯的共聚物）。由于无机填料可能引起不稳定性，故广泛不用。只要使用稳定性好的染料，α-氰基丙烯酸酯就可以做成有色的胶黏剂，以改进其外观形态，并且可以很明显地检验粘接面是否缺胶。

(3) 性能特点

除聚乙烯、聚四氟乙烯外，氰基丙烯酸酯胶黏剂几乎可以粘接所有物质。其使用方便、固化快、强度高、适用性广、电气性能、使用经济（1滴/in^2）、一般耐溶剂性优良。氰基丙烯酸酯胶黏剂的缺点是韧性差、耐热性不好、贮存期短、不能实施大面积粘接。

氰基丙烯酸酯中，随着酯基链的增加，氰基丙烯酸酯胶黏剂的固化速度、拉伸强度、剪切强度及冲击强度下降。并且，其热粘接强度也下降。氰基丙烯酸酯胶黏剂一般不适合在60～70℃以上长期使用。在某些溶剂中氰基丙烯酸酯胶黏剂的强度下降极快，而某些溶剂中强度似乎又一些增加。这一点，必须通过实际操作而定。现在已经研制出了耐热性高达200℃以上的、贮存期长、耐水性良好的胶种。

氰基丙烯酸酯胶黏剂在电器仪表的制造、修理、工艺美术产品、教学仪器标本、文物修复、车辆制造等方面有着广泛的应用。

氰基丙烯酸酯胶黏剂在常温时瞬间即可转化为在组织环境中相当稳定的聚合物，将对接组织粘接起来，这引起了人们的极大兴趣。国内外现均在研究高纯度的、对人体无毒副作用的医用氰基丙烯酸酯胶黏剂（大白鼠口服6400mg/kg无任何作用）。据报道，美国、日本等国家已经把此种胶黏剂用于食道、胃、肠道、血管、皮肤、肝、肾等手术的黏合、吻接、封闭及止血等方面。此种胶黏剂的特性也非常适合于军事方面，利于战地救护。此外，氰基丙烯酸酯胶黏剂还具有止血和抑菌作用。

5.9 环氧树脂胶黏剂

环氧树脂是指分子中含有两个以上环氧基团的高分子化合物。环氧树脂胶黏剂具有内聚力高、多功能性、与许多材料均有良好的粘接性等特点。同α-氰基丙烯酸酯胶黏剂一样，也具有“万能胶”的美名。它自1950年问世以来，应用领域在不断的增加。从总体上看，虽然环氧树脂所占市场份额较小，但在高强度和耐久性方面，其是无与伦比的。

环氧结构胶黏剂常以液态或胶膜状态应用于航空和航天领域。在20世纪80年代，每年产值约1500万美元。例如飞机机翼蜂窝夹层和机架的装配，发动机罩等均需要此类胶黏剂。

汽车制造业是环氧胶黏剂的另一个重要市场。最有前途的是热熔型环氧胶和微胶囊环氧胶黏剂。

我国的环氧胶黏剂也是应航空、航天的需要而开发的。这项工作始于20世纪50年代，现在已基本可以满足国内市场的需要。但我国尚无电子级产品。在一些民用产品及基础研究上，还比较欠缺，如电子封装材料、中温固化胶和汽车用胶黏剂以及新的固化剂和固化机理的研究等。

(1) 环氧树脂的分类

按化学结构，常用的环氧树脂可以分为五类，即缩水甘油醚型、缩水甘油酯型、缩水甘油胺型、线性脂肪族型和脂肪族型。其中，前三类是由环氧氯丙烷与具有活泼氢的多元醇或多元酚、多元酸、多元胺等缩合而成；后两类是应用有机过氧酸使烯烃双键过氧化而得。按固化条件，可将环氧树脂胶黏剂分为室温固化和加热固化两种。按状态，可分为膏状、膜状胶黏剂等。

工业上应用最多的环氧树脂是双酚A型环氧树脂，属于缩水甘油醚型环氧树脂，其产量约占环氧树脂总产量的90%以上。因此，在这一节中主要讨论双酚A型环氧树脂。

(2) 双酚A型环氧树脂胶黏剂

双酚A（二酚基丙烷）和环氧氯丙烷在碱性催化剂作用下发生缩合反应即可生成树脂状产物，环氧树脂。

$$HO-Ar-C(CH_3)_2-Ar-OH+\underset{\diagdown O \diagup}{CH_2-CH}-CH_2Cl \longrightarrow \text{环氧树脂}$$

当 $n=0$ 时，其相对分子质量等于 340，为黏稠状液体；当 $n\geqslant 2$ 时，其产物在室温下是固态的。一般用作胶黏剂的树脂相对分子质量小于 700，软化点低于 50℃。其工艺流程如图 5-11 所示。

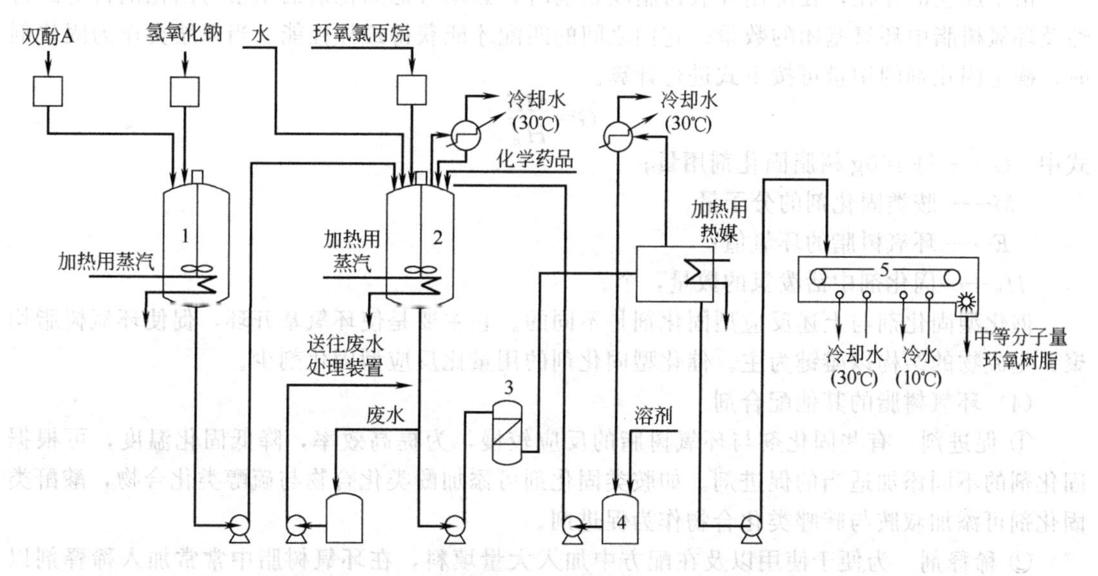

图 5-11 一步法中等分子量环氧树脂生产工艺流程图

1—双酚 A 溶解釜；2—反应釜；3—过滤器；4—溶剂回收装置；5—薄片器

除双酚 A 型环氧树脂外，线性酚醛环氧树脂（环氧基与酚羟基及羟甲基反应的产物）由于具有更高的交联密度，可用于要求耐热性和耐化学品性更高的场合。但由于其较脆，所以常常作为双酚 A 型环氧树脂的改性剂。

(3) 树脂的固化机理及固化剂

环氧树脂的固化剂可以分为反应型固化剂和催化型固化剂。反应型固化剂有脂肪族和脂环族胺类、芳香族胺类、芳胺、双氰双胺、有机酸酐、低分子聚酰胺、酚醛树脂、苯胺甲醛树脂等；催化型固化剂有叔胺、咪唑及硼化物。

反应型固化剂主要是通过分子中的活泼氢与环氧基反应而使树脂固化交联。

环氧树脂可以和一级胺或二级胺反应。脂肪族胺在常温下可快速固化环氧树脂，使用期短。脂肪族胺固化后的环氧树脂具有优良的耐化学性及耐溶剂性。与脂肪族胺相比，脂环胺固化的环氧树脂具有更好的耐热性和坚韧性，伸长率也可增加。脂环胺比脂肪胺活性低，所以有较长的适用期。

芳胺的固化产物耐热性是最高的。耐化学性也是较好的。为了得到最佳性能，此种固化剂需要高温固化。

聚酰胺固化的环氧树脂在加热的情况下，会很快失去强度，因此其耐热性是最低的，要在 65℃以下使用。

双氰双胺，$H_2N-C(=NH)-NH-C\equiv N$，为固体固化剂，经球磨机粉碎后加入环氧树脂。在室温下，它是不反应的；当加热到 150℃以上时，才发生固化反应。其优点是赋予胶黏剂以潜伏性。

酸酐类固化剂也是及其广泛的。其与环氧树脂的反应首先生成羧基，继而与环氧基加成生成酯基。与脂肪族胺相比，环氧-酸酐配方的适用期长，放热低。为得到优良性能必须高温固化（200℃）及后固化。与胺固化体系相比，酸酐固化体系更耐酸性水溶液，在很宽的温度范围内的电性能及力学性能都很好。但其耐某些化学试剂的能力较差。另外，有些酸酐的反应活性较低，在其中也常常加入三级胺以促进固化反应。

由于反应的存在，在配制环氧树脂胶黏剂时，必须考虑固化剂的用量与固化剂自身的特性及环氧树脂中环氧基团的数量。它们之间的匹配才能获得最佳性能。当以胺类作为固化剂时，确定固化剂的用量可按下式进行计算。

$$G=\frac{ME}{H_n}$$

式中 G——每100g树脂固化剂用量；

M——胺类固化剂的分子量；

E——环氧树脂的环氧值；

H_n——固化剂中活泼氢的数量，个。

催化型固化剂与上述反应型固化剂是不同的。它主要是使环氧基开环，促使环氧树脂均聚，生成物的结构以醚键为主。催化型固化剂的用量比反应型固化剂少。

(4) 环氧树脂的其他配合剂

① 促进剂 有些固化剂与环氧树脂的反应较慢，为提高效率，降低固化温度，可根据固化剂的不同添加适当的促进剂。如胺类固化剂可添加酚类化合物与硫醇类化合物，酸酐类固化剂可添加叔胺与咪唑类化合物作为促进剂。

② 稀释剂 为便于使用以及在配方中加入大量填料，在环氧树脂中常常加入稀释剂以降低黏度。环氧树脂用的稀释剂分为两种。即活性稀释剂与非活性稀释剂。活性稀释剂（reactive diluent）为单环氧基或双环氧基化合物，对于双酚A型环氧树脂经常采用缩水甘油醚型化合物作为活性稀释剂。非活性稀释剂用量比活性稀释剂少，用量多时会向表面迁移，影响性能。常用的非活性稀释剂有DOP、DBP、甲苯、二甲苯等合成化合物，也可采用煤焦油、松节油等天然化合物。

③ 填料 环氧树脂中加入填料的目的主要是为了降低固化物的收缩率，其次才是降低成本。这些填料应是中性的或弱碱性的，不含水分，与树脂亲和性好，且不沉降。如碳酸钙、二氧化硅、氧化铝、铝粉、玻璃纤维等均可作为环氧树脂的填料。

(5) 配制实例

环氧树脂胶黏剂配方可含有上述所有组分，即树脂、固化剂、固化促进剂、稀释剂、填料等。也可以包括部分组分。两种简单的配方实例如下所示。

① 常温固化通用型环氧树脂胶黏剂（单位：质量份）

配方：

618双酚A型环氧	100	二乙烯三胺	8
DBP	20	Al_2O_3(200目)	50～100

按上述配比，混合均匀，即成为环氧树脂胶黏剂，用于粘接铝合金、钢铁等。按此配方，将树脂与固化剂分开包装，即为市售两剂型环氧树脂胶。

② 加热固化结构型环氧树脂胶黏剂（单位：质量份）

配方：

618双酚A型环氧	100	双氰双胺(200目)	9
液体丁腈橡胶	15～25	SiO_2	28

按上述配比，混合均匀，即成为中温固化环氧树脂胶黏剂。其固化条件为：120℃/3h，接触压力即可。用于粘接碳钢，室温剪切强度可达40MPa以上。此配方可制备成单组分胶

黏剂，室温下的贮存期约6个月。

环氧树脂具有良好的粘接强度、广泛的适应性和耐溶剂性，但其也存在着韧性差等缺点。另外，对于双组分的要准确称量、混合均匀，对于含有惰性成分的应具有一定的晾置时间，对于加温固化的应阶段控温，并有一定的养护时间。

环氧树脂除直接使用之外，还可以和许多其他的高分子化合物相配合，以适应不同的要求。如环氧-低分子聚酰胺、环氧-尼龙、环氧-缩醛、环氧-聚砜、环氧-酚醛、环氧-聚氨酯、环氧-丁腈等。

5.10 聚氨酯胶黏剂

大约在1940年，德国的法本公司的研究人员发现了异氰酸酯的特殊的粘接性能。首先它们试图应用其代替硫黄以硫化丁钠橡胶（聚丁二烯）。然而他们却意外地发现硫化后的这些材料牢固地粘接在硫化压模的金属零件上。从而找到了丁钠橡胶与支撑物之间的胶黏剂。并且，他们还发现低分子量的端羟基聚酯和多异氰酸酯可以配成当时最好的胶黏剂，当时称为polystal。它低温固化、粘接强度高、耐水性好、低温柔韧。

现在，以多异氰酸酯和氨基甲酸酯为主体的胶黏剂均称为聚氨酯胶黏剂，即PU胶。聚氨酯胶黏剂可以应用于木材、包装、建筑、汽车、家具、制鞋、磁带、纺织等领域。在低温性能方面其尤为独特。

聚氨酯和异氰酸酯胶黏剂具有多种使用形式，如液体型的、溶液型、水分散型、胶膜、胶带和胶粉，从而使之成为诸多领域所选用的粘接材料。

5.10.1 原料

聚氨酯的主要原料是异氰酸酯。工业上，异氰酸酯主要是由伯胺经光气化反应而制备的。其反应式为

$$R{-}NH_2+COCl_2 \longrightarrow R{-}NCO+2HCl$$

现在工业上用冷光气化和热光气化两步工艺进行。

冷光气化在0～60℃进行，其反应式为

$$RNH_2+COCl_2 \longrightarrow RNHCOCl+HCl$$

$$RNH_2+HCl \longrightarrow RNH_2\cdot HCl$$

热光气化是将冷光气化的反应液加热到110～120℃，通入气态光气，进行反应。

$$RNHCOCl \longrightarrow RNCO+HCl$$

$$RNH_2\cdot HCl+COCl_2 \longrightarrow RNCO+3HCl$$

这样可以提高收率，减小副产物。

上述通式仅适用于芳香族伯胺，对于脂肪族伯胺还要复杂一些。

除上述方法外，美国Cyanamide公司开发了一种直接合成法。其以甲醇为反应介质，二硝基甲苯和一氧化碳为原料，生成甲苯二异氰酸酯和二氧化碳。

现经常使用的异氰酸酯有甲苯二异氰酸酯（TDI）、4，4′-二苯基甲烷二异氰酸酯（MDI）、1,6-六亚甲基二异氰酸酯（HDI）、多亚甲基多苯基多异氰酸酯（PAPA）、4,4′,4″-三苯基甲烷三异氰酸酯等。

TDI使用数量最大。一般聚氨酯工业采用三种异构体成一定比例的甲苯二异氰酸酯，即2,4结构与2,6-结构比例为100∶0、80∶20、65∶35。

MDI以苯胺为原料，本身挥发性小，毒性低，制品的物理力学性能好。

HDI的活性比TDI、MDI的低，但它有较好的抗变色性、耐水解性。

PAPA亦称列克纳，可直接应用及作为氯丁橡胶类胶黏剂的促进剂。

5.10.2 异氰酸酯的性能

异氰酸酯基团（$-N{=}C{=}O$）是一个高度不饱和的基团，极易与含活泼氢的化合物进

行亲核加成反应而生成氨基甲酸酯。在活泼氢化合物的分子中，若亲核中心的电子云密度越大，其电负性越强，它与异氰酸酯的反应活性则越高。反应活性的顺序为

$$CH_3NH_2 > C_6H_5NH_2 > CH_3OH > C_6H_5OH > CH_3SH$$

（1）与含羟基化合物的反应

① 异氰酸酯在与含羟基的化合物反应中，与醇的反应能力是最强的。

$$RNCO + R'OH \longrightarrow RNHCOOR'$$

异氰酸酯与伯醇的反应速率是其与仲醇反应的三倍，与叔醇反应的200倍，其与三苯基甲醇是不反应。叔醇与异氰酸酯的反应为

$$2C_6H_5NCO + (CH_3)_3COH \longrightarrow C_6H_5NHCONHC_6H_5 + CO_2 + (CH_3)_2C{=}CH_2$$

异氰酸酯与结构更加复杂的醇类化合物反应时，则可能还会产生其他的副产物。若醇中还有其他的官能团时，那么，异氰酸酯首先同活性大的那一个基团反应。

异氰酸酯同醇的反应产物（氨基甲酸酯）的热稳定性也与醇的结构有关。如伯醇和仲醇生成的氨基甲酸酯在较高的温度下才会分解，而与叔醇反应生成的氨基甲酸酯在50～100℃以下既开始分解。在不同的条件下，氨基甲酸酯的分解产物可包括醇、异氰酸酯、伯胺和烯烃、仲胺和二氧化碳。

② 异氰酸酯同水的反应首先生成不稳定的氨基甲酸，然后氨基甲酸分解成二氧化碳与胺。若异氰酸酯过量，则过量部分继续与胺反应生成脲。其反应是为

$$RNCO + H_2O \longrightarrow RNHCOOH \longrightarrow RNH_2 + CO_2$$
$$RNH_2 + RNCO \longrightarrow RNHCONHR$$

异氰酸酯同水的反应还和反应的介质有关。如在盐酸存在的条件下，其生成一种盐酸盐；而在氢氧化钠存在下，则生成胺和碳酸钠。异氰酸酯同水的反应速率相当于与仲醇的反应速率。但是比与胺的反应速率慢。

异氰酸酯同水的反应是一个很重要的反应。在很多体系中应避免水的存在，哪怕是潮湿的空气。而在聚氨酯泡沫材料的生产中，水却可以起到发泡剂的作用。

③ 异氰酸酯很容易和羧酸反应，但是它的反应活性低于其与伯醇及水的反应。这一反应首先生成酸酐，然后酸酐分解成酰胺和二氧化碳。

$$RNCO + R'COOH \longrightarrow (RNHCOOOCR') \longrightarrow RNHCOR' + CO_2$$

上述反应产物取决于异氰酸酯和羧酸的结构。脂肪族的异氰酸酯与脂肪族的酸酐反应，通常得到酸酐与酰胺的化合物，如上述反应所示。若异氰酸酯和羧酸有一个是芳香族的化合物的话，在室温下则生成酸酐、脲和二氧化碳。在160℃下，酸酐可与脲反应生成酰胺及二氧化碳。酸酐分解出的二氧化碳来源于异氰酸酯。

④ 异氰酸酯与酚的反应要比脂肪醇的反应迟缓的多。即使在50～70℃，它们的反应也非常慢。其主要原因是苯环的吸电子性使酚羟基的电子云密度降低所至。若酚环上还具有电负性的其他基团的话，则更会降低其反应活性。采用叔胺或氯化铝作催化剂可以加快其反应。但是，2,4,6-三硝基苯酚是无论如何也不反应的。

（2）与氨基化合物的反应

① 异氰酸酯可以和任何一种含氨基（$-NH_2$）的化合物进行反应。并且，它的反应速率要快于其与水的反应。如其与脂肪族的伯胺在0～25℃时就有极高的反应活性。

$$RNCO + R'NH_2 \Longrightarrow RNHCONHR'$$

异氰酸酯与胺的反应活性，通常随着胺类碱性的增强而提高。具有类似碱性的其他含氮化合物，几乎同胺一样地容易与异氰酸酯反应。氨水、肼和氨基酸盐无不如此。

在酸性条件下，氨基酸的羧基会优先于氨基与异氰酸酯反应。

② 异氰酸酯与脲的反应具有很重要的意义。在较高的温度和催化下，脲具有中等的反

应活性。在非催化反应中，异氰酸酯与脲的反应必须在110℃以上才具有足够的反应速率。在这一反应中，强碱和某些金属化合物可以成为其催化剂。

$$ArNCO+R'NHCONHR''\longrightarrow R'N(CONHAr)CONHR''$$

③ 异氰酸酯与氨基甲酸酯的反应要比其和脲的反应活性还低。所以，只有在高温下或在选择性催化剂存在下，它们才能产生足够的反应速率，以生成脲基甲酸酯。

$$RNCO+R'NHCOOR''\longrightarrow R'(CONHR)NCOOR''$$

④ 异氰酸酯与酰胺的反应活性非常低，要在100℃时才有一定的反应速率，生成酰基脲。

$$RNCO+R'CONH_2\longrightarrow RNHCONHCOR'$$

（3）异氰酸酯的聚合反应

芳香族和脂肪族的异氰酸酯还可以自聚生成稳定的树脂状三聚体。此反应可以为许多物质所催化，如醋酸钙、醋酸钾、甲酸钠、碳酸钠、草酸盐等，加热也能促进这种反应。

在一定条件下，异氰酸酯本身还可以进行聚合反应。在二甲苯甲酰中，用氰酸钠作催化剂，在－100～－20℃下，单异氰酸酯可以聚合成线型的高分子化合物。MDI在催化剂存在下，于300℃可加热缩合成聚碳化二亚胺。

5.10.3 聚氨酯及多异氰酸酯胶黏剂

按化学组成，聚氨酯胶黏剂可分为多异氰酸酯类、预聚体类、端封型类等；按用途，聚氨酯胶黏剂有通用型、鞋用、复合膜用等；按性质分，聚氨酯胶黏剂有水性、可水分散型、溶剂型、热熔型、无溶剂型、反应型、胶粉、胶膜等；聚氨酯还可以作为密封剂应用于多种领域。

（1）多异氰酸酯胶黏剂

多异氰酸酯首先是合成聚氨酯的原料，其次才用于粘接的目的。

异氰酸酯几乎在所有有机原料中都有较好的溶解性。而且异氰酸酯的分子体积小，容易扩散，这使之能渗透到被粘物中，从而提高粘接性能。另外，它具有极性和较强的氢键，对各种表面能润湿，显示出很强的吸引力。对异氰酸酯不能渗透和不能反应的表面，异氰酸酯通过与被粘接物表面的水膜或氧化膜起反应或自聚而获得较强的粘接效果。

多异氰酸酯一般是作为底胶来应用。如在金属与橡胶的粘接中，金属表面首先进行处理，然后涂以MDI并使之干燥，紧接着贴上刚压延出的新鲜橡胶片，加压或用热空气使之硫化。这样会使粘接强度大大的提高。多异氰酸酯还可以同一般的塑料及橡胶在无水的惰性溶剂中混合，把混合物涂在被粘物的表面，晾干后黏合，在室温或加热下硫化。

直接使用多异氰酸酯作为胶黏剂的缺点是毒性较大，且不适于作为结构胶黏剂使用。

（2）预聚体型聚氨酯胶黏剂

聚氨酯的合成包括低分子量的聚氨酯预聚体的合成，预聚体扩链生成可溶性的高分子聚合物，以及将这些高聚物硫化、交联等反应过程。

预聚体通常是由二异氰酸酯与端羟基的聚酯、聚醚、聚烯烃或聚酰胺等进行加成聚合而成。在制备中，又可根据异氰酸酯基与羟基不同的比例制成端羟基或端异氰酸酯基的化合物——预聚体。端异氰酸酯基的预聚体可用水、二元醇、二元胺、氨基醇、硫化氢、二元羧酸等进行扩链反应。

异氰酸酯为端基的预聚体的缺点是稳定性较差，不便于贮存。若采用NCO/OH＜1时，便可得到端羟基的预聚体。它的稳定性好、便于贮存。

聚氨酯预聚体的硫化（交联）有多种形式，一般而言，可分为交联剂交联、加热交联和利用氢键进行交联这三种方式。外加的交联剂有三元醇、二异氰酸酯、过氧化物、硫黄、甲醛等。

单组分胶黏剂的制备：上述的聚酯多元醇或聚醚多元醇与过量的多异氰酸酯反应生成的端异氰酸酯预聚体即为单组分聚氨酯胶黏剂。其可作为湿气固化。除湿气固化外，此类胶黏剂也可使用固化剂，如胺类和含羟基化合物等。为加速固化过程，还可以添加一定量的催化剂。

一种包装用湿固化聚氨酯胶黏剂的合成方法为：

① 将聚醚二元醇在120℃下真空减压脱水 1.5h 备用；

② 在 N_2 保护下，在装有搅拌、温度计、冷凝管的反应器中，按照NCO/OH摩尔比为1.4，加入 TDI 和脱水的聚醚二元醇，逐渐升温至（80±5)℃，反应 1h；

③ 加入总量 14%的 1,4-丁二醇，保温 3h；

④ 加入总量 4%的三羟甲基丙烷，继续反应 1h，取样测定反应物中 NCO 基团的含量，达到设计值时停止反应。

(3) 双组分预聚体型胶黏剂　双组分聚氨酯胶黏剂，一个组分为聚酯或聚醚多元醇，另一个组分为端异氰酸酯的预聚体或多异氰酸酯本身。当然，也可以是多元醇和多异氰酸酯，或端异氰酸酯基预聚物和多元醇或多元胺。这两个组分按一定比例混合，即可使用。并且，其可以根据不同的材料来配制不同的胶黏剂。

一般而言，由聚醚多元醇合成的预聚体耐水性较好，由聚酯多元醇合成的预聚体具有较高的耐热性和较高的硬度。另外，含有仲羟基的环氧树脂亦可与异氰酸酯反应生成聚氨酯。这种树脂具有较好的粘接性和耐化学药品性。

(4) 封闭型聚氨酯胶黏剂

聚氨酯胶黏剂中的异氰酸酯基与含活泼氢的单官能团化合物进行反应，使异氰酸酯基暂时失去活性，即为封闭型异氰酸酯胶黏剂。这种方法使活泼的异氰酸酯胶黏剂在反应性的介质（如水、醇）中可以应用。但是，在封闭的异氰酸酯胶黏剂被加热到其分解温度之前，必须用蒸发的方法除去反应性的介质。否则的话，其在生成预定的结构之前已经和反应性介质发生作用而失效了。苯酚、甲酚、己内酰胺等均可作为封闭剂来使用。它们在粘接轮胎帘子线、工业织物、金属线、玻璃等方面有着广泛的应用领域。例如：在装有冷凝管的三颈烧瓶中加入适量丁酮和 1.16g 丁二酮肟，开动搅拌器至丁二酮肟溶解，在 40℃下滴入 1.43mL TDI，0.5h 滴完，恒温 0.5h，升温反应一定时间后，蒸除溶剂，即得到封闭型异氰酸酯。

(5) 水性聚氨酯胶黏剂

水性聚氨酯胶黏剂的生产方法有乳化法、丙酮法、熔融分散法、预聚体混合法、封端异氰酸酯法等。

生产水性聚氨酯胶黏剂的助剂主要包括溶剂、催化剂、扩链剂、交联剂、表面活化剂、增稠剂、消泡剂、封端剂、稳定剂、填料等。

其中采用乳化法合成一种鞋用水性聚氨酯胶黏剂的方法为：首先将聚醚多元醇与二异氰酸酯在氮气的保护下于50～60℃，反应60～70min；其次加入二羟甲基丙酸，控制反应温度为75～80℃，反应时间为30～50min，至异氰酸酯基达到理论值为止；然后在70～80℃下加入扩链剂一缩二乙二醇反应80～90min，得到预聚物；最后将预聚体加入溶有三乙胺的水中分散，即可获得乳液性能较好的水性聚氨酯胶黏剂。

除上述聚氨酯胶黏剂外，聚氨酯胶黏剂还包括热塑性聚氨酯胶黏剂、聚氨酯热熔胶黏剂等。

5.10.4　聚氨酯胶黏剂的助剂

(1) 催化剂

促进异氰酸酯与羟基反应的催化剂有叔胺类化合物、有机金属化合物；促进封闭型异氰酸酯胶黏剂解离的催化剂有有机酸铵盐等。

（2）溶剂

聚氨酯胶黏剂所选用的溶剂必须考虑到异氰酸酯的特性。首先所用的溶剂不能与异氰酸酯基发生反应，其次对异氰酸酯的反应活性无不良影响，当然还应该对异氰酸酯有很好的溶解性能。据此，聚氨酯胶黏剂常用的溶解有醋酸乙酯、醋酸丁酯、甲乙酮和甲苯等。

（3）填料

为改善热膨胀系数，提高耐热性，降低成本。聚氨酯胶黏剂可适当加入一些填料，如TiO_2、$CaCO_3$、SiO_2、陶土和铝粉等。

（4）增塑剂

聚氨酯的增塑剂有磷酸酯类、邻苯二甲酸酯类、脂肪族醇酸酯类等。

5.11 氯丁橡胶胶黏剂

氯丁橡胶是最早用丁胶黏剂工业的合成弹性体。在橡胶型胶黏剂中，氯丁橡胶胶黏剂是应用最广泛、产量最大的一种胶黏剂。氯丁橡胶具有良好的黏性（或自粘性）和快粘强度，且耐油、水、化学热、光、臭氧等的降解。在制鞋业，氯丁胶黏剂约占总产量的80%以上。其应用几乎包括了制鞋的所有粘接部分——外底、绷楦、捩边、包根、粘勾心、衬里等。除制鞋业外，氯丁橡胶在家具制造、汽车装配、室内装修等行业中亦有广泛的应用。按形态分，氯丁橡胶胶黏剂可分为两类，即溶剂型氯丁胶和胶乳型氯丁胶。溶剂型氯丁胶是应用的主要方面，大约有填料型、树脂改性型、接枝型及室温硫化型等多种。胶乳型氯丁胶约占此种胶黏剂总产量的25%～33%。

第二次世界大战前，天然橡胶是胶黏剂领域所应用的唯一弹性体，但在第二次世界大战中，天然橡胶奇缺，人们只能选用这唯一的可以买到的橡胶，故使其成为了天然橡胶的替代品。

5.11.1 氯丁胶乳及氯丁橡胶的制备

氯丁橡胶是由氯丁二烯经乳液聚合而成。在氯丁橡胶的结构中，反式1,4-结构是最通用的。在接触型胶黏剂中，这种结构比例越高，则结晶速度就高，同时粘接强度增长就快。

杜邦公司生产的氯丁橡胶是非常有名的，其用于胶黏剂的氯丁橡胶大约有14个品种。但通常使用的氯丁橡胶一般为粘接型氯丁胶（区别于通用型氯丁胶），如杜邦公司的AC和AD，国产类似牌号为240和241。在一定条件下，通用型氯丁胶也可以作为胶黏剂来使用。AC和AD型氯丁橡胶都是快速结晶型的，含有90%左右的反式1,4-结构。而W型氯丁橡胶是一种缓慢结晶型的，其反式1,4-结构仅占85%。结晶作用的结果使之内聚强度比非结晶聚合物高得多。此外，结晶作用还导致了它的快速黏合。随着结晶性的提高、聚合物的伸长率、可拉伸性、抗永久变形性以及油膨胀性等会降低。氯丁橡胶还可以具有各种不同的支化度，但一般它们是线型的，可在芳烃中溶解。通过调节聚合物中的支化度可以改变聚合物胶黏剂的性能。这一点在胶乳型胶黏剂中是特别应注意的。

5.11.2 氯丁橡胶胶黏剂的基本组成

氯丁橡胶胶黏剂主要由氯丁橡胶或氯丁胶乳与硫化剂、促进剂、防老剂、改性树脂、填料、溶剂等配制而成。

（1）金属氧化物

在胶黏剂配方中，氧化镁采用煅烧轻质的活性氧化镁，其用量一般在4～10质量份，主要用于防止焦烧，也用于与树脂的反应和酸接受体。需要注意的是：生产透明的胶黏剂应尽量少用金属氧化物。另外，在某些方面环氧树脂和树脂酸锌可取代氧化锌，作为酸接受体。

氧化锌被作为硫化剂加入到氯丁橡胶胶黏剂中，室温冷固化的胶种可减少或取消氧化锌，因为硫化的可能性较小；如果在高温下使用，加入少量（2～4份）的活性氧化锌是有益的。

（2）硫化促进剂

硫化促进剂有多异氰酸酯和乙烯硫脲等。这些物质有时也称为硫化剂，不便之处是一般要配制成两组分体系。

（3）防老剂

为提高胶黏剂的热老化性能，并且提高其贮存稳定性，可加入防老剂，如防老剂甲、防老剂丁、Sp、ODA、264、RD等均是可用的。使用量在0.5～1.0份。

（4）溶剂

芳香烃是氯丁橡胶综合性能最好的溶剂，目前尚无其他溶剂能与之媲美。但因为芳香烃的毒性较大，各国均禁止或限制其使用，在欧美国家中毒性相对较小的甲苯的用量也不能超过5%。氯丁橡胶也能溶解于氯代烃中。在阻燃的场合，一般可用氯化溶剂，如1,1,1-三氯乙烷。但由于其毒性也较大，所以也不建议使用。因此，氯丁胶一般采用混合溶剂。如芳香烃、汽油和醋酸乙酯等。根据混合物中每个组成溶剂的溶剂化参数（δ）和氢键指数（γ）来预测混合溶剂的效用。可选择的溶剂还有丙酮、环己烷、己烷、庚烷、异丙醇、甲乙酮、戊烷等。选用溶剂除考虑溶解性能之外，还应该考虑其挥发速度，以获得有效的黏合时间。粘接强度在很大程度上是同溶剂的选择有关的。

（5）填料

加入填料的目的有增量、增黏、补强和降低成本等。氯丁橡胶所用填料有炭黑、白炭黑、$CaCO_3$、SiO_2、超细滑石粉、硅灰石粉等。

5.11.3 氯丁橡胶胶黏剂的制造工艺

按剂型，氯丁橡胶胶黏剂分为溶液型与乳液型，其中溶剂型又包括填料型、接枝型等多种。接枝型是氯丁橡胶与MMA等单体溶液接枝的胶黏剂。溶剂型是由氯丁橡胶、增黏树脂、氧化镁、氧化锌、防老剂、混合溶剂、填加剂、交联剂等配制而成。合金型是指用树脂改性的氯丁橡胶胶黏剂。

（1）溶剂型氯丁橡胶胶黏剂

溶剂型胶黏剂制备有直接溶解法、高剪切直接溶解法和混炼溶解法等。直接溶解法获得的胶黏剂黏度大，初粘力低，贮存性差，实际上很少采用。常用的炼混溶解法是将氯丁橡胶经过塑炼、混炼、粉碎后投入专用设备中搅拌溶解成胶液，溶解温度在15～30℃，时间8～12h，再把树脂预反应物加入，混合均匀即成产品。高剪切直接溶解法是在高剪切力的作用下使高分子量的氯丁橡胶部分降解，从而可以生产不拉丝的胶黏剂。这种工艺生产的氯丁橡胶胶黏剂黏度为1050mPa·s，介于混炼法（220mPa·s）和直接法（1500mPa·s）之间。目前也有采用混合溶解法制备氯丁橡胶胶黏剂的，即将30%～50%的氯丁橡胶直接溶解，其余部分炼胶后共同溶解。还有将树脂预反应与溶解一步完成的工艺。

① 填料型氯丁胶黏剂　填料型氯丁胶黏剂主要用于对粘接性能要求不高的场合，如地板的粘接、腻子等。普通的填料在某些腻子中的含量可以高达250份。颗粒小的（5μm）、吸油量中等的（30g/100g填料）的填料可以获得最大的粘接强度。一般而言，填料可降低胶膜的黏附性和内聚强度。因此，填料很少在固含量低的接触胶黏剂中应用。一种此类胶黏剂的配方如下（单位：份）。

组分	份	组分	份
通用型氯丁橡胶	100	防老剂	2
MgO	8	ZnO	10
$CaCO_3$	100	溶剂	136

② 树脂改性氯丁胶　很多树脂可以改进氯丁胶的黏合性能以及耐热性。应用最广泛的

是对叔丁基酚醛树脂。其高耐热性是由于它与氯丁橡胶胶黏剂中氧化镁反应的结果。对叔丁基酚醛树脂通常用量为35～50份。当胶层希望柔软且黏附力要求较低时，树脂用量可以减少。有效的黏合时间和热态粘接强度随树脂的增加而成为抛物线形。除对叔丁基酚醛树脂之外，萜烯酚醛树脂、古马隆树脂、聚甲基苯乙烯等也可用于改性氯丁橡胶。树脂改性氯丁胶生产工艺流程图如图5-12所示。

一种树脂改性型氯丁橡胶胶黏剂的配方如下（单位：份）。

甲组分：		乙组分：	
粘接型氯丁橡胶	100	对叔丁基酚醛树脂	100
MgO	4	MgO	4
ZnO	5	水	0.5～1
防老剂丁	2	混合溶剂	645

上述配方的具体工艺过程为：

a. 将配方甲中的橡胶塑炼后混炼粉碎；

b. 将配方乙在25～30℃下反应16～24h；

c. 将混炼胶加入预反应的配方乙中，溶解均匀即可。

此配方可粘接橡胶与橡胶、橡胶与金属、橡胶与织物等。

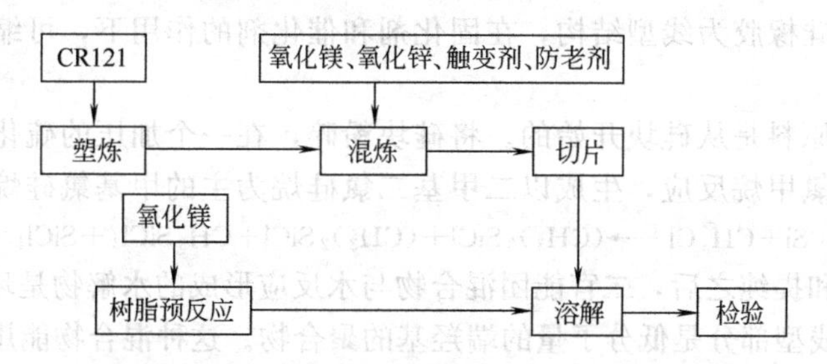

图5-12 树脂改性型氯丁胶生产工艺流程图

③ 接枝型氯丁胶　接枝型氯丁橡胶胶黏剂主要适用于人造革、合成革、塑料、尼龙等。氯丁橡胶的接枝单体一般为甲基丙烯酸甲酯、苯乙烯等。此类胶黏剂的基本配方如下（单位：份）。

氯丁橡胶	100	对叔丁基酚醛树脂	0～20
MMA	90～100	混合溶剂	550～650
BPO	0.3～1.5	异氰酸酯(应用时加入)	3～7
对苯二酚	0.5		

④ 双组分氯丁胶　在氯丁胶中加入异氰酸酯等可促使胶膜在室温硫化，从而改善其粘接性能。一般加入量在10%以内。此种胶由于使用期短，所以要随用随配。

(2) 胶乳型氯丁胶黏剂

氯丁胶乳胶黏剂是由氯丁二烯经乳液聚合生成的产物配合以各种助剂而成。其在弹性和强力方面与天然胶乳制品差不多，但在耐热、耐老化等方面较天然胶乳要好。氯丁橡胶胶乳可分为阴离子型胶乳和非离子型胶乳两种。非离子型胶乳一般用聚乙烯醇稳定，而阴离子型胶乳用阴离子型乳化剂来稳定。在胶乳型胶黏剂中，于溶剂型胶黏剂中应用最广泛的对叔丁基酚醛树脂，由于不相容的原因，其在胶乳体系中是不起作用的。一般所用的树脂是萜烯树脂。但无论如何，树脂的加入会使粘接强度（剥离强度）下降。

除氯丁橡胶外，丁腈橡胶、丁苯橡胶、丁基橡胶等亦可作为胶黏剂的基件应用，其生产工艺与氯丁橡胶胶黏剂无异。

丁基橡胶是异丁烯与少量能引进不饱和键的异戊二烯的共聚物。它的耐候性、耐老化性、耐热性很好，对动植物油脂也分常稳定。它还具有十分低的吸水性、阻水性。低分子量的丁基橡胶很容易配制成高固含量的密封剂、腻子和涂料。其应用包括特殊的密封剂、电子灌封料和封装材料。其与较高分子量的聚合物混合时，可作为可固化的增黏剂或增塑剂。

丁腈橡胶与酚醛树脂、聚氯乙烯、醇酸树脂、氢化松香、环氧树脂等配合形成的复合物能够固化，并能制成具有高强度、高耐油和良好回弹性的高级胶黏剂。其在结构和非结构胶黏剂方面均有很广泛的应用（部分内容参见酚醛树脂胶黏剂部分）。

在北美，最初丁苯橡胶被称为 GR-S（政府橡胶-苯乙烯）。第二次世界大战后，生产设施被私人接管，丁苯橡胶始被称为 SBR。用于胶黏剂的丁苯橡胶约占丁苯橡胶总产量的1%。其可以作为地毯背胶、纸张涂料、层压复合、建筑、泡沫聚苯乙烯等的胶黏剂。

限于课时，不再赘述。

5.12 有机硅胶黏剂

有机硅胶黏剂是以硅氧键为主链的一类聚合物胶黏剂。按其结构和性质可分为有机硅树脂胶黏剂和有机硅橡胶胶黏剂。硅树脂具有支链结构，在高温下可进一步缩合成为高度交联的硬而脆的树脂。硅橡胶为线型结构，在固化剂和催化剂的作用下，可缩合成有若干交联点的弹性体。

制造有机硅的原料是从硅块开始的。将硅块粉碎，在一个加压的硫化床反应器中，用铜类催化剂，使硅同氯甲烷反应，生成以二甲基二氯硅烷为主的甲基氯硅烷的混合物。

$$Si+CH_3Cl \longrightarrow (CH_3)_3SiCl+(CH_3)_2SiCl+CH_3SiCl_3+SiCl_4$$

通过蒸馏分离和提纯之后，二官能团混合物与水反应形成的水解物是环状和线型聚二甲基硅氧烷的混合物，线型部分是低分子量的端羟基的聚合物。这种混合物能用许多不同的催化剂进行缩合与平衡化，最终形成端羟基封头的聚合物。其聚合度约为 300～1600。改变单体中官能团的数目以及选择不同的取代基（如苯基、氰乙基等），就可制造出不同性质的聚合物。

在配制有机硅胶黏剂时一个基本成分是交联组分。为了完成必要的交联，需要有多官能团的硅烷存在。三乙酰氧基硅烷、三甲氧基硅烷是单组分胶黏剂的硫化体系，而四乙氧基硅烷是双组分胶黏剂的硫化体系。通常还需要加入促进剂来促进这种反应。常用的促进剂有烷基羧酸锡等。

有机硅所用增塑剂有邻苯二甲酸二丁酯、磷酸二酚酯、非反应性的硅油等。

有机硅增韧剂多是单官能团的化合物。增韧剂的活性基团可直接参加主体聚合反应，这对改进脆性、抗干裂性、提高抗冲击强度和伸长率等效果更好。有机硅常用的增韧剂有聚酯及不饱和聚酯、聚酰胺、聚氨酯及多种合成橡胶等。

许多类型的填料可以用于有机硅胶黏剂中，利用聚合物-填料和填料-填料之间的相互作用可大大提高胶黏剂的抗冲击韧性、力学性能，降低固化过程的收缩率或是赋予胶黏剂某些特殊性能。为了获得明显的增强效果，高表面积的填料是必要的条件。最广泛使用的是气相二氧化硅。用它可以制得无色的半透明的混合料。其他的填料包括氧化铁（用于耐高温的场合）、氧化锌、硅藻土、玻璃微球等。经常使用的非增强填料是碳酸钙。

有机硅胶黏剂所用的颜料主要有二氧化钛、炭黑和各种金属氧化物。

有机硅胶黏剂中还经常加入偶联剂和稀释剂。对配合有橡胶的有机硅中还可以加入硫化剂及硫化促进剂。

有机硅胶黏剂具有良好的耐高低温性、耐紫外线辐射、耐候性、电气绝缘性、憎水性、耐化学试剂性等，广泛使用于电子、机械、航空、建筑、医疗和通信等行业。尤其是耐热性，除聚酰亚胺等少数胶黏剂外，有机硅胶黏剂是耐热性最好的胶黏剂。但与其他胶黏剂相比，有机硅胶黏剂的粘接性能较差。因此经常使用环氧、聚酯、酚醛等来改性有机硅以获得更好的室温固化强度和效果。

5.12.1 硅树脂型胶黏剂

硅树脂是以 $R_2Si_2O_3$ 及 $RR'Si_2O_3$（R、R′为 Me、Ph、H、Vi 等）为主要链节，具有高度交联结构的热固性聚硅氧烷。按主链构成可分为纯树脂和有机硅改性树脂。

硅树脂的粘接性优于硅橡胶。硅树脂的性能同 R 与 Si 的数量比和种类有关。R 与 Si 的数量比一般在 1.0～1.7 之间，若 R 与 Si 的数量比小，则树脂的干燥性好、柔软性低、硬度大。有机基团中苯基含量越高，热塑性越小，硬度也越大。当苯基含量为 20%～60%时，耐热性能最好。改变苯基含量还可以改善对各种基材的粘接性。纯硅树脂可以粘接多种金属合金、陶瓷、复合材料等，是一种耐热性能良好的胶黏剂，但是固化时一般需要高温（>200℃）、加压且固化后韧性较小，不宜用作结构胶黏剂。

硅树脂型胶黏剂最突出的性能是具有优良的耐热性，可以长期在 250℃，甚至可以在 400℃下工作。但该类胶黏剂硬而脆，韧性小无弹性，固化条件要求高。

针对硅树脂型胶黏剂的缺点，现经常将硅树脂与其他树脂结合以形成一种兼具两者优良性能的改性硅树脂胶黏剂。

5.12.2 硅橡胶型胶黏剂

硅橡胶是以 Me_2SiO 及 MeRSiO（R 为 Ph、$CF_3CH_2CH_3$、Vi、H 等）为主要链节，具有网状结构的弹性体。根据硫化温度的不同，其可分为高温硫化硅橡胶、单组分室温硫化硅橡胶和双组分室温硫化硅橡胶等。

高温硫化硅橡胶，包括有机过氧化物引发交联及氢硅化加成交联。

单组分室温硫化硅橡胶是由端羟基硅橡胶、交联剂、填料及其他助剂所组成。使用时，与空气中的湿气接触，即能固化。

双组分室温硫化硅橡胶由硅橡胶和填料组成一个组分，交联剂、促进剂等组成另一个组分。在使用现场调配后，进行粘接。

单组分胶黏剂使用方便，粘接性能好，但缺点是硫化必须依赖空气中的湿气，胶层深度一般不能超过 6mm，而且长期工作温度不能超过 250℃。双组分有机硅胶黏剂的长期使用温度可以达到 300℃，但一般的双组分室温硅橡胶本身具有很好的脱模性，除了与玻璃、搪瓷等硅酸盐材料具有较好的粘接性能外，对其他材料的粘接要在使用前对被粘材料表面进行处理。一种硅橡胶的配方如下（单位：份）。

107 硅橡胶	100	氧化铈	0～8
氧化锌	100～200	填料	5～30
气相白炭黑	0～20	硫化剂(硅氮低聚物)	3～8
氧化铁	0～5		

上述胶黏剂粘接金属与硅橡胶后的强度，见表 5-10。

表 5-10 有机硅胶黏剂粘接性能

性 能	SE6050 硅橡胶胶片/30CrMnSi 钢							SE6050 硅橡胶胶片/LY12 铝合金		
老化条件	200℃×200h		250℃×300h		250℃×200h			250℃×200h		
测试条件	20℃	200℃	20℃	200℃	20℃	200℃	250℃	20℃	200℃	250℃
粘接强度/MPa	2.26	1.43	1.82	1.24	2.38	1.53	1.12	2.26	1.29	1.18

5.13 热熔胶

热熔胶（hot-melt adhesive）是在加热熔状态下涂布施胶，然后冷却成固态即完成粘接的一类胶黏剂。与其他类型胶黏剂相比，热熔胶不含溶剂，因此污染较少。另外，热熔胶粘接迅速，适于机械化操作。但是，热熔胶也存在着耐热性差、粘接强度低等缺陷。

热熔胶黏剂问世已经有几个世纪了。以往天然蜡的混合物、松香、沥青及其他天然物质单独或者混合用作各种用途的热熔胶黏剂或密封剂。以聚合物为基础的热熔胶黏剂是 20 世纪 50 年代才在市场上出现的。

热熔胶黏剂的传统作法是将高分子量的聚合物与低分子量的树脂混合达到所希望的综合性能。目前，热熔胶黏剂的一个最大特点是所用的树脂和聚合物大都基于石油原料。

目前，应用最广泛的热熔胶为乙烯-醋酸乙烯酯共聚物（EVA）热熔胶，其约占热熔胶总产量的 80%。除 EVA 外，PE、PP、Polyester、聚酰胺、PU、苯乙烯和丁二烯或异戊二烯嵌段共聚物，乙烯-丁烯的嵌段共聚物、环氧树脂和酚醛树脂等也可用于热熔胶。一些新材料，如 EEA、EAA、EMA、PPO、PB 等在热熔胶中也有应用。

5.13.1 热熔胶的组成

(1) 主体聚合物

聚合物是热熔胶最重要的组成部分。有的聚合物不用添加任何助剂即可作为热熔胶来使用。聚合物赋予热熔胶以粘接强度和内聚力。

(2) 增黏剂

大多数热熔胶中含有增黏剂。其用量大约在 30%～50%。加入增黏剂可以降低主体聚合物的熔融温度，控制固化速度，改善润湿性和初粘性，从而提高粘接性能。如石油树脂、松香、萜烯树脂、古马隆树脂等均可作为增黏剂应用。

(3) 抗氧剂和稳定剂

加入抗氧剂的目的是防止热熔胶在高温熔融状态下的热氧化和热分解，保持性能不变。常用的有对叔丁基酚、安息香酸钠等。

稳定剂的作用基本同抗氧剂。如苯醌类化合物是较为常用的。

(4) 填料

填料可以增加胶黏剂的内聚强度，降低成本。同时，还可以防止渗胶，减少收缩。热熔胶常用的填料有滑石粉、碳酸钙、黏土、二氧化钛、硫酸镁、炭黑等。

(5) 蜡类

热熔胶中加入蜡类的目的是降低熔融温度及黏度，防止自粘，提高操作性能。常用的蜡类有微晶蜡、石蜡、聚乙烯蜡等。聚酯、聚酰胺等少数热熔胶可不用蜡类改善性能。

(6) 增塑剂

增塑剂可改善胶的低温性能。一般用量不宜过多。

5.13.2 对热熔胶的要求

热熔胶的软化度要求在 80～90℃之间。

在长时间加热过程中，不产生胶液变色，在使用过程中表面不结皮。同时，在一定恒温条件下加热一段时间，其色度和黏度的增加有一定的范围。

热熔胶既要有适当的硬度（一般为 HS78°～90°），也应有适宜的韧性。具备较高的拉伸强度和适当的断裂伸长率是有必要的。

热熔胶在外观上，除了用于彩色印刷用纸时需要添加相应色料以外，一般优质的胶料或胶片表面光滑、有光泽、没有粗糙杂质的乳白色或浅淡黄色固体。

热熔胶的密度一般在0.93g/cm³ 左右。

5.13.3　EVA型热熔胶

EVA型热熔胶是以乙烯、醋酸乙烯的无规共聚物为主体聚合物的一类热熔胶。它是使用最广泛的一类热熔胶。适宜配制热熔胶的EVA树脂中醋酸乙烯含量在20%～50%。EVA热熔胶主要由三部分组成：即30%～40%的高聚物、30%～40%的增黏剂、20%～30%的石蜡。这三种成分含量不同就可以配制出不同要求的热熔胶。另外，抗氧剂、填料、增塑剂及发泡剂也可用于改善某些性能。

EVA型热熔胶可用于书籍装订、木材封边、服装、塑料粘接等许多方面。

一种适合于木材封边用热熔胶的最佳配方如下（单位：质量份）。

EVA(28/150)	30	石蜡	20	抗氧剂	2
松香	10	酚醛树脂	20	碳酸钙	20

一种反应性EVA热熔胶的配方如下（单位：质量份）。

EVA	60～85	DCP	0～0.6	TMPTMA	0～0.5
增粘树脂	10～30	BPO	0～0.5	其他	1～5

制备热熔胶最简单的工艺是将配方中所涉及的原料加入到搅拌釜中，经加热、熔融、混合均匀即可。热熔胶也可以采用双辊混炼机进行生产。

5.13.4　聚酯和聚酰胺型热熔胶

聚酯来源于二元酸与二元醇，聚酰胺来源于二元酸与二元胺。随着主链上碳原子的增加，聚酰胺的熔点降低，而聚酯的熔点却增加。两者都向聚乙烯的熔点靠近。

很多聚酰胺的三元共聚物可作为热熔胶的基料。它们广泛地用于纤维的黏合等方面。尼龙的吸水性随碳链的增长而降低，偶数尼龙的吸水性低于奇数尼龙的。作为纤维的胶黏剂应耐水洗和干洗。这些胶黏剂的形态有粉末、颗粒、胶膜、丝网和单丝。粉末的胶黏剂加入助剂可分散于水中而应用。

一般熔点介于100～200℃间的高分子量线型饱和聚酯是用于制备热熔胶的聚酯，制造聚酯的催化剂有许多种。催化剂的选择不但取决于单体的种类，而且还取决于胶黏剂的用途。如用于食品包装，则其应符合食品卫生要求。与聚酰胺类似，聚酯的均聚物很少用于热

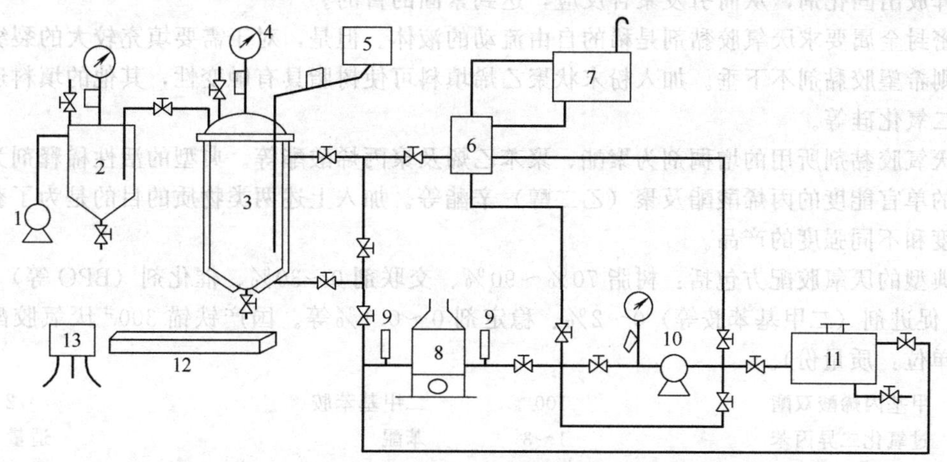

图5-13　服装聚酰胺热熔胶生产工艺示意图

1—真空泵；2—缓冲罐；3—反应釜；4—真空压力表；5—温度显示器；
6—导热油汽液分离器；7—导热油高位槽；8—导热油炉；9—温度计；
10—导热油泵；11—导热油贮罐；12—冷却水槽；13—切粒机

熔胶。

在服装上使用时，聚酯、聚酰胺热熔胶主要制成胶粉，以进一步制造树脂衬。

服装用聚酰胺热熔胶的参考配方为100质量份尼龙-6盐、85质量份尼龙-66盐、150质量份尼龙-1010盐。

按照工厂习惯，合成工艺为一般叙述为：投料→封盖→前抽真空及充氮气→升温升压→保压→放压→保持常压→后抽真空及充氮气→出料切粒→烘干→包装。上述工艺如图5-13所示。

5.14 厌氧胶黏剂

厌氧胶黏剂（anaerobic adhesive），即隔绝空气就自行固化的一类胶黏剂。其由主剂和配合剂组成，主剂是甲基丙烯酸的单酯、双酯、多元酯或改性酯，或是多种单体树脂的混合物。配合剂有引发剂、阻聚剂、促进剂、稳定剂、增黏剂、触变剂、染色剂等。各组分处于精密的平衡之中。一旦平衡被打破，体系立刻产生大量的活性自由基，而迅速聚合固化。

（1）厌氧胶黏剂的化学基础

美国的研究人员在20世纪40年代末期的实验中首先发现了三缩四乙二醇甲基丙烯酸酯在60～80℃及通空气的情况下冷却为液体。但是如果不通空气或把此液体压在显微镜的玻璃片中呈现一薄层时，则很快发生交联，生成固体聚合物材料。

厌氧胶黏剂的化学基础是一对化学反应竞争的结果。

$$P'_n + M \longrightarrow P'_{n+1}$$

$$P'_n + O_2 \longrightarrow P_nOOH$$

式中，P'_n代表单体或聚合物自由基；M为烯类单体；P_nOOH为过氧化物，在自由基生成速度很慢或氧气浓度很高的情况下聚合反应速率很小。在厌氧胶黏剂中，其自由基引发剂——异丙苯过氧化氢的分解速度较慢，较少的氧气就可以与这些自由基进行反应以阻止聚合。当隔绝氧气时，聚合反应迅速发生，而达到粘接的目的。

（2）应用配方

厌氧胶可采用微胶囊技术，使固化剂包裹在微胶囊中，这样在加压过程中，微胶囊被破坏，释放出固化剂，从而引发聚合反应，达到紧固的目的。

密封金属要求厌氧胶黏剂是稀的自由流动的液体。但是，对于需要填充较大的裂缝的场合，则希望胶黏剂不下垂。加入粉末状聚乙烯填料可使树脂具有触变性，其他的填料还可以包括二氧化硅等。

厌氧胶黏剂所用的增稠剂为聚酯、聚苯乙烯及聚丙烯酸酯等。典型的活性稀释剂为低分子量的单官能度的丙烯酸酯及聚（乙二醇）辛酯等。加入上述两类物质的目的是为了获得不同黏度和不同强度的产品。

典型的厌氧胶配方包括：树脂70%～90%、交联剂0～30%、催化剂（BPO等）2%～5%、促进剂（二甲基苯胺等）0～2%、稳定剂0～0.1%等。国产铁锚300#厌氧胶配方如下（单位：质量份）。

甲基丙烯酸双酯	100	二甲基苯胺	2
过氧化二异丙苯	1～3	苯醌	适量

一种耐高温结构厌氧胶的实验室合成方法为：在安装有机械搅拌器、冷凝回流管、温度计、滴液漏斗的500mL的烧瓶中加入TDI（87g，0.5mol），开动搅拌器。缓慢滴加已除过水的一缩乙二醇（26.5g，0.25mol），保持反应温度在40℃以下。当反应物达到一定稠度后加入甲基丙烯酸羟丙酯（108g，0.75mol），且继续在40℃以下反应2h后。当—NCO的质

量分数约等于50%时，再加入甲基丙烯酸羟丙酯（108g，0.75mol）、对苯二酚（0.4g）、二月桂酸二丁基锡（0.2g），让反应自发进行。当反应温度升到80℃后，控制温度在80～95℃，当—NCO的质量分数小于0.05%时，停止反应。趁热倒出，保存到黑色聚乙烯塑料盒中即可。按此方法获得的厌氧胶，在黄铜片上的固化速度为5～8min，在铝片上为10～15min，在不锈钢片上为30min；可在室温下贮存1～2年。

（3）使用工艺

厌氧胶黏剂具有最严格的包装要求。一般在薄壁容器中比在厚壁容器中的贮存稳定性大，在低密度聚乙烯中比高密度聚乙烯中的稳定性大，在小容器中比大容器中的稳定性大。这是因为其连续的耗氧要求所决定的。

厌氧胶黏剂具有低毒性。对皮肤有刺激。因此，在皮肤接触之后，应用水进行冲洗。

与厌氧胶类似的有光敏胶（photosensitive adhesive），其主体成分同厌氧胶一样，只不过其引发剂为光敏引发剂，在一定的光照射下，反应、固化。

5.15 压敏胶黏剂

压敏胶黏剂（pressure-sensitive adhesive）是可以赋予被粘物一层持久性黏膜的胶黏剂。它主要用于生产各种压敏胶黏带，以用于粘接、装饰、保护等许多方面。据统计，压敏胶黏带约占压敏胶市场的60%，标签和转移印花占30%，其余的用于装饰片、保护片、卫生巾、地板砖、各种医药应用、遮阳膜等。

最初的压敏胶黏剂是溶剂型的。现在水基型（乳液）压敏胶黏剂和100%固体成分的热熔压敏胶黏剂占有主要的市场。

5.15.1 压敏胶黏剂的分类、组成

按化学结构，压敏胶黏剂可分为橡胶型和树脂型。橡胶型压敏胶黏剂包括天然橡胶、丁基橡胶、SBS、SIS、无规丁苯橡胶、聚异丁烯和硅橡胶等。树脂型压敏胶黏剂包括聚烯烃类、丙烯酸共聚物类、醋酸乙烯共聚物类和聚乙烯基醚等。按形态及使用特点分，压敏胶黏剂有溶剂型、乳液型及热熔型三种。丙烯酸树脂和SIS是最常用的压敏胶黏剂的聚合物。

压敏胶的组成大致有30%～50%主体化合物、30%～50%增黏树脂、0～10%增塑剂、0～4%填料、0～10%黏度调节剂、0～2%防老剂、0～2%硫化剂等。

5.15.2 压敏胶黏带的构成及黏附特性

压敏胶黏带由压敏胶黏剂、底涂剂、基材、背面处理剂和隔离纸几部分组成，如图5-14所示。如何把各部分很好的组织在一起，涉及到化学、物理、机械等方面的技术。好的压敏胶黏剂必须满足 T（快黏力）$<A$（黏附力）$<C$（内聚力）$<K$（黏基力），如图5-15所示。

快黏力 T：指一种物质在和物体的表面接触时，能立即形成可测量强度的黏附力的性能。快黏力代表了胶黏带的润湿能力或表面黏性。这种能力与所用聚合物的玻璃化温度有关，只有其低到足以润湿被黏物的程度，才能具有这种能力。因此，压敏胶的玻璃化温度都在−20～−60℃之间。

快黏性的测试有两种方法，工业上经常应用的是滚球黏性实验，而研究单位经常应用探针黏性测试。探针黏性测试的数值表示拉开和压敏胶接触的探针所需要的力。通常介绍的测试条件是接触压力为0.01MPa，接触时间为1s，拉开速度为1cm/s。如果在实验时接触时间较长，则对于不同胶黏剂之间的差别就可能观察不到。滚球黏性实验较为简单，在21°30′的一斜面V形槽中的一定距离（6in，1in=2.54cm，下同）上，放入一个直径为7/8in的小球，使之滚到平面的胶黏带试片上，其滚过的距离即代表了快黏力。

快黏力（quick stick）常常被看作与快黏性（tack）等同。胶黏带只靠自身的重量立即黏附在被黏物表面的能力。把胶黏带贴在标准表面上（不施加其他的力，仅靠其自身的压力），以90°角从标准表面上剥开胶黏带所需要的力就是快黏力。

黏附力A：指胶黏带与被粘物进行适当的黏合后所显示出的剥离力。剥离的角度为180°，剥离速度为12in/min。

内聚力C：胶黏剂本身的内聚强度。

黏基力K：胶层与基材之间的黏附力。

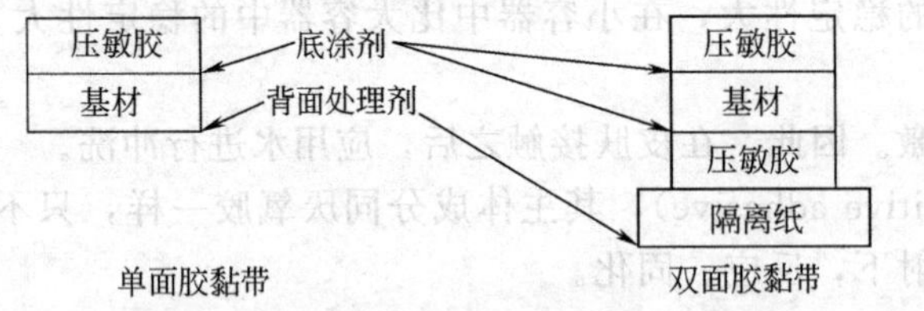

图5-14 单面、双面压敏胶黏带示意图

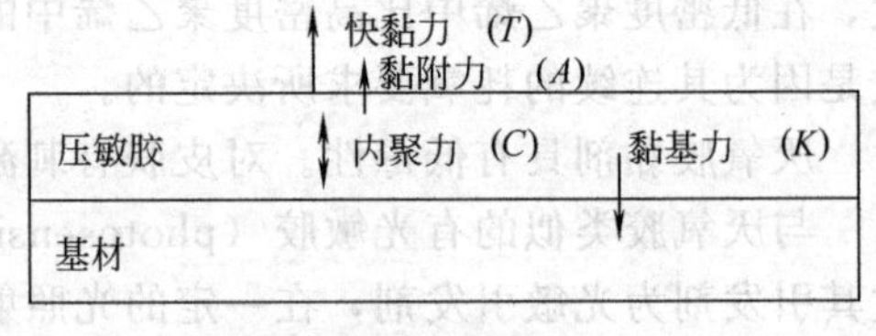

图5-15 压敏胶各种力间的关系

5.15.3 压敏胶黏剂的合成及配制

(1) 丙烯酸酯类压敏胶黏剂的合成

丙烯酸酯类压敏胶黏剂的配方如下（单位：质量份）。

丙烯酸	1	过硫酸铵或过硫酸铵钾	0.2
丙烯酸丁酯	27	碳酸氢钠	1.0
甲基丙烯酸甲酯	2	氨水	适量
十二烷基硫酸钠	0.5	水	60
OP-10	1.0		

合成工艺为：

① 在装有搅拌器、回流冷凝器、温度计的反应釜中加入十二烷基硫酸钠、OP-10、碳酸氢钠和55份水；

② 搅拌、升温至60℃左右，至乳化剂完全溶解；

③ 将所有单体进行混合放入高位单体贮槽中，将引发剂溶解在5份水中也放入高位引发剂贮槽中；

④ 从高位槽中，将5份单体混合物加入到反应器，搅拌均匀后加入2份过硫酸铵或过硫酸铵钾的水溶液；

⑤ 缓慢升温至80℃，控制温度在±2℃之内；

⑥ 然后将剩余单体放入引发剂水溶液，在1.5～2.0h左右滴加完毕；

⑦ 所有物料加入完毕后，继续反应30min，加氨水调节pH值为8～9；

⑧ 降温、冷却即可。

以上述工艺获得的丙烯酸乳液，可不加增黏剂，直接在基材上涂覆，经干燥即为压敏胶黏带。

(2) 橡胶型压敏胶黏剂的配制

① 医用氧化锌橡皮膏　医用氧化锌橡皮膏以天然橡胶为主体化合物，其基本配方如下（单位：质量份）。

天然橡胶(烟片胶)	100	防老剂丁	1.5
氢化松香脂	75	羊毛脂	5
氧化锌	50	甲苯-汽油混合溶剂	适量

将上述配方中除溶剂外的原料进行混炼，然后粉碎胶片，加溶剂溶解，涂覆干燥即为氧化锌橡皮膏。

② 美纹纸用压敏胶　以SBS（1401）为17份、增黏树脂（萜烯树脂、萜烯酚醛树脂和石油树脂的质量比为1∶1∶1）为23份、DBP 8份、甲苯与90号溶剂汽油共50份、防老剂（BZ）1.5份，制得的溶剂型SBS压敏胶黏剂，其外观为淡黄色透明液体，固含量不小于50%，黏度为1.2～1.5 Pa·s，180°剥离强度为0.437kN/m。

上述溶剂型压敏胶若不加溶剂，添加部分脂肪族矿物油为增塑剂，则可制成热熔压敏胶。

内聚强度大，黏性小的上述材料也可以制备成固体的压敏胶块，用于文化用品等方面。

5.16 密封胶

起密封作用的胶黏剂即密封胶（sealing adhesive）。如防止气体或液体的泄漏，防止灰尘、水分的浸入，以及防止机器振动、冲击损伤、隔音、隔热等均属于密封的范畴。

本章所介绍的环氧树脂、聚氨酯、氯丁橡胶、有机硅等胶黏剂均可不同程度地用于密封胶领域。在某种程度上，厌氧胶也是一种密封胶。除上述聚合物外，聚硫橡胶或多硫混合物聚合物、丁腈橡胶、丁苯橡胶等也可作为密封胶。

聚氨酯密封胶、硅酮（聚硅氧烷）密封胶、聚硫密封胶构成了目前高档密封胶的三大品种。

聚氨酯泡沫密封剂主要由多异氰酸酯封端的聚醚预聚物与催化剂、稳定剂、阻燃剂、充填气雾剂、发泡剂等助剂配伍后，密封包装于气雾罐中构成。使用时可瞬时喷注成硬质泡沫，此时体积膨胀三倍以上，可迅速填充密封建筑接缝或空洞。初期主要用于铝合金、塑钢等门窗与墙体间密封以及管道、电线、电话线等穿孔密封；现扩展到冰箱、船舶、屋顶和液化气贮罐、运输工具（－160～60℃）等领域部件的粘接密封，甚至可用作水下电缆保护屏蔽层。它兼有绝缘、吸音、填充、密封等功能。具有粘接性能优良，有弹性和阻燃性，凝固后收缩率小，可在冬季施工；适用于多种建筑材料所需的密封堵漏、保温绝缘、填空补缝、固定粘接，具有使用方便、质轻、固化快等特性。

粘接中空玻璃的双组分聚硫密封胶的一种配方见表5-11。其制造工艺如图5-16所示。

表5-11　双组分聚硫密封胶的组成

主剂	液态聚硫橡胶	JLY-124、JLY-121等	干燥剂	分子筛、氧化钡等
	增塑剂	邻苯二甲酸酯类、氯化石蜡等	增黏剂	酚醛树脂、硅烷偶联剂等
	填充剂	碳酸钙、滑石粉等	延迟剂	硬脂酸、硬脂酸盐等
	触变剂	二氧化硅	促进剂	硫磺、二苯胍、秋兰姆等
	着色剂	钛白粉等无机颜料等		
固化剂	金属过氧化物	活性二氧化锰等	延迟剂	硬脂酸、硬脂酸盐等
	填充剂	碳酸钙、滑石粉等	促进剂	硫磺、二苯胍、秋性姆等
	着色剂	炭黑	增塑剂	邻苯二甲酸酯类、氯化石蜡等

5.17 其他胶黏剂

除以上介绍的胶黏剂品种外，尚有许多很有特点的胶黏剂品种，例如导电胶黏剂、导热胶黏剂、导磁胶黏剂、抗静电胶黏剂、光学功能胶黏剂、光敏胶黏剂、医用胶黏剂、应变胶、制动胶、耐碱胶黏剂、耐高温胶黏剂、耐低温胶黏剂、真空胶黏剂、阻燃胶黏剂、抗菌

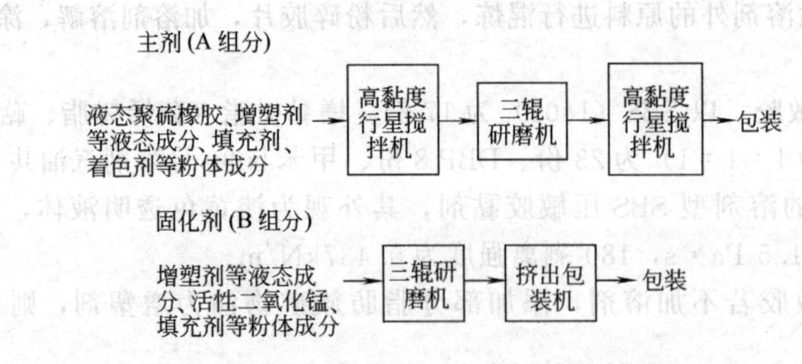

图 5-16 双组分聚硫密封胶的制备工艺流程

胶黏剂等。这些是按其用途进行分类的结果。其用途也就显示了它的应用特性。所有这些，均在国民经济中发挥着重要的作用。

习 题

1. 写出脲醛树脂的反应方程式。
2. 请写出酚醛树脂（三种）的反应条件及最终结构，并写出其固化后的结构。
3. 请画出酚醛树脂的工艺流图及方块流程图。
4. 说明增加聚醋酸乙烯乳液柔韧性与耐水性的措施有哪些？
5. 写出聚乙烯醇缩甲醛、缩丁醛的反应条件及反应方程式。
6. 利用 FOX 公式设计一种三元聚合物，其中含有丙烯酸及其他两种单体，使之玻璃化温度为－10℃。
7. 从玻璃化温度上分析丙烯酸酯胶黏剂的广泛适用性。
8. 按应用方法分丙烯酸树脂可以在哪几类胶黏剂中起作用。
9. 请画出聚醋酸乙烯乳液生产的工艺流程图。
10. 请画出丙烯酸溶液聚合的方块流程图。
11. α-氰基丙烯酸酯的聚合反应属于何种反应？反应方程式如何？
12. α-氰基丙烯酸酯胶黏剂若用于医用，应对其有什么要求？
13. 写出双酚 A 型环氧树脂的反应方程式。
14. 常用的异氰酸酯有哪些？写出异氰酸酯基与羟基、羧基、水、胺、脲、氨基甲酸酯及酰胺的反应式。
15. 写出聚氨酯以过氧化物作交联剂的交联反应过程。
16. 写出或画出氯丁橡胶胶黏剂生产的主要过程，并说明氯丁橡胶胶黏剂中加入 MgO、ZnO 的目的。
17. 说明氯丁橡胶的主要用途。
18. 在氯丁橡胶胶黏剂制备中混炼时的注意事项有哪些？
19. 写出甲基丙烯酸甲酯接枝氯丁橡胶的反应方程式。
20. 除氯丁橡胶之外，说出 1～2 种其他的橡胶型胶黏剂及其用途。
21. 有机硅胶黏剂的主要特征是什么？
22. 从文献中查找作热熔胶的化合物共有哪些？列出文献目录。
23. 说出光敏胶与厌氧胶的区别，并说出光敏胶的几种用途。
24. 压敏胶黏剂中快黏力 K、黏附力 A、内聚力 C 和黏基力 K 的含意及它们之间的关系。
25. 写出淀粉胶黏剂和骨胶的制备方法。
26. 对应用于食品包装的胶黏剂有哪些要求及判断指标？

参 考 文 献

[1] http: //blog. coatingol. com/user1/sy383158135/archives/2006/2006828164436. htm.
[2] 龚辈凡. 中国内地胶黏剂产业现状与发展态势. 新材料产业，2007. 1：45-48.
[3] 柴国梁. 国内外合成黏合剂市场分析和发展趋势. 上海化工，2007. 32 (5)：48-51.
[4] http: //www. a4e. cn/adhesive/article/show. php? itemid-1708/page-1. html.

[5] http：//www. a4e. cn/adhesive/article/show. php? itemid-3836/page-1. html.
[6] 矫彩山，王正平，张伟君．很有发展前途的无机胶黏剂．化学与黏合，1999，(4)：202-203，216.
[7] 张久荣．无机胶和人造板的发展历史及最新技术进展．世界林业研究，1995，(6)：29-31.
[8] 赵希英，贺孝先，王时越等．硅酸盐无机胶黏剂与胶结土壤抗压强度关系的研究．昆明理工大学学报，2001，26 (3)：114-118.
[9] 方继敏，袁绪华．铸造用氧化镁-磷酸盐就胶黏剂耐潮湿性能的研究．粘接，1998，19 (3)：3-6，9.
[10] 刘万章，张在新．α-氰基丙烯酸酯瞬间胶黏剂的现状和展望．中国胶黏剂，2007．16 (2)：41-44.
[11] 杜瑞奎，刘亚青，史建设，张彦飞．常温固化聚丙烯酸酯胶黏剂．山西化工．2006．26 (3)：20-24.
[12] 杨性坤，王建旭，李志宏．溶聚法聚丙烯酸酯胶黏剂的制备理论及应用研究进展．信阳师范学院学报（自然科学版），2003，16 (2)：236-239.
[13] 王德中．环氧树脂生产与应用．北京：化学工业出版社，2001.
[14] 陆辟疆，李春燕．精细化工工艺．北京：化学工业出版社，1996.
[15] 李子东，李广宇，于敏．VAE 乳液及其胶黏剂．粘接，2001，22 (6)：27-30.
[16] 田文玉．服装用聚酰胺热熔胶生产工艺．粘接，2002，23 (1)：22-23.
[17] 张伟鹏，马发城，姚灿杰等．酪素的改性及酪素贴标胶的研究进展．广东化工，2007，34 (2)：37-39.
[18] 张洋，马榴强．聚合物制备工程．北京：化学工业出版社，2001.
[19] 杜茂平，魏伯荣，王熙等．溶剂型氯丁橡胶胶黏剂的研究开发现状．中国胶黏剂，2006，15 (7)：49-53.
[20] 范召东，张鹏，成晓阳等．耐 350℃有机硅胶黏剂的研制．粘接，2005，26 (4)：11-13.
[21] 殷锦捷，王琳．木材封边用 EVA 热熔胶配方及性能研究．化学与黏合，2006 (3)，133-135.
[22] 高波，王绍民．聚硫中空玻璃密封胶的性能及生产工艺．河北化工，2005 (1)：11-13.

第6章　涂　料

6.1　涂料的概述

涂料是指用特定的施工方法涂覆到物体表面后，经固化使物体表面形成美观而有一定强度的连续性保护膜，或者形成具有某种特殊功能涂膜的一种精细化工产品。涂料作为一个工业产品仅有近百年的历史。但是它的应用十分广泛，涉及日常生活及国民经济的各个部门。随着生产的发展，人们对涂料的质量和数量提出了更高的要求，迫切要求生产出品种多、价格低廉、施工简便；无毒无味、干燥快、坚固耐久等特点的涂料，这就促使涂料工业向着减少污染、节省能源的方向发展。我国涂料工业在产量、数量、品种等方面正在突飞猛进。不仅日益满足国内市场的需要，而且在国际市场上也享有很高的声誉。

6.1.1　涂料的功能

涂料是一种流动状态或粉末状态的主要以有机物为成膜剂，可牢固地附着在物体表面上的物质。其主要功能如下。

（1）保护作用

人们日常所接触到的各种用品、工业设备、器具等在空气中容易受到光、热、水分、微生物的作用，遭到侵蚀而被逐渐破坏。如果在这些物体表面涂上涂料，形成一层保护膜，牢固地附在物体表面，可阻止氧气、水分、微生物等对材料本质的侵蚀，从而延长物体的寿命。即使它受到机械外力的摩擦和碰撞而损坏，还可以重新涂上一层，从而保持物体表面完整。

另外，应用于金属的涂料，可通过涂料内部的化学物质与金属反应，使金属表面钝化，该钝化膜能进一步增强防腐蚀效果。

（2）装饰作用

涂料可以比较明显地增加产品外表面的色彩度、光亮度、对比度等，使人感到美丽舒适。

（3）色彩标志

各种工厂使用的化学管道、化工设备、危险品容器、各种压缩气体钢瓶、电线电缆等均可用不同颜色的涂料作为标志，便于操作人员识别。另外道路划线标志也常用不同色彩的涂料来表示前进、停止、危险等信号，以此保障交通安全。

（4）特殊作用

例如压电涂料，可用于远洋轮船的船底，一旦海洋中的微生物附着时，该涂料由于受到外来力的作用，就产生一定量的电流，从而刺激海洋生物，使之逃离，不再附着于船底，于是轮船航行速度不再受到影响，而且船底腐蚀性也减弱，延长了其寿命。

其他电子工业用导电涂料、在潮湿环境下使用的防潮涂料、吸收雷达波涂料、医院用杀菌涂料等，都是在某些特殊环境下，使用的专门性涂料。

6.1.2　涂料的发展

从涂料的发展历史来看，我国在公元前2000多年，就已经从野生漆树收集天然漆，用来装饰器皿。古埃及人也知道用树胶等作涂料制作色漆来装饰物件。但是涂料工业的迅速发展则是近百年来的事情。

初始的涂料以天然树脂、干性植物油为成膜剂，生产量受到限制。到20世纪20年代出现了酚醛树脂之后，才改变了涂料完全依赖天然树脂材料的局面。20世纪30年代出现的醇酸树脂进一步使涂料从油树脂类进入到合成树脂阶段，从而逐步发展到目前的18大类涂料。以建筑涂料为例，我国古代劳动人民就知道用红土、黏土等装饰建筑物。其中石灰作为建筑涂料历史最久，用量最大，其具有的价格低廉、墙面洁白、具有一定的杀菌功效，使人们仍在不同程度地使用它。20世纪50年代，国内的建筑外墙常用水刷石或喷浆装饰，真正涂料装饰很少；而内墙涂料常用石灰浆来装饰。20世纪60年代，我国建筑涂料常用醋酸乙烯乳胶涂料，到20世纪70年代开始用丙烯酸类乳胶涂料。建筑涂料目前正在向抑菌、耐擦洗等功能涂料方向发展。

6.1.3 涂料的组成

按组成，涂料由成膜物质、颜料、溶剂、助剂等组成。

成膜物质包含各种油脂和树脂，是构成涂料的基础物质，它可以单独成膜，也可以黏结颜料等物质成膜，所以又称固着剂，也有称为漆料、基料或漆基。成膜物质既有天然的（如动物油、植物油、树油等），也有人工合成的（如酚醛树脂、丙烯酸酯等）。

各种颜料具有构成漆膜色彩，增加漆膜硬度，隔绝紫外线破坏，提高涂料耐久性能的功能。

涂料用助剂包括催干剂、润滑剂、悬浮剂、流变剂、防沉剂、催干剂、抗结皮剂、防污剂、防霉剂、杀菌剂、消光剂、增光剂、乳化剂、分散剂、消泡剂等许多种，一般用量不大。

溶剂在涂料中也称为稀释剂。稀释剂在涂料中占有很大比例，但在涂料成膜后全部挥发，故称为挥发分。留在物面上不挥发的油脂、树脂、颜料、助剂等统称为涂料的固体分。以有机溶剂作为稀释剂的称为溶剂型涂料，而以水为稀释剂的涂料称为水性涂料。

6.1.4 涂料的分类和命名

涂料的分类方法有很多，例如按涂料的用途来分类有建筑用涂料、汽车用涂料、电气绝缘用涂料、工业设备用涂料、船舱用涂料等。按涂料的光泽分类有高光型或有光型涂料、丝光型或半定型涂料、无光型或亚光型涂料。按涂刷部位分类有内墙涂料、外墙涂料、地坪涂料、屋顶涂料、顶棚涂料等。按涂料的特殊性能分类有建筑涂料、防腐涂料、汽车涂料、防露涂料、防锈涂料、防水涂料、保湿涂料、弹性涂料、导电涂料、阻燃涂料等。按形成膜的工序来分类有直接涂在底材上的涂料，中间涂料，面层涂料。按成膜物质的分散形态来分类有溶液型涂料、粉末涂料、水乳胶型涂料、分散型涂料、无溶剂涂料等。按施工方法来分类有刷用涂料、喷涂涂料、流化床涂料等。

原化工部于1967年制订了涂料命名分类原则，1975年、1981年又分别作了修订，现将主要规定分述如下。

(1) 分类命名原则

涂料分类主要以成膜物质为基础，若成膜物质为混合树脂则按起决定作用的一种树脂作为分类基础。如以酚醛树脂为主要成膜物质的称为酚醛树脂漆类，氨基树脂与醇酸树脂合称为氨基树脂漆类（因氨基树脂起主要作用）。涂料命名中尽量采纳了能表示出其形态、用途和用法等我国已习惯的名称，如清漆、防锈漆、烘漆等作为基本名称，具体表示如下。

颜色或颜料名称＋主要成膜物质名称＋基本名称＝涂料全名

例如：红色＋醇酸树脂＋磁漆＝红醇酸磁漆。主要成膜物质的名称，可用一种树脂名称，必要时用两种树脂名称，如环氧酚醛清漆。成膜物质名称和基本名称之间，必要时可标明专业用途、特性等。凡须烘烤干燥的漆，名称中都有“烘干”或“烘”字样。

(2) 型号组成和含义

涂料的组成和含义如同其他工业产品一样，其型号是一种代表符号。一般有三个组成部分，第一部分表示涂料类别，用汉语拼音字母表示；第二部分是基本名称，用两位数字表示；第三部分为序号，用自然数顺序表示；第二部分与第三部分之间用短线连接，把基本名称与序号分开。例如，油性调和漆的序号是“Y03-1”。Y是主要成膜物质“油脂”的汉语拼音字“You”的首位字母；“03”代表基本名称调和漆，“-1”代表调和漆的一种规格，与“-5”、“-2”、“-3”有所区别。又如醇酸磁漆的型号有“C04-2”和“C04-42”等。“C04”都是指醇酸磁漆，但“-2”和“-42”就有所不同了，前者的组成为甘油醇酸树脂，后者是指季戊四醇酸树脂，其耐候性比前者要好，因而用序号把它们区别开来。

各种涂料品种规格都按以上原则归类编号，凡组成、性能、用途相同者，为同一型号；组成、性能、用途不同者，为另一型号。一个型号代表一个品种，不会重复，这样就为设计、生产、使用、经营提供了方便。只要说明涂料型号及颜色，就可以在各地顺利地组织生产或选购到符合要求的品种。即使不能获得预定型号，也便于寻找代用型号。

辅助材料的型号是由种类和规格两部分组成。用汉语拼音作为种类代表，以自然数作为规格代表，字母与数字间用短线连接。如“X-1”硝基漆稀释剂，“X”表示稀释剂，“-1”表示稀释剂的一种规格；“X-3”代表过氯乙烯漆稀释剂；“F-1”表示硝基防潮剂；“F-2”表示过氧乙烯防潮剂。

按照上述原则，可把涂料类产品分成以下18大类，其中命名代号用汉语拼音字母表示。

① 油脂，Y，如天然植物油、清油、合成油。

② 天然树脂，T，如松香及其衍生物、动物胶、大漆及其衍生物。

③ 酚醛树脂，F，如酚醛树脂，改性酚醛树脂、二甲苯。

④ 沥青，L，如天然沥青、煤焦沥青、石油沥青。

⑤ 醇酸树脂，C，如甘油醇酸树脂、改性醇酸树脂、季戊四醇酸树脂。

⑥ 氨基树脂，A，如三聚氰胺甲醛树脂、聚酰亚胺树脂。

⑦ 硝基纤维素，Q，如硝基纤维素、改性硝基纤维素，多彩涂料就属于这类。

⑧ 纤维酯、纤维醚类，M，如乙酸纤维、乙基纤维、羧甲基纤维、乙酸丁酸纤维。

⑨ 过氯乙烯树脂，G，如过氯乙烯树脂、改性过氯乙烯。

⑩ 烯类树脂，X，如氯乙烯共聚树脂、聚乙烯醇缩醛树脂、聚二乙烯乙炔树脂、含氟树脂、聚苯乙烯树脂、氯化聚丙烯树脂、石油树脂。

⑪ 丙烯酸树脂，B，如丙烯酸酯树脂及其改性树脂。

⑫ 聚酯树脂，Z，如饱和聚酯树脂、不饱和聚酯树脂。

⑬ 环氧树脂，H，如环氧树脂、改性环氧树脂。

⑭ 聚氨基甲酸，S，如聚氨基甲酸酯。

⑮ 元素有机聚合，W，如有机硅等元素有机聚合物。

⑯ 橡胶漆，J，如天然橡胶及其衍生物、合成橡胶及其衍生物。

⑰ 其他类，E，如无机锌粉涂料、无机防火涂料等。

⑱ 涂料用辅助材料。

a. 固化剂，H，如乙二胺为环氧树脂固化剂。

b. 稀释剂，X，如甲苯、二甲苯、松香水、汽油。

c. 防潮剂，F。

d. 催干剂，C，如环己酮等。

6.1.5 涂料中常用的颜料

(1) 体质颜料

体质颜料又称填料，是基本没有遮盖率和着色力的白色或无色粉末。常用的有碳酸钙、硫酸钙、重晶石（天然硫酸钡）、石英粉、瓷土粉等。

(2) 防锈颜料

防锈颜料包括物理防锈颜料，如氧化铁红、石墨、氧化锌、铝粉等；化学防锈颜料，如红丹、锌铬黄、磷酸锌、锌粉、铅粉等。

(3) 着色颜料

着色颜料主要起显色作用，可分为白色、黄色、红色、蓝色、黑色五种基本色，通过基本色可调配出各种颜色。具体的着色颜料包括白色，如钛白粉（TiO_2）、锌白（ZnO）、锌钡白（$ZnS\text{-}BaSO_4$）等；黑色，如炭黑、石墨、铁黑、苯胺黑等；黄色，如铬黄、铅铬黄、镉黄等；红色，如朱砂、银朱、铁红等；金色，如金粉、铜粉等；蓝色，如铁蓝、普鲁士蓝、孔雀蓝等；银白色，如银粉、铅粉、铝粉等。

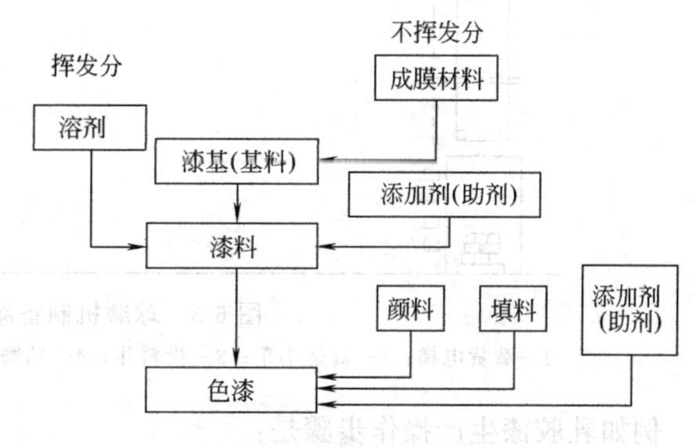

图 6-1 色漆组成示意图

不含颜料的透明涂料称为清漆；含有颜料的不透明涂料称为色漆（如磁漆、调和漆、底漆）；加有大量体质颜料的稠厚浆状涂料称为腻子。

6.1.6 涂料生产的基本知识

涂料的生产过程包括原料准备、分散、混合、测试、校正、调整、过滤、包装等。色漆组成如图 6-1 所示，砂磨机制备涂料工艺流程可参见图 6-2，球磨机制备涂料工艺流程可参见图 6-3。

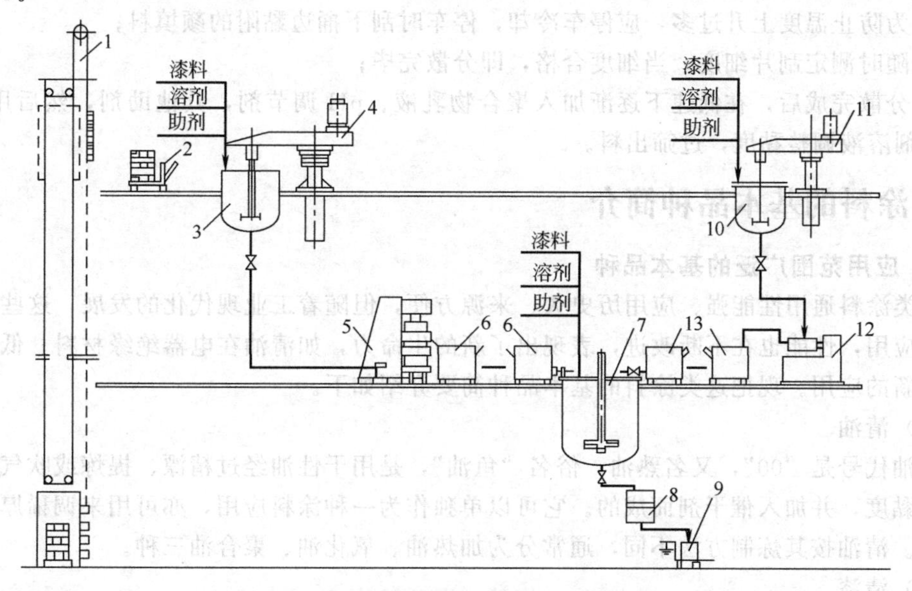

图 6-2 砂磨机制备涂料工艺流程图

1—载货电梯；2—货运小车；3—预混合罐；4—高速分散机；5—砂磨机；6—移动式漆浆盒；7—调漆罐；8—振动筛；9—磅秤；10—预混合罐；11—高速分散机，12—卧式砂磨机；13—移动式漆浆盒

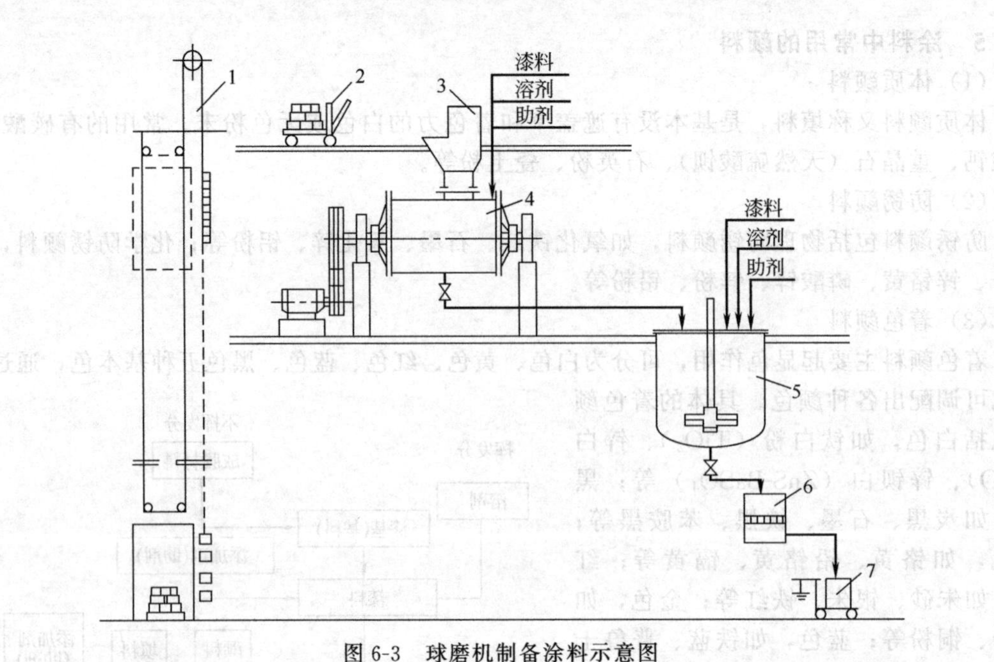

图 6-3 球磨机制备涂料示意图

1—载货电梯；2—货运小车；3—投料斗；4—球磨机；5—调漆罐；6—振动筛；7—磅秤

例如乳胶漆生产操作步骤是：

① 将水放入高速搅拌机中，在低速下依次加入杀生剂、成膜剂、增稠剂、颜料分散剂、消泡剂、润湿剂；

② 混合均匀后，将颜料、填料用筛慢慢地筛入叶轮搅起的漩涡中；

③ 加入颜填料后不久，研磨料渐渐变厚，此时要调节叶轮与调漆桶底的距离，使漩涡成浅盆状；

④ 加完颜填料后，提高叶轮转速至轮沿的线速度 1640m/min；

⑤ 为防止温度上升过多，应停车冷却，停车时刮下捅边黏附的颜填料；

⑥ 随时测定刮片细度，当细度合格，即分散完毕；

⑦ 分散完成后，在低速下逐渐加入聚合物乳液、pH 调节剂，其他助剂，然后用水和/或增调剂溶液调整黏度，过筛出料。

6.2 涂料的基本品种简介

6.2.1 应用范围广泛的基本品种

这类涂料通用性能强、应用历史久、来源方便，但随着工业现代化的发展，这些品种有了新的应用，性能也在不断改进，表现出了新的生命力，如清油在电器绝缘材料、低介电容中获得新的应用。现把这类涂料的基本品种简要介绍如下。

(1) 清油

清油代号是“00”，又名熟油，俗名“鱼油”，是用干性油经过精漂、提炼或吹气氧化到一定的黏度，并加入催干剂而成的。它可以单独作为一种涂料应用，亦可用来调稀厚漆、红丹粉等。清油按其炼制方法不同，通常分为加热油、氧化油、聚合油三种。

(2) 清漆

清漆的代号是“01”，它和清油的区别是组成中含有各种树脂，主要用于外层罩光。其分为下面两种。

① 清基油漆 该漆是用油脂与树脂熬炼后，加入溶剂等而成，俗名凡立水。常见的品种有酚醛清漆。

② 树脂清漆 该漆又名叫溶剂性清漆。它的成膜物质中一般只有树脂和增韧剂（有的不合增韧剂）。常见的品种有醇酸、氨基、环氧、硝基、过氯乙烯等清漆。其优点是漆膜坚韧、光亮、耐磨、抗化学药品性好。缺点是漆膜弹性差。主要用于色漆罩光，它们大多数是用酯类、酮类、苯类、醇类作为溶剂，都是易燃危险品，应特别注意防火。

（3）厚漆

厚漆代号是“02”，俗名“铅油”，是用着色颜料、大量体质颜料和10％～20％精制干性油或大豆油，并加入润湿剂研磨而成的稠厚浆状物。厚漆使用时，必须加入清油或清漆、溶剂、催干剂等进行调和。

（4）调和漆

调和漆的代号是“03”，是已经调好的可直接使用的涂料，也称“调和漆”。它是以干性油为基料，加入着色颜料、溶剂、催干剂等配制而成。基料中可加入树脂，也可不加树脂，没有树脂的叫油性调和漆，含有树脂的叫磁性调和漆。在统一命名中，按所含树脂而分别称为酯胶调和漆，酚醛调和漆、醇酸调和漆等。调和漆中树脂与干性油的比例一般在1∶3以上。如果树脂与干性油之比为1∶2或树脂更多时，则称为磁漆。油性调和漆漆膜柔韧，容易涂刷，耐候性好。但光泽和硬度较差，干燥慢。调和漆分为有光、半光、无光三种。

（5）磁漆

磁漆代号是“04”，它和调和漆不同的是漆料中含有树脂较多，并使用了鲜艳的着色颜料，漆膜坚硬耐磨。光亮、美观，好像瓷器，故称磁漆。用什么树脂制成，就称什么磁漆。大致有三种分类方法。

① 按装饰性能分为有光磁漆、半光磁漆、无光磁漆。

② 按使用场所划分为内用与外用两种。

③ 漆料中含有干性油的酯胶、酚醛磁漆等，统称油基磁漆。靠油剂挥发干燥成膜的硝基、过氯乙烯、热塑性丙烯酸磁漆等，统称挥发性磁漆。

6.2.2 具有专用施工方法的基本涂料品种

（1）粉末涂料、烘漆

① 粉末涂料 以“05”为代号，是无溶剂涂料的一种，是由固体树脂、颜料、固化剂、流平剂等混合制成的细粉状涂料。使用时采用流化床或静电流化床施工，使粉末附着在工件上，然后进行烘烤成膜。其优点是不用溶剂，一次成膜，损耗少，漆膜较均匀，储存稳定，如H05-1、H05-2环氧粉末涂料等。

② 烘漆 又称烤漆、烘干漆等。这里所说烘漆，只限于烘烤磁漆，主要是氨基烘漆，也包括烘烤成膜的醇酸、环氧、丙烯酸等磁漆。需要烘烤成膜的清漆底漆、绝缘漆等，因为已分别归于其他名称之中，不属此类。

所谓烘漆，是指必须经过一定温度的烘烤，才能干燥成膜的涂料品种。其在常温下不起反应，只有经过烘烤才能使分子间的官能团发生交联而成膜。经过烘烤的涂膜，其分子结构更加严密，耐久性、耐酸性、耐碱性等更好。

（2）底漆

底漆的代号是“06”。它是作为物面打底用的涂料，是面漆与物面之间的中间涂层。由于面漆价格高，填充性能差，而底漆不美观，耐候性差，所以物面若只涂一层是不能很好地完成涂料的功能的，故一般先涂底漆，再罩面漆。不但经济实惠，而且美观漂亮。

（3）腻子

腻子代号是“07”，又叫填泥，是由大量体质颜料和较少的漆料或催干剂组成的糊状物。用于打磨后的头道底漆和二道底漆之上，可以刮擦、刷涂，以填补缺陷，形成平滑的表面。

(4) 水溶漆、乳胶漆、电泳漆

水溶漆、乳胶漆、电泳漆统称为水性漆，它们的代号分别是“08”、“12”、“11”。其特点是，用水作稀释剂，无毒、无味，不易燃，溶剂价格低，保障了施工安全和人体健康，符合现代环保要求。

(5) 大漆

大漆的代号是“09”，是由天然生漆精制或改性制成的漆类的统称。含有杂质的生漆，一般为坯生漆，过滤除去杂质以后称为净生漆。

用生漆为原料，采用不同方法进行精制或改性，可制得不同性能和用途的品种。

① 用净生漆加水可制成一种称为揩漆的漆，用于揩涂红木家具。

② 用净生漆和熟油可配制成一种称为油基大漆的漆，俗称广漆或金漆、笼罩漆。主要用于木制家具的涂饰和装饰。

6.3 油脂涂料与天然树脂漆

6.3.1 油脂涂料的性能和用途

(1) 油脂涂料的定义与性能

单以干性油为成膜材料的涂料，代号用“y”。油脂涂料价格低廉，使用方便，涂膜耐候性好，对底基渗透力强，是人们使用较早、应用范围较广泛的涂料品种之一。油脂涂料主要包括清油、油性厚漆、油性调和漆。也有人把油脂漆类，统称为油性涂料。

油脂涂料的主要优点是：①涂刷性能好，漆膜柔韧，耐候性优良，它对钢材和木材表面均有良好的润湿性能；②生产简单，通常是干性油加助剂熬制而成；③施工方便，油性涂料适合于各类施工方法。广泛用于建筑、维修及其他要求不高的涂装工程。

油性涂料的主要缺点是干燥缓慢，不适宜流水作业，漆膜不能打磨抛光，水膨胀性大。其光泽、硬度、耐碱性均不及树脂漆类。

(2) 碘值及其应用

100g 油中，所能吸收碘的质量（g）称为碘值。碘值是油性涂料的一项重要物理化学指标，它反映油脂不饱和键的数目多少。在使用上可根据脂肪酸的不饱和程度，划分为干性油、半干性油和不干性油。

在脂肪酸的化学结构中，相邻碳原子化合价得到满足的，叫饱和脂肪酸，其结构用“C—C”单键表示；碳原子的化合价没有得到满足的，叫不饱和脂肪酸，用“C═C”双键表示。脂肪酸中加入碘后，碘可与不饱和脂肪酸中的双键发生加成反应，其反应式如下。

$$R-CH=CH-C(=O)OH + I_2 \longrightarrow R-CHI-CHI-C(=O)-OH$$

因此，油脂中含有双键的多少，即不饱和程度的高低，可用碘值来表示。通常，碘值在 130 以上的油脂，当涂成一层薄膜后，可以自行干结成膜，故称为干性油，如桐油、亚麻仁油、梓油等；碘值在 100 以下不能自行干结成膜，称为不干性油，如蓖麻油，花生油等；碘值在 100～130 之间的，称为半干性油，如豆油，棉籽油等，其干性介于上述两者之间。

(3) 油性涂料的主要油脂类型

用于油性涂料的油脂，有植物油、动物油和近年来发展起来的氧化矿物油。

① 桐油　桐油是一种很好的干性油，含有三个共轭双键，具有易氧化、聚合具有干燥

快的特点，用它制成的涂料具有膜坚韧、脱水性好等优点。但单独使用桐油或用量较多时，往往会使漆膜起皱失光，早期老化，失去韧性。为了克服这些缺点，经常与其他干性油共同炼制使用。

② 亚麻油　也叫胡麻油。它的干性稍差于桐油和梓油，制成的涂膜柔韧性、耐久性较桐油好，不易老化，但耐光性较差，易变黄，不宜制造白漆。

③ 梓油　梓油俗称青油。它是由乌柏子仁经压榨而得，不能食用，过去常用来点灯。它的干性比亚麻油好，用它制得的漆膜坚韧，泛黄性比亚麻油小，可用于制造白色涂料。

④ 豆油　豆油是半干性油，其碘值是115，用于制造醇酸树脂漆、白色漆等。

⑤ 蓖麻油　蓖麻油的碘值在81～91之间，属不干性油，多用于制造不干性醇酸树脂，在氨基、硝基、过氧乙烯等漆类中使用。蓖麻油经高温脱水，可制成脱水蓖麻油，具有干性漆的性质，干性比亚麻油快，漆膜不易泛黄，但发黏时间稍长。

⑥ 松浆油　松浆油又称妥尔油或塔尔油，可从亚硫酸法造纸废液中提取。提取的方法是酸化并蒸馏造纸废液。粗松浆油是黑褐色的浓稠液体，组成因产地而异，一般含松香酸30%～38%，脂肪酸40%～50%，酸价180，碘值140，还含有水和皂化物等杂质。用松浆油制成的漆的涂膜硬度、附着力和光泽性均较好，但颜色稍深，在生产浅色漆方面受到一定的限制。

⑦ 其他植物油脂　各种植物油经过精漂，除去有害杂质后，可根据需要，按不同的油种比例和工艺条件进行高温熬炼，使其发生氧化、聚合、加成等化学反应，促使分子量增大，纯度提高，这样即可制得各种性能不同的熟油或通称为油脂漆的基料。

在涂料工业中，不同的油脂漆料加入催化剂或溶剂，即制得清油。如果把基料与颜料研磨，再加入其他辅助材料，即成为各色油性调和漆、油性防锈漆及油性厚漆等。

6.3.2　油脂涂料的制备配方实例

油性涂料品种繁多，经常使用的就有几十个品种，现仅介绍几个品种的制备、配方。

(1) 厚漆

厚漆是一种稠厚油性色浆，它是以亚麻油或其他干性油为基料加入颜料和体质颜料，经混合搅拌及辊磨研细而成。厚漆生产通常可用生油或熟油，为了辊磨易于流过，改进漆膜流平性，适当加入一定量低黏度聚合油也是必要的。

厚漆的制造及配方比较简单，主要由油料、颜料、体质颜料三种组分配成，其配方（质量比）可参考表6-1。由表6-1可以看出，厚漆的主要特点是含颜料少，含体质颜料多，油料多用生油，故漆膜状态不能令人满意。施工时须兑入青油、熟桐油或清漆，加入适量催干剂而作为色漆涂刷。因其价格便宜，一般房屋建筑仍使用。在白色厚漆中，如用氯化铅和不同体质颜料可制成含铅白厚漆，户外耐候性较好。

关于厚漆的配制，实践经验十分重要。影响厚漆使用性能因素固然很多，但起主导作用的因素应当属于干性油本身的性质。在各种性质中，对涂料影响较大的有以下几种。

① 黏度　表示油脂的氧化与聚合情况，直接影响涂料的黏度。

② 酸值　中和1kg试样所用氢氧化钾的质量（g）（实质上为油脂中游离酸含量）。它标志油脂的新鲜程度，通常是酸值越低越好。

③ 碘值　油脂的干燥性能，油脂碘值越高，干燥性能越好。

④ 皂化值与酯值　皂化值是中和1g油中全部脂肪酸所耗用的氢氧化钾质量（mg）。它和酯值、酸值存在如下关系。

皂化值＝酸值＋酯值

表 6-1 厚漆制造用料配比 单位：%（质量分数）

用 料	红色	黄色	蓝色	白色	黑色	绿色	铁红	中灰
油料	15	13	13.6	12.6	17.6	13.2	14.0	12.4
颜料	5.2	18.5	9.5	57.7	4.0	12.8	20.0	50.0
体质颜料	79.8	68.5	76.9	29.7	78.4	74.0	66	37.6

(2) 油性调和漆

涂料中完全是由干性油而不加任何树脂的产品称为油性调和漆。油性调和漆的油料是亚麻油聚合油、梓油聚合油、熟亚麻油或其他熟油等。

油性调和漆的配方原则（质量分数），以白色油性调和漆为例，举例如下。

氧化锌或含铅氧化锌（包括其他白色颜料） 45%～50%

油料 30%～40%

助剂 15%～20%

其他颜色的原则配方，油性调和漆的主要质量指标及配方实例，分别见表 6-2 和表 6-3。

表 6-2 油性调和漆配方（原则配方） 单位：%（质量分数）

原 料	红 色	白 色	黑 色	绿 色
油料	64.5	42	67.5	68.5
颜料	6	50.23	3	16.0
体质颜料	20		21.0	10.0
催干剂	4.5	1.4	3.5	3.5
溶剂	5	6.37	5	2.0

表 6-3 油性调和漆质量指标

检验项目	指 标	检验项目	指 标
漆膜颜色及外观	符合要求色差	实干/h	≤24
黏度	70～120	细度/μm	≤40
表干/h	≤10	遮盖力/(g/m²)	红黄≤180，蓝≤30，黑≤10，白≤220

6.3.3 天然树脂漆类

天然树脂漆的分类号为“T”。它的主要成膜物质是天然树脂，包括松香及其衍生物、大漆及其衍生物、虫胶、动物胶、石油树脂等，其中应用最广泛的是松香及其衍生物或称改性松香。

(1) 天然树脂涂料的特点和用途

天然树脂涂料干燥速度快，力学性能、硬度与光泽度比油性涂料好，并且原料易得，价格低。其缺点是耐久性差，易失光粉化，故多用于质量要求不高的木器家具、民用建筑、金属制品等物面。这类涂料可用10%左右的松节油或200#溶剂油稀释，贮存期一般1～3年。

天然树脂虽无明显的熔点又不溶于水，但在受热时会软化、熔融，能溶于一般有机溶剂中。常用的天然树脂有天然松香、虫胶、沥青，使用最多的是松香。但松香很少直接用于制漆，因为以松香与植物油直接炼制的油漆比较软而发黏，耐光性能很差，漆膜与水作用后往往会永久性变白，并很快地受气候、摩擦或碱的作用而破坏。这些缺点一部分是由于松香的脆性引起的，另一部分是由于它的酸值高和易被氧化特性所引起的。

(2) 虫胶和大漆

① 虫胶漆 虫胶是目前广泛使用的动物天然树脂。它是寄生态树枝上的虫胶虫的分泌物，经过采集、加工精制而成片状或颗粒状，也叫漆片或紫胶。把虫胶溶于 4 倍的 95%乙

醇钠中，再根据需要加入各色醇溶颜料，而制成透明有色的虫胶漆。

虫胶漆的特点是干得快，漆膜坚韧光滑，成膜性能好，附着力好，有良好的绝缘性能。缺点是遇水或遇热容易变白，且易分解。我国的云南、贵州、四川、两湖、两广等省有少量生产。国外产地有印度、缅甸、越南、泰国等。

虫胶漆作为绝缘漆可用于介电云母、变电器等。虫胶漆涂刷方便，1～2h 内可涂刷数次，且可打磨、抛光使漆面光亮均匀。

② 大漆　大漆即天然漆，一般称为生漆、国漆或土漆。从漆树中取出来的乳白色浆汁，由于产地不同，成分各异，一般含漆量约 30%～70%，它是生漆的主要有效成分，漆酶是促进生漆氧化聚合成膜的重要成分，约占 10%以下，此外还有树脂质及水分等。

大漆及其改性涂料，具有独特优良的耐久性、耐酸性、耐溶剂性、耐磨、耐腐蚀、附着力强、漆膜坚固、光泽好等优点。缺点是不耐强碱及强氧化剂，干燥时间较长，毒性大，施工时接触人皮肤可致过敏，来源也受一定限制。大漆用汽油或松节油为溶剂，贮存期为一年。改性大漆的毒性大大减少，贮存也较稳定。

6.3.4 天然树脂漆类的制备配方实例

天然树脂漆种类繁多，制备原则、方法前面已说明。

现举几个实用配方，列于表 6-4 和表 6-5。

表 6-4 酯胶调和漆参考配方　　单位：%（质量分数）

原　料	红	黄	蓝	白	绿	铁红	中灰
调和料及聚合油	62.2	58.2	55.7	41.2	58.7	63.3	48.9
颜料	5.2	18.6	13.6	51.5	10	13.7	34.6
体质颜料	27.0	24.4	23.9		25.8	18.2	12.7
催干剂	0.8	0.8	0.8	0.3	0.8	0.9	0.7
200# 漆溶剂调稀用	3.9		6	7.0	4.7	3.9	3.1

表 6-5 磁性调和漆实际配方　　单位：%（质量分数）

原　料	白	红	黄	黑	蓝
锌钡白	40	—	—	—	9.5
大红粉	—	6.4	—	—	—
中铬黄	—	—	20	—	—
炭黑	—	—	—	3.2	—
铁蓝	—	—	—	—	6.0
沉淀硫酸钡	5	31	15	36	22.5
重质碳酸钙	5	7.6	10	5.8	7
调和漆料	24.7	27.1	32.5	30.8	35.5
聚合梓油	10	13	7	15	8
200# 油漆溶剂油	14	14	14	8	10
环烷酸钴液	0.3	0.5	0.5	0.4	0.5
油酸锰液	0.3	0.4	1.0	0.8	1.0
油酸铅液	0.7	—	—	—	—
PVC 值/%	30.6	34	30.3	27	34.5

应当指出，在多数天然树脂涂料配方中都要用到聚合油。制造聚合油的方法很多，常用的方法有三种：第一种是把油脂加热到 75～120℃，通入空气，使油脂自身发生氧化聚合反应；第二种方法是把油脂和催干剂共热，即把油脂与金属氧化物或金属盐共热到 230～270℃，使金属与油脂中的脂肪酸反应生成金属皂；第三种是把催干剂加到油中在 95～

120℃共热并吹入空气。

目前，天然树脂一般要经过改性或与合成树脂并用，使天然树脂漆的性能得以改善。表6-6和表6-7列举了这方面的配方供参考。

表 6-6 外用油基树脂漆

名　称	质量分数/%	名　称	质量分数/%
改性干性油	16.0	辛酸钴	0.3
油溶型热塑性酚醛树脂	38.4	辛酸锰	0.1
溶剂汽油	42.0	锆铬络合物	0.8
异丙醇	2.4		

表 6-7 木建筑底漆

原　料　名　称		质量分数/%
颜料	金红石型二氧化钛	16.30
填料	硅酸镁	34.60
树脂	70%固含量的长油度豆油季戊四醇酸和50%固含量中油度间苯二甲酸	18.20
添加剂颜料分散剂	大豆卵磷脂	0.25
防沉淀剂	硼通	0.25
防霉剂	2-(4-噻唑基)-苯并咪唑	0.10
防结皮剂	甲乙酮亏	0.15
干燥剂	辛酸钴	0.15
	锆配合物	0.40
溶剂	乙醇	0.10
	松香水	17.40

6.3.5 沥青漆类与制备配方实例

沥青漆属于天然漆类。但就其性质、应用、制备、原料来源等方面又与其他天然漆类有较大差别。所以专门讨论。

沥青代号为“L”，以沥青为主要成膜物质。沥青涂料有悠久的使用历史，它具有施工方便、原料来源广、价格低、突出的防水性等优点，因而在涂料中占有一席之地。

由于沥青来源不同，组成不同，所制备的涂料性质和用途也有差别。

(1) 沥青涂料的特点和用途

沥青涂料比较突出的特点有以下几个方面。

① 优异的耐水性与绝缘性　沥青涂料在各种涂料中，其耐水性能直到目前为止仍是首屈一指的。例如建筑物的地下施工体系、铁道枕木、公路路面等都是由于沥青的耐水性所决定的。

沥青是热和电的绝缘物质，它的电导率和传热系数非常低。可用于电器绝缘与隔热方面，例如电池封顶，绝缘瓷瓶的封闭，沥青涂纸作绝缘电器、电阻、电容、导线漆皮管，冷库保温涂层等。

② 优良的防化学腐蚀性能　沥青涂料的耐酸、耐碱性较好，各种腐蚀性气体对沥青均无明显的作用。因而常用沥青涂刷抗化学腐蚀性的管道、容器。

③ 装饰性能　沥青涂料质地黑，与其他油漆适量配合能形成坚韧黑亮的漆膜。可用于自行车、缝纫机以及多种五金零件的漆膜。

沥青涂料的缺点是颜色深，缺少浅色漆，耐候性差，不宜直接暴露于室外，容易渗色而使其他色漆变黑。用石油沥青和天然沥青制成的漆类，一般可用200#溶剂油稀释，用煤焦油制成的沥青漆类，多用重质苯、二甲苯作稀释剂。

沥青漆性能比较稳定，贮存期为两年。

(2) 沥青涂料的分类

沥青涂料按其成膜物质成分，分为以下几种。

① 纯沥青漆　纯沥青漆是用一种或两种沥青溶于200#溶剂油中制成，一般称为黑沥青漆。它是挥发性漆，广泛用于涂装不和日光接触的金属器材、车辆底盘、地下管道等。

② 沥青树脂漆　在沥青中加入松香、酚醛等树脂炼制的漆称沥青树脂漆。比纯沥青漆提高了硬度和光泽，但性脆不耐日晒。

③ 沥青油脂漆　石油沥青或天然沥青以及它们的混合物与干性油制成的漆称为沥青油脂漆。沥青油脂漆的耐候性、耐光性均比无油者好，由于沥青在油中起抗干作用，故干燥性能下降，随着油脂的加入，耐水性也有所下降，但经烘烤后可弥补其不足。

④ 沥青油脂树脂漆　沥青与油和树脂联合制得的涂料，成膜物质中沥青仍占优势的称为沥青油脂树脂漆。由于树脂不同（甘油松香、顺酐松香、酚醛树脂、氨基树脂等），所以品种繁多，性能也有差别。加入干性油和各种树脂，漆膜的柔韧性、附着力、硬度、机械强度、外观等方面均有较大提高。一般采用高温烘干，可用于摩托车等的涂装。

沥青漆还有厚浆沥青漆，其固体含量高，并加有矿物料，一般称作防声膏，在某些方面也有一定的应用。沥青绝缘清漆配方见表6-8。沥青耐酸漆配方见表6-9。

表6-8　沥青绝缘清漆配方

原　料	质量分数/%	原　料	质量分数/%
石油沥青	29	环烷酸锰	2.0
醋酸铅	0.5	二甲苯	40.0
亚麻仁油	8.5	溶剂汽油	20.0

表6-9　沥青耐酸漆配方

原料或半成品	质量分数/%	原料或半成品	质量分数/%
天然沥青	16.7	亚麻聚合油	3.75
1#石油沥青	16.7	环烷酸铅	1.6
松香改性酚醛树脂	6.3	200#油漆溶剂油	22.5
松香钙酯	4.2	二甲苯	26
氧化铅	0.15		

6.4　合成树脂漆类

6.4.1　醇酸树脂漆

醇酸树脂漆是目前产量最大的树脂漆。它以醇酸树脂为主要成膜物质。分类号是“C”，它的综合性能好，又可与多种树脂拼用，所以在涂料中占极其重要的地位。

(1) 醇酸树脂漆类的制备

醇酸树脂是由多元醇与多元酸及其他单元酸，通过酯化反应缩聚制得的。常用的多元醇有甘油、季戊四醇；常用的多元酸有苯酐、间苯二甲酸、对苯二甲酸、偏苯三甲酸酐等；常用的单元酸为植物油脂肪酸、合成脂肪酸、松香等。

上述原料反应先生成既含有羟基又含有羧基的酸性酯，然后再进一步反应而形成线型和体型的聚合物。不同的多元酸和多元醇所生成的醇酸树脂性能可能会有较大的差别，例如若用三羟甲基丙烷代替甘油，则可制得硬度高、耐腐蚀性能更好的醇酸树脂。

涂料所用醇酸树脂通常是已经加入了油脂或其他树脂而改性的产物。这包括干性油改性、不干性油改性、天然树脂改性、单体改性及其他原料改性等。

(2) 醇酸树脂涂料的特点和用途

醇酸树脂涂料称为涂料工业的骨干产品，这主要是因为：

① 漆膜干燥以后，形成高度网状结构，不易老化，耐候性好，光泽持久；

② 附着力强，漆膜柔韧、耐磨；

③ 抗矿物油性、抗醇类溶剂性好，烘烤后的膜面耐水性、耐油性、绝缘性大为提高；

④ 施工方便，刷涂、喷涂均可，又可烘干提高性能；

⑤ 性能多样，适应广泛。

由于醇酸树脂能与许多其他聚合物混容，增加了整个涂料的附着力、耐久性等指标。例如，它与硝化纤维素涂料结合，可提高耐久性和柔韧性；它与氨基树脂结合可使涂料具有不泛黄、色泽牢等特点。这些内容大大增加了这类涂料的应用范围。

醇酸树脂的主要缺点是完全干燥时间长，漆膜较软；耐热、防霉菌性差等。这类树脂的稀释剂可用二甲苯与200# 溶剂油按1∶1配制而成。

醇酸树脂涂料应用十分广泛，墙面、门面、井架、机械、军械、车辆、仪表、桥梁等几乎都适用，且底漆、面漆、清漆齐全配套。

(3) 醇酸树脂漆的分类

醇酸树脂漆根据使用情况，可分为以下几类。

① 外用醇酸树脂漆　该类涂料主要是用长油度季戊四醇醇酸树脂制成的自干型涂料。它的突出优点是耐候性好，漆膜柔韧，耐损伤性能较强。缺点是涂膜光泽不好，装饰性不如中油度醇酸树脂漆。

② 通用醇酸树脂漆　该类漆一般是用中油度甘油醇酸树脂制成的磁漆和清漆，属于自干和低温烘干两用漆。涂膜具有综合性好、耐久性好、硬度高、光泽度高和装饰性强等特点。适用于机械、电机、交通工具、民用建筑等方面。

③ 各种醇酸树脂底漆和防锈漆　醇酸树脂对有色金属、黑色金属及木器等物品均有良好的附着力。因此，广泛用于制备各种底漆、防锈漆及腻子。它与硝基、氨基等多种面漆有良好的结合力。

④ 水溶性醇酸树脂漆　近年来发展起来的水溶性醇酸树脂漆主要是用邻苯二甲酸酐或偏苯三甲酸酐制备的树脂为成膜剂，然后与颜料、助剂混合而成。

⑤ 其他醇酸树脂漆　根据需要采用特种配方或各方面改性而制备的醇酸树脂漆，如醇酸耐热漆、绝缘漆等。

(4) 醇酸树脂涂料的制备配方

醇酸树脂漆是涂料中品种最多的一个类别。它们的配方变化多种多样，至今仍层出不穷。表6-10列举了一个实际配方，以供参考。

表 6-10　银色醇酸磁漆配方

原　　料	质量分数/%	原　　料	质量分数/%
中油度脱水蓖麻油醇酸树脂(50%)	62	二甲苯	6
环烷酸钴(2.5%)	0.7	松节油	10
环烷酸锰(2%)	1.3	铝粉浆(65%)	20

6.4.2　氨基树脂漆类及制备配方

氨基树脂漆以“A”为分类代号。它是以氨基树脂和醇酸树脂为主要成膜物质的一类涂料。氨基树脂是热固性合成材料中主要品种之一，包括尿素-甲醛树脂、三聚氰胺-甲醛树脂。氨基树脂性脆，附着力差，不能单独使用。但它与醇酸树脂拼用，经过一定的温度烘烤后，两种树脂即可交联固化成膜，牢固地附着于物体表面，所以又称氨基树脂为氨基醇酸烘漆或氨基烘漆。

两种树脂配合使用可以理解为醇酸树脂改善氨基树脂的脆性和附着力；而氨基树脂改善醇酸树脂的硬度、光泽、耐酸、耐碱、耐水、耐油等性能。两者之间互相取长补短。

(1) 氨基树脂漆的制备

能形成涂料基质的氨基树脂主要有下述四种。

① 脲醛树脂　涂料用脲醛树脂是由尿素与甲醛缩合，然后与丁醇醚化而得的。其反应式为

$$H_2N-\underset{\|}{C}(=O)-NH_2 + 2CH_2O \longrightarrow HOH_2C-NH-C(=O)-NH-CH_2OH$$

尿素　　甲醛　　二羟甲基脲

$$n\,HOH_2C-NH-C(=O)-NH-CH_2OH + n\,C_4H_9OH \xrightarrow{H^+} \left[\begin{array}{c} H-N-CH_2OC_4H_9 \\ | \\ C=O \\ | \\ -N-CH_2- \end{array} \right]_n$$

二羟甲基脲　　丁醇　　丁醇醚化脲醛树脂

用它制得的涂料，流平性好，附着力强，柔韧性也不差；但耐溶剂性稍差。

② 三聚氰胺甲醛树脂　三聚氰胺甲醛树脂是用三聚氰胺与甲醛缩合，以丁醇醚化而得。其反应式为

$$(1)\quad C_3N_3(NH_2)_3 + HCHO \xrightarrow{\text{碱或酸}} C_3N_3(NH_2)_2(NHCH_2OH)$$

一羟甲基三聚氰胺

$$(2)\quad C_3N_3(NH_2)_2(NHCH_2OH) + HCHO \xrightarrow{\text{碱或酸}} C_3N_3(NHCH_2OH)(NHCH_2OH)[N(CH_2OH)_2]$$

多羟甲基三聚氰胺

多羟甲基三聚氰胺与丁醇发生如下的醚化反应（通常需要丁醇过量，酸性催化剂作用，过量丁醇一方面促进反应向右进行，另一方面作为反应介质）。

$$C_3N_3(NHCH_2OH)(NHCH_2OH)[N(CH_2OH)_2] + C_4H_9OH \xrightarrow{H^+} C_3N_3(NHCH_2OH)(NHCH_2OH)[N(CH_2OH)(CH_2OC_4H_9)] + H_2O$$

多羟甲基三聚氰胺通过本身的缩聚反应及和丁醇的醚化而形成丁醇改性的三聚氰胺甲醛树脂。它的代表结构式如下。

$$\left(\begin{array}{l} \qquad\qquad H_9C_4-O-H_2C-N-CH_2 \\ \qquad\qquad\qquad\qquad\quad C \\ \qquad\qquad\qquad\quad N \qquad N \\ -O-H_2C-N-C \qquad C-N\begin{array}{l} CH_2OH \\ CH_2-O-C_4H_9 \end{array} \\ \qquad\qquad\; H \qquad\quad N \end{array}\right)_n$$

改性后的三聚氰胺树脂，因含有一定数量的丁氧基团，使之能溶于有机溶剂，并能与醇酸树脂混容。用它制得的漆，其抗水性及耐酸、耐碱、耐久、耐久性均比脲醛树脂漆好。

③ 苯代三聚氰胺甲醛树脂　它是甲醛与苯代三聚氰胺缩合后再以丁醇醚化的产物。由于其分子结构中有一个活性基团被苯环取代，因此耐热性，与其他树脂的混容性、贮存稳定性等都有所改进。用它制成的漆，涂膜光亮、丰满。这种较新型的树脂，目前产量不多，有待进一步开发。

在氨基树脂漆组成中，氨基树脂占树脂总量的 10%～50%，醇酸树脂占 50%～90%。按氨基树脂含量分为三档。

高氨基：醇酸树脂：氨基树脂＝(1～2.5)：1

中氨基：醇酸树脂：氨基树脂＝(2.5～5)：1

低氨基：醇酸树脂：氨基树脂＝(5～7.5)：1

氨基树脂用量越多，漆膜的光泽、耐水、耐油、硬度等性能越好，但脆性变大，附着力变差，价格也变高。因而高氨基涂料只有在特种漆中应用；而低氨基者，漆膜的上述各项指标均较差，所以中氨基涂料最多。

与氨基树脂拼用的主要是短油度蓖麻油、椰子油或豆油改性醇酸树脂及中油度蓖麻油或脱水蓖麻油醇酸树脂。用十一烯酸改性的醇酸树脂与氨基树脂制得的漆，其耐水、耐光、不泛黄性均较好。用三羟甲基丙烷代替甘油制得醇酸树脂与氨基树脂拼混制备的漆，在保光、保色及耐候性等方面都有较大改善，可用来喷涂高级轿车及高档日用轻工产品。

(2) 氨基树脂漆的特点和用途

氨基树脂漆的特点包括颜色鲜艳，漆膜光亮、丰满，漆膜坚韧，附着力好，机械强度好，耐水、耐磨、抗油、绝缘性好等。

该类漆的主要缺点是必须烘烤干燥，故不宜作木器及大型固定设备的涂层。烘烤温度、时间都要掌握适当。时间短，温度低，则漆膜发黏；时间长，温度高则漆膜发脆；烘烤温度过快，易出针孔等。

氨基树脂涂料广泛用于各种有烘烤条件的金属制品，如医疗器械、各种仪器、仪表、热水瓶外壳、家用电器、五金零件等。

(3) 氨基树脂漆的分类

氨基树脂涂料通常分为清漆、绝缘漆和各色锤纹漆等。

① 氨基清漆　氨基清漆具有耐潮性强、附着力强、坚硬耐磨、光亮丰满等优点。在氨基清漆中加入醇溶性颜料，漆膜美丽、鲜艳、光亮、耐油。它是各种透明罩面漆中质量较好、用量较多的品种之一。

② 氨基烘漆　氨基烘漆又叫氨基磁漆，属于高级烘漆，可分为有光、半光、无光三种。有光烘漆含颜料少，有良好的附着力和耐腐蚀性能，光亮、鲜艳，多用于日常轻工产品。

③ 氨基绝缘漆　氨基绝缘漆有较好的干透性、耐油性、耐电弧性，附着力也很强。通

常属B级绝缘材料，广泛用于各种绝缘电机、电器绕组等。

④ 氨基锤纹漆　氨基锤纹漆是在氨基涂料加入铝银浆配制而成的。形成涂膜后，可形成类似锤击铁板留下的锤击花纹。该品种具有色彩调和、坚硬、耐久等特点。它主要用于各种有色、黑色金属物面作装饰保护涂层。

(4) 氨基树脂涂料配方实例

如果单独使用氨基树脂为成膜物质，则涂膜过硬且脆，受到撞击易脱落，故一般不单独使用氨基树脂制备涂料，而是经常与其他基料混合使用。表6-11和表6-12列举了几个配方实例，以供参考。

表6-11　银灰氨基锤纹漆配方

原　　料	质量分数/%	原　　料	质量分数/%
三聚氰胺甲醛树脂	25	环烷酸钴	0.41
醇酸树脂短油	67	环烷酸锌	0.81
不浮型铝粉浆	4.5	环烷酸锰	0.81
环烷酸铅	1.65		

表6-12　三聚氰胺树脂生产配方

原　　料	相对分子质量	低醚化度		高醚化度	
		物质的量	质量份	物质的量	质量份
三聚氰胺	126	1	126	1	126
37%甲醛	30	6.3	510	6.3	510
丁醇1	74	5.4	400	5.4	400
丁醇2			0.4	0.9	66.6
碳酸镁			0.44		0.4
苯二甲酸酐			50		0.44
二甲苯					50

表6-12所示配方的生产工艺如下。

① 将甲醛、丁醇、二甲苯投入反应釜，在搅拌下加入碳酸镁，缓慢加入三聚氰胺，开蒸气升温至80℃，控制pH值在6.5～7，在90～92℃下回流反应2.5h后冷却，加邻苯二甲酸酐，使其全溶并使pH＝4.5～6。

② 再次升温到90～92℃，回流反应1.5h，静置分层，分出下层废水。

③ 在搅拌下，升温常压脱水，且回流丁醇。当温度升至104℃左右，取样测树脂和纯苯的混溶性，至1质量份树脂和4质量份纯苯混溶而透明为止。

④ 生产低醚化度三聚氰胺树脂时，测树脂在200#溶剂汽油下的容忍度［容忍度指1质量份树脂能容忍溶剂油的量（质量份）］，要求树脂∶溶剂油＝1∶(3～4)（质量比）。容忍度达到要求后，把釜内树脂黏度调整到75s左右冷却，过滤即可。

6.4.3　环氧树脂漆类及制备配方

环氧树脂涂料的分类代号是"H"，它的主要成膜物质是环氧树脂。环氧树脂构成的涂料，性能优良，应用广泛，是涂料中举足轻重的大类。

(1) 各类环氧树脂的组成与应用特点

大多环氧树脂是由环氧氯丙烷与双酚A在碱作用下，缩聚而成的高分子化合物。用于涂料工业的环氧树脂的相对分子质量一般在400～4000之间。

① 胺固化环氧树脂涂料　此种涂料以胺类为固化剂，环氧树脂加入胺类后起化学反应。固化剂的作用是使环氧树脂链端的两个环氧基的开环，这样就可使线型分子交联形成体型结

构而固化成脂。这类涂料，要求环氧树脂平均分子量为1000。一般把胺类固化剂单独包装，使用时按比例将涂料与固化剂混匀即可。

胺固化环氧树脂涂料主要用来涂装大型物件，如油罐、铁塔、船体等。环氧煤焦沥青漆的耐水性、耐化学腐蚀、附着力等极好，广泛用于防潮物面和化工机械。

胺固化所用固化剂有己二胺和低分子量聚酰胺。通常前者固化的漆膜防腐性好；后者固化的漆膜的附着力、保光性好，因其固化速度较慢，没有刺激气味，配比也不十分严格，制备简单，使用方便，所以得到广泛使用。

② 热固化环氧树脂涂料　这类涂料的施工原理是由平均分子量为1500以上的环氧树脂与带有活性基团的其他树脂或其他原料组成，在加热烘烤下交结成膜。加入的树脂如酚醛、氨基、聚氨酯、有机硅等，也可以是两种树脂并用，还可以是多种树脂并用。所用树脂的品种不同，形成的涂料亦不相同，性能各具特点。

热固性环氧树脂涂料是在烘干下成膜的。漆膜结构紧密，耐化学性好，热稳定性高。如环氧酚醛型涂料是耐化学腐蚀最好的涂料之一，除了用于化工防腐蚀外，还用于食品罐头内壁及绝缘漆层，因易泛黄一般配成深色使用。环氧氨基涂料有不易泛黄的优点，耐候性也好，但抗化学腐蚀性较前者差。

③ 酯化的环氧树脂涂料　这类涂料是由环氧树脂与有机酸类反应成环氧酯，再加入其他原料或助剂而制成。有机酸类常用植物油与酸酐。如果是干性油酯化的环氧树脂，加入催干剂即能自干成膜，与油性漆类似；如果用不干性油酸，须与胺类固化剂或其他树脂并用，加热烘烤成膜。酯化的环氧树脂涂料，提高了韧性和抗水、抗粉化性能，但降低了耐碱防腐蚀性能。

在环氧酯涂料中按脂肪酸用量，分为短油度（40%油度）、中油度（50%油度）、长油度（>60%）。短油度环氧酯多用于烘干漆；中油度者可以单独使用制备自干漆或烘干漆，也可以与其他树脂配合使用。上述第三种类型，清漆、底漆、磁漆、腻子等均可制备。

④ 环氧无溶剂漆料（环氧厚浆涂料）　它是用低分子量的环氧树脂和一定量的各种缩水甘油醚进行稀释（降低树脂黏度，便于施工），再加入固化剂制成。固化剂一般选用自干的，多用己二胺或低分子量的聚酰胺；烘干涂料则用植物油与酸酐类的加成物。

这类涂料与溶剂型涂料相比具有较强的抗化学腐蚀性、抗溶剂性和耐磨性。同时，因为它含固体量大，收缩性小，一次可涂刷较厚的涂膜。

⑤ 环氧粉末涂料　它由固体环氧树脂、固化剂（如双氰胺等）、颜料等经混合、粉碎成极细的粉末而成。采用沸腾床或静电喷涂施工，把粉末状涂料吹到预热过的工件上，再以高温烘烤，使其熔融交联固化。

这类涂料不用溶剂，运输方便。一次涂刷就能涂得很厚的漆膜。因附着力好，保护作用及机械强度都很高。这是新型涂料之一，正在进一步推广使用。

(2) 其他元素改性环氧树脂概述

环氧树脂一般是由C、H、O三种元素组成的。引进其他元素后，环氧树脂的性能随之发生变化。如引进卤素以后，就有了自熄性；引进硅、钛以后，热稳定性和电性都有提高。

① 卤代二酚基丙烷环氧树脂　以部分卤代二酚基丙烷代替双酚A和环氧氯丙烷缩聚而成，其结构式如下（式中x为卤素）。

$$\underset{\backslash O/}{CH_2{-}CH}{-}CH_2{-}O{-}\left[C_6H_2x_2{-}C(CH_3)_2{-}C_6H_2x_2{-}O\right]_n\left[CH_2{-}\underset{OH}{CH}{-}CH_2{-}O{-}C_6H_4{-}C(CH_3)_2{-}C_6H_4{-}O\right]_m{-}\underset{\backslash O/}{CH_2{-}CH{-}CH_2}$$

卤代环氧树脂中一般采用氯代和溴代。卤代环氧树脂最突出的性能是自熄性，因此在航空、船舶和国防设施方面应用较多。

② 有机硅环氧树脂 环氧树脂经过有机硅改性后，克服了原有耐水、耐热差的缺点。因此，这类改性树脂受到广泛重视。通常以双酚A型环氧树脂与含有羟基及烷氧基的低分子量聚硅氧烷在催化剂存在下缩聚而成。反应大致有下述几种方式。

$$-\overset{|}{\underset{|}{Si}}-OH + HO-\overset{|}{\underset{|}{C}}- \longrightarrow -\overset{|}{\underset{|}{Si}}-O-\overset{|}{\underset{|}{C}}- + H_2O$$

$$-\overset{|}{\underset{|}{Si}}-OH + CH_2\underset{\backslash O/}{—}CH- \longrightarrow -\overset{|}{\underset{|}{Si}}-O-\overset{H}{\underset{H}{C}}-\overset{H}{\underset{OH}{C}}-$$

$$-\overset{|}{\underset{|}{Si}}-OR + HO-\overset{|}{\underset{|}{C}}- \longrightarrow -\overset{|}{\underset{|}{Si}}-O-\overset{|}{\underset{|}{C}}- + ROH$$

有机硅环氧树脂能耐热、防潮、绝缘，适用于高温、高潮湿的环境。

③ 有机钛环氧树脂 有机钛环氧树脂是用正钛酸丁酯与双酚A型环氧树脂中的羟基反应制成以Ti—O键与树脂连接。这类树脂有良好的电性能和耐热性，可在电机制造、化工设备等工业生产部门应用。

(3) 环氧树脂涂料的制备配方

环氧树脂品种繁多，按形态可分为五种：溶剂型、无溶剂型，粉末型、水溶型和其他型。可制成各种清漆、磁漆、底漆。环氧树脂涂料常用的稀释剂有二甲苯、环己酮等。环氧树脂的固化剂种类很多，在工业上应用比较广泛的有胺类、酸酐类、含活性基团的合成树脂类等。每类固化剂又分若干小类，如胺类分脂肪胺、芳香胺和改性胺等。对环氧树脂涂料而言，各种配方都无法避开固化剂用量的计算问题。由于各类固化剂的作用原理比较复杂，固化剂用量的计算也不完全一致。由于原料纯度、工艺条件、固化条件等方面的不同，具体生产中仍常用经验配方投料。表6-13～表6-16列出了几种有代表性的环氧涂料配方，供参考。

表6-13 环氧沥青漆配方 单位：%（质量分数）

原料		底漆①	清漆②
A组分	E-42环氧树脂(环氧值0.42)	25	31.25
	煤焦沥青	25	31.25
	滑石粉	6.66	—
	云母粉	3.34	—
	氯苯和甲苯混合溶剂	40	37.5
B组分	二亚乙基三胺	50	50
	氯苯	50	50

① A组分：B组分为100：4。

② A组分：B组分为100：5。

表6-14 耐酸碱环氧酚醛树脂清漆配方

原料	质量分数/%	原料	质量分数/%
环氧树脂(E-60)	30	二甲苯	15
环己酮	15	40%二酚基丙烷甲醛树脂液(1号)	25
二丙酮醇	15		

表 6-15 环氧氨基漆配方 单位：%（质量分数）

原 料	清漆	磁漆	原 料	清漆	磁漆
钛白粉	—	29.4	二丙酮醇	26	17.6
环氧树脂	28	20.8	二甲苯	26	17.7
60%丁醇醚化脲醛树脂	20	14.7	合计	100	100

表 6-16 环氧氨基醇酸红漆配方

原 料	质量分数/%	原 料	质量分数/%
环氧树脂	15.4	环己酮	17.2
中油度蓖麻油醇酸树脂(50%)	32	二甲苯	13.4
丁醇醚化三聚氰胺甲醛树脂(50%)	21.4	1%硅油溶液	0.5

6.4.4 聚氨酯树脂涂料及制备配方

聚氨酯涂料是聚氨基甲酸酯涂料的简称，分类代号用“S”开头。它不是氨基甲酸酯单体的聚合物，而是多异氰酸酯与多羟基化合物聚合而形成的聚氨基甲酸酯树脂。

（1）聚氨酯漆的制备及固化概述

多异氰酸酯可根据其结构不同，分为含苯环的芳香族和不含苯环的脂肪族两类。目前以芳香族的甲苯二异氰酸脂（TDI）用量最多，其次是脂肪族六亚甲基二异氰酸酯（HDI），再次还有多亚甲基多异氰酸酯（PAPI）和苯二亚甲基二异氰酸酯（XDI）等。

多羟基化合物常用的有聚酯，聚醚，蓖麻油及其衍生物和环氧树脂等，以聚酯用量较多。

聚氨酯漆有以下几种。

① 用多异氰酸酯与干性油的醇解物制得的聚氨酯改性油涂料，它的干燥原理与醇酸树脂漆近似。

② 用多异氰酸酯与多羟基化合物反应，保留过量的异氰酸基团而制得的湿固化聚氨酯涂料，游离的异氰酸基团可与空气中的水分固化成膜。

③ 把多异氰酸酯或其加成物的异氰酸基团用苯酚封闭，再加入多羟基的聚酯或聚醚所制得的单包装封闭型聚氨酯涂料，涂膜经过烘干，苯酚挥发，释放出异氰酸基团与羟基反应而固化成膜。

④ 以含有羟基的聚酯与含异氰酸根的加成物分别包装，所制成的羟基固化型聚氨酯涂料，使用时按比例混合，因异氰酸根与羟基反应而固化成膜。

⑤ 用多异氰酸酯的蓖麻油或其双酯的预聚物为一组分，催化剂（如二甲基乙醇胺等）为另一组分，分别包装，取得的催化固化型聚氨酯涂料，由于加入了催化剂而比湿固化型的干燥速度快。

（2）聚氨酯涂料的特点与用途

聚氨酯涂料是一种新型的涂料。其优点如下。

① 涂膜坚硬耐磨，可广泛用于地板漆、甲板漆、桥梁盖板漆、纺织工业用纱管、超音速飞机等耐磨物面的涂层。

② 耐无机酸、碱、盐、水等侵蚀性介质的腐蚀，可广泛使用于化工机械的保护层。

③ 可具有良好的耐热性和附着力，其附着力接近环氧树脂涂料，但装饰性能却大大超过环氧树脂涂料。所以适用于高级家具物面和耐高温场合的物面。如电炉、灯具外表用漆。

④ 通过控制单体种类和比例，可制得弹性体聚氨酯漆膜，其伸长率可达300%～600%的高弹性，这是一般涂料所不可比拟的。

⑤ 它的适用范围广泛，常温、高温均可干燥；不仅适用于水泥、木材、皮革等物面，

还能适用于金属物面的涂层。

由于聚氨酯涂料具有很多优点，所以发展很快，新品种不断涌现，种类多样，大致可分为以下几类：潮气固化型聚氨酯涂料、聚氨酯改性油涂料、催化固化型聚氨酯涂料、封闭型聚氨酯涂料、羟基固化型聚氨酯涂料。这类涂料各组分分开包装，有底漆，面漆，清漆，腻子等。它们的性能根据所含羟基化合物的种类和比例而变化。

聚氨酯涂料缺点是：异氰酸酯有一定毒性，配制、施工均应加强劳动保护。芳香族的甲苯二异氰酸酯制成的聚氨酯涂料，保光、保色性能差，长期暴露于日光下容易失光、粉化、泛黄等。

异氰酸酯基团很活泼，对水汽、潮气很敏感，因此配制、使用操作要求较高，包装、贮存都要干燥密封。

总之，聚氨酯涂料性能优良，可广泛用于石油、化工海洋、航空、交通车辆及金属、非金属材料的物面，它是发展较快的一类涂料。目前德国的全部铁道车辆、运输客车、船舶外壳等几乎全部使用聚氨酯涂料涂刷。

(3) 聚氨酯涂料配方实例

聚氨酯涂料是一类发展中的新型涂料。许多新配方不断涌现。现举几例，见表 6-17～表 6-19。

表 6-17　封闭型聚氨酯加成配方

投　料	质量分数/%	原　料	质量分数/%
TDI	140	1,2-丙二醇	85
甘油	14.8	对苯二酚	0.16
一缩二乙醇	14.8	聚酯与苯乙烯比例	70∶30

表 6-18　聚氨酯清漆配方

原　料	质量分数/%	原　料	质量分数/%
E-09 环氧树脂(40%溶液)	37	环己酮	13.2
封闭型加成物	34	甲酚	13.5
线型环氧树脂	2	201#-50 甲基硅油(1%二甲苯溶液)	0.3

表 6-19　封闭型聚氨酯底漆配方

原　料	质量分数/%	原　料	质量分数/%
E-09 环氧树脂(40%溶液)	20.4	锌铬黄	5.0
封闭型加成物(30%溶液)	18.8	滑石粉	5.0
线型环氧树脂(25%溶液)	1.1	环己酮	13.0
201#-50 甲基硅油(1%二甲苯溶液)	0.2	二甲苯	4.4
铁红	20.0	甲酚	7.4
氧化锌	5.0		

6.4.5　聚酯树脂涂料及制备配方

聚酯树脂涂料的分类代号是“Z”，它和聚氨酯涂料的主要区别是它的分子中不含—NH—基。这里主要指二元醇制得的聚酯树脂。其中用三元醇和四元醇（季戊四醇）制得的改性聚酯树脂属醇酸树脂涂料。

(1) 聚酯树脂涂料的制备

聚酯树脂又分为不饱和聚酯与饱和聚酯。用二元醇（乙二醇，丙二醇等）与不饱和二元酸（顺酐、顺或反式丁烯二酸）缩聚制得的树脂，由于分子中含有不饱和键（—C═C—），因而称为不饱和聚酯树脂，不含有双键的聚酯称饱和聚酯。

不饱和树脂溶于苯乙烯，在引发剂——有机过氧化物、促进催化剂——环烷酸钴的共同作用下，可使不饱和聚酯和苯乙烯聚合而固化。

用对苯二甲酸与乙二醇聚合制得聚对苯二甲酸乙二醇酯也称涤纶树脂。因此，可把涤纶下脚料溶于苯、酮溶剂中，制备涂料。

不饱和聚酯涂料通常是把各个组分分开包装。使用时按比例混合，在引发剂作用下，混合液在常温下就能固化成膜。此种涂料中常因封闭材料——石蜡上浮而导致无光，因此，若想获得美丽光泽的涂层需要把石蜡打磨掉，再经过抛光处理。

(2) 聚酯涂料的特性和用途

不饱和聚酯涂料的优点是：

① 涂膜硬度好，耐磨，耐冲击，绝缘性好；

② 涂膜清澈透明，保光保色好。

其缺点是对金属附着力差，且苯乙烯易挥发，有一定的污染。

不饱和聚酯涂料目前主要用于涂刷绝缘材料、高级木质家具和电视机、缝纫机台板等。不饱和聚酯涂料施工中要注意不要把引发剂、促进剂直接混合。而应分别与不饱和聚酯调匀后再混合到一起，否则会反应激烈而发生爆炸。

聚酯与苯乙烯之间也要选择最适宜的比例。苯乙烯太多，则固化产物的收缩率大，涂料黏度也会降低；若苯乙烯太少，则不足以充分固化；所以一般情况下，聚酯：苯乙烯＝65：35。实际上，聚酯与苯乙烯配方可按原料的供应情况、对涂层的性能要求以及施工条件等，进行适当调整。现举出以下几种配方实例，供参考，见表 6-20～表 6-22。

表 6-20 聚酯漆用树脂配方

原料	质量分数/%	原料	质量分数/%
顺丁烯二酸酐	58.8	1,2 丙二醇	27.4
邻苯二甲酸酐	59.2	对苯二酚	0.04
乙二醇	52	聚酯树脂与苯乙烯的比例	70：30

表 6-21 耐燃烧聚酯漆用树脂配方

原料	质量分数/%	原料	质量分数/%
顺丁烯二酸酐	33.6	对苯二酚	0.08
六氯内亚甲基四氢苯二甲酸酐	123.5	苯乙烯	78.5
乙二醇	45.5		

表 6-22 聚酯腻子用树脂配方

原料	质量分数/%	原料	质量分数/%
顺丁烯二酸酐	42.4	1,2-丙二醇	85
邻苯二甲酸酐	32.2	对苯二酚	0.16
松香	44.1	聚酯与苯乙烯比例	70：30

饱和聚酯涂料的涂膜坚韧，耐磨、耐热，耐刮削性好。当前品种以漆包线涂料为主。

聚酯漆属易燃液体，使用贮存都要防火，其保存期为一年。

6.5 硝基漆

6.5.1 硝基漆类及制备配方

硝基漆是应用极为广泛的一类涂料，其分类代号 Q 表示。硝基漆主要成膜物质是硝化纤维素。

(1) 硝基漆的制备

硝基漆的主要成分是硝化纤维素，其是用脱脂的短绒棉以混合酸（HNO_3 和 H_2SO_4）进行硝化，然后再经加压蒸汽蒸煮降低了黏度的硝酸纤维素。其含氮量在 11.2%～12.2% 之间。含氮量低而黏度高者用于制备软性硝基漆；中等黏度用于制造一般工业用漆，含氮量高而黏度低的多用于制造汽车和木器用涂料。

硝化纤维素能溶于有机溶剂，如酯类、酮类、醇类。单纯硝化纤维素溶于有机溶剂形成的硝化漆，漆膜脆，附着力不强，故需加入增韧剂如苯二甲酸二丁酯、苯二甲酸二辛酯或蓖麻油等，还可与醇酸、氨基树脂等拼混，以提高漆膜硬度、光泽度和附着力。

硝基涂料的组成，归纳起来有五个组成部分：①硝化纤维素组成涂膜的主要部分；②增强漆膜硬度，光泽、附着力等的树脂；③增强漆膜柔韧性的增韧剂；④起溶解硝化棉及稀释漆作用的稀释剂；⑤颜料、填充物及助剂赋予各种彩色和抵抗紫外光照射的能力。

(2) 硝基漆的主要特点与用途

硝基漆的主要特点是：①干燥迅速，可在 10～20min 内干结成膜；②硝基漆坚硬耐磨、耐水、耐油、耐弱酸弱碱；③漆膜光泽明亮，附着力强，质量稳定；④硝基漆固体分低，需要多次喷涂才能得到比较理想的厚度。因此，消耗溶剂量大，挥发分会造成环境污染。同时，硝基清漆不耐紫外光照射，耐热性差，不易在 60℃以上长时间暴露；在潮湿气候下施工，漆膜容易泛白。

硝基涂料主要用于铁器、木器物面如汽车、家具、文具、玩具等，也用于皮革、塑料、纺织品。

硝基涂料的施工大都是以喷涂为主，其用量一般为涂料的 1～1.2 倍，潮湿气候下施工可酌情增加 10%～25%的硝基漆专用防潮剂。

(3) 硝基涂料的主要种类

硝基涂料的种类很多，按照功能和组成分为清漆、磁漆、底漆、特种用漆等类别。

硝基磁漆是加颜色的有色漆料，根据性能又可分为内用和外用两种。外用硝基磁漆加入了附着力好的醇酸树脂和硬度较高的氨基树脂，并用不易泛黄的邻苯二甲酸二丁酯为增韧剂，采用耐候性好的颜料制成。它的附着力、柔韧性、耐候性和耐汽油性都较好，漆膜可以打磨抛光，常用来涂装汽车等交通工具，故俗称汽车喷漆。硝基内用磁漆又称工业喷漆，其中硝化纤维素用量比外用磁漆少，可使用改性松香增加其硬度和光泽，常用蓖麻油作增韧剂。其耐光性差，但涂膜光亮、坚韧，可打磨抛光，适用于木器家具、仪器仪表等。

硝基底漆、腻子与硝基磁漆配套使用，具有快干的特点。适用于要求快干的工程打底。由于硝化棉和金属物面附着力差，所以多用酚醛、酯胶、醇酸、环氧等底漆与硝基面漆配套使用。

特种硝基涂料以绝缘漆居多。特种硝基涂料还可用于皮革、飞机蒙皮及内部涂料、电影银幕、光学仪器等。

(4) 硝基涂料的制备配方实例

硝基涂料的配方灵活多样，尤其与其他树脂并用，可大大改善硝基涂料的功能。在制订硝基涂料配方时要时刻注意：这类涂料的基本物质是硝化纤维素，所以这类涂料制备过程要严格遵守工艺规程，做好劳动防护和安全生产。

涂料配方主要应考虑与其他树脂联合拼用。对硝化纤维素而言，控制黏度很重要。各种原料品种、规格、用量的选择对漆的性能、质量起着决定作用，表 6-23～表 6-25 列举了几个配方实例，供参考。

表 6-23　硝基底漆配方　　　单位：%（质量分数）

原　　料	铁红色头道底漆	白灰色二道底漆
5s 硝酸纤维素(70%)	9.49	
0.5s 硝酸纤维素(70%)		12.30
中油度蓖麻油醇酸树脂(60%)	10.0	
顺丁烯二酸酐改性松香树脂	3.5	8.90
苯二甲酸二丁酯	2.0	3.50
铁红	11.00	
锌钡白	9.00	
滑石粉	11.00	
氧化锌		13.5
陶土粉		16.50
炭黑		0.30
醋酸丁酯	9.90	8.10
醋酸乙酯	9.59	9.00
丁醇	6.37	
乙醇		5.40
甲苯	19.69	21.50

表 6-24　硝基涂料腻子配方

单位：%（质量分数）

原　　料	配方 1（用量）	配方 2（用量）
滑石粉	24.00	
陶土粉		24.80
硫酸钡	18.00	
氧化锌	9.98	24.80
炭黑	0.02	
5s 硝酸纤维素(70%)	9.60	0.40
0.5s 硝酸纤维素(70%)		
顺丁烯二酸酐松香甘油酯	4.80	19.30
松香甘油酯	1.44	10.00
苯二甲酸二丁酯	1.92	
蓖麻油	13.44	8.40
醋酸丁酯	8.16	
丁醇	3.84	
甲苯	4.80	8.90

表 6-25　硝基罩光与皮革漆配方

单位：%（质量分数）

原　　料	硝基罩光清漆	皮革罩光清漆
0.5s 硝酸纤维素(70%)	16.0	
30～40s 硝酸纤维素(70%)		13.5
顺丁烯二酸酐松香甘油酯	8.0	
中油度蓖麻油醇酸树脂		10.0
苯二甲酸二丁酯	2.0	2.5
蓖麻油	23.0	7.5
醋酸丁酯	8.0	23.0
醋酸乙酯	6.0	8.5
丁醇		4.0
乙醇		4.0
甲苯	37	27
合计	100	100

6.5.2　纤维素涂料及制备配方

纤维素涂料是指由天然纤维素经化学处理而作为主要成膜物质的涂料。这里主要讨论除硝化纤维素之外的其他纤维素酯、纤维素醚类。它们的分类代号是“M”。

(1) 纤维素涂料的制备

纤维素酯和纤维素醚都是由天然纤维（短棉绒等）经化学处理而制得。纤维素酯中可用醋酸纤维素及醋酸丁酸纤维素来制漆；纤维素醚类有乙基纤维素、苄基纤维素等。

把纤维素酯、纤维素醚溶于有机溶剂，再加入其他合成树脂（如氨基、酚醛等）、增韧剂、助剂等，即可制得纤维素涂料。目前纤维素涂料主要有醋酸丁酸纤维素清漆和乙基纤维素清漆。

(2) 纤维素涂料的特性

① 涂膜干燥快，通常在 1h 内完全干燥。

② 涂料硬度高且坚韧耐用。

③ 耐久性能好，耐紫外线性能好，涂膜曝晒四年不变色。

④ 可打磨抛光，易于修补和保养。

⑤ 对塑料制品附着力好。

⑥ 耐热性较差，施工时有大量溶剂挥发，对人体和环境有害。涂料属一级易燃品，需特别注意防火。

纤维素涂料可用硝基漆溶剂稀释。

(3) 纤维素涂料的主要种类

用醋酸、丁酸共同与棉花酯化制得醋酸丁酸纤维酯，再把它溶于有机溶剂而制成涂料。它适用于已涂有面漆的木材及金属表面罩光。

苄基纤维素涂料是纤维素与氯化苄反应而制得苄基纤维素，然后再溶于苯、酯类溶剂制成涂料。它的主要优点是耐化学性好，有较高的绝缘性，但打磨性差，对日光的稳定性也差，而且价格高。

(4) 硝酸纤维素配方实例

纤维素涂料的特性和酰基有关，如醋酸丁酸纤维素中，丁酰基含量在15%左右，其溶剂选择范围和与其他树脂混溶范围就较窄。因此，在配方中应引起重视。

表6-26～表6-28列举了几个配方实例，供参考。

表6-26 醋酸丁酸纤维素漆配方 单位：%（质量分数）

原 料	涂布清漆	电缆漆	原 料	涂布清漆	电缆漆
醋酸丁酸纤维素(含丁酰基15%)	9.0	16.75	甲乙酮	31.5	31.0
磷酸三苯酯	1.0		醋酸丁酯	13.5	
磷酸三苯甲酯		12.75	乙醇		14.3
二丙酮醇	9.0		甲苯		26.2
醋酸乙酯	36.0		合计	100	100

表6-27 高丁酰基丁酸纤维素漆配方

原 料	质量分数/%	原 料	质量分数/%
甲苯	26.23	邻苯二甲酸二辛酯	7.87
丁醇	13.12	冷冻油	3.28
醋酸乙酯	6.56	204# 防锈油	1.31
丙酮	6.56	E-42环氧树脂	1.93
丁酮	13.12	苯并三氮唑	0.20
地蜡	0.13	醋酸丁酸纤维素	19.65

表6-28 醋酸丁酸纤维素木器清漆配方

原 料	质量分数/%	原 料	质量分数/%
醋酸丁酸纤维素(含丁酰基35%)	10	甲苯	16.25
脲醛树脂	13.25	二甲苯	10.30
苯二甲酸二辛酯	1	醋酸异丁酯	25.10
蓖麻油	1.00	醋酸戊酯	3.70
紫外光吸收剂	0.09	异丁酯	18.50
硅油	0.01	对甲苯磺酸	0.80

6.5.3 元素有机涂料及制备配方

元素有机涂料是指用有机硅、有机钛等元素有机聚合物为主要成膜物质的一类涂料，其分类代号是“W”。目前，生产和应用较多的是有机硅涂料。

（1）有机硅涂料的制备

有机硅单体是制备有机硅高聚物的基本原料。它是由氯甲烷或氯苯与硅粉合成的含甲基或苯基的单体，主要反应如下。

$$2CH_2Cl + Si \xrightarrow{Cu} (CH_3)_2SiCl_2$$

$$3C_6H_5Cl + Si \xrightarrow{Cu} C_6H_5-SiCl_3 + C_6H_5\cdot C_6H_5$$

$$2C_6H_5Cl + Si \xrightarrow{\text{副反应}} (C_6H_5)_2SiCl_2$$

上述单体经水解、浓缩、缩聚形成有机硅高分子。有机硅涂料可分为甲基有机硅树脂和苯基有机硅树脂。

（2）有机硅涂料的特性和用途

有机硅涂料有很多重要特性。

① 一般合成树脂漆的耐热温度为150℃以下，而有机硅涂料的耐热可达200℃，加入耐高温颜料后可达到400～500℃；纯有机硅涂料耐低温到－50℃，用聚酯树脂改性后，可耐－80℃的低温。

② 它对酸、碱、盐及一些有腐蚀性的气体和溶剂均有较好的抵抗性；对臭氧、紫外线也有良好的抵抗性。

③ 电气性能好，耐高压电弧等方面很优越。

④ 该漆憎水、防霉性好。

⑤ 多数品种需要烘烤固化。

纯有机硅涂料的机械强度、附着力较差，价格较高。

有机硅涂料主要用于电器、仪表、国防兵器等方面作绝缘耐热涂层。甲基硅油可用作环氧漆、氨基漆的流平剂。

（3）有机硅涂料的分类

① 纯有机硅树脂涂料　这类涂料是纯硅树脂溶解于二甲苯制成的。它的特点是耐热性、憎水性、绝缘性好，但附着力差，机械强度欠佳。广泛用于绝缘漆，工作温度可达180℃（H级别）。

② 改性有机硅涂料

a. 冷混型有机硅涂料　纯有机硅涂料与其他类树脂混拼可部分改善其附着力差、机械强度欠佳的弊病。如苯基单体含有较多有机硅树脂可以与氨基树脂、环氧树脂、聚酯等冷混，以提高了附着力和机械强度，且价格也降低了。

b. 共缩聚型有机硅涂料　用含有活性基团的有机硅中间体与其他树脂共缩聚制得的有机硅涂料，除耐热性有所降低外，其固化性、机械强度都比纯有机硅有较大改进；其保色性、附着力、柔韧性比冷混型的好。

c. 共缩聚冷混型有机硅涂料　有机硅单体与其他树脂共聚后，再与另外树脂冷混可制得兼有上述两类涂料共同特征一种新涂料。不但具有良好的三防性能，附着力和柔韧性也很好。可用于航空工业和其他耐高温的部件。

除了有机硅外，元素有机高聚物还包括有机氟高聚物、有机钛高聚物等。

(4) 元素有机涂料配方实例

有机硅树脂涂料中 Si 所占的比例对涂料性能影响很大。通常用硅原子上所连烃基的平均数来表达，即用 R/Si 衡量。可根据 R/Si 比例估算高聚物的固化速度、线型结构程度、耐腐蚀、耐热等性能。现将冷混型有机硅耐热涂料的配方列于表 6-29，供大家参考。

表 6-29 冷混型有机硅耐热涂料配方（重量比） 单位：%（质量分数）

原　料	白色	黑色	红色	黄色	蓝色	绿色	浅棕色	银灰色
聚甲基丙烯酸酯树脂(30%)	67	67	67	67	67	67	67	67
有机硅树脂液	135	135	135	135	135	135	135	135
脱钛型钛白	24				18		3	
滑石粉			24			20		
石墨粉		10			10		2	
炭黑		10						
铁红			24				5	
群青	0.06				32			
镉黄							10	
三氧化二铬						20		
铝粉浆(65%)								30

6.5.4 橡胶涂料及制备配方

橡胶涂料是用天然橡胶或合成橡胶为主要成膜物质所制成的一类涂料。天然橡胶分子量大，溶解性差，漆膜干燥慢，一般不直接制造涂料。但经过化学处理后，可用于制造涂料。

(1) 橡胶涂料的制备与氯化橡胶涂料特性概述

制造涂料用的橡胶目前主要有丁苯橡胶、丁腈橡胶、聚硫橡胶、氯丁橡胶、顺丁橡胶等。其中用于涂料工业的以氯化橡胶为主。

氯化橡胶是以天然橡胶为原料，经塑炼解聚后溶解于四氯化碳中，然后通入氯气氯化而制得的白色多孔性固体。氯化橡胶之所以得到应用，主要因为它具有以下显著优点：①涂膜硬度高而稳定，能耐酸、碱等；②耐水性好，绝缘耐燃，并有良好的附着力；③有良好的溶剂稀释性，耐老化性能好；④对水蒸气的渗透性低；⑤制造生产工艺较简便；⑥保色性差，耐紫外性差。

橡胶型涂料目前品种不够多，主要用于船舶等方面。

(2) 橡胶涂料的分类

橡胶涂料按其组成分为以下几类。

① 氯化橡胶涂料　氯化橡胶油料是天然橡胶经过化学改性制得，它只有前面讲过的特点；但也存在不少缺点，如它不耐硝酸、冰醋酸等。多用于水泥路面交通标芯、游泳池、电镀槽等防腐物面的涂装。

② 氯丁橡胶涂料　氯丁橡胶涂料是用乙炔为基料合成的橡胶涂料，它具有优良的耐水、耐光、耐紫外线、耐老化、耐臭氧、耐磨、耐油、耐化学腐蚀等特性。耐温可达 93℃，耐低温为−40℃。它对金属、木材、塑料、纸张、水泥等各种物料都具有很好的附着力，能保护地下、水下、井下及接触潮湿环境下的各种物件。缺点是该膜颜色会变深，不宜于制造白色或浅色涂料。

③ 丁苯橡胶涂料　丁苯橡胶涂料是由丁二烯与苯乙烯共聚制成的丁苯橡胶为主要成分的物质。当丁二烯含量占75%时成膜较软；苯乙烯含量高时成膜较硬（80%以上)。调节互比量可制得所需涂料。

④ 其他橡胶涂料　其他橡胶涂料都属于专用漆。如：聚硫橡胶漆，它的优点是固化后一般情况下不溶于任何溶剂，并有极好的耐油性，用于航空和耐化学腐蚀层。氯磺化聚乙烯橡胶漆，耐各种氧化剂性能好，用于篷布、内燃机发火线圈及水泥制品、纺织品、塑料等物面的涂层。丁基橡胶漆，耐酸碱和臭氧性能都优。丁腈橡胶涂料，耐汽油、耐油性突出，主要用于涂覆食品包装线及防火防油等物面。

(3) 橡胶涂料制备配方实例

以氯化橡胶为例，其可分为抗化学药品漆、厚浆涂料、耐燃漆、划线漆、氯化橡胶清漆等品种。表 6-30 和表 6-31 给出了氯化橡胶涂料的配方，供参考。

表 6-30　抗化学腐蚀橡胶涂料配方　　单位：%（质量分数）

原　料	底漆(一)	底漆(二)	面漆
氯化橡胶(20×10^{-3}Pa·s)	8.65	6.70	16.50
液体氯化联苯	2.31	1.80	4.50
固体氯化联苯	3.80	2.90	7.20
癸二酸二辛酯	0.94	0.71	1.80
二盐基亚磷酸铅	0.35	0.28	0.62
红丹粉	48		
锌粉		66.7	
钛白粉(金红石型)			19.2
炭黑			0.20
石油溶剂(沸点 170～190℃)	24.10	13.31	33.40
重芳烃	8.97	4.97	13.20
石油溶剂	2.83	1.62	3.49
环氧氯丙烷	0.05	0.03	0.08
合计	100	100	100

表 6-31　橡胶建筑面漆配方　　单位：%（质量分数）

原　料	白色	红色	黑色	原　料	白色	红色	黑色
氯化橡胶(20×10^{-3}Pa·s)	19.5	19.4	20	炭黑			1
氯化石蜡	13.0	12.9	13.3	沉降硫酸钡		8.6	12
钛白粉	16.5			抗碱有机红颜料		3.8	
铁红		0.3		混合溶剂	51	55.5	53.7

6.6　乳胶漆

前边曾经讲过涂料主要以成膜物质分类。如果以分散介质分类，整个涂料可以分为溶剂型和水性两大类型。水性涂料有许多重要优点，如：①溶剂为水，来源方便，价格低且容易净化；②无味无毒，防火防爆；③制备过程安全、卫生，涂料经济实惠，防止环境污染。

我国劳动人民使用水溶性涂料历史悠久。通常所说的“大白粉”或“大白浆”就是其中之一。自人工合成树脂出现以后，水性涂料获得很快发展。目前，水性涂料主要分为乳胶漆和水溶性涂料两种类型。乳胶漆中成膜物质及助剂以微细粒子的形式分散在水中，即以水为基质的涂料；水溶性涂料，则是指成膜物质溶于水，成为以水为溶剂的涂料。两者成膜物质都是高分子化合物。

醋酸乙烯乳胶漆是指醋酸乙烯经乳液聚合后作为漆膜的乳胶型涂料，即聚醋酸乙烯乳胶漆。该漆在欧洲使用历史较久，与其他乳胶漆相比，它的抗水性、光泽性、防污性都不错。

为了降低固化温度，常与其他胶乳混合使用。

(1) 醋酸乙烯的乳液聚合

根据表6-32中所示的原料配比，醋酸乙烯的乳液聚合工艺如下。

① 把聚乙烯醇与水加入到反应釜中，开动搅拌，并加热使之完全溶解后，加乳化剂搅拌均匀。

② 把总量中15%的醋酸乙烯与总量中40%的过硫酸钾混合加热到60～65℃，利用反应放热将温度升到80～83℃。此后，每隔1h加入总量10%的醋酸乙烯，总用量4%～5%过硫酸钾，控制约8h全部加完。使反应温度保持在78～82℃。

③ 升温到90～95℃，保温30min。然后冷却到50℃以下加入10%的 $NaHCO_3$ 水溶液和苯二甲酸二丁酯，搅拌均匀，出料。

表6-32　聚醋酸乙烯乳液配方

原　料	质量分数/%	原　料	质量分数/%
醋酸乙烯单体	46	蒸馏水	45.76
聚乙烯醇	2.5	过硫酸钾	0.09
乳化剂OP-10	0.5	碳酸氢钠	0.15
邻苯二甲酸二丁酯	5		

(2) 醋酸乙烯乳胶漆的制备配方实例

乳胶漆类是聚合物乳液加入颜料和体质颜料及各种助剂制备而成。各种助剂、颜料等均对漆膜有一定的影响。乳胶漆的配方要在这些复杂的物系中寻求综合动态平衡。下面列出常用的聚醋酸乙烯乳胶漆的配方，以供参考，见表6-33。

表6-33　乳胶漆常用配方　　　单位：%（质量分数）

原　料	配方1	配方2	配方3	配方4
聚醋酸乙烯乳液(50%)	42	36	36	26
钛白	26	10	7.5	20
锌钡白	—	18	7.5	—
碳酸钙				10
硫酸钡			15	
滑石粉	8	8	5	—
磁土				9
乙二醇			3	
磷酸三丁酯			0.4	
一缩乙二醇丁醚醋酸酯				2
羟甲基纤维素	0.1	0.1	0.17	
羟乙基纤维素				0.3
聚甲基丙烯酸钠	0.08	0.08		
六偏磷酸钠	0.15	0.15	0.2	0.1
五氯酚钠		0.1	0.2	0.3
苯甲酸钠			0.17	
亚硝酸钠	0.3	0.3	0.02	
醋酸苯汞	0.1			
水	23.27	27.27	30.84	32.3
漆料：颜料	1：1.62	1：2	1：2.33	1：3

丙烯酸酯乳胶漆的配方原理与醋酸乙烯乳胶漆的一致，不再赘述。

6.7 水溶性涂料

我国近年水性涂料比溶剂型涂料发展更加迅速。合成树脂之所以能够溶于水，主要是这类树脂的分子中有极性官能团，也就是亲水性官能团，如羧基（—COOH）、羟基（—OH）、氨基（$—NH_2$）、醚键（—O—）等。含有上述基团的有机树脂多数在一定范围内分散于水中成为乳浊液而不是以分子状态无限溶解于水。它们的盐类可部分地溶于水中，因而水溶性树脂绝大多数以盐的形式而获得水溶性。

聚乙烯醇水性涂料是低档内墙涂料。商品PVA种类很多，有部分醇解型、中等醇解型，也有完全醇解型，其性能差异十分显著。

聚乙烯醇水性涂料以聚乙烯醇的水溶液为主要成膜物质，可添加适量的水玻璃，其他原料包括轻质碳酸钙、滑石粉、钛白粉、颜料、助剂、消泡剂等。

6.7.1 无机盐系列建筑涂料

该涂料基本由两大部分组成，一为基料，二为填充料。前者采用适当的胶黏剂制成溶液，将后者填入其中，调成均匀的浆状物质，以供涂刷；根据色泽需要亦可添加适当的颜料。

① 基料　无机盐内墙涂料为聚乙烯醇的水溶液，与适量的水玻璃制成有一定黏度、能悬浮填充料并能在涂覆后形成一定厚度的涂膜。

② 填充料　其中包括不溶性物质的微粒和着色材料及助剂。为了便于涂刷，填充料应具备适当的韧度和滑润功能。还应具备对光线有一定的折射能力和对建筑物的遮盖力。

无机盐内墙涂料的特点是：①对建筑物表面附着能力好；②对建筑物的表面有良好的遮盖力；③能形成稳定的有一定厚度的膜状覆盖物，涂膜后应具一定的机械强度；④能耐水；⑤有一定程度的耐老化能力；⑥表面光洁、滑润、着色美观。

无机盐系列建筑涂料生产原料如下。

① 聚乙烯醇　常以聚合度说明其分子量大小，常用的牌号1797、1799、1788等。聚乙烯醇水溶液的性质随着醇化程度而异，一般成膜后的聚乙烯醇能溶于85℃以上的热水中，膜的厚度太大时遇水容易发生溶胀，所以一般不宜采用浓度过大的聚乙烯醇溶液作基料，无机盐系列涂料中含聚乙烯醇为3%～5%。

② 水玻璃　亦称泡花碱，泡花碱性能常以模数来表示，用作涂料的泡花碱模数一般在3左右。泡花碱的稀溶液，在空气中逐渐与CO_2反应形成质地坚硬的SiO_2胶体，它干燥后耐磨性能较好，而且具有天然建筑材料的化学稳定性。所以无机盐内墙涂料中加入5%的泡花碱。

③ 轻质碳酸钙　它是填充料中的主要成分。本品制造过程中，易存有氢氧化钙使涂料的碱性增强，并能延长涂料的干燥时间。本品应有适宜的粒度，颗粒太大涂料表面粗糙，而且涂料不稳定。无机盐内墙涂料使用的轻质碳酸钙细度为320目左右。

④ 滑石粉　它的作用为固体润滑剂，质地较轻，但也应注意其粒度，以适应涂料的需要。

⑤ 钛白粉　主要指TiO_2，本品呈白色，化学性质稳定，折射性能特好，是一种良好的无机颜料。本品因密度较大，价格较高，在建筑涂料中用量较少，一般白色内墙涂料用量多为5%以下。

⑥ 颜料　无机盐内墙涂料采用无机颜料和有机颜料。颜料的选择除根据调色需要外，还要注意颜料的化学稳定性和对气候的适应能力。例如酞菁类颜料以及其他有机颜料耐老化，对酸碱适应能力较好。无机颜料的色泽不够鲜艳，使用范围受一定的限制，但它的价格

较低，使用也较方便。涂料的着色应根据色调需要确定配比（含量）并加入适量助剂。

⑦ 助剂 助剂的作用主要是使涂料中各分散相分散均匀。它除了起着色均匀的作用外，填充料在基料中的分散也有好处。许多表面活性剂都是很好的助剂，其用量应根据要求确定。

⑧ 消泡剂 涂料生产工艺中常常混入一定量的气体形成泡沫，需加消泡剂。一般常用磷酸三丁酯或较大分子量的醇类作为消泡剂。

6.7.2 水溶性丙烯酸酯树脂涂料及制备配方

丙烯酸酯树脂涂料的性能在前边已经讨论过，丙烯酸酯树脂也能制成水性涂料。很多的不饱和树脂单体包括各种丙烯酸酯树脂都能和丙烯酸进行共聚，因水溶性丙烯酸树脂的品种很多，可根据性能要求、原料来源、价格等方面加以选择。

（1）水溶性丙烯酸酯树脂的制备方法

水溶性丙烯酸酯树脂的制备方法有两种。

① 丙烯酸类单体在溶液中共聚成黏稠状的聚丙烯酸酯，然后部分醇解制得水溶性丙烯酸酯树脂。

② 以丙烯酸酯和含有不饱和双键的羧酸单体（如丙烯酸、甲基丙烯酸、顺丁烯二酸酐等）在溶液中共聚成为酸性聚合物，用胺中和成盐而获得水溶性，其中后一种合成方法常用。

在溶液中进行共聚的方法是制备水溶性丙烯酸酸树脂常用的方法。

（2）单体对聚合物提供的作用

以单一的丙烯酸酯单体，经聚合而成的树脂往往不能满足水溶性涂料的要求，因而在实际应用中都是采用多种不同性质的单体进行共聚。根据性能要求的不同，选择合适的单体和配方，才能制出性能优良的漆膜。关于常用单体对聚合物所提供的主要作用分述如下。

① 提高漆膜硬度的单体 有甲基丙烯酸甲酯、苯乙烯、乙烯基甲苯、丙烯酸酯等。

② 提高漆膜柔软性的单体 有丙烯酸乙酯、丙烯酸丁酯、甲基丙烯酸乙酯、甲基丙烯酸-2-乙基己酯等。

③ 起交联作用的单体 有丙烯酸胺，*N*-丁氧基缩甲基丙烯酰胺、甲基丙烯酸缩水甘油醚等。

④ 提高酸值的单体 有顺丁烯二酸酐、丙烯酸等。

氨基改性水溶性丙烯酸树脂制备配方见表6-34。

表6-34 氨基改性水溶性丙烯酸酯树脂制备配方

原 料	质量分数/%	原 料	质量分数/%
丙烯酸	18	二氧六环	128
丙烯酸正辛酯	46	氨水	适量
过氧化苯甲酰	5.1	六甲氧甲基三聚氰胺	17.2

6.7.3 水溶性环氧树脂涂料

（1）水溶性环氧树脂的制备

制备水溶性环氧树脂涂料首先要制成水溶性环氧聚合物。这类聚合物通常是先制成环氧树脂，再以不饱和的二元羧酸（酐）与环氧树脂的脂肪酸上的双键加成而引进羧基。

水溶性环氧树脂具有很高的附着力，但由于耐光性差，多用作底漆、防腐漆等。它和油溶性漆的主要区别在于分散介质不同。水溶性涂料的稳定性除了胶体稳定因素外，还要与其他功能综合考虑。

（2）影响水溶性环氧树脂性能的因素

水溶性环氧树脂的水溶性、稳定性、黏度及其漆的性能好坏，与反应的酯化当量、顺丁烯二酸酐、助剂、中和剂、醇化程度及酸酐加成反应条件等有关。

① 酯化当量　环氧树脂的酯化物所用脂肪酸的当量数叫做酯化当量，通常溶剂型环氧酯的酯化当量是在0.4～0.8之间选择，酯化当量高，所用的油酸量就多，漆膜的防腐性能、附着力等下降，酯化当量低，漆膜柔软性不好、对水溶性环氧酯来说，酯化当量在1.2以下，加入顺丁烯二酸酐高温加成时就容易形成凝胶，甚至酯化当量在1.10～1.15之间的水溶性都不太好，所用环氧树脂不同酯化当量也就不同。

② 顺丁烯二酸酐的用量　顺丁烯二酸酐的用量是决定环氧树脂能否溶于水的关键因素之一，同时对漆的稳定性和漆膜的防腐性能的好坏也有影响。用量高时，水溶性、稳定性好，但不仅制备困难，还会因酸值高而降低防腐性能。全面权衡，在水溶性E-20环氧树脂中，选用顺丁烯二酸酐的用量为环氧树脂质量的5%较为合适。

③ 助剂　助剂对水溶性环氧树脂而言，醚醇类体系比较好，但考虑到胺的毒性和原料价格，多数采用丁醇-乙醇胺体系。

④ 加成反应　环氧树脂和顺丁烯二酸酐的反应温度，通常采用高温240℃，但加料时要在180℃一次加入，然后升温，顺丁烯二酸酐因挥发等损失过多，不仅影响到水溶性树脂功能而且影响施工性能，因而在操作过程要特别注意。

（3）水溶性聚酰胺固化甘油环氧树脂

这是甘油环氧树脂的一种，其环氧当量约为90，它与低分子量聚酰胺配合，可在常温下干燥，该膜在潮湿表面处理不十分完善的物面上，仍有良好的附着力。该树脂可制成水乳化漆和水溶性漆。

此外环氧树脂、环氧酯还可以进行改性，例如用酚醛、氨基、丙烯酸酯、缩酰胺树脂等可以对其进行改性制成水溶性环氧酯。所以水溶性环氧酯涂料在水性涂料中占有重要地位，其原因也在于此。这类涂料的新品种不断出现，正向彩色、廉价、高性能方向发展。

6.7.4　水溶性醇酸树脂涂料

醇酸树脂涂料有优良的耐久性、保光保色性、柔软性，尤其与其他树脂改性后，可制成各种性能的涂料，因而在溶剂涂料中占有重要地位。在水性涂料中也可以制成品种众多的涂料，在水溶性涂料中同样占有重要地位。

（1）水溶性醇酸树脂的制备

水溶性醇酸树脂的制备与一般油溶性醇酸树脂制备具有共同性。它同样是由多元酸、多元醇与植物油（酸）或其他脂肪酸经酯化缩聚而成；但与油溶性的主要区别是前者用于水溶性漆，则要求它必须溶于水。为此，必须控制它的酸值和分子量。因为酸值高、分子量小者的水溶性好，也就是说水溶性醇酸树脂要求高酸值低分子量树脂。为了提高它的水溶性，也可采用部分多缩多元醇引入醚基及其助溶作用来改善水溶性或者加入部分多元酸，也同样有明显效果，总之要引入极性基团。

（2）水溶性醇酸树脂的稳定性

水溶性醇酸树脂存在着稳定性问题。因为在弱碱性水溶液中，无论在主链或支链上含酯键结构的聚合物都能发生不同程度的水解作用。醇酸树脂的这种作用尤其突出。它的水溶液经过短期贮存（尤其在夏季），往往会发生溶液变浑浊、pH值下降、树脂分层、黏度下降等现象。在电沉积时，最终有电流变大、电解剧烈、气泡多，漆膜厚，有针孔等现象发生。

水溶性醇酸树脂其聚合主链是由很多的酯键连接起来组成的（前已述过）。这些酯键在碱水中易水解，生成较小的低分子物质，碱核逐渐地消耗，因而溶液的pH值降低，黏度也发生了变化，水活性降低，出现了分层或树脂析出，另一方面树脂里的双键吸收了氧，发生聚合作用使某些分子变大；而水解作用使一部分分子变小，这样分子量范围变宽，溶液的电阻随之变小，电流增大，电解反应加剧，电沉积的漆膜出现大量针孔，甚至造成蜂窝状结构即所谓“返祖”。

为了减少上述现象发生，从结构上看：①加入多官能团的有机酸取代部分的二元酸，尤其少量顺丁烯二酸酐改性油效果明显，各酯键得到保护；②根据实际情况加入少量抗氧剂；③选择好的助溶剂；④尽量降低碱性环境；⑤用叔胺作中和剂。

水溶性醇酸树脂配方见表 6-35 和表 6-36。

表 6-35 水溶性醇酸树脂制备配方（一）

原　料	质量分数/%	原　料	质量分数/%
失水偏苯三甲酸	63	1,3-丁二醇	72
邻苯二甲酸酐	74	丁醇	63
甘油-豆油脂肪酸酯	106	氨水	适量

表 6-36 水溶性醇酸树脂配方（二）

原　料	质量分数/%	原　料	质量分数/%
蓖麻油	40.75	二甲苯	5.70
季戊四醇	9.82	丁醇	12.20
甘油	6.89	异丙醇	12.20
氧化铅	0.01	一乙醇胺	7.95
苯二甲酸酐	28.45		

（3）水溶性醇酸树脂与氨基改性树脂的制备

水溶性醇酸树脂加入氨基树脂改性，可提高漆膜的硬度、光泽和防腐性能。常用的氨基树脂为六甲氧基甲基三聚氰胺缩甲醛树脂，氨基树脂的加入量通常在 10%～30%之间，根据醇酸树脂油度的不同加以调节。氨基树脂用量过多漆膜发脆，附着力、耐光性能都不好，因此必须加以对比，选择适当的用量。

习　题

1. 简述涂料的分类。
2. 涂料的组成物质有哪些？
3. 何谓体质颜料？常用的体质颜料有哪些？
4. 举例说明有哪两类防锈颜料？
5. 在溶剂型涂料中，为什么溶剂、助溶剂及稀释剂应搭配使用？
6. 对水性涂料的性能要求有哪些？
7. 简述水性涂料的生产过程。
8. 简要说明涂料生产过程包括哪些基本步骤？
9. 涂料的作用有哪些？
10. 简述涂膜的固化机理。
11. 常用的涂料有哪些？
12. 涂料检测的基本指标有哪些？
13. 一般建筑用涂料有哪些？
14. 有哪些特种涂料？

参考文献

[1] 孙曼灵. 环氧树脂应用原理与技术 [M]. 北京：机械工业出版社，2003.
[2] 程侣柏. 精细化工产品的合成及应用 [M]. 大连：大连理工大学出版社，2002.
[3] 宋启煌. 精细化工工艺学 [M]. 北京：化学工业出版社，2007.
[4] 姜洪泉，王鹏. 纳米复合涂料的制备及应用 [M]. 哈尔滨：黑龙江人民出版社，2006.
[5] 唐培堃，冯亚青. 精细有机合成化学与工艺学 [M]. 北京：化学工业出版社，2002.
[6] 陈泽森，刘俊才. 水性建筑涂料生产技术 [M]. 北京：中国纺织出版社，2007.
[7] 王世泰，王淑仁. 现代涂料及应用 [M]. 济南：山东大学出版社，2007.
[8] 贾荣宝. 精细化工产品生产工艺精选 [M]. 合肥：安徽科技出版社，1998.

第7章 香料及提取工艺

香料是精细化学品的重要组成部分，用途非常广泛，是食品、烟酒、日用化学品、医药制品等行业中不可缺少的重要原料。香料是具有挥发性的有机化合物。在已发现的200多万种有机物中，能发出香气的有40多万种，但人们只不过才刚使用了其中的几千种。香料越来越广泛的应用和它独特的作用使人们对其提取和生产产生了愈加浓厚的兴趣。

7.1 概述

广义上，凡是能被嗅觉和味觉感觉出芳香气息或滋味的物质都属于香料。而多种香料经人工调配所制成的混合物则为香精。在以化妆品为代表的众多制品中，香精（香料）作为一种重要的成分被添加在配方中（称为赋香或加香），具有遮盖原料异味、吸引消费者注意、使人心情愉悦、抗菌和抗氧化等多方面功能，并且在近年来还逐渐衍生出一种以其为基本媒介的维护生理健康和保健的方法，即芳香疗法。化妆品也由于与香精（香料）的密不可分有时又被称为香妆品。

根据芳香物质的来源，香料可分为天然香料和人造香料两大类；天然香料又分为从植物的花、叶、果、籽、茎、皮、根或树脂中分离出的植物性香料，和从动物腺囊等器官或其分泌物中采集的动物性香料。动物性天然香料已发现的只有十几种，而已商品化并常用的只有麝香等有限的几种。植物性天然香料已知的在1500种以上，并且还在不断发现之中，已被商品化利用的有玫瑰油、茉莉浸膏、香荚兰酊、白兰香脂、吐鲁香树脂等200余种。

天然香料一般都是多种挥发性芳香有机化合物的混合物，可直接用于加香产品中。但由于其产量、价格、品质和气味等方面的原因，香料工业中实际上较少直接使用天然香料，而是利用物理或化学方法从天然香料中分离提取出某一芳香成分，称为单离香料，如从薄荷油中分离出的薄荷醇（俗名为薄荷脑）；或是从石油或煤化工原料出发，利用多步化学合成反应制备某种芳香物质，称为合成香料。两者都是化学结构单一的物质，且绝大多数单离香料都可通过有机合成的方法制造出来，故又称单体香料。此外，还从单离香料或天然香料出发，通过化学反应制得其衍生物，即半合成香料。

合成香料可按分子中特征官能团的种类分为酮类、醇类、酯/内酯类、醛类、烃类、醚类、腈类等类别；也可按分子的碳原子骨架大致分为萜烯类、芳香类、脂肪族类、杂环/稠环类及合成麝香类。目前世界上合成香料已达5000多种，常用的有400多种，合成香料工业亦成为精细有机化工的重要组成部分。

在食品、化妆品等各种需要加香的实际应用中所使用的香料，往往是将数种乃至数十种天然香料和单体香料按照一定配比调和成具有某种香气或香型和一定用途的香料混合物，称为调和香料，又称为香精；这一调和过程称为调香。香精可按其使用场合简单地分为食用类、日用类及其他化工制品类。另外，还可按形态及香型进行分类（见7.4.1）。调香是香精生产的基础，是一个兼具技术性、经验性和艺术性的过程。

香料的分类可概括为图7-1。可见，香料通常特指用以配制香精的各种中间产品。

本章将重点介绍天然香料的性质、类别、提取方法和生产工艺，典型的合成香料的生产工艺，以及香精的性质、类别及由香料调配香精的工艺方法；由于化妆品，尤其是香水同香精香料的密切关系，还将以香水等化妆品为例介绍加香工艺。另外，还将介绍香精安全性及质量评价方法的基本内容。

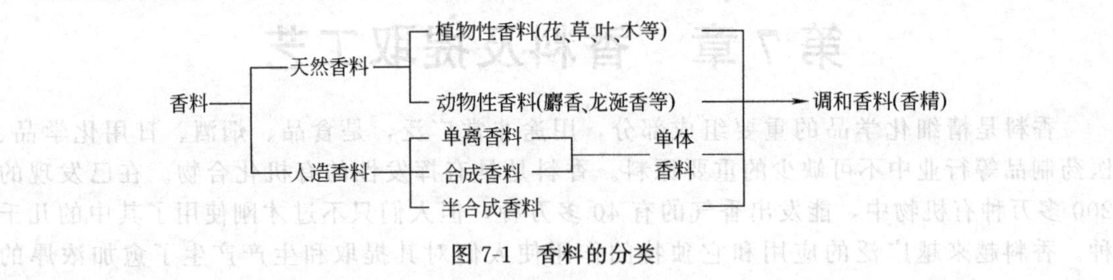

图 7-1　香料的分类

7.2　天然香料的提取方法

天然香料是大自然对人类的馈赠。虽然香料工业发展到今天，无论从品种、产量、成本和质量稳定性上来看，天然香料都竞争不过合成香料，但天然香氛复杂的成分组成和芬芳体验永远不会被完全复制，愈来愈浓的天然、绿色情谊结也使得人们对天然香料无法割舍。因此，对天然香料的提取方法和生产工艺也与时俱进，自动化的现代生产模式和新的分离提纯技术不断被引入到天然香料的提取中来。

7.2.1　动物性天然香料的提取

动物性天然香料主要有四种：麝香、灵猫香、海狸香和龙涎香，较为珍稀名贵，多用于高档化妆品中。它们具有增香、提调、流香持久和定香的能力，常在调香中用作定香剂。

麝香是雄麝鹿的生殖腺分泌物，存积于麝鹿脐部的香囊中，随时自中央小孔排泄于体外；呈淡黄色油膏状，干燥后呈暗褐色粒状，品质优者析出白色结晶。固态麝香强烈恶臭，用水或乙醇高度稀释后才散发独特香气；其芳香成分主要是一种饱和大环酮——3-甲基环十五酮，其次还有5-环十五烯酮、麝香吡啶、麝香吡喃等。采集麝香的传统方法是杀麝后切取香囊再干燥，现在的方法是活麝刮香。灵猫香和海狸香的产生和采集均与麝香类似。

龙涎香产自抹香鲸的肠内，一般认为是抹香鲸的一种病态结石，由体内排出后漂浮于海面或冲上海岸，呈灰-褐色蜡样块状；小则数千克，大则数百千克。经海上长期漂流自然熟化或拾起后熟化即为龙涎香料。其主要芳香成分可能是龙涎香醇。

近年来由于保护濒危野生动物运动的盛行及国际贸易的华盛顿条约的制约，麝香和龙涎香已很难得到，人们开始尝试合成其主要芳香成分。

7.2.2　植物性天然香料的提取

植物性天然香料自芳香植物的花、枝叶、根茎、枝干、树皮、苔衣、果皮、种子或树脂中经提取而得，大多数呈油或膏状，少数呈树脂或半固状。根据其形态和制法，可被分为精油（含压榨油）、浸膏、酊剂、净油、香脂和香树脂等类别；由于其主要成分都是具有挥发性和芳香气味的油状物，是植物芳香的精华所在，故统称为精油。

植物性天然香料目前的提取方法主要有：水蒸气蒸馏法、压榨法、吸收法、浸提法和超临界萃取法；前两种工艺相对成熟、常用，后三种方法（固体吸附剂吸收法除外）在分离原理上都属于萃取法，其中超临界萃取法是近年来发展起来的提取天然产物有效成分的新型方法，具有独特的优势。

在这些方法中，通过水蒸气蒸馏法、超临界萃取法和压榨法通常得到挥发性油状香料，称为精油或压榨油，应用最为广泛；采用挥发性溶剂浸提通常得到半固体膏状物，称为浸膏，在日化、食品中均有广泛应用；某些芳香动植物原料经乙醇浸提后，其有效成分溶于其中形成澄清溶液，称为酊剂，在食用香精中有重要作用；用非挥发性酯类溶剂吸收植物中的芳香成分得到的混溶物称为香脂，可直接用于化妆品香精；将浸膏或香脂用高浓度乙醇溶解后滤去植物蜡等固体杂质，再蒸除乙醇后所得的浓缩物称为净油，是配制高级化妆品香精的佳品。另外，由于某些精油（主要是来自于柑橘类果皮的精油）中的萜烯化合物易于氧化和聚合而使气味发生变化，一般将其中的萜烯和半萜烯除去后再使用，称为去萜精油。植物性天然香料的常用提取方法及适用对象可概括为图 7-2。

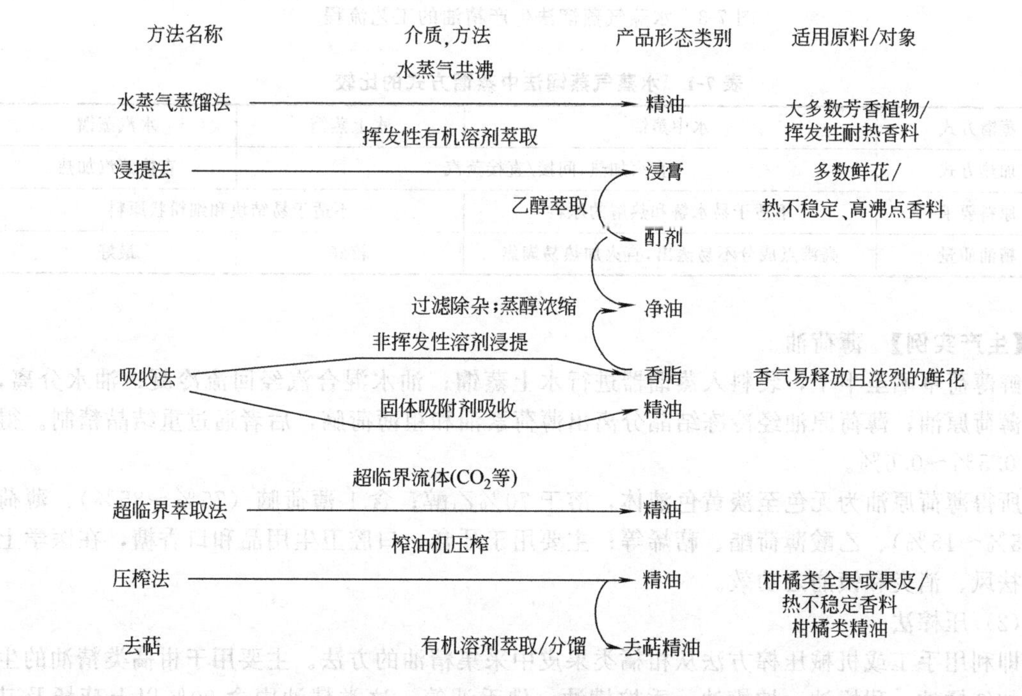

图 7-2　植物性天然香料的常用提取方法及适用对象

(1) 水蒸气蒸馏法

即在 95～100℃高温下，直接向植物或干燥后的植物通入水蒸气，使其中的芳香成分向水中扩散或溶解，并与水汽一同共沸馏出，经油水分离即可得精油。这是植物性天然香料生产中最常用的一种方法。除在沸水中主要成分易溶、水解或分解的植物原料（如茉莉、紫罗兰、金合欢、风信子等鲜花）外，绝大多数芳香植物均可适用，特别是植物的叶、茎、皮、种子、草、苔等原料。很多天然植物香料均由此法生产，如薄荷油、留兰香油、熏衣草油、玫瑰油、桂油、桉叶油等。很重要的一种半合成香料香茅油也通过此法生产。该法具有设备简单、操作容易、成本低、产量大的优点，与压榨法相比，适合于生产耐热性香料。

水蒸气蒸馏法生产精油的工艺流程如图 7-3 所示，主要的生产设备包括蒸馏锅、冷凝器和油水分离器。其中，蒸馏器中的蒸馏操作有三种方式：水中、水上和水汽蒸馏，其适用原料和精油质量有所不同，加热方式也有不同，见表 7-1；蒸馏终点一般在蒸出总精油量的 90%～95%时，过分延长时间对生产效率和精油质量都无益；蒸出的油水混合物大都要冷却至室温，鲜花类精油宜冷至室温以下，而黏度大、沸点高、易冷凝的精油则一般保持在40～60℃；为加强油水分离的效果，可采用 2 或 2 个以上串联的油水分离器，一般间歇放油、连续出水；由于馏出水中仍含有质量较好的含氧化合物精油成分，故采用溶剂一级萃取与复馏相结合的方式进行回收。

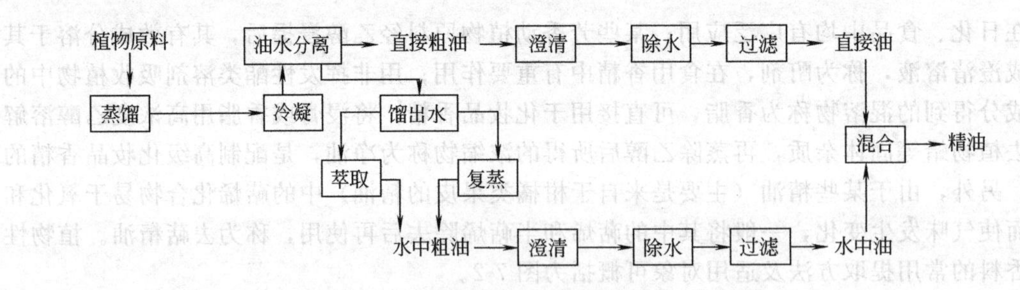

图 7-3　水蒸气蒸馏法生产精油的工艺流程

表 7-1　水蒸气蒸馏法中蒸馏方式的比较

蒸馏方式	水中蒸馏	水上蒸馏	水汽蒸馏
加热方式	直火加热,间接/直接蒸汽		直接蒸汽加热
原料要求	不适于易水解和热解的原料	不适于易结块和细粉状原料	
精油质量	高沸点成分不易蒸出,直火加热易烟焦	较好	最好

【生产实例】　薄荷油

鲜薄荷草晒至半干，装料入蒸馏器进行水上蒸馏；油水混合汽经回流冷凝；油水分离，得到薄荷原油；薄荷原油经冷冻结晶分离出薄荷素油和粗薄荷脑，后者通过重结晶精制。得油率 0.5%～0.6%。

所得薄荷原油为无色至淡黄色液体，溶于 70%乙醇；含 1-薄荷脑（75%～85%）、薄荷酮（5%～15%）、乙酸薄荷酯、萜烯等；主要用于牙膏、口腔卫生用品和口香糖，在医学上有油祛风、消炎和镇痛之功效。

(2) 压榨法

即利用手工或机械压榨方法从柑橘类果皮中采集精油的方法。主要用于柑橘类精油的生产，如红橘油、甜橙油、柠檬油、香柠檬油、佛手油等。这类精油中含 90%以上萜烯及其衍生物，对热不稳定，易于发生氧化、聚合等反应而使精油变质，因而需低温处理。压榨法最大的特点是在室温下进行，可确保柑橘类精油的品质，使其香气逼真。

传统的压榨方法包括整果锉榨法和果皮海绵吸收法，属于手工操作，小规模生产，生产效率低，但常温加工，精油气味好。近代天然香料厂广泛采用整果冷磨法和果皮压榨法，工艺技术已成熟，可实现绝大部分生产过程的自动化。

整果冷磨法的生产工艺如图 7-4 所示。其主要设备有平板磨橘机和激振磨橘机。洗净的整果还需浸泡以使果皮纤维溶胀，这样细胞更易破裂；装入磨橘机后，果皮细胞被磨破，大部分精油渗出，也有少量停留在油囊中或吸收在碎皮表面上，在水的不断喷淋下得到油水混合液；通过过滤除去其中的碎屑，有时还需经多级隔板式沉降槽使其中的果胶盐类物质逐渐沉降下来；经离心分离获得的精油需在 5～10℃低温处静置一段时间，以使其中仍含有的少量水分和微细杂质充分沉淀；离心分离出来的淋洗液可循环使用，当其中精油含量较高时加以回收。

果皮压榨法是将鲜或干果皮进行压榨。其主要生产设备为螺旋压榨机，除可用于生产精油外，也可压榨果肉生产果汁。这种机械很易将果皮压得粉碎，导致果胶大量析出，产生乳化作用而使油水分离变得困难。因此，果皮在洗净后一般用饱和石灰水（1.5%）浸泡，淋洗时则采用 0.3%硫酸钠水溶液，使果胶生成不溶于水的果胶酸盐，提高油水分离效率。另外，压榨后得到糊状压出液，其后经过滤、离心分离等处理。

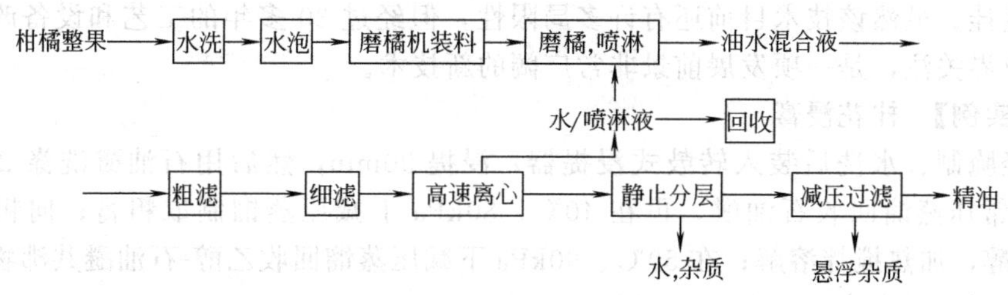

图 7-4　整果冷磨法的生产工艺

由于柑橘类精油中含有大量萜烯类化合物，故有时还需进行去萜处理。其方法是：先通过减压蒸馏除去低沸点单萜烯；再用70%乙醇萃取高沸点精油液，除倍半萜烯和二萜烯外，精油中其他芳香成分均溶于其中，则可除去高沸点的倍半萜烯和二萜烯。

【生产实例】 香柠檬油

将香柠檬果皮水洗净后浸泡于饱和石灰水，然后用水清洗；装入螺旋压榨机，在硫酸钠溶液的喷淋下进行压榨；得到油水混合液依次经过过滤、高速离心，得到的滤渣可通过蒸馏法回收其中附着得精油，离心分离出的水溶液可作为喷淋液循环使用，直到其中精油成分含量较高时进行回收；经离心分离获得的精油需在5～10℃低温处静置一段时间，以使其中仍含有的少量水分和微细杂质充分沉淀下来，将水和沉淀分出后再经减压过滤即得香柠檬油，得油率约0.48%。

所得冷榨香柠檬油为黄绿色液体，其主要成分为乙酸芳樟酯（约35%）、芳樟醇（约20%）、橙花醇、松油醇、柠檬烯、蒎烯及微量香柠檬酚和香柠檬醚等。香柠檬油是世界上最常用的天然精油大品种之一，在古龙香水和化妆品香精中不可缺少，在食品、烟酒和饮料等产品中也大量使用。

(3) 浸提法

又称液-固萃取法，是用己烷、石油醚等挥发性有机溶剂将原料中某些成分浸提出来，再通过蒸发、蒸馏等方法分离出浸提液中的有机溶剂，从而得到较纯净的被浸提组分。对天然植物香料进行浸提时，由于浸提液中除芳香成分外还含有植物蜡、色素、脂肪、纤维、多糖类等物质，将其蒸发浓缩后得到的是半固体的浸膏。虽可直接使用，但多数情况下进一步用冷乙醇浸提芳香性成分，制成酊剂或提取出净油使用。由于浸提法在较低温度下进行，因此适合于在对热不稳定和高沸点成分含量高、使用水蒸气蒸馏法收率低的场合使用，且低温浸提有利于保持芳香成分的原有香气。许多鲜花精油的生产普遍采用室温浸提法，如茉莉、桂花、白兰花浸膏、晚香玉净油、香荚兰酊等。

浸膏生产工艺流程如图7-5所示。其中，浸提的方式及设备根据原料的种类和性质而有所不同，浸膏质量和浸提率也有差别。从浸提液中回收溶剂时一般采用两步蒸馏法。

近年，人们开始采用超临界流体（液体二氧化碳、液体丙烷等）作为溶剂在低温临界提取精油，即超临界流体萃取技术。超临界 CO_2 萃取植物中精油可在7MPa、30℃进行，所得

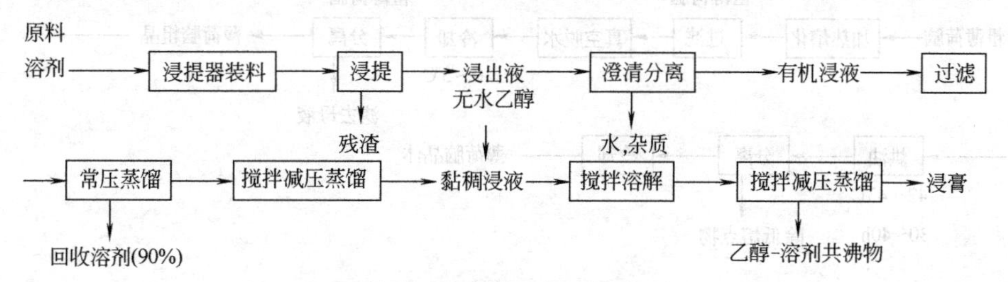

图 7-5　浸膏的生产工艺流程

产品质量甚佳。虽然该技术目前还有许多局限性，但经过30多年的工艺和设备改进，现已开始获得业界关注，是一项发展前景非常广阔的新技术。

【生产实例】 桂花浸膏

桂花经腌制、水洗后装入转鼓式浸提器；浸提90min，然后用石油醚洗涤2次，每次20min；先常压蒸馏回收石油醚，再在40℃、80kPa下减压蒸馏制取粗膏；向粗膏中加入5%无水乙醇，加热搅拌溶解；在50℃、90kPa下减压蒸馏回收乙醇-石油醚共沸物，即得到桂花浸膏。浸膏得率为0.13%～0.2%。

(4) 吸收法

即利用非挥发性溶剂（精制的动植物油脂）在室温或50～70℃下浸提鲜花中的芳香成分，或利用固体吸附剂（活性炭、硅胶等）在室温下吸收鲜花释放的芳香成分。前者得到被芳香成分所饱和的脂肪油脂，即香脂，可直接用于高级化妆品，或再用乙醇提取；后者需用石油醚等将固体吸附剂吸附的芳香成分洗脱，再蒸除溶剂得到精油。显然，吸收法适用于香气容易释放且香势强的茉莉、兰花、晚香玉、水仙等鲜花精油的生产。

吸收法可在室温下进行，故产品香气质量极佳；但因手工操作多，生产周期长、效率低，现已很少使用。

7.2.3 单离香料的生产

从天然香料中单离出来某一特定芳香物质，即单离香料，能够更好地满足调配香精的需要。单离方法有的是利用天然香料中不同成分物理性质的差异实施分离，如分馏、冻析、重结晶，也有的利用相对简单的可逆化学反应将带有特定官能团的某一组分转化为易于分离的中间产物，将其分离提纯出来后再利用逆向反应使其复原为当初的芳香化合物，主要包括硼酸酯法、酚钠盐法和亚硫酸氢钠加成法。一般来说，物理方法相比之下工艺更为简单，适用面更广，而化学法精制纯度更高。

(1) 分馏法

分馏法是从天然香料中单离某一化合物最常用的方法。除普通精馏外，还有更适于组分间相对挥发度较小的天然香料的精密精馏。由于精油多为热敏物质，故绝大多数采用减压蒸馏。

直接采用分馏法提纯单离香料的生产实例很多，如：从芳樟油中单离芳樟醇，从香茅油中单离香叶醇，从薄荷油中单离薄荷酮，从熏衣草油中单离有广泛应用的乙酸芳樟酯等。

(2) 重结晶法

某些在天然香料中含量较高的在常温下呈固态的芳香组分，经水蒸气蒸馏等方法初步分离后，可通过重结晶进行精制，最终得到合乎要求的单离香料。如樟脑、柏木醇、香紫苏醇等单离香料便是如此获得。

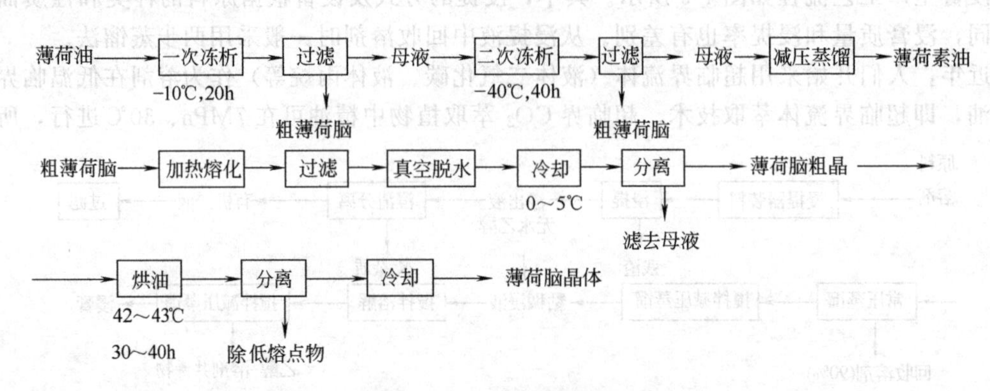

图7-6 从薄荷油中冻析单离薄荷脑的工艺流程

(3) 冻析法

冻析法是利用天然香料中不同组分凝固点的差异，通过降温使凝固点低的成分析出，从而与其他液态成分分离。该法也较常用。如从薄荷油中单离薄荷脑（图7-6），从芸香油中单离配制食用香精常用的芸香酮等。

(4) 硼酸酯法

硼酸酯法是从天然香料中单离出醇类成分的主要方法之一。如从玫瑰精油中单离芳樟醇，从檀香木油中单离檀香醇。反应原理如式(7-1)和式(7-2)所示，硼酸与精油中的醇可生成高沸点的硼酸酯，经减压分馏回收精油中低沸点组分，剩下的高沸点硼酸酯经皂化反应复原成醇；分离为粗醇和硼酸钠，前者经减压蒸馏进行精制，即得精醇；后者经酸化后回收硼酸。

$$3R—OH+B(OH)_3 \longrightarrow B(O—R)_3+3H_2O \tag{7-1}$$

$$B(O—R)_3+3NaOH \longrightarrow 3R—OH+Na_3BO_3 \tag{7-2}$$

(5) 酚钠盐法

酚钠盐法用于天然香料中酚类成分的单离。反应原理是利用酚类化合物与碱作用生成溶于水而不溶于有机溶液的酚钠盐；将其分离出来后用无机酸酸化，即可重新析出酚类化合物。如从丁香油和丁香罗勒油中单离丁香酚（图7-7）。

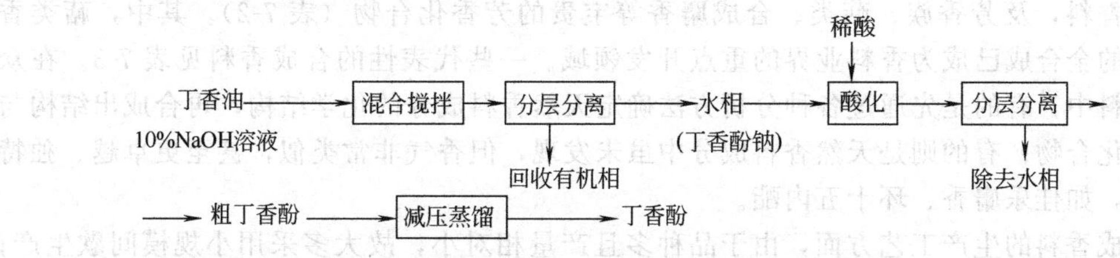

图7-7 酚钠盐法从丁香油中单离丁香酚的工艺过程

(6) 亚硫酸氢钠加成法

亚硫酸氢钠加成法适用于天然香料中醛、酮成分的单离。醛和某些酮类化合物的羰基与亚硫酸氢钠发生加成反应，生成不溶于有机溶剂的磺酸盐晶体加成物；用碳酸钠或盐酸处理该化合物则可重新生成醛和酮。单离工艺如图7-8所示。

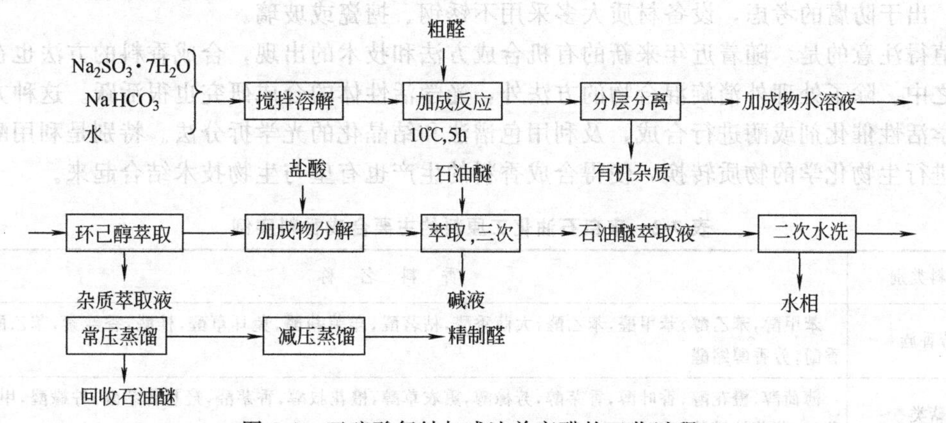

图7-8 亚硫酸氢钠加成法单离醛的工艺过程

当不饱和醛与大量亚硫酸氢钠之间反应时，不饱和双键也会发生加成反应，结果生成稳定的二磺酸盐；该二磺酸盐用酸处理不会再转变为醛。故一般操作中常用亚硫酸钠、碳酸氢钠和水的混合溶液代替亚硫酸氢钠，以避免这一副反应的发生。

7.3 典型的合成香料

合成香料实际上包括来自于化工原料经一系列化学合成反应制得的全合成香料和从单离香料出发经化学反应制得的半合成香料。这些合成香料有的自然界本来就有，有的自然界中根本就不存在。同天然香料相比，它们结构明确，产品质量稳定，原料来源丰富且价廉，产量大，成本低，极大地弥补了天然香料的不足，更好地满足了消费市场各方面各层次的需求，目前已达5000多种，常用的有200多种，成为香料工业的主导。

半合成香料主要来源于从农林加工产品中提取的精油和油脂，具有独特的品种和品质及工艺过程的经济性，也是香料的重要组成部分。例如以松节油中提取的β-蒎烯为原料经一系列化学反应可合成出橙花醇、芳樟醇、香茅醇、柠檬醇、香茅醛、紫罗兰酮等，以山苍子油中单离出来的柠檬醛为原料可合成具有紫罗兰香气的α-紫罗兰酮和β-紫罗兰酮，从香茅油和柠檬桉油中分离出来的香茅醛出发可合成具有百合香气的羟基香茅醛和具有西瓜香气的甲氧基香茅醛等。下面所要介绍的合成香料主要指全合成香料。

全合成香料的原料来源于煤化工产品和石油天然气化工产品，品种非常丰富。由煤炭焦化副产品中可得到酚、萘、苯、甲苯、二甲苯等基本有机化工原料，进而合成出大量芳香族和硝基麝香化合物；由石油天然气化工得到的大量有机化工原料可合成脂肪族醇、醛、酮、酯等一般香料，及芳香族、萜类、合成麝香等宝贵的芳香化合物（表7-2）。其中，萜类香料化合物的全合成已成为香料业界的重点开发领域。一些代表性的合成香料见表7-3。在众多合成香料中，有的是先通过各种分析方法确定天然香料成分的化学结构，再合成出结构与此相同的化合物；有的则是天然香料成分中虽未发现，但香气非常类似，甚至更卓越、独特的化合物，如佳乐麝香、环十五内酯。

在合成香料的生产工艺方面，由于品种多且产量相对小，故大多采用小规模间歇生产；在工艺选择、生产设备、贮存运输等方面需考虑到合成香料的光敏、热敏、易氧化性及挥发性等问题。

合成香料工业常用的生产设备包括：①化学反应过程设备，如缩合反应器，加成反应器，酯化反应器，硝化反应器，高温异构化反应器，高压氢化和氧化反应器等；②半成品及成品的纯化设备，如过滤器，压滤机，离心机，澄清器，萃取器，结晶器，干燥器及精馏设备等。出于防腐的考虑，设备材质大多采用不锈钢、搪瓷或玻璃。

值得注意的是，随着近年来新的有机合成方法和技术的出现，合成香料的方法也在不断进步之中。除了处理外消旋混合物的方法外，光学活性体的合成研究也很活跃。这种方法利用光学活性催化剂或酶进行合成，及利用色谱法和结晶化的光学拆分法。特别是利用酶和微生物进行生物化学的物质转换，使得合成香料的生产也有望与生物技术结合起来。

表7-2 来自石油化工原料的主要合成香料实例

香料类别	香 料 名 称
芳香族	苯甲醇，苯乙醇，苯甲醛，苯乙醛，大茴香醛，枯茗醛，洋茉莉醛，兔耳草醛，桂醛，香兰素，苯乙酮，百里香酚，芳香醇缩醛
萜类	薄荷醇，橙花醇，香叶醇，香茅醇，芳樟醇，熏衣草醇，橙花叔醇，香茅醛，羟基香茅醛，柠檬醛，甲氧基香茅醛，薄荷柠檬腈，萜醇缩醛
合成麝香	二甲苯麝香，葵子麝香，酮麝香，西藏麝香，麝香酮，环十五酮，芬檀麝香，佳乐麝香，萨莉麝香，万山麝香，特拉斯麝香，大环内酯麝香，麝香-DDHI，麝香-TM
其他	甲基庚烯酮，橙花酮，α-紫罗兰酮，β-紫罗兰酮，新铃兰醛，β-萘醚，氧化玫瑰，二氢茉莉酮酸甲酯

表 7-3 代表性的合成香料

化学结构分类	香料名称	化学结构式	香气种类	主要应用
醇类	香叶醇	CH_3; CH_2OH; H_3C CH_3	玫瑰香	化妆品，花香型香精
	β-苯乙醇	CH_2CH_2OH	玫瑰香	化妆品、香皂
醛类	柠檬醛	CH_3; CHO; H_3C CH_3	柠檬香	化妆品、香皂及食品
	香兰素	OH; OMe; CHO	香子兰香	食品，香草型，定香剂
酮类	香芹酮	CH_3; O; CH_2 CH_3	留兰香气	牙膏，口香糖等食品
	α-紫罗兰酮	H_3C CH_3; O; CH_3; CH_3	紫罗兰香	化妆品紫罗兰香
	环十五酮	$H_2C-(CH_2)_6$; C=O; $H_2C-(CH_2)_6$	麝香气	代替麝香
酯类	乙酸芳樟酯	H_3C $COOCH_3$; H_3C CH_3	香柠檬、熏衣草香	花精油
	邻氨基苯甲酸甲酯	$COOCH_3$; H_2N	橙花香	人造橙花油
合成麝香	丁子香酚	OH; OMe; $CH_2CH=CH_2$	丁子香气	化妆品、香皂

续表

化学结构分类	香料名称	化学结构式	香气种类	主要应用
合成麝香	二甲苯麝香（硝基麝香）	CH_3, O_2N, NO_2, $(CH_3)_3C$, CH_3, NO_2	麝香气	化妆品
	佳乐麝香（多环麝香）	CH_3, H_3C, CH_3, CH_3, CH_3, CH_3, O	极佳的麝香气	化妆品

7.4 调香

7.4.1 概述

天然香料由于其产量、价格、品种、有时还包括品质等方面的原因，很少直接用于加香产品；而合成香料都是单体香料，其香气单调，也不能直接满足产品加香的需要。为了使产品具有与某种天然产物相同或相近的香气，有时为了制造芳香设计师理想中的香气，必须按一定的原则将多种香料，包括天然的和人造的（单离、合成和半合成的）香料，组成在一起，得到的调和香料（即香精）才用于加香。这种将多种香料调合配制成香精的过程即调香。可见，香精的配方设计和调香过程对于香料在加香产品中的实际应用意义重大。从事这一工作的专业技术人员称为调香师。调香并无定规。虽然香料合成技术愈来愈发达，分析检测仪器和方法愈来愈先进，但在调香这件事上，调香师及其嗅觉仍占据着决定性地位。在香料资源充分的前提下能否调制出理想的香气，不仅取决于调香师对各种芳香原料性质和各种香型的认识、对香精配方组成原则和调香工艺的掌握等技术因素，还受到他感官的灵敏程度和分辨能力、既往对香气的感觉和记忆、对加香产品应有的芳香形象的理解和想象等经验性因素及个人创造性的制约。这无疑不是一件有趣但极富于挑战性的工作。

香精的基本知识如下。

(1) 香精的类别

从香精的用途来看，可简单地将其分为食用香精（具体又有食品用、烟用、酒用、药用等）、化妆品用香精、洗涤及卫生用品用香精、饲料用香精、橡塑制品及其他化工产品（如油漆涂料、皮革、纸张、油墨等）用香精。但某种香精适合在哪方面应用，则与其性质（包括安全性）、形态、香型、来源、成本等多种因素有关。

从物理形态和性质上看，香精有的溶于水（或醇-水溶液），有的溶于油脂或有机溶剂；有的是粉末状的固体，有的被加工为乳剂形式。这些自然同香精的固有性质及加工工艺有关，继而也影响着香精的应用。

① 水溶性香精所采用的香原料都可溶于醇类溶剂，常溶于40%～60%（质量分数）的乙醇-水混合溶剂中（也可用丙醇、丙二醇或丙三醇替代乙醇），广泛用于饮料、甜点等食品及烟酒中，水剂型化妆品中（香水、化妆水等）也不可缺少。

② 油溶性香精则将香原料溶解在天然油脂（主要为橄榄油、菜子油等植物油）中，用于食品加香；或溶于有机溶剂中，如苯甲醇、甘油三乙酸酯等，用于化妆品；亦或利用香料自身与体系的互溶性而不外加溶剂。

③ 粉末香精或是固体香料磨碎混合而成，或是通过粉状担体吸收香原料而得，亦可能

是由赋形剂包覆香原料而形成的微胶囊，一般用于粉状化妆品（香粉、胭脂等）、固体饮料或汤料等食品及日常生活制品的材料加香。

④ 乳化型香精则通过表面活性剂和稳定剂的作用，将少量香原料与大量的水配制成乳液体系，具有成本较低、香料不易流失、应用范围广的优点，发展十分迅速，广泛用于糖果、糕点、奶制品等食品及乳剂型化妆品（如霜膏、奶蜜等）的加香。配制乳化香精常用的表面活性剂有单硬脂酸甘油酯、大豆磷脂、山梨糖醇脂肪酸酯、聚氧乙烯木糖醇硬脂酸酯等，常用的稳定剂有果胶、明胶、阿拉伯胶、琼脂、淀粉、海藻酸钠、酪朊酸钠、羧甲基纤维素钠等，它们同时还起增稠剂的作用。

(2) 香精的香型

由于香气类型千差万别，人的感觉又因人而异，尚无法对香气做出统一的分类。以香料生产行业较为公认的一些香气分类法（如 Roberts 法、Givandan 法等）为基础，结合香精香料应用场合，一般对香精按其香型做出如下分类。

① 花香型　即此类香精模仿自然界的花香调和而成，如玫瑰、百合、茉莉、香草等。

② 非花香型　模仿自然界中除花以外的其他物质的气味，如檀香、蜜香、麝香、皮革香、松林香、薄荷香、乳香等。

③ 果香型　模仿的是果实的气味，如柑橘、香蕉、苹果、西瓜、草莓等。

④ 酒用香型　往往用于酒类，如柑橘酒香、朗姆酒香、杜松酒香、苦艾酒香、白兰地酒香、威士忌酒香等。

⑤ 烟用香型　一般用于烟草制品，如蜜香、薄荷香、可可香、马尼拉香、哈瓦那香等。

⑥ 食品用香型　用于食品加香，如咖啡香、奶酪香、杏仁香、奶油香、胡桃香、焦糖香、肉香等。

以上香精的气味基本上都是模仿已存在的某种实物（天然或人造的）的香味。而还有一种香型与众不同。幻想型，此类香精的气味是调香师在模仿实物香型的基础上，根据丰富的调香经验和想象力，将多种香料（特别是合成香料）巧妙调和而创造出来的香气，往往还同时给它一个幽雅抒情富于浪漫色彩的名称，如东方型、素心兰型、清香型、巴黎之夜、微风、冷水、诱惑等。

7.4.2 调香的方法和工艺

调香是一个生产过程，同时也是一个艺术创作过程；它以天然或合成香料为原料，将其调配成预定的或想象中的香气。随着人类文明程度和生活水平的提高，人们对香氛的要求向着更高雅、更自然、更健康的方向发展，因此对调香提出了更高的挑战。

调香师所面对的基础香原料包括约 500 种天然香料和约 1000 种合成香料。即使普通的香精也要用到其中的 10～30 种，复杂精炼的香精则要用 50～100 种，多则 200～500 种。香精的配方组成需遵循一定的原则，香精的生产过程应采取相应的工艺，这些都是技术问题；而最终所得香精的香气是否能充分发挥其功能，恰如其分地表达和渲染加香产品的理想形象，则还要依赖于调香师的品位和创造性。因此，调香过程的第一步就是通过对待加香产品的了解（基本理化性质、用途、市场定位等），在脑中设计出产品的芳香形象；然后，根据香原料（天然香料及合成香料）的气味、性质、来源、成本等对其进行筛选，按一定的配方原则、经验拟订配方；采取适宜的工艺方法进行加工调配，过程中反复多次地通过闻香对配方进行修改；最后还要加入到产品中进行观察。

下面，就来了解一下这一过程具体是如何进行的。

(1) 香气的感觉及香精的配方组成

香料由于其挥发性，气化的芳香分子通过鼻腔刺激嗅觉神经，通过神经传到大脑后使人产生嗅觉。由多种香料配制的香精由于其各种成分的挥发性不同，使人在嗅到香精后的不同阶段闻到的气味种类和浓淡程度都有差异，结果从整体上给人一种连绵、延续、变换的奇异芳香体验。从给人的感觉来看，一剂香精释放出的香气先后有三种不同的情形：头香、体香和尾香。它们是由不同的香料成分形成的。

头香，又成顶香，是人们对香精嗅辨时最初片刻所感到的香气，是首先能嗅感到的香气特征。作为给人留下第一印象的香气，头香的重要性毋庸置疑。一般要求香精的头香嗜好性良好，清爽，具有独创性；同时，还要求其挥发性高，在香纸粘上后，2h 以内挥发完，而无气味残留。因此，头香一般由挥发度高香气扩散力强的香料形成。

体香，是头香过后能立即嗅感到的中段主体香气，体现一剂香精的最主要香气特征，是其香气的主要组成部分。体香丰富芳香，其香气特征能在相当长的时间内保持稳定和一致，在香纸上可持续 2～6h。因此，起体香作用的香料应具有中等强度的挥发性，如茉莉、玫瑰等花香型香和醛香型、调味料香型的香料。

尾香，又叫基香，是香精的头香和体香挥发后最后残留下的香气，在香纸上持续 6h 以上，甚至数日之久。因此，基香香料挥发度低，富有保留性，相当于定香剂。基香多为橡苔、木香、动物香、龙涎香和香脂类的香气。

一剂香精之所以能给人以复杂的香气感受是由于其组成中各种香原料组分的作用不同。根据香料在香精配方中所起的作用，一剂香精配方中的香料主要包括主香剂、修饰剂和调和剂，另外还有保持尾香的定香剂和突出强化头香的顶香剂。

① 主香剂（base）亦称基础香料，是调香时作为主体香气的香料，决定了香精香气的基本轮廓。因此，主香剂的香型就是所配制香精的香型。在香精的整个配方中，主香剂的用量最大。有的香精的主香剂只有一种香料，如调和橙花香精的主香剂只有橙叶油，而多数情况下主香剂都要使用多种乃至数十种香料。因此，许多现代香精公司常常先调和配制好具有某种香气特征的泛用性调和香料（香基），再按照不同目的直接将各种香基进行组合，创造出符合一定内涵信息的芳香。

主香剂常用的香料（或香基）有花香型、木香型、素心兰香型、柑橘型、嫩叶型、馥奇香型和东方香型；另外，也有时为变化香味而配合使用果香型、调味料香型、醛香型和动物香。

② 调香剂（blender）又称协调剂，用以调和主香剂的香味，使其香气更加突出而又不过分刺激。调香剂的香型要与主香剂相类似，其用量较少。

③ 修饰剂（modifier）也称变调剂，其作用是弥补香气上的某种不足，或使香精变化格调，使香气更为协调美妙。一般修饰剂的香型与主香剂不属于同一类型，是一种使用少量即可奏效的暗香成分。

调和剂和修饰剂的有效使用都依赖于调香师的熟练掌握。

④ 定香剂（fixative）还叫保香剂，作用是使香精中各种香料成分的挥发速度受到抑制，从而均匀挥发，且香气持久。因此定香剂都是不易挥发的香料，如动物性香料、高沸点植物精油（秘鲁树脂、檀香油、橡苔树脂等）及高沸点液态或晶态的合成香料（合成麝香、乙酰丁香酚、苯乙酸芳樟酯等）。

此外，为使香精头香突出强烈，有时还添加一些挥发度高、香气扩散力强的香料作为顶香剂（头香剂），如辛醛、壬醛、癸醛、十一醛、十二醛等高级脂肪醛、酮、酯等及柑橘油、橙叶油等天然精油。

在如上香精配方的组成中，最普遍的是花香型，如玫瑰香型香基、茉莉香型香基（表7-4）；素心兰型以佛手橘、橡苔、橙皮、玫瑰、茉莉、麝香、龙涎等调和后所持有的芳香为特征；馥奇香型以薰衣草、橡苔、香豆素为基础香料，在玫瑰、茉莉等香调中加入檀香木、香根草和绿叶等木香型，以带有麝香、龙涎香等尾香、有厚重感的芳香为特征；东方香型因以东方输入到欧洲的香料的特征而得名，是将香脂类、香子兰类和木香、动物香调的香料相调和，有很强的粉末甘浓的残香香味为特征。

表 7-4 玫瑰香型和茉莉香型香基的典型配方

玫瑰香型		茉莉香型	
成 分	配 比/%	成 分	配 比/%
苯乙醇	25.0	乙酸苄酯	17.0
香叶醇	5.0	己基桂醛	43.0
香茅醇	48.0	吲哚(10%)	2.0
芳樟醇	12.0	水杨酸己酯	8.0
丁子香酚	2.0	二氢茉莉酮酸甲酯	10.0
橙花醇	1.0	丁子香酚(10%)	4.0
十一醇(10%)	1.0	α-大马酮(1%)	4.0
月桂醇(10%)	2.0	4-异丙基环己基甲醇	8.0
苯乙酸戊酯	5.0	α-十一烷酸内酯	4.0
玫瑰醚	0.5		
乙酸香叶酯	2.5		
α-大马酮(10%)	1.0		

(2) 香精配方拟定的过程

在了解了如上香精的配方组成原则后，就可以拟定香精的配方了。

首先，在明确所要配制的香精的香型和香韵的前提下，根据具体应用目的，选择出相应的头香、体香和基香的香料。然后用主香剂的香料配制出香精的主体部分——香基。再根据所得香气的实际情况加入使香气更加浓郁的调香剂，使之更加美妙的修饰剂，更加持久的定香剂，必要时，加入使人一嗅倾心的顶香剂。这是一个反复调配的过程，对试配出的小样(5～10g) 要进行香气质量评估。经认可后，方配制大样 (500～1000g) 在加香样品中试用考察。直至认可方可放量生产。该过程如图 7-9 所示。

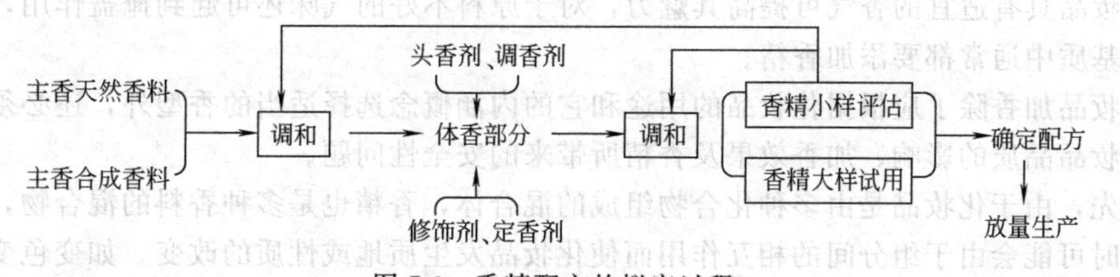

图 7-9 香精配方的拟定过程

(3) 香精的生产工艺过程

香精可加工成液态（包括溶液)、乳液型或固态粉末状。分别在不同的加香产品中应用。

有的液态香料可直接加工成液体香精，或在各香精成分混合搅拌后，依其性质为水溶性或油溶性，分别用 40%～60%乙醇水溶液（或丙二醇、甘油溶液等）或精制天然油脂（或丙二醇、苯甲醇、甘油三乙酸酯等）溶解，再经过滤、熟化等步骤制成液体香精，如图 7-10 所示。其中，熟化是非常重要的一个工艺环节。调和香料在罐中放置一定时间，经自然熟化，可使香气变得和谐、圆润、柔和。

乳化香精的调配类似于乳剂类化妆品，如图 7-11 所示。其中乳化剂常用的有单硬脂酸

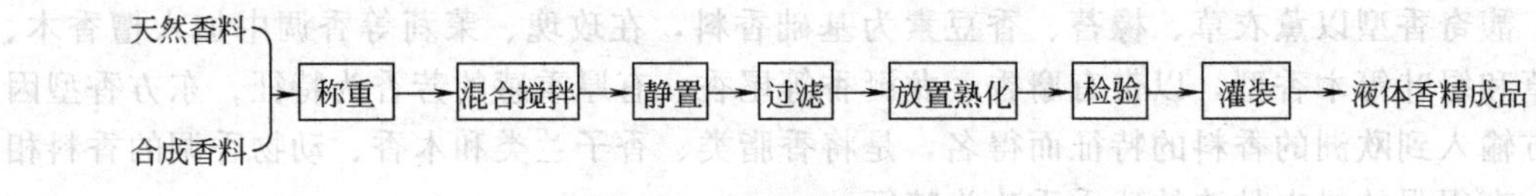

图 7-10 液态香料的加工过程

甘油酯、大豆磷脂、二乙酰蔗糖六异丁酸酯等，稳定剂常用阿拉伯胶、果胶、明胶、淀粉等天然胶质及羧甲基纤维素钠。采用高压均质器或胶体磨分散。通常胶体粒度为 1～2μm 时较佳。

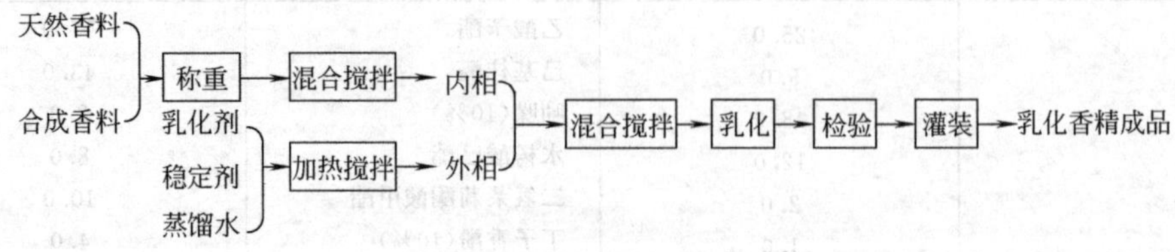

图 7-11 乳化香精的生产工艺

粉末型香精的生产工艺较多，最简单的是直接将固体香原料粉碎后混合过筛，或用精制碳酸镁或碳酸钙粉末吸收香精的醇溶液后再过筛。而通过喷雾干燥法生产的微胶囊化粉末香精，由于香料成分稳定性好、香气持续释放时间长、贮存运输使用方便，目前广泛用于食品（如冰淇淋、果冻、口香糖、粉末汤/饮料、混合糕点等）、纺织品、工艺品及医药、塑料工业等产品的加香中。微胶囊型粉末香精的生产工艺如图 7-12 所示。用以形成包囊皮膜的赋形剂常用明胶、阿拉伯胶、变性淀粉等天然高分子和聚乙烯醇。

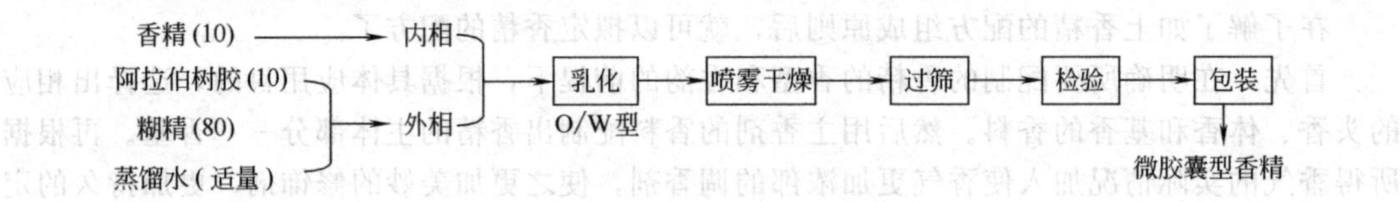

图 7-12 微胶囊型粉末香精的生产工艺

7.4.3 香精的应用——化妆品加香

化妆品具有适宜的香气可提高其魅力，对于原料不好的气味还可起到掩盖作用，故在化妆品的基质中通常都要添加香精。

化妆品加香除了应根据化妆品的用途和它的内涵概念选择适当的香型外，还必须考虑香精对化妆品品质的影响、加香效果及香精所带来的安全性问题。

首先，由于化妆品是由多种化合物组成的混合体，香精也是多种香料的混合物，两相混合，有时可能会由于组分间的相互作用而使化妆品发生质地或性质的改变。如变色变臭，或使化妆品发生分层、浑浊等。变色变臭是化妆品加香应用中一个十分值得注意的问题。化妆品中的香精由于受到光、氧、热、湿等的影响，以及芳香物质理化性质的影响，可能发生氧化、聚合、缩合、水解等反应，结果引起化妆品的变色或变臭。特别是有些清洁类品种呈碱性，有些发用制品中还含有氧化/还原性物质。在这些情况下都必须考虑香精原料的选择问题。而水剂类和乳剂类化妆品中的香精是否与体系相融合、是否会破坏体系的稳定性则很重要。香水、花露水等化妆品中香精用量很多，必须考虑香精在溶剂（主要为乙醇）中的溶解性能，防止产生浑浊；霜、膏等乳剂类化妆品中所用的香精则需在油脂中溶解性好，必要时可适当使用表面活性剂使其增溶。

其次，在不同化妆品中香精的用量有不同要求。化妆品中香精所占的质量分数称为赋香率。以香味为主要特征的化妆品赋香率较高，如香水2%～25%，香粉2%～5%，一般化妆品则约为1%左右。

同时，各种天然或合成香料对皮肤多少都有些刺激，如安息酸酯类有使皮肤不适的灼热感，苯乙酸对皮肤有硬化及起皱作用，大多数醛类、萜类化合物对皮肤刺激性强，丁香酚长期使用使皮肤变红等。因此，必须采取各种措施保证化妆品香料的安全性。包括对香原料进行各种安全性评价（见7.5节）、选择低刺激性原料、尽量减少香精用量、对光毒性或过敏性天然香料去除毒性或致敏性成分等。

7.4.4 香精的应用——香水

以香气为中心的化妆品又称香妆品。主要包括香水、法国香水、盥洗间用香水、科隆香水等。它们的差别主要在赋香率，见表7-5。这里主要介绍香水。

表7-5 香妆品的主要种类

种类	赋香率/%	种类	赋香率/%
香水、香脂	15～30	科隆香水	2～5
法国香水	7～15	香粉	1～2
盥洗间用香水	5～10	香皂	1.5～4

好的香水，必须满足以下条件：有美妙的香气、幽雅的芳香；有与制品内涵概念相一致的芳香特征；各种香气得到协调平衡；芳香的扩散性好；香气有较强持续性。

(1) 香水的主要原料

香水是将香精溶解于乙醇溶液（酒精）中制得的，其原料为香精、乙醇和水。

香水中所含的香精量及用料好坏对其品级的高低有重要影响。高级香水里的香精，多选用天然花果的芳香油及动物香料来配制，形成花香、果香和动物香浑然一体、留香持久的特点。低档香水所用的香精则多用人造香料来配制。香精含量一般5%左右。香气稍劣而留香时间也短。香水的香型大致有以下几种：清香型；草香型；花香型；醛香、花香型；粉香型；苔香型；素馨兰型；果香型；东方型；烟草、皮革香型；馥奇香型。

制造香水所用的水，要求采用新鲜蒸馏水或经灭菌的去离子水。不允许有微生物存在，绝对不能使用一般的自来水或天然水（井水、泉水等）。水中的微生物虽然会被加入的乙醇杀灭，但所形成沉淀却对芳香物质的香气有影响。也不允许有铁、铜等物质，因其对不饱和芳香物质发生诱导氧化作用。所以生产设备、管道、容器应避免使用铁和铜材，而应用不锈钢制品。如果实在没有条件得到质量好的水，则需加入柠檬酸钠、EDTA等螯合剂或软化剂，以抑制金属离子对水的污染，且可增加防腐作用。软化剂的用量约为0.02%～0.05%。它和抗氧剂合用效果更佳。抗氧剂（如二叔丁基茴香醚）一般用量为0.02%～0.1%。包装瓶最后的一次水洗也最好用去离子水，可以除掉痕量的金属离子，以保护香气组分，防止金属催化氧化，稳定色泽和香气。

乙醇对香水影响很大，不能带有丝毫杂味，否则会使香气产生严重的破坏作用。一般香水用95%乙醇，使用前要经过分馏、脱色、脱臭等处理进行精制。另外，还要在乙醇中预先加入少量香料，再经过较长时间的陈化。所用香精如秘鲁香脂、吐鲁香脂、安息香树脂等，加入量约为0.1%；赖百当浸胶、橡苔浸胶、鸢尾草根油、防风根油等，加入量约为0.05%。最高贵的香水常采用加入天然动物香料或香荚兰豆等经过陈化的乙醇来配制。

因香料分子挥发的快慢对香水的香气持久性很重要，因此要用定香剂，使挥发快的香料挥发尽量减慢，使各种香料以差不多的速度挥发。植物性定香剂有秘鲁香胶、吐鲁香胶、安息香、苏合香乳香、白核油、香草油、岩兰草油、鸢尾油等；动物性定香剂有麝香、灵猫香、海狸香、龙涎香等的酊剂。合成定香剂有酮麝香、二甲苯麝香、苯甲酸苄酯等。

(2) 香水的生产工艺

香水的生产过程主要包括配料混合、熟化、冷冻过滤、灌水等步骤。

生产前应先检查机器设备动转是否正常，管道、阀门等是否畅通。然后按当天生产数量，根据配方比例领取定量的各种所需原料，再按规定操作程序过磅配料。香基应事先按规定浓度，用蒸馏水配好溶解过滤，密封备用。为保证香基的稳定性，应放在玻璃瓶或不锈钢桶内，以防止金属离子混入而影响产品质量。

然后按规定配方将香精与乙醇以一定比例混合。由于通常不使用增溶剂，香料仅溶解于乙醇中，所以要充分考虑香料的溶解性。具体步骤是：先称乙醇放入密闭的容器内，同时加入香精、颜料，搅拌（也可用压缩空气搅拌），最后加入去离子水（或蒸馏水）混合均匀，然后开动泵把配制好的香水输送到贮存罐。

为了保证香气质量，配制好的香水先要在密封的贮存罐中，在冷暗处静置贮存一段时间，以进行熟化或陈化。熟化时间因香气的类型、香精的含量、体系的水含量不同而不同。花露水、古龙香水在配制后需要静置24h以上；香水至少一个星期以上，高级香水静置1～3个月以上。

在熟化期中，醇类的刺激性臭味会因熟化而消失，成为具有圆润柔和的芳醇香，香水的香气渐渐由粗糙转变为和醇芳馥。此谓成熟或圆熟。这是因为，熟化过程中发生了酯化、酯交换、缩醛化、缩醛交换、氧化、聚合等多种化学反应，这些虽都极为微量，但相互复合叠加，产生了意想不到的综合效果。当然，也可能因调配香精不当而产生不够理想的变化。需要6个月到1年的时间，才能确定陈化的效果。关于香水熟化所需的时间，看法不大一致。有人认为香水至少3个月，古龙香水、花露水2周；也有人认为成熟期能长些会更好，香水6～12个月，古龙香水3～6个月。但如果古龙水的香精中含萜及不溶物较少，则可缩短成熟期。具体成熟期可视各厂实际情况而定，如果产销周期较长（产品-进仓-运输-批发-零售-消费者），则生产过程的成熟期可以短一些。

熟化期有一些不溶性物质沉淀出来，应过滤除去，以保证香水透明清晰。因此，熟化后的香水需进行过滤。一般采用过滤助剂加压过滤的方法，以碳酸镁作助滤剂，采用板框式压滤机，其最大压力一般不得超过1500～2000kPa。根据滤板的多少和受压面积大小，规定适量的碳酸镁用量。先用适量的碳酸镁混合一定量的香水，均匀混合后吸入压滤机，待滤出液达到清晰度要求后进行压滤。香水压滤出来时温度不超过5℃，以保证其水质清晰度。

最后是香水的罐装。装灌前必须对水质清晰度和包装瓶清洁度进行检查。装灌时按品种产品的灌水标准（指高度）进行严格控制，不得灌得过高或过低。应在瓶颈处空出4%～7.5%的容积，预防贮藏期间瓶内溶液受热膨胀而瓶子破裂。装瓶宜在室温（20～25℃）下操作。

香水、古龙香水、花露水等产品质量必须一直保持清晰透明，色调香气稳定。在制造后不久或经过一段时期应观察测定外观透明度（浊度）、用仪器对比色泽、测密度、用传统方法测乙醇含量、进行评香等。

【生产实例】 栀子香型香水

(1) 配方（质量份）

香柠檬油	295	香荚兰豆香树脂	40	酮麝香	17
调配茉莉香基	140	金合欢净油(S. A.)	35	甜橙油	70
调配苦橙花香基	70	玫瑰油(otto)	30	小计	1000
依兰油	60	香根油(爪哇)	30	灵猫浸泡液	175
玫瑰净油(S. A.)	55	大茴香醛	30	96%乙醇	8825
调配长寿花香基	40	黑香豆香树脂	25	合计	10000
香橼油	40	乙酸苏合香脂	23		

(2) 制法

将乙醇、香料按比例混合后，经三个月的低温陈化，沉淀出不溶物，并加入硅藻土等助滤剂，用压滤机过滤，以保证其透明清晰。为防止香水在衣物上留斑痕，通常不加色素。

(3) 特性

外观清晰透明，在－40℃左右的低温不产生浑浊和沉淀。香味和谐，留香持久，香韵独特。采用优质中性玻璃包装容器。保质期为一年。保质期内无明显变色、沉淀或浑浊现象。

7.5 安全性及评价

对于香料的安全性，“国际日用香料香精协会”要求对每一香料都要从如下六个方面进行实验：急性口服毒性试验；急性皮肤毒性试验；皮肤刺激性实试验；眼睛刺激性试验；皮肤接触过敏试验；光敏中毒和皮肤光敏化作用试验，并公布了在日用香精中禁用或限用的香料。

对于香料和加香产品香的检验称为评香。目前主要通过人的嗅觉、味觉等感官来进行。评香根据其检验对象的不同分为对香料、香精和加香制品的评香；评香的内容包括辨别其香韵、香型、香气强弱、扩散程度、留香能力以及真伪、优劣、纯度等；对于香精和加香制品还要嗅辨和比较其香韵、头香、体香和基香之间的协调程度，与标样的相像程度、香气稳定性等，并能够通过修改达到要求。

(1) 单体香料的评价

评价内容包括香气质量和强度及留香时间。香气质量的检验是通过对香料纯品或其乙醇稀释液直接或用评香纸闻试而进行的。有时也将单体香料用水等溶剂稀释到一定程度后放入口中，通过嗅闻由口进入鼻腔的香气进行检验。当香料浓度由高逐渐降低时，开始闻不到香气时的香料最小浓度称为阈值，用以表示香气强度。香料的阈值愈小，香气强度愈高。某一香料的阈值与稀释所用溶剂及其所含杂质（如其他香料成分）有关。留香时间的检验方法是：一般将香料蘸到闻香纸上，再测定香料在纸上的保留时间，即从闻香纸上闻不到香气的时间。

(2) 天然香料的评价

天然香料的评价也要检验香气质量和强度及留香时间。但由于天然香料是多种成分的混合物，所以在同一闻香纸上还要检验出不同阶段香气的变化，即头香、体香和基香之间的合理平衡。

(3) 香精的评价

对于香精，除了要用和前面一样的方法评价香气质量和强度外，在同一闻香纸上检验出头香、体香和基香之间的平衡非常重要。如果头香不冲，则香气的扩散性较差；若体香不和，则香气不够文雅；若基香不浓，则留香不佳，香气不够持久。另外还需考虑香气与标样的相像程度、有无独创性等。对于口腔卫生品加香用的香精和食用香精，除上述评价外，还需包括味的评价，方法是将香精溶于一定量的水或糖浆后含入口中，对冲入鼻腔中的香气和口中感到的味同时进行评价。

（4）加香制品的评价

对香皂、化妆品等产品进行评香，采用直接对其嗅辨或敷用后嗅辨的方法。由于香精加入到加香制品中后，其香气、味道等会因介质的不同而有差别，如强度或香气平衡等发生变化，且随放置时间的延长，香气也会发生变化，甚至劣化。因此，要了解某香料或香精在加香制品中的实际香气效果、香气变化、挥发性、持久程度和变色情况等，必须将其加入到加香制品中再进行评价。视加香制品的性质，或考察一段时间，或经冷热考验，观其香气、香韵、介质稳定性、色泽等的变化，以做出最终评价。

习　题

1. 对植物香料的提取方法主要有哪几种？各有何特点？分别适用于什么场合？得到何种形式的产物？
2. 水蒸气蒸馏法提取植物精油的工艺过程如何？
3. 什么叫单离香料？对天然香料进行单离主要有哪些方法？
4. 合成香料主要有哪些类别？分别举两个例子。
5. 解释并比较下列各组名词：

（1）香料，调和香料，香精，香基；

（2）精油，浸膏，乳化香精；

（3）单离香料，合成香料，人造香料；

（4）头香，体香，基香。

6. 香精的基本配方包括哪几个部分？对所得香精的香气分别起什么作用？各自应选择什么样的原料？
7. 分别写出液体香精和微胶囊型粉末香精的一般性生产过程。
8. 化妆品加香应注意哪些问题？
9. 香水的主要成分是什么？如何生产？
10. 评价香料的安全性主要通过哪些试验进行？如何对香精进行评香？

参 考 文 献

[1] 王培义．化妆品——原理·配方·生产工艺．第2版．北京：化学工业出版社，2006.
[2] 唐冬雁，刘本才．化妆品配方设计与制备工艺．北京：化学工业出版社，2003.
[3] 阎世翔．化妆品科学．北京：科学技术文献出版社，1995.
[4] 光井武夫．新化妆品学．北京：中国轻工业出版社，1996.
[5] 何坚，孙宝国．香料化学与工艺学．北京：化学工业出版社，1995.
[6] 阿诺尼丝 DP．调香笔记——花香油和花香精．北京：中国轻工业出版社，1999.

第8章 化 妆 品

化妆品与人们的日常生活密切相关，人们为了保护、清洁、美化身体而使用它。化妆品不仅具有生理功能，而且能令人心情舒畅，具有心理意义，其消费量与日俱增。

8.1 概述

8.1.1 化妆品的定义

各国对于化妆品的定义不尽相同。例如，日本药品管理法中对化妆品的定义是“为了清洁、美化身体，增加魅力，改变容貌，或者为保护皮肤和头发，而涂抹、散布在身体上的对人体作用缓和的制品”；我国《化妆品卫生监督条例》中的定义则为“以涂擦、喷洒或者其他类似的方法，散布于人体表面任何部位（皮肤、毛发、指甲、口唇等），以达到清洁、消除不良气味、护肤、美容和修饰目的的日用化学工业产品”。一般来说，化妆品是对人体面部、皮肤、毛发和口腔起保护、美化和清洁作用的日常生活用品，通常是以涂覆、揉擦或喷洒等方式施于人体不同部位，有令人愉快的香气，有益于身体健康，使容貌整洁，增加魅力。使用化妆品的目的是保护、清洁和美化人体，而不具备药品的预防和治疗功效，其生理作用是和缓的。

8.1.2 化妆品的基本组成和特性

化妆品是由多种原料经过合理调配而形成的混合物，是一个多相分散体系；其性质、质量如何由其原料和配制工艺决定。在这个混合体系中，除了大量的基质原料——体现化妆品的性质和功用的主体外，还必须有多种辅助原料，虽然用量少，但对其成型（稳定）及各种性质起着必不可少的作用。

化妆品的主要基质原料和成分按其理化性质可分类如下。

① 油脂原料　含油脂和蜡类，还有脂肪酸、脂肪醇和酯，按其来源有天然的，如各种植物油、动物油和矿物质油，和（半）合成的，如硅油及其衍生物。

② 粉质原料　一般都来自天然矿产粉末，如滑石粉、高岭土等。

③ 胶质原料　为天然或（半）合成的水溶性高分子，如果胶、明胶、纤维素衍生物等，对化妆品起着赋型、稳定或保湿等多种作用。

④ 溶剂原料　除水外，还有醇、酮、醚、酯等有机物，是各种化妆品生产过程中及非固体型化妆品组成成分中必不可少的一员。

化妆品的常用辅助原料和成分按其功能作用可分类如下。

① 表面活性剂（乳化剂）　霜、膏、蜜、乳液等形式的化妆品都以乳状液形式存在；为得到稳定的乳状液，适宜的表面活性剂在生产过程和成品配方中都必不可少，它有乳化、分散、增溶、起泡、清洗、润滑和柔软等多种功能。

② 香料和色素　包括从天然动植物中提取的、有机合成的；色素还有无机的矿物性颜料。它们起着掩盖原料气味、颜色和吸引消费者注意的作用。对于芳香性化妆品（香水）而言，香精是至关重要的成分。其生产工艺已在第7章单独介绍。

③ 防腐剂和抗氧剂　它们的作用是保证化妆品在保藏期内的质量稳定和安全性，尤其当其中含有动植物营养原料时。为了获得广谱的抑菌作用，往往采用二三种防腐剂复配使用；而抗氧剂可延迟化妆品中的主要成分——油脂的酸败，其用量一般控制在0.02%～0.1%。

④ 其他特殊的功能性成分或原料　如保湿剂、营养剂、防晒剂、收敛剂等，视化妆品特定的功能需求而定。

对于这样的混合体系，不论是哪类化妆品，都具有如下共性。

① 胶体分散性　即化妆品体系多为某些组分以极小的固（液）微粒的形式分散于另一相介质中，所得的胶体分散体系各相具有不均匀性，组成具有不确定性，体系有凝聚倾向而导致不稳定性。

② 流变性　这一性质由化妆品乳状液所固有的黏弹性结构决定，表现为化妆品使用过程中的感觉，如“稀”、“稠”、“浓”、“淡”、“黏”、“弹”、“润”、“滑”等。这些感觉影响其使用（称流变心理学），取决于其配方设计和生产工艺过程。

③ 表面活性　这是由于化妆品属胶体分散体系，其分散相微粒比表面大，导致了表面活性的增高；同时，化妆品的成分中一般都含有表面活性剂，也使其具有相应的表面活性。

一个质量合格的化妆品，在使用过程中消费者还要求其具有相对稳定性（在贮存和使用期间保持其原有性质）、高度的安全性（对人体无毒副作用）、易使用性（剂型、包装等）、嗜好性（色、味等）和有用性（清洁效果、色彩效果、特殊的功能性等）。详见8.4节。

8.1.3　化妆品的分类

化妆品可按其使用部位、使用目的、成分、剂型等进行分类。日常生活中多采用前面两种分类方法（表8-1），本章的重点是讨论化妆品的生产工艺和配方设计，因此在后面的论述中按其外观性状（即剂型）进行分类更加方便，故将其分为乳剂类（乳、蜜、霜、膏）、水剂类、粉类和气溶胶类等（表8-2）。

表8-1　化妆品的种类（按使用部位、目的分类）

分类	使用目的	主要制品	分类	使用目的	主要制品
基础化妆品	清洁 滋润 保护	洗面奶/皂/凝胶/泡沫 化妆水、润肤霜、按摩霜 乳液、保湿霜	发用化妆品	洗发 护发 染、整、烫 生/养发	香波 护发素 调理剂 染/烫发剂、发膏/水/油 生发剂
美容化妆品	基础美容 彩妆 美甲	粉底霜、白粉 口红、胭脂、眼影/线 指甲油、除光液	口腔用化妆品	洁齿 口腔清爽	牙膏/粉 口腔清爽剂
体用化妆品	浴用 防晒 抑汗/祛臭 脱毛、脱/增色、防虫等	香皂、浴液、入浴剂 防晒霜/乳/油 抑汗/祛臭喷剂 脱毛霜、脱/增色霜/水、防虫水	芳香化妆品	香水	香水、古龙香水

表8-2　化妆品的种类（按性状、剂型分类）

类　别	主 要 制 品	类　别	主 要 制 品
水剂类	香水、花露水、化妆水、营养头水、奎宁头水、冷烫水、去臭水	凝胶状	抗水性保护膜、染发胶、面膜、指甲油
油剂类	发油、发蜡、防晒油、浴油、按摩油	气溶胶	喷发胶、摩丝
乳剂类	清洁霜、清洁奶液、润肤霜、营养霜、雪花膏、冷霜、发乳	膏状	泡沫剃须膏、洗发膏、睫毛膏
粉状	香粉、爽身粉、痱子粉	锭状	唇膏、眼影膏
块状	粉饼、胭脂	笔状	唇线笔、眉笔
悬浮状	香粉蜜	珠光状	珠光香波、珠光指甲油、珠光雪花膏
表面活性剂溶液类	洗发香波、浴、液		

另外，对消费市场上制品种类最多的乳剂型等液态化妆品，还经常按体系中油-水两相的分散状态将其大致分为油包水型（W/O 型）和水包油型（O/W 型）两大类，它们的使用感觉和效果均有较大差别。其中，前者油为外相，多含重油成分，涂覆后感觉油腻，被泛指为油性，如香脂、按摩油等，适用于干性肌肤；后者水为外相，易于涂覆，无油腻感觉，少黏性，是目前市场上的主流。

8.1.4 化妆品的开发程序

化妆品从基础研究开始到产品生产的一系列开发过程如图 8-1 所示。

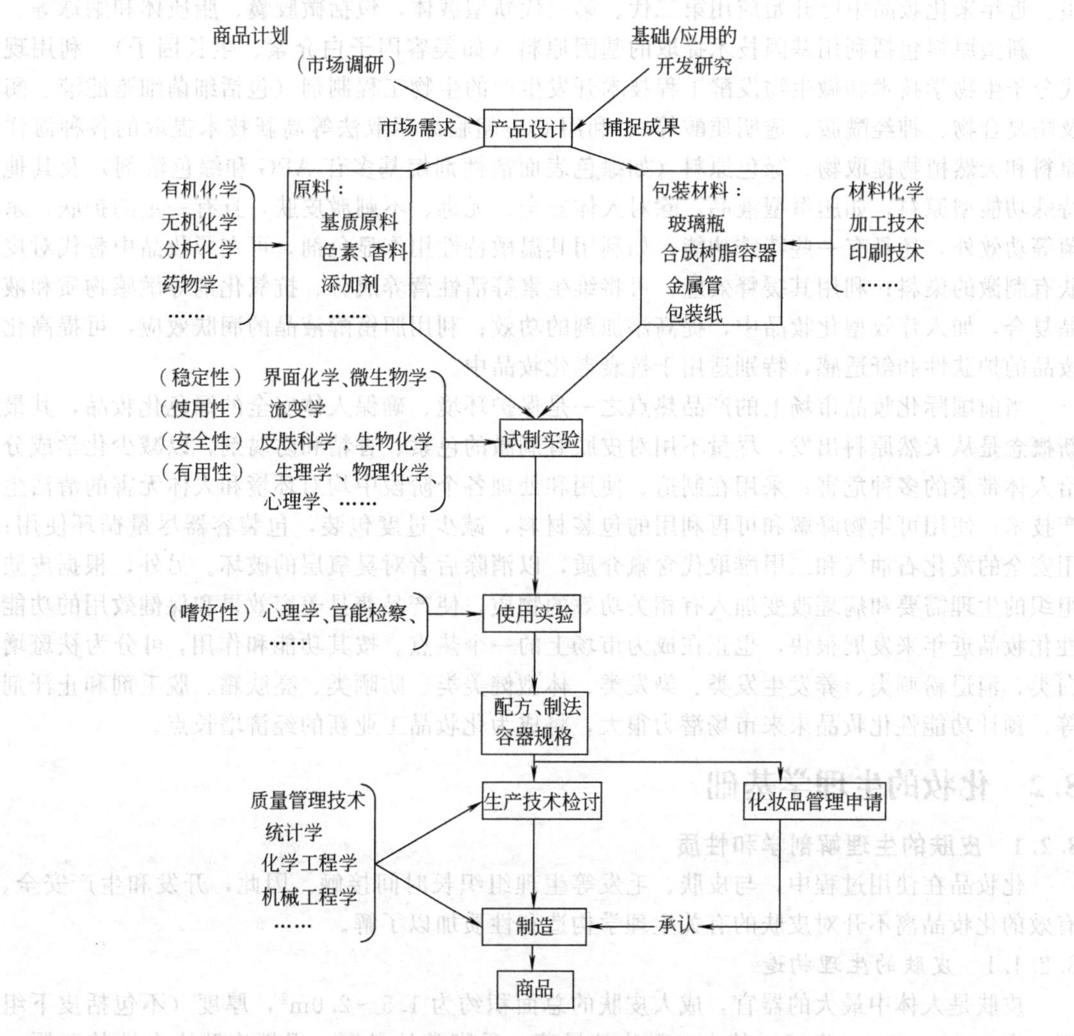

图 8-1 化妆品开发程序和相关科学技术

8.1.5 化妆品生产工艺技术的发展现状和行业热点

化妆品属于精细化工范畴，同时又是科技和艺术的复合产品，涉及多学科和多种技术。近年来随着纳米技术、药物制剂、生物技术等高新技术领域的迅速发展，化妆品制备方面涌现出许多高新技术、新型原料和专门化热点产品。

乳化技术是制备膏霜和乳液类化妆品的关键技术。少用或不用表面活性剂，通过强化乳化装置达到乳化效果，以机械乳化代替传统的化学乳化，可减少或排除表面活性剂对皮肤的刺激。20 世纪 90 年代后相继出现了低能乳化技术、超声波振荡连续乳化技术和高剪切连续乳化技术等新型乳化技术，能够缩短乳化时间、节约能源、提高产品质量；而高压均质器或微射流乳化器可制成极小微粒的扩散型毫微乳液，由于粒径小（100～200nm），对皮肤局部渗透性强，可使活性物直接且均匀地作用于角质层，更有利于提高功效。毫微乳液是国际上处于领先地位的功能性化妆品剂型，在国际市场上毫微米乳液化妆品已崭露头角。

活性成分的皮肤传输技术是指可将有效成分载入化妆品基质中，使化妆品具有优异的功能性，又使有效物质在传递、输送至皮肤过程中不失活性，并由于其缓释性，延长了有效作用时间，提高功效。在该技术中，新型的载体是技术关键。传统载体是水和各种动、植物油脂。近年来化妆品中已开始应用第二代、第三代新型载体，包括微胶囊、脂质体和纳球等。

新型原料包括利用基因技术提取的基因原料（如美容因子白介素、生长因子）、利用现代分子生物学技术和微生物发酵工程技术开发生产的生物工程制剂（包括细菌细胞滤液、酶及酶复合物、神经酰胺、透明质酸等）、利用 CO_2 超临界萃取法等高新技术提取的各种海洋原料和天然植物提取物、绿色原料（如绿色表面活性剂烷基多苷 APG 和绿色溶剂）及其他特殊功能型原料，如胆甾型液晶，除对人体安全、无毒、不刺激皮肤，且有一定的护肤、杀菌等功效外，还具有一些特殊功能，如利用其温敏特性用作显色剂，可在彩妆品中替代对皮肤有刺激的染料；利用其缓释效应，可将维生素等活性营养成分、抗氧化剂等敏感物质和液晶复合，加入疗效型化妆品中，提高添加剂的功效；利用胆甾醇液晶的润肤效应，可提高化妆品的护肤性和舒适感，特别适用于抗衰老化妆品中。

当前国际化妆品市场上的产品热点之一是保护环境、确保人体安全的绿色化妆品，其最新概念是从天然原料出发，尽量不用对皮肤有刺激的色素、香精和防腐剂，以减少化学成分给人体带来的多种危害；采用在制造、使用和处理各个阶段中均对环境和人体无害的清洁生产技术；使用可生物降解和可再利用的包装材料，减少过度包装，包装容器尽量循环使用；用安全的液化石油气和二甲醚取代含氟介质，以消除后者对臭氧层的破坏。另外，根据皮肤组织的生理需要和病理改变加入有相关功效的物质，使产品兼具美容效果和保健效用的功能性化妆品近年来发展很快，也正在成为市场上的一个热点。按其功能和作用，可分为祛斑增白类、消退粉刺类、养发生发类、染发类、体型健美类、防晒类、亮肤霜、脱毛剂和止汗剂等。预计功能性化妆品未来市场潜力很大，将成为化妆品工业新的经济增长点。

8.2 化妆的生理学基础

8.2.1 皮肤的生理解剖学和性质

化妆品在使用过程中，与皮肤、毛发等生理组织长时间接触。因此，开发和生产安全、有效的化妆品离不开对皮肤的有关生理学构造和性质加以了解。

8.2.1.1 皮肤的生理构造

皮肤是人体中最大的器官，成人皮肤的总面积约为 $1.5 \sim 2.0m^2$，厚度（不包括皮下组织）在 0.5～4.0mm 之间，其中，眼睑处最薄，手脚掌处最厚；男性皮肤比女性的要厚一些，而儿童特别是婴儿的皮肤平均厚度只有约 1mm。皮肤由表及里可大致分为表皮、真皮和皮下组织三层，其中表皮是化妆品直接作用的部位，真皮对皮肤的质地如何起重要作用，也是化妆品能够到达并发挥功效的部位，而皮下组织含有大量脂肪组织、汗腺、毛囊等，一般不受化妆品作用的直接影响。皮肤还存在毛发、指甲、腺体（汗腺、皮脂腺）等附属器官。

表皮是厚度约为 0.1～0.3mm 的细胞重叠层，其中位于真皮之上的基层细胞不断分裂，产生的新细胞顺次上移，经过复杂的合成和分解过程，伴随在不同的层次发生的大小和形态的变化，由里而外不间断地先后形成基底层、棘层、颗粒层和角质层。因此，基底层细胞是表皮各层细胞的来源。它的繁殖能力很强，当表皮破损时起到增生修复的作用，不会留下遗痕。另外，决定皮肤颜色的黑色素细胞也分布于基底层，受紫外线刺激时即生成黑色颗粒物，使皮肤变黑，具有防止日光照射入真皮以下的作用。棘层是表皮中最厚的一层，该层细胞之间有一定空隙，含有细胞组织液，辅助细胞的新陈代谢。颗粒层是向角质层转化的过渡，既可合成角蛋白，又可发生角化，即细胞从基底层到角质层的动态变化，转化为死亡的无核的角质细胞。颗粒层细胞间隙中含有疏水性磷脂质，防止水分向角质层和体外渗透。角质层细胞无生物活性，细胞内充满非水溶性的硬质角蛋白纤维，对酸、碱和有机溶剂均有一定抵抗力，是人体的天然物理屏障。角质细胞一般含脂质7%、水分15%～25%。若水分降至10%以下，皮肤就会干燥发皱，产生可见鳞层或裂纹。及时利用化妆品保湿可使其恢复正常状态。干燥的死亡角质细胞逐次成鳞状或薄片状剥离，即皮肤发生生理性脱落。角质化过程一般约需四周。由于角质层位于皮肤与外界接触的最表面，该层的机能和状态对化妆品作用的发挥有很大影响。

真皮厚约3mm，对皮肤的弹性、光泽和张力有重要作用，由结缔组织和处于其间的无结构基质组成。其中，结缔组织主要为胶原纤维，其次还有网状纤维和弹力纤维。胶原纤维富于韧性，弹力纤维富于弹性，但干燥时易变脆。皮肤老化时胶原蛋白分子发生断裂或分子间交联，纤维变性、硬化或破坏，弹力纤维和胶原束的排列也发生改变，使皮肤弹力减弱，出现皱纹或松弛。构成真皮中的细胞外基质含有酸性黏多糖、氨基多糖和纤维蛋白。其中的主要成分透明质酸黏性很强，具有保持组织内水分的作用，并与胶原蛋白和弹性纤维结合成凝胶状结构，使真皮具有弹性。皮肤内的水分主要贮存在真皮内。皮肤老化时真皮中透明质酸减少，含水量下降，弹性降低。

8.2.1.2 皮肤的性质

(1) 皮肤的颜色

从生理学角度来看，皮肤的外观颜色是皮肤表面的颜色，是表皮细胞中黑色素、类黑色素、胡萝卜素、氧化血红素和还原血红素综合作用的反映；同时，还与皮肤的角质层厚度、水合状态、血液量、血液中氧含量及细胞间连接状态等多种因素有关。决定皮肤颜色的最主要因素是黑色素，其分泌受脑下垂体的控制。黑色素从表皮基底层的黑色素细胞产生，渐次上行，最后与角质细胞一起脱落。它分子量很大，化学性质也很稳定，不溶于水和多数有机溶剂，但少量溶于乙二胺和二氮杂苯等，可被强氧化剂氧化。存在一类所谓黑色素阻碍剂可抑制黑色素的形成，从而具有使皮肤变白的功能。皮肤的黄色主要由胡萝卜素（类胡萝卜素的一种）产生，一般女性比男性的多。人体摄取的类胡萝卜素主要在肠黏膜处转化为维生素A，也有未经转化而被肠道吸收的在血液中移动，易于沉着到角质层，使角质层和皮下组织呈现特有的黄色。

(2) 皮肤的pH值

皮肤中皮脂腺分泌的皮脂和汗液混合成一层乳化薄膜——皮脂膜。因汗液中乳酸和氨基酸的作用，以及皮脂中中性脂肪和脂肪酸的作用，皮肤正常情况下呈弱酸性，对碱性物质具有一定的缓冲作用。皮肤的pH值平均约为5.75，通常在4～7之间。研究证明，弱酸性且具有较强缓冲作用的化妆品对皮肤的保护作用最为合理，而与皮脂膜成分相同或相尽的化妆品对皮肤的营养作用最为理想。

(3) 皮肤的质地

皮脂腺分泌的皮脂主要成分为脂肪酸和甘油三脂肪酸酯，具有润滑、保水、抑菌和保温等作用。但皮脂分泌过多会阻塞毛囊孔，引发毛囊炎症（粉刺、痤疮）。对应于不同个体和一定条件，皮脂的分泌都有一个饱和皮脂量。若将皮肤表面的皮脂除去，则皮脂腺迅速分泌，约经 2～4h 再次达到该量。根据皮脂分泌量的多少，人类皮肤的质地大致可分为干性、油性、中性、混合性和敏感性等几类。皮肤的质地是选择化妆品的重要依据。

（4）皮肤的保湿和天然保湿因子（NMF）

皮肤本身具有一定的保湿性，与角质层和真皮层都有关。正常健康的角质层中水分含量维持在 10%～20%，此时皮肤呈现润泽、弹性的理想状态。这些水分之所以能被保持，一方面是皮脂膜的作用，另一方面是角质层中存在着一类以氨基酸为主要成分的有吸附性的水溶性物质，被认为参与角质层中保持水分的作用，它们被称为天然保湿因子（NMF）。角质层中的 NMF 与蛋白质相结合，还受到细胞脂质和皮脂等油性成分的保护作用，从而不易流失，并对水分挥发起到适当的控制作用。NMF 的结构和作用机理等目前尚未完全清楚，其组成经 Steiance 等测定，大致见表 8-3。另外，真皮层的磷脂等疏水成分和基质中的透明质酸、胶原蛋白和弹性蛋白等亲水性高分子的存在对皮肤的保湿功能也很重要。

表 8-3　NMF 的组成

成　　分	含量/%	成　　分	含量/%	成　　分	含量/%
氨基酸类	40.0	钠	5.0	氯化物	6.0
吡咯烷酮羧酸	12.0	钾	4.0	柠檬酸盐	0.5
乳酸盐	12.0	钙	1.5	糖、有机酸、肽、其他未确定物质	8.5
尿素	7.0	镁	1.5		
氨、尿酸、葡糖胺、肌酸酐	1.5	磷酸盐	0.5		

根据上述皮肤的天然保湿机能，在利用化妆品对皮肤进行保湿护理时，有一个湿度平衡的概念。即：由于老化等因素，角质层的保湿结构遭到破坏，NMF 减少，水分保持能力下降，使角质层明显硬化；此时若平衡地给予优质的油性成分和保湿性强的亲水性成分，则可补充随老化而减少的水分、NMF 及脂质的相当物质，取得水-保湿剂-油分的适当平衡，从而维持皮肤保湿的稳定性，明显改善皮肤表面状态和防止出现损伤。采用 NMF、透明质酸等这些天然的皮肤保湿剂配制化妆品，一方面可以起到良好的皮肤保湿的作用；另一方面这些成分对化妆品本身也起到水分保留剂的作用，有助于保持整个化妆品体系的稳定。

8.2.1.3　*皮肤的渗透和吸收作用*

皮肤是防止异物入侵体内的天然屏障，但也有渗透能力和吸收作用，在一定条件下外界某些物质可选择性地透过表皮被真皮所吸收，进而影响全身。这构成了化妆品发挥多种作用的基础。某种物质能否吸收取决于皮肤的状态、物质及所在基剂的性状；吸收多少则取决于物质浓度、接触时间和部位、面积等条件。

皮肤对物质的吸收有两种途径。其一是表皮吸收，是主要的吸收途径。物质渗透通过角质层细胞膜进入角质层细胞，再经其他各层进入真皮。由于角质层具有疏水性，激素等甾类化合物和维生素等脂溶性物质易于经皮吸收，而水溶性物质则困难。其二是毛囊皮脂腺吸收，少量脂溶性及水溶性物质或不易渗透的大分子物质多通过此途径。而很少物质通过汗腺导管孔和角质层细胞间隙吸收。

物质的经皮吸收性受其脂溶性程度、年龄、皮肤局部血流量、皮温、角质层的水合性和损伤程度、环境温湿度及物质的剂型等因素影响。例如，角质层通常难以吸收物质，但若设法使其软化（如在温、湿作用下），则可使渗透变得容易；柔嫩、角质层薄的皮肤易于吸收；有机溶剂由于对细胞膜中类脂质有强亲和性而易渗入皮肤；粉剂、水剂和悬浮剂吸收性差，而油剂和乳剂则相反；不同的油脂类吸收能力为：动物油脂＞植物油脂＞矿物油脂；表面活性剂的存在有利于基质的吸收；按摩能加速血液循环，有利于吸收等。

8.2.2 毛发的生理学和性质

毛发同样由角化的表皮细胞构成，其主要成分亦为角质蛋白，但其胱氨酸含量比表皮角质蛋白的更高，因此更硬。

毛发露出皮肤外的部分为毛干，其横截面的中心为髓质，周围覆盖皮质，最外层为毛表皮。毛表皮很薄，又称护膜，起保护作用，保持毛发乌黑、光泽和柔韧的性能；皮质占毛发总质量的 90%以上，含有黑色素颗粒和较多二硫键（交联）的角蛋白纤维，对化学试剂有较强耐受力，还具有吸湿性；髓质含色素颗粒，赋予毛发刚性结构和强度。

毛发埋在皮肤下部分为毛根，处于毛囊内；毛根下端膨大成毛球，内凹处有毛乳头。毛乳头内有两种细胞：毛母色素细胞，负责合成色素颗粒；毛母角化细胞，负责不断分裂增殖，使毛发生长。整个毛发的生长过程就是毛母细胞不断转变为角质细胞的过程。

构成毛发的角质蛋白是一种两性化合物，在沸水、酸、碱、氧化剂和还原剂作用下可相应发生化学反应，从而发生性质的改变。这正是美发、护发的化学基础。例如，毛发具有吸湿性，不溶于冷水，但热水可使二硫键断裂，使毛发水解；高温使角蛋白纤维失水，毛发变得干、脆，若持续高温或温度过高，则引起键的断裂，纤维结构被破坏；持续强烈日照会造成同样结果，使毛发性质劣化；弱酸或低浓度酸对毛发纤维无显著破坏，但强酸或高浓度酸则相反；碱的作用剧烈而复杂，会使毛发受到损伤，变得粗糙、无光泽、强度下降；还原剂会破坏胱氨酸的二硫键，氧化剂可重新形成二硫键，甚至使其进一步发生不可逆的氧化，致使毛发性质劣化。

8.3 化妆品生产工艺各论

8.3.1 化妆品的生产设备

化妆品的生产多利用物料间的物理混合和物态变化进行复配，较少化学反应；混合机械设备较为常用和重要，而无需耐高温/压设备；对设备材质及卫生条件要求很高，多采用不锈钢或陶瓷材料；生产过程多为间歇操作，所涉及的操作单元主要有粉碎、研磨、混合、乳化和分散、分离分级、成型、灌装、包装以及物料输送、加热/冷却、水处理、灭菌消毒等辅助单元，生产设备可大体分为制造设备和成型填充包装设备。由于化妆品品种剂型甚多，工艺变化较大，需根据具体产品选择确定所需设备（表 8-4）。下面仅就其主要品种的一些通用生产设备作简要介绍。

表 8-4 化妆品生产的常用设备

操作单元	生产设备	在不同剂型中的应用			
		乳液、霜膏	化妆水	固态粉末制品	香波，沐浴液
混合，溶解	混合机	○	○	○	○
	搅拌装置	○	○		○
粉碎	粉碎机			○	
乳化，分散	乳化、分散机	○			○
热交换	冷却机	○			○
压制	成型机			○	
灌装	填充机	○	○	○	○

8.3.1.1 粉碎设备

粉碎设备主要用于粉类制品的生产。按被粉碎物料在粉碎前后的大小分为四类：粗碎设备（如颚式和锥型破碎机）；中/细碎设备（滚筒破碎机和锤式粉碎机）；磨碎/研磨设备（球磨机、棒磨机等）；超细碎设备（气流粉碎机、冲击式超细粉碎机等，可粉碎至微米级）。其中，研磨和超细粉碎设备在当今粉类化妆品的生产中最常用。

8.3.1.2 混合设备

化妆品生产中涉及液-液、液-固和固-固两相间的混合，相应的混合机械依次称为搅拌机、调和机（捏合机）和混合机。搅拌机以搅拌混合黏度较低的流体为主，适用于液-液和固-液悬浮体系的混合，在香波和护发素、化妆水和香水的生产中都有采用，其搅拌器有桨式、涡轮式、螺旋桨式、锚式及框式等多种形状；调和机适用于膏霜类化妆品生产中固体物料与少量黏稠性液体或黏稠性液体之间的混合，化妆品生产中常用的捏合机有三辊轧机和密闭式捏合机；混合机适用于固-固粉料的混合，除混合外，还有粉碎、过筛、展色及着香等作用，常用的如前文提到的球磨机及V形混合机。

8.3.1.3 乳化设备

乳化过程在多种化妆品的生产中占有非常重要的地位，适用于异相液-液混合，如油-水的相互分散等。用于液-液相物料混合的搅拌机就是一种简单的乳化设备，但它乳化强度低、膏体粗糙、稳定性差、卫生条件不好。为提高产品质量，除改进传统搅拌机的结构部件外，近年来愈来愈多地开始使用分散能力强大的均质搅拌器（图8-2）、真空乳化搅拌机（图8-3）、胶体磨、超声波乳化设备等新型、高效乳化设备。其中，组合式真空乳化搅拌机为目前较为先进、完善的化妆品乳化设备，可以减少气泡、避免接触空气和杂菌污染，能够制备出分散性和稳定性极佳的乳状液。

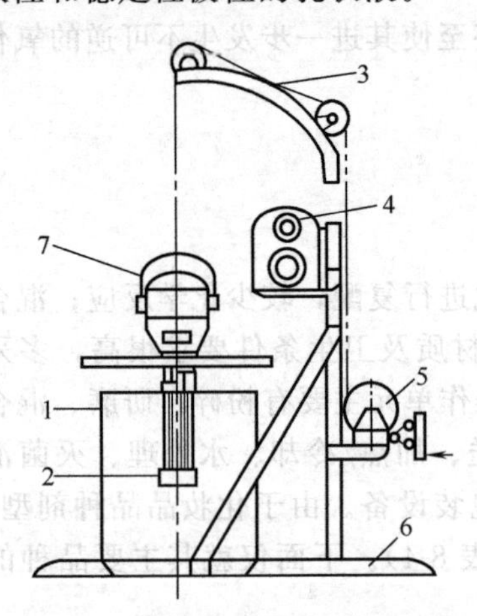

图8-2 可移动的高速搅拌均质器

1—容器；2—均质器；3—吊臂；4—电器控制箱；5—升降绞轮；6—底座；7—马达

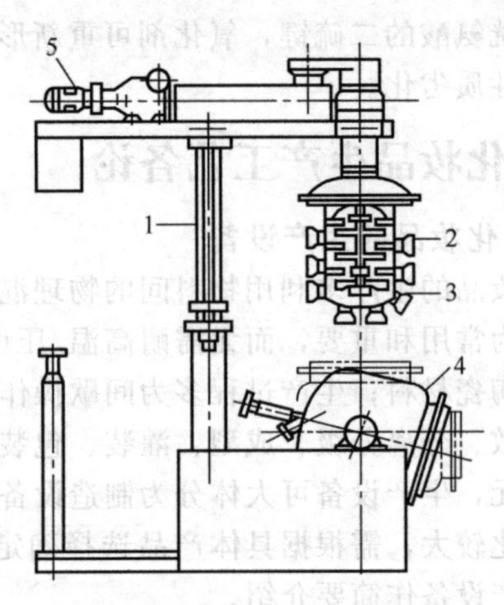

图8-3 双搅拌真空乳化机

1—油压升降柱；2—带刮板的外搅拌器；3—乳化罐；4—均质器；5—马达

8.3.1.4 其他设备

化妆品生产中还常需分离液体中的固态悬浮物，如生产化妆水或香水时，常用的过滤设备有板框式压滤机和离心过滤机；美容用彩装品常需要成型，如粉饼、胭脂等需用压饼机压制成型，唇膏、粉条等油脂和蜡类半固体等则需用铸膏机铸膜成型；各类化妆品成品还需利用相应的灌装填充设备进行定量灌装；以及使用各种包装设备对终制品进行包装封印。这些设备目前多数已实现全自动或半自动化。

在化妆品生产工艺的各种辅助操作中，生产用水处理和灭菌消毒具有较重要的意义，前者常使用过滤吸附设备、电渗析设备、离子交换设备及反渗透膜设备等，后者常用的有干燥消毒烘箱、紫外线灭菌设备和气体（环氧乙烷）灭菌设备。

8.3.2 乳剂类化妆品的生产

乳液、蜜、面霜、雪花膏、润肤霜、发乳等制品皆属于乳剂类型，为乳状液或乳化体。

依流体力学性质不同（或依表观黏稠度），半固体的一般称为膏霜，流体的称为乳液、奶或蜜。每种制品都可根据需要制成W/O（油包水）或O/W（水包油）型，分别适合干性和油性皮肤的人使用。该类型占据化妆品市场的主要货架。

这些乳剂类化妆品的生产工艺，尤其是乳化体制备工艺有着共同之处，但使用目的和施用部位不同，如清洁、滋润、保湿、营养，面用、体用、发用等，因而在配方设计上各具特点。下面先讨论乳剂类化妆品所共有的乳化体制备工艺，再分别介绍几种代表性种类的配方设计、工艺过程和生产实例。

8.3.2.1 乳化体制备工艺

在乳剂类化妆品的生产工艺中乳化体的制备是关键。虽然关于乳化已有许多理论，但实际生产中经验仍至关重要。操作温度、乳化时间、加料方法和搅拌条件等不同，即使采用同样的配方，所得产品的稳定性、外观和物理性质也会不同，有时相差悬殊。因此需严格控制工艺条件，以保证产品质量。

制备乳化体的生产程序如图8 4所示。

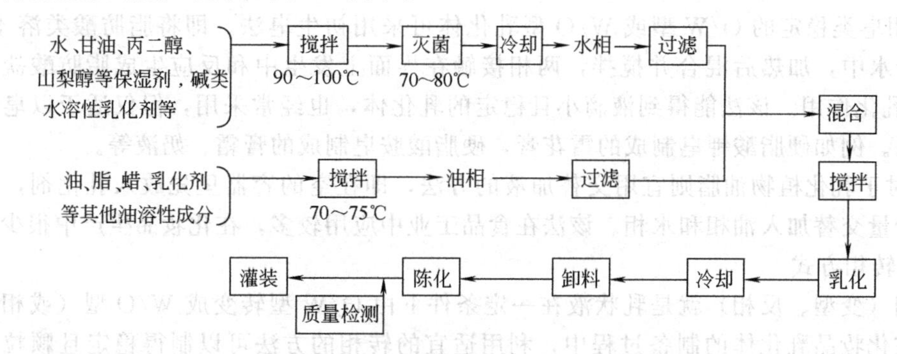

图 8-4 乳化体制备的基本生产程序

制备油相时，要避免过度加热和长时间加热以防止原料成分氧化变质；容易氧化的油分、防腐剂和乳化剂等成分可在乳化之前加入油相，溶解均匀。

制备水相时，如配方中含有水溶性聚合物，应单独配制，将其溶解在水中，在室温下充分搅拌使其均匀溶胀，防止结团，如有必要可进行均质，再在乳化前加入水相；均质的速度和时间因不同的乳化体系而异，应加以严格控制，以免过度剪切，破坏，聚合物的结构，造成不可逆的变化，改变体系的流变性质；要避免长时间加热，以免引起黏度变化；可按配方多加3%～5%的水补充过程中挥发掉的水分，精确数量可通过对首批成品进行水分分析而求得。

油-水两相混合后，均质或搅拌乳化3～15min后启动刮板搅拌，在降温过程中加入各种添加剂，一般降至40～45℃时停止搅拌。

卸料温度取决于乳化体系的软化温度，一般应借助其自身的重力而从乳化锅内流出，也可用泵抽出或用加压空气压出。冷却方式一般是将冷却水通入乳化锅的夹套内，边搅拌，边冷却；冷却速度，冷却时的剪切应力，终点温度等对乳化剂体系的粒子大小和分布都有影响，必须根据不同的乳化体系选择最优条件，这在从实验室小试转入大规模工业化生产时尤为重要。贮存陈化一般需一天或几天。

乳化过程中，油相和水相的添加方法（油相加入水相或水相加入油相）和速度、搅拌条件、乳化温度和时间、乳化剂的结构和种类、均质的速度和时间等对乳化体粒子的形状及其分布状态都有很大影响。下面就其中的一些主要因素进行讨论。

(1) 乳化剂加入方式

乳化剂的加入方式对乳化体的性质有直接影响。

① 将乳化剂直接溶解于水中，然后在激烈搅拌作用下慢慢地把油加入水中，制成O/W型乳化体。若要制成W/O型乳化体，可继续加入油相，直至发生转相（即由O/W型转变成W/O型或相反，见下文）。此法虽较简单，但所得的乳化体颗粒偏大且很不均匀，体系不很稳定。

② 将乳化剂溶于油相后，将乳-油混合物直接加入水中形成为O/W型乳化体；或将水相加入油脂混合物中，开始时形成为W/O型乳化体，当加入多量的水后可发生转相。非离子表面活性剂作乳化剂时，一般用这种方法。该法所得乳化体颗粒均匀且较细（平均直径约为0.5μm），是应用最多的方法之一。

③ 水溶性和油溶性乳化剂分别溶解于水和油中，再把水相加入油相中，两种乳化剂在界面上形成混合膜。开始形成W/O型乳化体，当加入多量的水后，转相为O/W型。若将油相加入水相则结果相反。该法制得的乳化体颗粒也较细且均匀，也是应用最多的方法之一。

④ 用皂类稳定的O/W型或W/O型乳化体可采用初生皂法。即将脂肪酸类溶于油中，碱类溶于水中，加热后混合并搅拌，两相接触在界面上发生中和反应生成脂肪酸盐（俗称皂），起乳化作用。该法能得到液滴小且稳定的乳化体，也经常采用，但仅适于以皂作乳化剂的体系。例如硬脂酸钾皂制成的雪花膏，硬脂酸胺皂制成的膏霜、奶液等。

⑤ 对于乳化植物油脂则宜用交替加液的方法，即在空的容器里先放入乳化剂，然后边搅拌边少量交替加入油相和水相。该法在食品工业中应用较多，在化妆品生产中很少应用。

(2) 转相方式

转相（变型、反相）就是乳状液在一定条件下由O/W型转变成W/O型（或相反）的过程。在化妆品乳化体的制备过程中，利用适宜的转相的方法可以制得稳定且颗粒均匀的制品。

① 增加外相的转相法　制备一个O/W型的乳化体时，在合适的乳化剂条件下，将水相慢慢加入油相中，开始时由于水量相对较少，体系容易形成W/O型乳液；随着水相的不断加入，乳液不断变稠，油相逐渐无法将水相包住，乳液黏度突然明显下降，水变为连续相，体系发生转相，形成O/W型乳化体，快速把余下的水加完即可。在转相发生时，一般乳化体表现为黏度明显下降，界面张力急剧下降，因而容易得到稳定、颗粒分布均匀且较细的乳化体。

② 降低温度的转相法　对于非离子表面活性剂，当温度高于其浊点时，它与水分子之间的氢键断裂，导致表面活性剂的HLB值下降，即亲水力变弱，从而形成W/O型乳液；当温度低于浊点时，亲水力又恢复，从而形成O/W型乳液。因此，对于用非离子表面活性剂稳定的O/W型乳液，当升温至其相转变温度（PIT）时，内相和外相将互相转化，变型成为W/O乳液。一般选择浊点在50～60℃左右的非离子表面活性剂作为乳化剂，将其加入油相中，然后和水相在80℃左右混合，这时形成W/O型乳液。随着搅拌的进行乳化体系降温，在PIT附近时油-水相界面张力下降，即使不进行强烈的搅拌，乳化粒子也很容易变小。

③ 加入阴离子表面活性剂的转相法　加入少量的阴离子表面活性剂，将极大地提高由非离子表面活性剂构成的乳化体系的浊点。因此，将浊点在50～60℃的非离子表面活性剂加入油相中，然后和水相在80℃左右混合，在所形成的W/O型乳液中加入少量阴离子表面活性剂并加强搅拌，体系将转相变成O/W型乳液。

制备化妆品乳化体的实际过程可能是几种转相机制共同发生的结果。例如，在水相加入十二烷基硫酸钠，油相中加入十八醇聚氧乙烯醚（EO10）的非离子表面活性剂，油相温度在 80～90℃，水相温度在 60℃左右。当将水相慢慢加入油相中时，体系中开始时水相量少，阴离子表面活性剂浓度也极低，温度又较高，便形成了 W/O 型乳液。随着水相的不断加入，水量增大，阴离子表面活性剂浓度也变大，体系温度降低，便发生转相。该过程就是诸因素共同作用的结果。

应当指出的是，在制备 O/W 型化妆品时，往往水含量在 70%～80%之间，水油相如快速混合，一开始温度高时虽然会形成 W/O 型乳液，但这时如停止搅拌观察的话，会发现往往得到一个分层的体系，上层是 W/O 的乳液，油相也大部分在上层，而下层是 O/W 型的。这是因为水相量太大而油相量太小，在一般情况下无法使过少的油成为连续相而包住水相，另一方面这时的乳化剂性质又不利于生成 O/W 型乳液，因此体系便采取了折中的办法。

总之在需要转相的场合，一般油-水相的混合是慢慢进行的，这样有利于转相的发生。而在具有胶体磨、均化器等高效乳化设备的场合，油-水相的混合则要求快速进行。

(3) 低能乳化法

制造化妆品乳化体的过程中，由于油相和水相冷却过程中散失的热量通常是不加利用的，因此能耗较大。T. J. Lin 提出了所谓的低能乳化法（LEE），大约可节约 50%的热能，在间歇操作中一般按下述步骤进行（图 8-5）：①先将部分的外相（β相，β表示被加热的部分外相占总外相的质量分数）和内相分别加热到所需温度，将β相（水相）缓慢加入内相（油相）中，进行均质乳化搅拌，开始时乳化体是 W/O 型，随着β相的继续加入，变型成为 O/W 型乳化体，称为浓缩乳化体；②再用剩余的部分未经加热的外相（α相，α表示未经加热部分外相的质量分数，$\alpha+\beta=1$）对浓缩乳化体进行稀释。稀释过程中乳化体的温度下降很快，当α相加完之后，乳化体的温度能下降到 50～60℃。

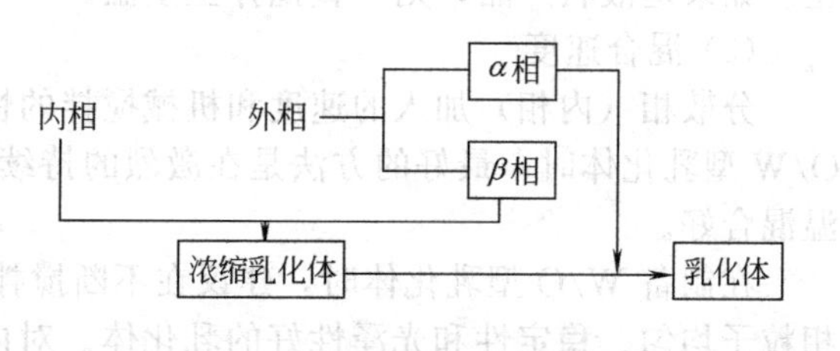

图 8-5 低能乳化法的原理

LEE 法制得的乳化体颗粒也较细，乳化质量没多大差别；且由于节约了加热α相的能耗，减少了强制回流冷却的工序，从而加快了生产周期（大约节约整个制作过程总时间的 1/3～1/2），降低了生产成本，因此在乳液、膏霜和香波的实际生产中经常采用。

LEE 法主要适用于制备 O/W 型乳体。如果做成 W/O 型乳化体，可先将油相加入水相生成 O/W 型乳化体，再经转相生成 W/O 型乳化体。

显然，外相/内相和α/β的比值愈大，节能愈多。操作中需通过实验选择适当的α相和β相水的比例，它和各种配方要求以及制成的乳化体稠度有关（表 8-5）。例如，当乳化剂的 HLB 值较高或者希望乳状液的稠度较低时，可将β相降低。同时，β相的温度不但影响浓缩乳化体的黏度，而且涉及到相变型，当β相水量较少时，一般温度应适当高一些。另外，均质机搅拌的速率会影响乳化体颗粒大小的分布，最好使用超声设备、均化器或胶体磨等高效乳化设备。

表 8-5 LEE 法中α相和β相的比例

乳化剂 HLB 值	油脂比率/%	搅拌条件	β相	α相
10～12	20～25	强	0.2～0.3	0.8～0.7
6～8	25～35	弱	0.4～0.5	0.6～0.5

(4) 搅拌条件

乳化时搅拌愈强烈，乳化剂用量可以愈低。但乳化体颗粒大小与搅拌强度和乳化剂用量均有关系，见表 8-6。

表 8-6 搅拌强度与颗粒大小及乳化剂用量之关系

搅拌强度	颗粒大小	乳化剂用量	搅拌强度	颗粒大小	乳化剂用量
差(手工或桨式搅拌)	极大(乳化差)	少量	强(均质器)	小	少至中量
差	中等	中量	中等(手工或旋桨式)	小	中至高量
强(胶体磨)	中等	少至中量	差	极细(清晰)	极高量

过分的强烈搅拌对降低颗粒大小并不一定有效，而且易带入空气而形成气泡，不利于乳液的稳定。这在采用桨式或旋桨式搅拌时尤其要注意。在采用中等搅拌强度时，运用转相办法可以得到细的颗粒。一般情况是，在开始乳化时采用较高速搅拌，在乳化结束而进入冷却阶段后，则以中等速度或慢速搅拌以减少混入气泡。如果是膏状产品，则搅拌到固化温度止。如果是液状产品，则一直搅拌至室温。

(5) 混合速度

分散相（内相）加入的速度和机械搅拌的快慢对乳化效果十分重要。研究表明，在制备 O/W 型乳化体时，最好的方法是在激烈的持续搅拌下将水相加入油相中，且高温混合较低温混合好。

在制备 W/O 型乳化体时，建议在不断搅拌下，将水相慢慢地加到油相中去，可制得内相粒子均匀、稳定性和光泽性好的乳化体。对内相浓度较高的乳化体系，内相加入的流速应该比内相浓度较低的乳化体系为慢。

必须指出的是，由于化妆品组成的复杂性，配方与配方之间有时差异很大，对于任何一个配方，都应进行加料速度试验，以求最佳的混合速度，制得稳定的乳化体。

(6) 温度控制

由于温度对乳化剂溶解性和固态油、脂、蜡等熔化的影响，因此，乳化温度的高低乳化效果的影响也很大。如果温度过低，乳化剂溶解度低，且固态油、脂、蜡未熔化，乳化效果差；温度太高，加热时间长，冷却时间也长，浪费能源，加长生产周期。一般油相的温度应维持比其成分凝固点高 10～15℃，切忌在尚有未熔化固体油分时开始乳化；而水相温度则稍高于油相温度。此时水相体积较大，水相分散形成乳化体后，随着温度的降低，水珠体积变小，有利于形成均匀、细小的颗粒。若水相温度过低，与油相混合后发生高熔点油分（如蜡、脂）结晶析出的现象，则需将体系重新加热进行乳化。最好水相加热至 90～100℃，维持 20min 灭菌，然后再冷却到 70～80℃进行乳化。油相或水相黏度大，或油相中含高熔点成分，则需提高乳化温度；若使用的乳化剂有一定的转相温度，则乳化温度最好也选在该温度附近。通常乳化温度约为 75～85℃，油、水相均为液体时在室温下搅拌即可乳化，而膏霜类一般在 75～95℃条件下进行乳化。

当使用阴离子型表面活性剂作乳化剂时，例如初生皂法中，乳化温度还影响颗粒大小。80℃乳化时颗粒约 1.8～2μm，而 60℃时则约为 6μm。若采用非离子型乳化剂则影响不大。颗粒大小还受冷却速度的影响。通常较快的冷却能够获得较细的颗粒。当温度较高时，由于布朗运动比较强烈，较小颗粒会发生相互碰撞而合并成较大的颗粒；反之，当乳化操作结束后，对膏体立刻进行快速冷却，从而使小颗粒“冻结”住，这样它们的碰撞、凝聚可降至最低。但若冷却速度太快，高熔点的蜡就会析出结晶，导致乳化剂所生成的保护胶体的破坏。因此冷却的速度最好通过试验来决定。

(7) 乳化时间

乳化时间并无一定，取决于油相和水相的体积和黏度、乳化剂的种类和用量、乳化温度及乳状液黏度等因素。另外，还与乳化设备的效率有关。例如，用 $3000r \cdot min^{-1}$ 的均质器进行乳化时，可能需要 3～10min。

（8）香精和防腐剂等成分的加入

香精是易挥发性物质，且组成十分复杂，在温度较高时易挥发而损失，或发生多种化学反应而引起性质、味甚至色的变化。因此制备化妆品时香精的加入一般都在后期进行。对乳液类化妆品，一般待乳化已经完成并冷却至 50～60℃时加入香精。若在真空乳化锅中加香精，体系温度较低，则不开启真空泵，而只维持原来的真空度吸入香精，并搅拌均匀即可；若使用敞口的乳化锅，加香精时温度要控制低些，但要保证香精能分散均匀。

水相中易于滋生微生物，因此水相中防腐剂的浓度很关键。乳液类化妆品含有水相、油相和表面活性剂，而常用的防腐剂往往是油溶性的，在水中溶解度较低。若将防腐剂先加入油相中再乳化，则防腐剂在油相中的分配浓度较大，而水相中的浓度就小；尤其是油相中的非离子表面活性剂会增溶防腐剂，使水相中防腐剂浓度更低。因此加入防腐剂的最好时机是待油水两相混合乳化完毕后（已形成 O/W），这时可在水中获得最大的防腐剂浓度。当然温度不能过低，否则又会分散不均。有些固体状的防腐剂最好先用溶剂溶解后再加入。例如尼泊金酯类就可先用温热的乙醇溶解，这样加到乳液中能保证分布均匀。

配方中如有盐类、固体物质或其他成分，最好在乳化体形成及冷却后加入，否则易造成产品的发粗现象；如有维生素等热敏成分，则在乳化后降至较低温后加入，以确保其活性，但也应注意其溶解性能。

（9）黏度的调节

乳化体的黏度主要由连续相的黏度决定，因此可通过增加外相黏度来调节。对于 O/W 型乳化体，可加入合成或天然的树胶和适当的乳化剂，如钾皂，钠皂等；对于 W/O 型乳化体，油相中加入多价金属皂和高熔点的蜡或树胶则可增加体系黏度。

以上对乳化体制备工艺过程中的主要问题进行了讨论。下面以真空乳化为例给出间歇式乳化的一般性生产工艺流程（图 8-6）。这是最常用的生产膏霜和乳液的生产工艺，一次投料量可由几千克至几吨，可实现半自动或完全自动操作生产。油溶性和水溶性原料分别在油相和水相原料熔解罐内熔化或溶解，温度一般保持在 80℃左右，一般用水蒸气加热。加热至一定温度的水相和油相原料通过过滤器被加至乳化罐内进行一定时间的搅拌和乳化。其间可进行均质搅拌和真空脱气；然后，向夹套通入冷水，冷却到一定温度后（如 45℃以下），添加香精，继续冷却至一定温度后停止搅拌，恢复常压后即可出料。使用真空乳化方法，乳化罐内的原料没有蒸发损失，可生产无菌产品。此外，即使搅拌较快，产品中也不会有气泡产生，这可使乳化过程迅速完成。由于产品内不含气泡，即使长期地贮存也不易被氧化，在灌装时也不会影响计量。

8.3.2.2 洁面膏

裸露在空气中的皮肤表面有皮脂的氧化分解物、空气中的尘埃、汗液蒸发后的残留物、死亡脱落的表皮角质细胞（死皮）及各种化妆品的残渣。它们若不及时清除，会阻塞皮脂腺和汗腺通道，影响皮肤正常的新陈代谢，也会成为细菌滋生的温床，加速皮肤老化，影响美观，甚至引发皮肤疾病。

好的皮肤清洁制品应既能除去上述污垢，又不对皮肤组织产生破坏，最好还能提供对皮肤有益的物质；因为洗涤的对象是皮肤，并非如衣物、器具用洗涤剂那样洗涤力和脱脂力愈大愈好。市场上常见产品见表 8-7，其清洁作用原理主要可分为两种情况：利用表面活性剂的润湿、渗透和乳化作用去污；利用油性成分的溶剂作用使污垢（包括隐藏于毛孔深处的污垢）溶解而去污。

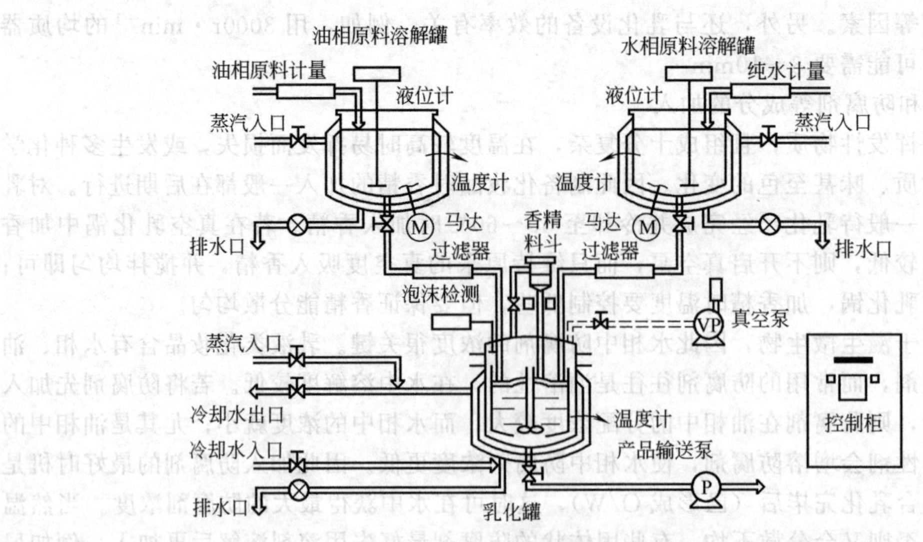

图 8-6 间歇真空乳化工艺流程

表 8-7 皮肤清洁制品的主要类型

剂型	状态(类别)	特征
表面活性剂型	固体(肥皂,透明皂,中性皂)	以全身用为主,轻便,使用感好;使用后有发黏感觉
	膏状(洁面膏,清洁膏)	洗面专用,使用感合起泡性好,为弱酸-碱性,可按目的选择基质
	液状或黏稠液状(泡沫洁面乳,洗面凝胶)	主要为发用、体用,为弱酸-碱性,弱酸性洗涤力较差
	气溶胶(泡沫剃须剂,后起泡式剃须凝胶)	后起泡式采用双层罐容器
溶剂型	膏状(洁面膏,清洁膏)	主要为O/W型乳液,将油分固化的类型洗涤力强,适于卸浓妆
	乳液(洗面奶)	O/W型乳液,比洗面膏使用感好,用后清爽,简便
	液(洗面水,卸妆水)	配合较多非离子表面活性剂、醇和保湿剂,一般用棉布擦去,卸淡妆用
	凝胶(洗面凝胶/者哩)	配合大量油分的乳液型,液晶型洗涤力强,水溶性高分子型洗涤力弱;水洗专用,有清爽感
	油状(卸妆油)	油性成分中配合少量表面活性剂和乙醇,水洗专用,水洗时发生O/W型乳化,使用后有湿润感
其他	面膜(清洁面膜)	含水溶性高分子,用后揭除,皮肤紧张感强

在洁面制品中,乳剂型的洗面奶和洁面膏是代表性产品,其清洁原理、配方组成及生产工艺存在共同之处。下面先介绍洁面膏。

洁面膏外观为柔软的膏状,取少量在手掌上加水搓起泡后使用。其配方组成主要包括起清洁作用的表面活性剂,防止过分脱脂的软化剂(油分)和保湿剂,以及各种添加剂。主表面活性剂为脂肪酸皂的为碱性洁面膏,起泡性好,冲洗也简单,再增加阴离子型表面活性剂和油分等,使用后有湿润感,冲洗后有滑溜感,而以氨基酸系表面活性剂为主要成分的弱酸性洁面膏虽然起泡力较弱,但刺激性更低。两类洁面膏的典型配方见表 8-8。

表 8-8 洁面膏的典型配方成分

成分	碱性洁面膏			酸性洁面膏	
	原料	配方 A/%	配方 B/%	原料	配方 C/%
表面活性剂	脂肪酸:硬脂酸	10.0	12.0	氨基酸:N-酰基谷胺酸钠	20.0
	棕榈酸	10.0			
	肉豆蔻酸	12.0	14.0		
	月桂酸	4.0	5.0		
	碱:氢氧化钾	6.0	5.0		

续表

成分	碱性洁面膏			酸性洁面膏	
	原 料	配方 A/%	配方 B/%	原 料	配方 C/%
软化剂	椰子油	2.0		羊毛脂衍生物	2.0
	霍霍巴油		3.0		
保湿剂	PEG1500	10.0		甘油	10.0
	甘油	15.0	10.0	PEG400	15.0
	山梨糖醇(70%溶液)		15.0	二丙二醇	10.0
	1,3-丁二醇		10.0		
其他表面活性剂	甘油单硬脂酸脂	2.0		*N*-酰基-*N* 甲基牛磺酸钠	5.0
	POE(20)失水山梨醇单硬脂酸酯	2.0		POE·POP 嵌段共聚物	5.0
	POE(20)单硬脂酸酯		2.0		
	N-酰基-*N* 甲基牛磺酸钠		4.0	POE(15)油醇醚	3.0
其他添加剂	防腐剂	适量		防腐剂	适量
	金属螯合剂	适量	适量	金属螯合剂	适量
	香料	适量	适量	香料	适量
	色素	适量		色素	适量
	精制水	27.0	20.0	精制水	30.0

配方 A、B 为硬脂酸皂系洁面膏，其生产工艺流程如图 8-7 所示。其中需注意，水相加入油相的过程中变成高黏度状态，需搅拌力强的装置；冷却条件对产品的硬度影响很大，需选择适宜条件。配方 C 为氨基酸系弱酸性泡沫洁面膏，其生产工艺流程与图 8-7 类似，只是分别将保湿剂、氨基酸和螯合剂等在 70℃时溶于水相，软化剂和其他表面活性剂、防腐剂等在 70℃时溶于油相，然后将油相加入到水相。其中需注意氨基酸盐的溶解性和冷却时在冷却机内产生的黏性，可使用刮板式热交换机。

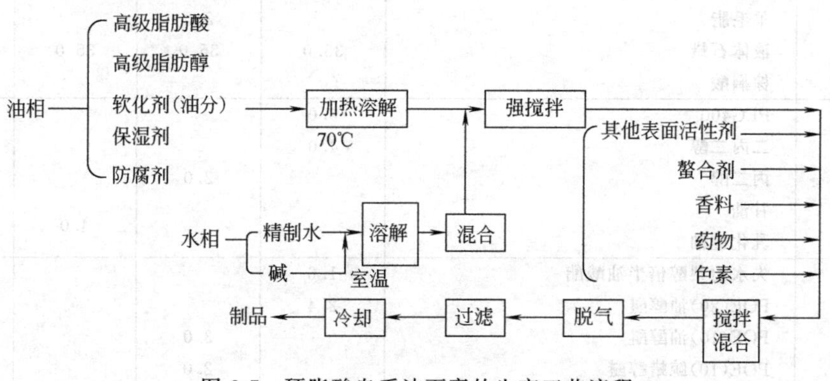

图 8-7　硬脂酸皂系洁面膏的生产工艺流程

【生产实例】（表 8-8 配方 A）：将脂肪酸、软化剂、保湿剂、防腐剂加热溶解并在 70℃保温；将预先溶解了碱的精制水一面搅拌一面加入到油相中保持在 70℃至中和反应结束。加入溶解的表面活性剂、螯合剂、香料和色素，搅拌混合，脱气，过滤后冷却。

【生产实例】（表 8-8 配方 C）：将保湿剂加入精制水中溶解后，缓慢加入少量 *N*-酰基谷胺酸钠，注意不要引起大的不溶快；加入螯合剂，加热搅拌溶解。同时，在另釜中将软化剂、气体表面活性剂和防腐剂加热溶解，然后加入到水相中。搅拌混合后，添加香料、色素；充分混合，脱气，过滤，冷却。

8.3.2.3　*洗面奶*

洗面奶具有流动性，是介于化妆水和膏霜之间的乳液。这里主要给出洗面奶的配方组成及一般工艺流程，而乳液的特点及特征性的配方和工艺设计原理请见 8.3.2.4。

洗面奶的清洁原理与洁面膏类似，其配方组成也相近，主要包括油相、乳化剂、保湿剂、水和各种添加剂，配方成分的具体实例见表 8-9，配方 A 中的碱用于中和黏液质。一般工艺流程如图 8-8 所示。

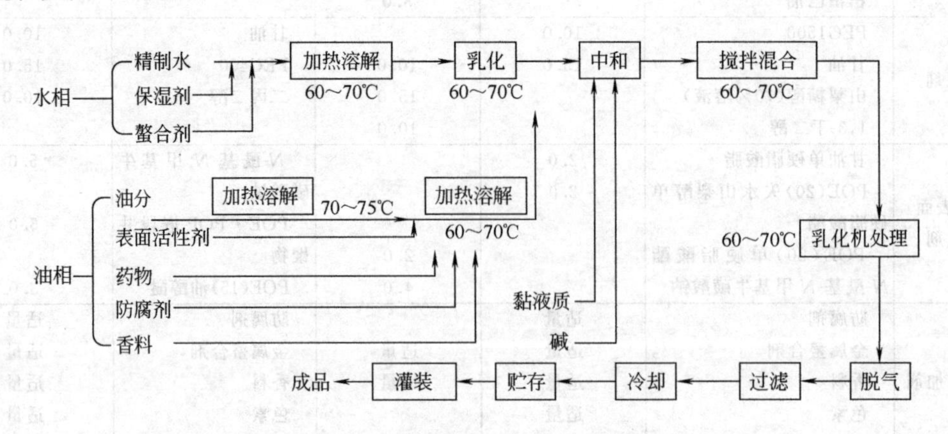

图 8-8　洗面奶的生产工艺流程

表 8-9　洗面奶的典型配方实例

成分	原料	O/W 型 配方 A/%	O/W 型 配方 B/%	W/O 型 配方 C/%	泡沫型 配方 D/%
油分	十八醇	0.5			
	十六醇		2.5		
	硬脂酸		1.0		2.0
	硬化棕榈油	3.0			
	羊毛脂		2.0		
	液体石蜡	35.0	35.0	35.0	
	棕榈酸				2.5
保湿剂	PEG400	6.0			
	二丙二醇	4.0			
	丙二醇		2.0		10.0
	甘油				
	乳化硅油			4.0	
表面活性剂	失水山梨醇倍半油酸酯	1.6			
	POE(20)油醇醚	2.4			
	POE(10)油醇醚		3.0		
	POE(10)鲸蜡醇醚		2.0		
	POE(5)鲸蜡醇醚			1.0	
	三乙醇胺		0.7		
	Arlacel P135			3.0	
	月桂醇硫酸三乙醇胺				2.5
	椰油酰基羟乙基磺酸钠				19.0
	CAB-30				16.0
黏液质	聚丙烯酸(1.0%水溶液)	15.0			
碱	氢氧化钾	0.1			
其他添加剂	防腐剂	适量	适量	适量	适量
	金属螯合剂	适量			
	香料	适量	适量	适量	适量
	精制水	32.4	51.7		48.0

【生产实例】（表8-9配方A）：将保湿剂、螯合剂加入精制水中，70℃加热调整；将油分加热溶解后添加表面活性剂、防腐剂和香料，70℃调整；将油相加入到水相中进行预乳化，再加入预先调整好的聚丙烯酸水溶液。搅拌后再加入碱液，搅拌。用均质搅拌机将乳化粒子均一后，脱气，过滤，冷却。

8.3.2.4 润肤乳

润肤乳属于最常用的基础化妆品之一，应具有保持和恢复皮肤常稳态的功能。其中，保持皮肤的湿度平衡是基本要求之一。因此其配方中保湿剂是一个重要成分，一般占5%～15%，其设计应根据表皮层（特别是角质层）和真皮层的保湿结构进行，补给水分、保湿剂和油分，维持皮肤天然的湿度平衡（见8.2.1.2）。此外，润肤乳还应具有柔软功能。

润肤乳的乳化类型多数为O/W型，所用表面活性剂以高安全性的非离子型和阴离子型为主，也有使用蛋白质基表面活性剂作为生命体关联成分。此外，乳液配方中还有油性成分、水性成分，其他防腐剂、金属螯合剂等添加剂。常用原料见表8-10。

表8-10 乳剂型润肤品（乳、膏、霜）的配方主要成分及原料

配方组成	成分类别	代表性原料
油相成分	烃类	角鲨烷,液体石蜡,凡士林,固体石蜡,微晶蜡,纯地蜡等
	油脂	橄榄油,扁桃油,可可脂,胡桃油,鳄梨油,硬化棕榈油,蓖麻油,葵花子油,月见草油,合成甘油三酯等
	蜡类	蜂蜡,羊毛脂,巴西棕榈蜡,小烛树蜡,霍霍巴油等
	脂肪酸	硬脂酸,油酸,异硬脂酸,肉豆蔻酸,棕榈酸,山嵛酸等
	高级醇	鲸蜡醇,十八烷醇,二十二烷醇,十六烷醇,2-辛基十二烷醇,胆固醇等
	其他	IPM,甘油三酯,季戊四醇四酯,胆固醇酯等 硅油(二甲基硅油,甲基苯基硅油)等
水相成分	保湿剂	甘油,丙二醇,山梨醇,PEG,二丙二醇,1,3-丁二醇,二聚甘油,甘露糖醇,POE,甲基葡萄苷,生物高分子等
	黏液质	螟栌子胶,果胶,纤维素衍生物,咕吨胶,海藻酸钠,聚丙烯酸等
	醇类	乙醇,异丙醇
	精制水	去离子水
乳化剂	非离子型	单硬脂酸甘油,POE失水山梨醇脂肪酸酯,失水山梨醇脂肪酸酯,POE烷基醚,POE·POP嵌段共聚物,POE硬化蓖麻油
	阴离子型	脂肪酸肥皂,烷基硫酸钠
其他	碱	氢氧化钾,氢氧化钠,三乙醇胺
	香料	
	色料	许可色素,颜料
	螯合剂	EDTA
	防腐剂	尼泊金类,山梨酸,异丙基甲基酚等
	抗氧剂	二丁基羟基甲苯,维生素E等
	缓冲剂	柠檬酸,柠檬酸钠,乳酸,乳酸钠等
	药物	维生素类,紫外线吸收类,氨基酸,增白剂等

在润肤乳的配方中油性成分一般占10%～20%，油分量和水分量的比率较大，易与皮肤溶合，在皮肤上的铺展性好，具有不油腻而滑爽的使用感，适于夏季使用和中-油性皮肤使用；乳液的pH值与皮肤表面的pH值范围相吻合，为弱酸-中性（以肘部和脚跟部为对象的润肤霜为使皮肤柔软而将pH值调整为碱性）。为使乳液兼具良好的流动性和稳定性，配方设计中还应注意以下几点：①选择和调整油-水两相的密度，使其接近；②通过两种或多种乳化剂复配，获得高效乳化剂；③添加水溶性高分子或黏土矿物，增加连续相黏度，形成保护性胶体以增加粒子稳定性；④采用高效乳化设备，使乳液微粒均匀细小；⑤避免大量使

用硬脂酸、十六或十八醇等固态油、脂、蜡，以避免终制品在贮存过程中稠度增加。表 8-11 列举了具有保湿、柔软功能的润肤乳的几个典型配方；配方 A 中采用硬脂酸皂和非离子表面活性剂并用，配方 B、C 中采用非离子表面活性剂。

表 8-11　润肤乳的典型配方

成　分	原　　料	O/W 型配方 A/%	O/W 型配方 B/%	W/O 型配方 C/%
油分	硬脂酸(反应后一部分皂化)	2.0		
	鲸蜡醇	1.5	1.0	
	凡士林	4.0	2.0	
	角鲨烷	5.0	6.0	10.0
	甘油三-2-乙基己酸酯	2.0		
	二甲基聚硅氧烷		2.0	
	微晶蜡			1.0
	蜂蜡		0.5	2.0
	羊毛脂			2.0
	液体石蜡			20.0
保湿剂	二丙二醇	5.0		
	PEG1500	3.0		
	甘油		4.0	
	1,3-丁二醇		4.0	
	丙二醇			7.0
表面活性剂	失水山梨醇单油酸酯	2.0		
	POE(10)单油酸酯		1.0	
	甘油单硬脂酸酯		1.0	
	失水山梨醇倍半油酸酯			4.0
	POE(20)失水山梨醇单油酸酯			1.0
醇	乙醇		5.0	
黏液质	榠栌子抽出液(5%水溶液)		20.0	
碱	三乙醇胺	1.0		
其他添加剂	防腐剂	适量	适量	适量
	香料	适量	适量	适量
	色料		适量	
	精制水	74.5	53.5	53.0

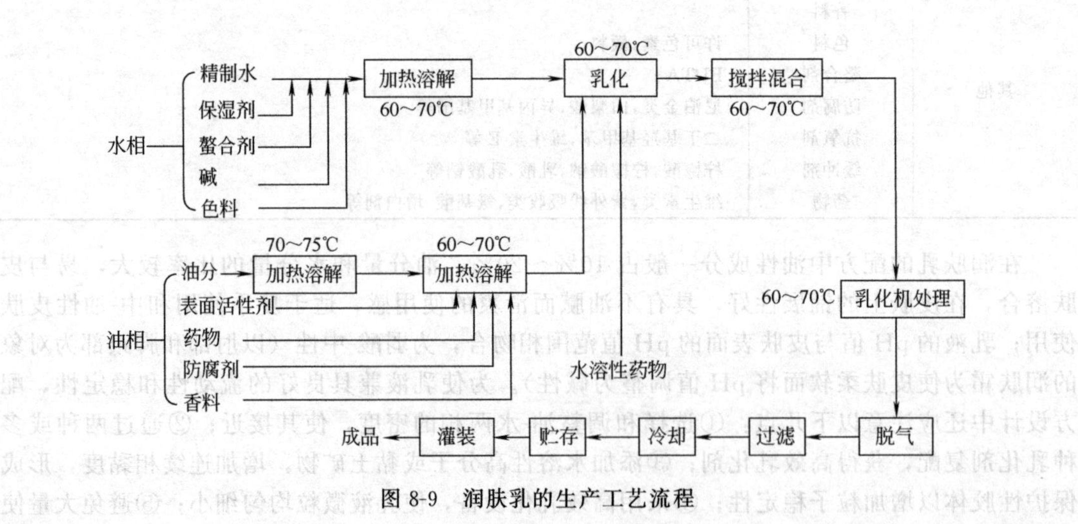

图 8-9　润肤乳的生产工艺流程

在润肤乳的生产工艺中，为控制产品的黏度等物性，选择适宜的乳化条件（添加方法、乳化温度和添加顺序）、搅拌条件、乳化设备、冷却处理条件等都十分重要（见 8.3.2.1）。一般将分散相加入分散介质中进行预乳化后，再用强力乳化机（如均质机）进行均质乳化；脱气过滤后用热交换器冷却，完成制品。生产工艺流程如图示 8-9。

【生产实例】（表 8-11 配方 A）：将保湿剂、碱加入到精制水中在 70℃加热调整；将油分溶解后，加入表面活性剂、防腐剂和香料，在 70℃加热调整；将油相加入到水相中进行预乳化。在均质搅拌机中将乳化粒子均一后，脱气，过滤，用热交换器冷却，完成制品。

8.3.2.5 霜膏类护肤品

护肤用霜膏类化妆品的作用与润肤乳一样，也是为了保持皮肤的湿度平衡，补充水分、保湿剂和油分，使皮肤保湿、柔软。也有其他功能的如洗面霜、按摩霜（膏）、防晒霜、粉底霜等。霜膏亦为乳状液体系，配方结构与润肤乳相似，但其中固态油、脂、蜡的含量更高；由于呈半固体状，比乳液相对稳定；乳化类型既有 O/W 型，也有 W/O 型，油、水、保湿成分可在很大比例范围内配合，因此可按不同使用目的和对象设计出多种使用感和性质的配方，如清爽的、油光的、湿润的、硬化的、软化的、舒展的、易擦落的、不易脱落的、可水洗的、防水的等。根据其乳化类型和油分量，习惯上将其大致分为雪花膏、冷霜等类别（表 8-12）。

表 8-12 膏霜的配方分类

乳化类型	油相量/%	乳化剂类型	代表性制品类别
O/W 型	10～30	高级脂肪酸皂 非离子表面活性剂 蛋白质表面活性剂	雪花膏（油分量 10%～20%） 粉底霜 中性霜（包括润肤霜、营养霜、日霜、晚霜、保湿霜等）
	30～50	脂肪酸皂＋非离子表面活性剂	中性霜；清洁霜
	50～85	蜂蜡＋硼酸＋非离子表面活性剂	冷霜；按摩霜（膏）
W/O 型	20～50	非离子表面活性剂	按摩霜
	50～85	氨基酸＋非离子表面活性剂（氨基酸凝胶乳化） 脂肪酸皂＋非离子表面活性剂	冷霜，润肤霜

雪花膏搽在皮肤上会像雪融化一样立即消失，故而得名。它是水和硬脂酸在碱的作用下进行乳化的产物。生产雪花膏的主要原料为硬脂酸、碱、水、香精以及保湿剂。现在还常在配方中加入非离子表面活性剂，以降低碱性并改善其综合性能。

冷霜又称香脂，由于使用时水分挥发带走热量使肌肤有凉爽感，故得名。使用后在皮肤上留下一层油性薄膜，一般在秋冬季使用。典型的冷霜以蜂蜡-硼砂为基础的 W/O 型乳剂，配方中油、脂、蜡的变化幅度很大。冷霜分瓶装和盒装两种包装，其配方和操作有很大差别。瓶装冷霜有向 O/W 型乳化体发展的趋势。

各种乳化类型的润肤霜都有，但以 O/W 型为主；配方组成与润肤乳相近，但固态油、脂、蜡的含量更高；pH 值在 4～6.5，和皮肤的 pH 值相近；可根据使用环境等专门化为日霜、晚霜等多种配方。

表 8-13 列举了以上几种膏霜的一些典型配方。O/W 型膏霜的一般生产工艺流程如图 8-10 所示。W/O 型膏霜的工艺中除将水相缓慢加入油相中进行预乳化外，其他工序相同。在生产中，乳化和冷却是影响最终制品硬度的主要工序。

表 8-13　护肤用膏霜的典型配方

成分	雪花膏配方 A		冷霜(O/W 型)配方 B		冷霜(W/O 型)配方 C		润肤霜(O/W 型)配方 D	
	原料	配比/%	原料	配比/%	原料	配比/%	原料	配比/%
油分	硬脂酸	15.0	硬脂酸	2.0	蜂蜡	10.0	杏仁油	8.0
	十六醇	1.0	硬脂醇	6.0	鲸蜡	4.0	白油	6.0
			加氢羊毛脂	4.0	白油 18#	35.0	鲸蜡	5.0
			角鲨烷	9.0	杏仁油		鲸蜡醇	2.0
			2-辛基十二烷醇	10.0			羊毛脂	2.0
保湿剂	丙二醇	10.0	1,3-丁二醇	6.0			甘油	5.0
			PEG1500	4.0				
表面活性剂	单硬脂酸甘油酯	1.0	单硬脂酸甘油酯	2.0	棕榈酸异丙酯	5.0	肉豆蔻酸异丙醇酯	2.9
			POE(25)鲸蜡醇醚	3.0	硼砂	0.7	Arlacel165	5.0
碱	KOH	0.6						
	NaOH	0.05						
其他	香料,防腐剂	适量	香料,防腐剂	适量	香料,防腐剂	适量	香料,防腐剂	适量
	抗氧剂	适量	抗氧剂	适量	抗氧剂	适量	抗氧剂	适量
	精制水	72.35	精制水	54.0	精制水	37.3	精制水	65.0

【生产实例】（表 8-13 配方 C）：将油相加热到略高于油相原料的熔点，约 70℃；将非离子表面活性剂硼砂溶于水中加热至 90℃维持 20min 灭菌；冷却到比油相稍高的温度，约 72℃。将水相缓慢加入到油相中。油-水开始乳化时应保持较低温度，一般在 70℃；开始搅拌可剧烈一些，当水溶液加完后应改为缓慢搅拌（较高的乳化温度或过分剧烈的搅拌都有可能制成 O/W 型冷霜）。冷却至 45℃时加香，40℃时停止搅拌。静置过夜再经三辊机或胶体磨后灌装。

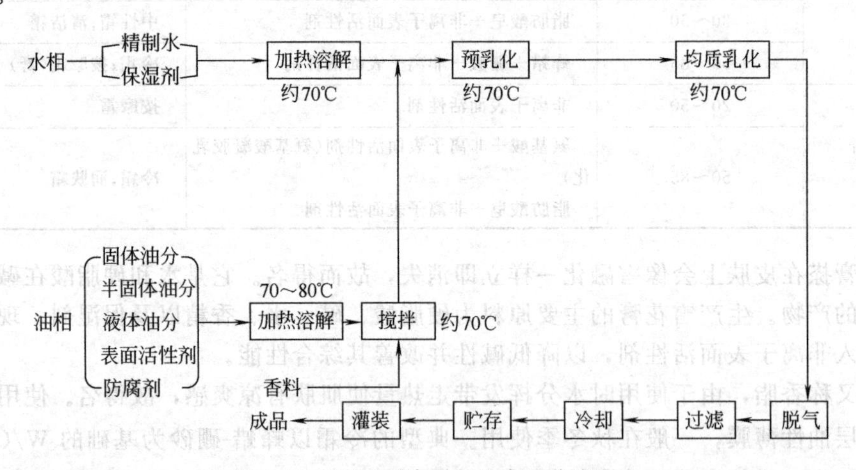

图 8-10　O/W 型膏霜的生产工艺流程

8.3.3　水剂类

水剂类化妆品主要有香水和化妆水，另外还有须后水、痱子水等，都是以乙醇溶液为基质的透明液体。这类产品必须保持清澈透明，香气纯净，即使在 5℃左右的低温也不能产生浑浊和沉淀。因此，对所用原料、包装容器和设备的要求是极严格的。特别是香水用乙醇，不允许含有微量不纯物（如杂醇油等），否则会严重损害香水的香味。包装容器必须是优质的中性玻璃，与内容物不发生作用。所用色素必须耐光，稳定性好，不会变色，或采用有色玻璃瓶。香水的配方和生产工艺在第 7 章有所涉及，这里主要介绍化妆水。

8.3.3.1 化妆水的类别和配方设计

化妆水为透明液状，比乳液油分少，有舒爽的使用感，通常用于洁面后、（基础）化妆前，起着清洁和补充水分、保湿剂，保持湿度平衡的作用。常见的市售化妆水有柔软水、收敛水和卸妆水三种，其使用目的、功能及配方结构不同。

(1) 卸妆水

卸妆水用于淡妆的清洁，同时具有柔软和保湿的功效。因此配方中除了大量的表面活性剂（常用温和的非离子型和两性型）和乙醇外，也添加甘油、丙二醇、低分子聚乙二醇等保湿剂，以帮助去垢并吸收空气中的水分使皮肤柔软。卸妆水一般呈弱碱性。

(2) 收敛水

收敛水又称紧肤水、收缩水，主要用于抑制过剩的皮脂和汗液分泌，使毛孔收缩，用后有清凉舒适感，适用于油性皮肤，也可用于非油性皮肤化妆前的修饰。通常用于晚上就寝和早上化妆前及剃须后。其配方中有收敛剂、乙醇、水、保湿剂、增溶剂和香精等。收敛作用有化学的和物理的两种：前者是锌盐、铅盐和铝盐或柠檬酸、丹宁酸、硼酸等酸性收敛剂，能够使皮肤蛋白凝固而暂时紧张；后者通过冷水及乙醇的蒸发吸热使皮肤温度暂时下降，产生一定的收敛作用。因此，收敛水中醇的配合量较多，呈弱酸性，与皮肤的 pH 值接近。为避免收敛剂对皮肤过分刺激，在生产中还常添加非离子表面活性剂，使制品质地温和，并可提高使用效果。也配合羟基苯磺酸盐和维生素 B_6 盐酸盐等收敛性药剂。

(3) 柔软水

柔软水用于对皮肤补充水分和油分，起柔软、湿润和营养的作用。由于弱碱性对角质层的柔软效果好，柔软水一般采用弱碱直至接近皮肤 pH 值的弱酸性。配方的主要成分是滋润剂（油分），如角鲨烷、霍霍巴油、羊毛脂等，配合适量保湿剂及天然保湿因子，还加入少量表面活性剂作为增溶剂，加入少量天然植物性胶质或合成水溶性高分子胶质作为增稠剂；由于胶质溶液一般易受微生物污染，配方中还必须有适当的防腐剂；因金属离子会使胶质溶液的黏度起很大变化，还加入适量螯合剂；使用去离子水，绝对避免从容器、搅拌器等混入金属离子。另外，在配方中提供均衡的保湿成分和油分，并加入调节皮肤 pH 值的缓冲剂（乳酸盐等）则为平衡水。以上化妆水的一些典型的配方实例见表 8-14。

表 8-14 化妆水的典型配方

成分	卸妆水配方 A		收敛水配方 B		柔软水配方 C		平衡水配方 D	
	组成	配比/%	组成	配比/%	组成	配比/%	组成	配比/%
保湿剂	二丙二醇	6.0	二丙二醇	1.0	1,3-丁二醇	6.0	丙二醇	5.0
	1,3-丁二醇	6.0	山梨醇	1.0	甘油	4.0	PEG600	5.0
	PEG400	6.0					PVP	2.0
软化剂					油醇	0.1	水溶性硅油	4.0
表面活性剂	POE-POP	1.5	POE(20)油醇醚	1.0	POE(15)月桂醇醚	0.5		
	POE(20)失水山梨醇单月桂酸酯	1.0			POE(20)失水山梨醇单月桂酸酯	0.5		
收敛剂	羟基苯磺酸锌		羟基苯磺酸锌	0.2				
	柠檬酸		柠檬酸	0.1				
乙醇		适量		15.0		10.0		
香色料		适量		适量		适量		适量
防腐剂		适量		适量		适量		适量
缓冲剂		适量		适量		适量	乳酸钠(60%)	5.0
							乳酸	适量
防褪色剂		适量		适量		适量		适量
精制水		64.5		81.7		78.9		79.0

8.3.3.2 化妆水的生产工艺

化妆水的一般性生产工艺流程如图 8-11 所示。由于通常在室温下生产，加热工序少，要特别注意避免微生物污染，选择适宜的防腐剂；同时，对水质的要求至关重要，水的灭菌工序必不可少，如超滤法和紫外线灭菌法；过滤工序中采用瓷器滤、滤纸滤、滤筒滤等方法，若滤渣较多，可能是增溶和溶解不完全，需对配方和工序进行修改；若配方中有溶解度较低的组分，为防止温度变化使其沉淀析出，过滤前最好经－5～－10℃冷冻，平衡一段时间后再过滤即可得到清澈透明、耐温度变化的产品。

化妆水的生产设备最好用不锈钢或耐酸搪瓷材料；由于黏度低，混合较易，对搅拌桨形式要求不高；由于配方中乙醇含量较高，应采取防火防爆措施。

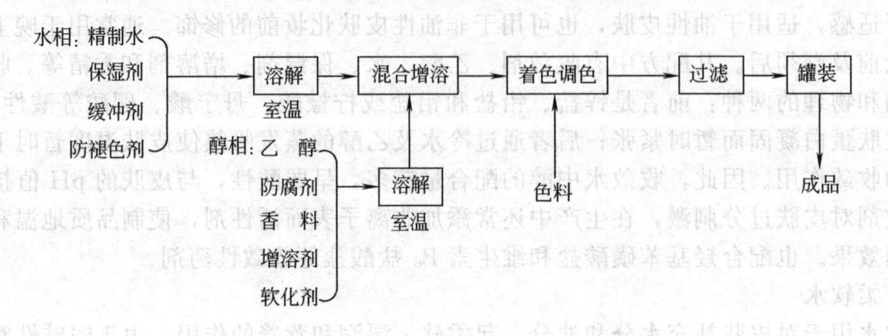

图 8-11 含醇化妆水的生产工艺流程

目前，市场上的化妆水种类逐渐增多起来，除主要的外观透明、热力学稳定的液状制品外，还有通过微乳技术或脂质体微胶囊化技术制造的半透明制品，更有利于在增溶体系中配合油性的软化剂成分，及缓和保湿剂和表面活性剂的发黏现象。另外，还有通过将非水溶性成分和增溶剂和保湿剂一起进行加热溶解后再与水相混合增溶而制得的无醇化妆水，对皮肤刺激更小。

【生产实例】（表 8-14 配方 C）：将保湿剂、缓冲剂、防褪色剂在室温下溶解于精制水作为水相；将防腐剂、香料、软化剂、表面活性剂（增溶剂）溶解在乙醇中；将油相加入到水相中混合增溶；最后加入色料调色，过滤，灌装。

8.3.4 气溶胶类

气溶胶原为物理化学中的名词，是指液体或固体微粒在气体中分散的胶体状态。现在则把利用气体压力将液体等从耐压容器中喷出的制品统称为气溶胶。气溶胶制品在化妆品中有广泛的应用，也称气压式化妆品。使用时只要用手指轻轻一按，内容物就会自动地喷出来。

气溶胶化妆品可按喷出状态作如下分类，其用途有所不同：①雾状制品，颗粒小于 50μm 时喷出成细雾，如香水、喷发剂等；若喷射出来的物质颗粒较大，则附着在物质的表面上形成连续的薄膜，如发胶；②泡沫状制品，压出时立即膨胀成大量泡沫，如剃须膏、摩丝、防晒膏等；③粉末状制品，粉末悬浮在喷射剂内一起喷出，喷射剂立即挥发，留下粉末，如喷粉剂等；④糊状制品，产品压出后形状不变，如气压式膏霜、牙膏等。其中应用最多的是泡沫制品和雾状制品。

8.3.4.1 气溶胶化妆品的构造原理

气溶胶化妆品的构造与普通制品不同，有被喷射的内容物（化妆品原液）、喷射剂、耐压容器和喷射装置。

(1) 原液

气溶胶化妆品的原液为液体、粉末和软膏等形态的化妆品。欲将其制成气溶胶制品，需根据喷出状态、使用方法和内容物的使用性等，通过一系列实验明确原液与喷射剂的性质是否相匹配、两者比率是否合适、设定多大气压等问题，才能确定最终的配方组合，特别是那些与喷射剂相容性差的和黏度高的原液，这些问题尤其重要。这些实验包括测定原液与喷射剂混合时的溶解度实验、测定内容物喷出性能的内压实验、确认气溶胶喷射状态的喷出实验、确认内容物在低温下稳定性的低温实验及测定原液的 pH 值、黏度等物理性质和安全性等的实验。另外还要注意，配方中的各种成分之间不起化学反应，以及组分与喷射剂之间不起化学反应。

(2) 喷射剂

气溶胶化妆品依靠液化气或压缩气体的压力将物质从容器内推压出来，这种供给动力的气体称为喷射剂。

液化气是加压时被液化的气体，能在室温下迅速的气化。它除了供给动力之外，往往作为溶剂或稀释剂和原液混合在一起，喷出后由于迅速气化膨胀而使产品具有各种不同的性质和形状。气溶胶化妆品常用的液化气有氟氯烃（氟里昂）类、液化石油气（LPG）和二甲醚(DME)。其中，氟里昂类具有稳定性、安全性和反应惰性等优点，是传统的气溶胶制品用喷射剂。但由于它引起大气臭氧层破坏的原因而逐渐被各国禁用，我国也已从 1998 年 1 月 1 日起在化妆品中禁用。LPG 为丙烷、丁烷和戊烷等低级烷烃的混合物，通过改变其配比可调整压力，价廉，原料异味低，但易燃。因此需通过选择原液配方和阀门种类来调整喷射时的强度和喷射量，提高其安全性。DME 水溶性好，和某些常用的高聚物（如喷发胶的梳整发剂）相容性好，可单独或与 LPG 混合用于喷发胶；但由于气味大而不用于芳香制品，且易燃易爆。

压缩气体常用氮气和二氧化碳等常温低压下不发生液化的气体，在被压缩入容器后也不溶解于原液，而是在其上部气相中产生压力。其优点是不必担心其相容性、反应性和可燃性；但使用这些气体时容器内压较低，需配合以较特殊的阀门和按钮。

(3) 耐压容器

代表性的耐压容器材质有铝、白铁皮（镀锡铁皮）、玻璃和合成树脂。其中铝罐和镀锡铁皮较常采用，分别适用于水性和非水溶性原液的化妆品，玻璃容器适宜于压力较低的场合，树脂容器既具有玻璃容器耐腐蚀等优点，又没有炸碎的危险，颇具应用前景，目前多用聚酯（PET）和聚丙烯腈（PAN）。

(4) 喷射装置

主要包括阀门、按钮和喷嘴，是气溶胶制品中承受原液和气体压力很大的部位，同时也是易引起喷射状态变化的构件。其中阀门是控制气溶胶内容物的喷射状态和喷射量的关键部件，按使用目的有多种形式。

8.3.4.2 气溶胶化妆品的生产工艺

气溶胶化妆品在批量生产前要经过各种试验，以充分确认制品的稳定性、罐腐蚀性、气体透过性等，然后才放大到批量生产。要保持生产条件均一以保证产品质量，最后还要按法规规定进行内压和易燃性试验。其一般生产工艺流程如图 8-12 所示。不同产品的工艺设计方案有所不同，而且还必须充分考虑处于高压气体状态下的稳定性以及长时间正常喷射的可

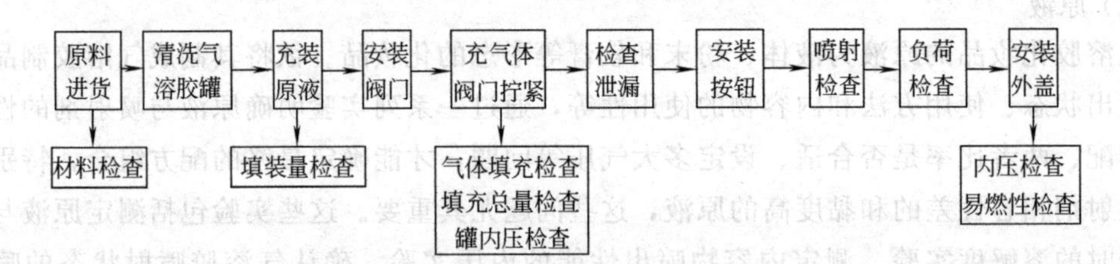

图 8-12　气溶胶化妆品的生产工艺流程

能性。

气溶胶化妆品的生产工艺中与一般化妆品最大的差别是充气的操作。不正确的操作会造成很大的损失，且喷射剂压入不足影响制品的使用性能，压入过多（压力过大）会产生爆炸的危险，特别是在空气未排除干净的情况下更易发生，因此必须仔细地进行操作。气体的灌装方法有冷却灌装和加压灌装。

冷却灌装是将原液和喷射剂液化气冷却，待气体液化后灌于容器内。该法具有操作快速、易于排除空气等优点，但对无水的产品容易进入冷凝水，需要较大的设备投资和熟练的操作工人，且必须是原液经冷却后不受影响的制品，因此使应用受到很大限制，现在很少使用。

加压灌装有两种操作：①通过阀门加压灌装，即在室温下先灌入原液，将带有气阀系统的盖加上并接轧好，然后用抽气机将容器内的空气抽去，再从阀门处内容物出来的孔洞加压充入气体，该法可控制喷射剂的充填量，在气体量较少的泡沫制品中宜采用；②在瓶盖下加压灌装，即原液灌好后将阀门轻轻掩上，在阀和罐之间的缝隙中边驱赶空气边充填气体，充填好后用瞬间的动作将阀固定在罐上。该法多用于气体量较多的喷发胶等制品。加压灌装的优点是对配方和生产提供较大的伸缩性，在调换品种时设备的清洁工作极为简单，产品中不会有冷凝水混入，灌装设备投资少。

另外，雾状制品和泡沫制品的喷雾状态和泡沫形态在生产中通过多种因素加以控制。喷雾的性质是干燥还是潮湿受喷射剂的组成和性质、气阀的结构及其他成分（特别是乙醇）的存在所制约，如低沸点的喷射剂形成干燥的喷雾，因此可在配方中增加喷射剂的比例，减少乙醇。泡沫形态由喷射剂、有效成分和气阀系统所决定，可以产生干燥坚韧、稳定的泡沫（剃须膏），也可以产生潮湿柔软、易消散的泡沫（亮发油、摩丝）和喷沫（香波）。当其他成分相同时，高压的喷射剂较低压的喷射剂所产生的泡沫坚韧而有弹性。

8.3.5　粉类

粉类化妆品主要包括白粉、粉底、胭脂等美容类产品，也有痱子粉、爽身粉等护肤类产品。它们的配方结构和生产工艺相似。这里主要介绍美容用粉制品。

8.3.5.1　粉类化妆品的功能、类别和性质

粉类美容化妆品的作用是遮盖皮肤表面的色斑或凹凸不平、调整肤色、修饰质感、赋予皮肤滑爽和细腻的感觉，从而达到美化容貌和为深层化妆打底的目的。根据其使用目的可大致分为白粉（香粉）、粉底和胭脂等类别，并可按制品剂型进一步细分，见表 8-15。其中，散粉和粉饼在日常化妆调整时最为常用，粉底霜和粉底液（蜜）是目前粉底化妆品的主要品种；胭脂在很多方面都几乎与粉底或白粉相同，只是遮盖力更弱，色调更深，用于使面色红润。

表 8-15 粉类美容化妆品的类别和配方成分

功能		基础美容									彩妆				
类别		白粉(香粉)			粉底						胭脂				
剂型		粉末	固型	纸状	固状	液状 水基	液状 油基	乳剂 霜膏	乳剂 乳液	凝胶	固状	纸状	液状 悬浮/乳化	乳剂 油膏	乳剂 霜膏
常用名		散粉	粉饼/条	香粉纸	粉底	水粉	练白粉	粉底霜	粉底液/蜜		胭脂(块)	胭脂纸	胭脂水	胭脂膏	
成分 基剂	油分:油脂		○		○		○	○	○		○		○	○	○
	蜡类		○		○		○	○		○	○		○	○	○
	脂肪酸							○	○						
	高级醇							○	○						
	脂肪酸酯		○	○	○		○	○	○		○	○	○	○	○
	烃类		○		○		○	○	○	○	○		○	○	○
	无机粉体	○	○	○	○	○	○	○	○	○	○	○	○	○	○
	表面活性剂		○	○		○	○	○	○	○	○	○	○		○
	金属皂	○	○					○		○					
	溶剂(挥发性油)						○								
	精制水					○		○	○	○					○
	其他:增塑剂											○	○		
	高分子		○	○	○	○	○	○	○	○			○		
	无机增黏剂					○		○	○				○		
	多元醇					○		○	○						
着色料	有机着色料	○	○	○	○	○	○	○	○		○	○	○	○	○
	无机着色料	○	○	○	○	○	○	○	○	○	○	○	○	○	○
	珠光颜料		○		○						○		○	○	○

由于粉类化妆品是使极细的粉质颗粒涂覆于面部以遮盖皮肤表面的瑕疵及修饰肤色和质感，因此它应具有良好的滑爽性、黏附性、吸收性和遮盖力，色彩适宜，且气味应该芬芳醇香和而不浓郁，以免掩盖香水的香味。这些性质通过合理的原料选择和配方设计得以实现。

8.3.5.2 粉类化妆品的主要原料和配方

粉类化妆品是将着色或白色颜料（有机、无机颜料）、珠光颜料和体质颜料（即填充剂）等粉体成分配合入各种基质中经分散而成的产品。

在各种粉体成分中，滑石粉使粉类化妆品具有滑爽性，优质滑石粉还能赋予制品一种特殊的半透明性，使其能均匀地黏附在皮肤上。硬脂酸金属（镁、锌和铝）盐或棕榈酸金属盐常作为香粉的黏附剂，它们是质轻的白色细粉，加入粉类制品就包裹在其他粉粒外面，在皮肤上有很好的黏附性，使香粉不易透水。黏附剂的用量随配方的需要而决定，一般在5%～15%。沉淀碳酸钙、碳酸镁、胶性陶土、淀粉或硅藻土等作为粉类制品中香精的吸收剂，也对油脂和水分有吸收。但碳酸钙呈碱性；同时，若用量过多，吸汗后会在皮肤上形成条纹，因此用量一般不超过15%。常用的白色颜料氧化锌、二氧化钛等称为“遮盖剂”，配方中采用15%～25%的氧化锌，可使粉类制品具有足够的遮盖力，而对皮肤不致太干燥。采用氧化锌和二氧化钛配合使用可提供更好的遮盖力。

各类粉类化妆品的基质不同。散粉以粉体为主，亦可在其配方中加入脂肪物制成加脂香粉，以改善粉质干燥、pH值偏弱碱性的缺点，且黏附性好，容易敷施，粉质柔软，不影响皮肤的pH值。在散粉配方基础上配以少量胶质、羊毛脂、白油等油分结合剂（胶合剂），或用加脂香粉，压制成型即为粉饼。最普通的胶质是一些天然或合成的水溶性高分子，如黄蓍胶粉、阿拉伯树胶、羧甲基纤维素、羟乙基纤维素，其用量视香粉的组分和胶质的性质而定。粉底霜和粉底液（蜜）是将粉料分散于乳化体（霜膏或乳液）中而成，都有W/O型和

O/W 型两种乳化体系。胭脂的剂型和配方几乎与香粉和粉底相同，有粉状和块状，类似于香粉；而膏状和液状则类似于粉底。膏状胭脂分为油膏型和乳化霜膏型，后者比前者在成分上多出水和表面活性剂。胭脂水有悬浮体和乳化体两种，都使用表面活性剂作分散剂和乳化剂。这些粉制品的常见配方成分见表 8-15，一些典型配方实例见表 8-16 和表 8-17。

表 8-16　粉类化妆品的典型配方实例（一）：基础美容

成分	A:散粉(粉扑)①		B:粉饼		C:粉底		D:粉底液(O/W 型)		E:粉底霜(W/O 型)	
	组成②	配比/%	组成	配比/%	组成	配比/%	组成	配比/%	组成	配比/%
粉体	滑石	75.0	滑石	55.0	滑石	20.3	滑石	3.0	膨润土	5.36
	高岭土	5.0	高岭土	10.0	云母	35.0	二氧化钛	5.0	高岭土	4.0
	二氧化钛	3.0	二氧化钛	5.0	高岭土	5.0	红色氧化铁	0.5	二氧化钛	9.32
	肉豆蔻酸锌	5.0	肉豆蔻酸锌	5.0	二氧化钛	10.0	黄色氧化铁	1.4	红色氧化铁	0.36
	碳酸镁	5.0	碳酸镁	5.0	云母钛	3.0	黑色氧化铁	0.1	黄色氧化铁	0.8
	绢云母	7.0	绢云母	15.0	硬脂酸锌	1.0			黑色氧化铁	0.16
	着色颜料	适量	着色颜料	适量	红色氧化铁	1.0				
					黄色氧化铁	3.0				
					黑色氧化铁	0.2				
					尼龙粉	10.0				
油相/黏合剂①	角鲨烷	3.0	角鲨烷	3.0	角鲨烷	6.0	硬脂酸	2.2	液体石蜡	5.0
	三异辛烷酸甘油酯	2.0	三异辛烷酸甘油酯	2.0	醋酸羊毛脂	1.0	异十六烷醇	7.0	十甲基环戊烷硅氧烷	12.0
					肉豆蔻酸辛基十二烷酯	2.0	单硬脂酸甘油酯	2.0	聚氧乙烯变性二甲基硅油	4.0
					二异辛酸新戊二醇	2.0	液体羊毛脂	2.0		
					单油酸失水山梨醇酯	0.5	液体石蜡	8.0		
							防腐剂	适量		
水相							膨润土	0.5	分散剂	0.1
							POE 失水山梨醇单硬脂酸酯	0.9	1,3-丁二醇	5.0
							三乙醇胺	1.0	防腐剂	适量
							丙二醇	10.0	精制水	51.9
							精制水	56.4		
其他	香料	适量	香料	适量	香料	适量	香料	适量	稳定化剂	2.0
	防腐剂	适量	防腐剂	适量	防腐剂	适量			香料	适量
	抗氧剂	适量	抗氧剂	适量	抗氧剂	适量				

① 配方 B、C 中的油相成分为黏合剂。
② 配方 B 的组成同配方 A。

表 8-17　粉类化妆品的典型配方实例（二）：彩妆（胭脂）

成分	A:胭脂(块)		B:油膏型胭脂膏		C:冷霜型胭脂膏		D:胭脂水	
	组成	配比/%	组成	配比/%	组成	配比/%	组成	配比/%
粉体	滑石	80.0	高岭土	20.0	颜料	6.0	颜料	0.5
	高岭土	9.0	二氧化钛	4.2			氧化锌	0.5
	肉豆蔻酸锌	5.0	红色氧化铁	0.3			硬脂酸锌	0.5
	着色颜料	3.0	红色 202#	0.5			钛白粉	0.5
油相（胶合剂）	液体石蜡	3.0	纯石蜡	15.0	蜂蜡	16.0	液体石蜡	40.0
			凡士林	20.0	凡士林	20.0	油酸	7.5
			液体石蜡	25.0	白油	20.0		
			肉豆蔻酸异丙酯	15.0	微晶蜡	4.0		
					地蜡	4.0		
					甘油	5.0		

续表

成分	A:胭脂(块)		B:油膏型胭脂膏		C:冷霜型胭脂膏		D:胭脂水	
	组成	配比/%	组成	配比/%	组成	配比/%	组成	配比/%
水相					硼砂 精制水	1.0 24.0	精制水	46.1
表面活性剂							三乙醇胺	4.0
其他	香料、防腐剂	适量	香料、防腐剂 抗氧剂	适量 适量	香料、防腐剂	适量	香料、防腐剂	适量

8.3.5.3 粉类化妆品的生产工艺

对于粉类化妆品来说，粉体在基质中分散并形成稳定体系是其制备工艺的关键。

散粉（包括爽身粉和痱子粉）的生产过程和设备相同，主要有混合、磨细、过筛、加香、加脂、包装等。加脂香粉的粉料颗粒表面均匀地涂布着脂肪物，经过干燥的粉料含脂肪物6%～15%。其生产工艺过程如图8-13所示。

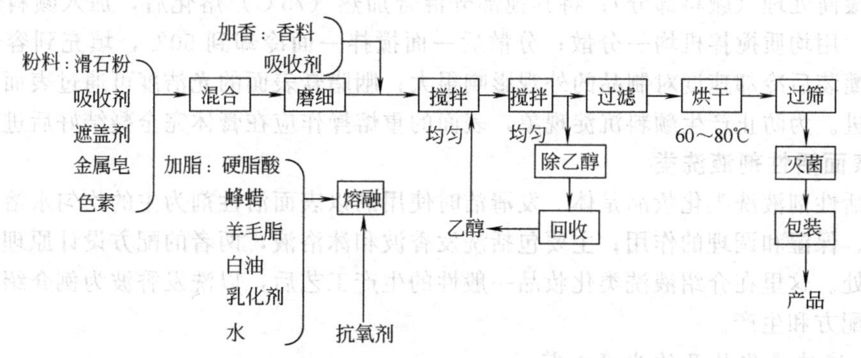

图8-13 加脂香粉的生产工艺过程

粉饼的生产过程和散粉类似，要经过混合，磨细和过筛，但在加脂加香后要加入事先溶解好的胶粉，在过筛后要压制。胶质先溶化在含有少量吸湿剂（如甘油、丙二醇、山梨醇或葡萄糖）的水溶液中，同时加入一些防腐剂。因加脂香粉基料有很好的黏合性能，也可作为生产粉饼的基料，将乳化的脂肪混合物和胶水混合在一起加入粉料中。压制时要做到平、稳，不求过快，防止漏粉，压碎，根据配方适当调节压力。压制粉饼所需要的压力大小和压粉机的形式、香粉中的水分和吸湿剂的含量以及包装容器的形状等都有关系，如果压力太大，制成的粉饼就会太硬，使用时不易擦开；如果压力太小，制成的粉饼就会太松易碎。

胭脂的生产工艺流程如下。

混合磨细──→加胶合剂、香精──→过筛──→压制──→干燥──→装盒

其中，混合磨细工序是将白色粉料和红色粉料混合均匀，是胭脂生产中重要的工艺环节之一：磨得越细，颜色越明显，粉料也越细腻。香精的加入方法与压制方法有关，可采取将胶合剂和香精同时加入的湿压法，或将潮湿的粉料烘干后再混入香精的干压法，后者可避免香精受到焙烘而保持原有香气。干燥温度应控制得当，水分过量蒸发会使胭脂块收缩，水分不易蒸发则胭脂不易擦下。

【生产实例】（表8-16配方A）：将滑石和着色料在混合机内混合；加入其他原料混合调色；将香料以喷雾方式加入，混合均匀；将上述物料用粉碎机处理后过筛。

【生产实例】（表8-16配方B、C）：将滑石和着色料在混合机内混合；加入其他粉体；混合后加入黏合剂、防腐剂，调色；将香料以喷雾方式加入，混合均匀；将上述物料用粉碎机粉碎，过筛后压制成型。

【生产实例】（表 8-16 配方 D）：将水相的增黏剂膨润土分散到丙二醇中后，加入到精制水中；在均质搅拌机的搅拌下加入剩下的水相成分（70℃），充分搅拌。将充分粉碎的粉体部分一面搅拌一面加到水相中，在 70℃用均质搅拌机处理；接着将在 70～80℃加热溶解的油相徐徐加入，继续在 70℃用均质搅拌机处理。一面搅拌一面冷却，至 40℃时加入香料，冷至室温。脱气，填充。

【生产实例】（表 8-16 配方 E）：将水相在 70℃加热搅拌，加入已充分粉碎的粉体部分；在 70℃用均质搅拌机处理。加入用一部分精制水溶解的稳定剂，搅拌；将 70℃加热的油相加入，继续在 70℃用均质搅拌机均一乳化。

【生产实例】（表 8-17 配方 A）：将香料、黏合剂以外的成分用混合机充分混合；将香料和黏合剂以喷雾方式加入；用粉碎机处理后压缩成型。一面搅拌一面冷却，至 45℃时加入香料，冷至室温。脱气，填充。

【生产实例】（表 8-17 配方 B）：将粉体（其中高岭土用一部分）加入到一部分液体石蜡中，用滚筒处理（颜料部分）；将其他部分混合加热（75℃）熔化后，加入颜料部分和剩余高岭土，用均质搅拌机均一分散；分散后一面搅拌一面冷却到 50℃，填充到容器中。灌装温度和灌装后冷却速度对制品的外观影响很大；胭脂膏表面的光洁度可通过表面重熔的方法加以改进。为防止产生颜料沉淀现象，表面的重熔操作应在膏体完全凝结好后进行。

8.3.6　表面活性剂液洗类

表面活性剂液洗类化妆品是体、发清洁时使用的以表面活性剂为主的均匀水溶液，同时也起营养、保湿和调理的作用；主要包括洗发香波和沐浴液，两者的配方设计原理和组成都有共通之处。这里在介绍液洗类化妆品一般性的生产工艺后，以洗发香波为例介绍此类化妆品的原料配方和生产。

8.3.6.1　液洗类化妆品的生产工艺

表面活性剂液洗类化妆品的生产过程主要是几种物料的混合，工艺和设备均较简单；且因产品配方多样，大多采用间歇式批量化生产工艺。其一般性生产工艺流程如图 8-14 所示。

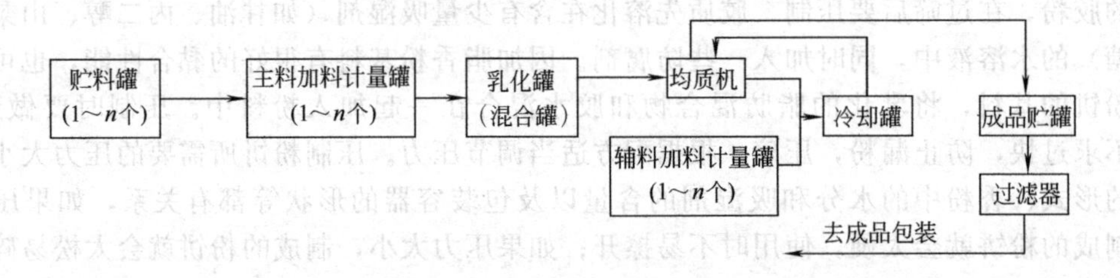

图 8-14　液洗类化妆品的一般性生产工艺流程

(1) 原料准备

对原料做必要的预处理。如某些固体原料的溶解或熔融，粗原料的提纯，水的精制等。

(2) 混合或乳化

混合工序是生产液洗类化妆品的关键环节，各种原料通过混合制成均一透明的溶液或制成稳定的乳状液。对于不同的原料配方和产品类别，混合有两种操作方法：冷混和热混。

冷混适用于不含难溶的固体（油、脂、蜡等）的配方。操作为：先在混合罐中将表面活性剂和其他助洗剂溶解后，加入色素、香料、防腐剂等，最后调整 pH 值和黏度。对难溶的香料可先与部分助洗剂混合再加入，或使用香料增溶剂。

热混适用于含难溶的固体的配方。如珠光或乳浊制品。操作为：先溶解表面活性剂，在不断搅拌下加热到 70℃再加入固体原料，搅拌溶解后降至 35℃，其后操作同冷混。

液洗类化妆品的生产中除了物料配比和加料顺序至关重要外，加料方式也很重要。应注意以下几点。

① 溶解高浓度表面活性剂（如 AES）时应将其慢慢加入水中而非相反，否则会使溶解变得困难。另外适当加热有助于溶解。

② 表面活性剂溶解时极易产生泡沫，因此加料液面必须没过搅拌桨叶，以避免混入过多空气。

③ 水溶性高分子（如 JR-400、阳离子瓜尔胶）溶解前先在其粉料中加入适量甘油有利于加快其溶解。

④ 珠光制品的珠光效果与搅拌及冷却速度关系很大；采用珠光片时需在 70℃溶解后控制一定的冷却和搅拌速度，使珠光剂结晶增大。

⑤ 产品的黏度是主要物理指标之一，它取决于配方中表面活性剂、助洗剂和无机盐以及其他增稠剂（如水溶性高分子）的用量，通常经实验确定。

⑥ pH 值的调整在配制后期进行。控制生产时应注意到产品生产后立即测定的 pH 值与长期贮存后测定的数值相差很大。

(3) 后处理

包括均质、过滤、排气、陈放等工序。其中，经乳化的液体通过均质可提高稳定性，混合时产品中产生大量气泡通过抽真空排气工艺可快速排出。

(4) 包装

包装质量与产品内在质量同等重要。正规生产采用灌装机，流水线包装，小批量生产可采用高位槽手工灌装。

8.3.6.2 洗发香波的类别和性能要求

洗发用品最基本的使用目的是除去头发和头皮表面的油脂汗液等分泌物、皮屑和微生物等污垢，而对头发、头皮和人体无不良影响。从最早的脂肪酸皂基洗发液到今天的洗发香波，洗发用品已不单纯以去除污垢为目的，而向多功能多品种发展，适用对象和使用目的不断细分：从制品剂型上分有液状、乳膏状、块状、凝胶状、气溶胶型和粉末状，液状香波又有透明型和乳浊型（珠光型）；从附加功能上分有调理型、婴幼型、去屑止痒型、养发型、洗染型及洗护合一等多功能复合型；从所补充的保湿成分和油性成分配比上分有油性发质适用型、中/干性发质适用型、干性发质适用型。

无论是哪种洗发香波，都应具备以下基本性质：①适度的洗涤力，既能洗净污垢又不过分脱脂；②泡沫细腻丰富持续，即使是有皮屑等污物存在也能起泡；③易清洗干净；④具有良好的湿/干发梳理性，保护头发免受洗发中摩擦引起的损伤；⑤使洗后的头发具有自然的光泽和柔软性，不发黏；⑥对头发、头皮及眼睛安全性好，温和无刺激，pH 值在 6～8.5 之间。

8.3.6.3 洗发香波的配方成分和原料

洗发香波的成分以起泡洗涤剂为主，辅以其他添加剂，见表 8-18。

表 8-18 洗发香波的配方成分和原料

配方成分	作用	原料	用量/%
洗涤剂	清洗	阴离子表面活性剂（皂，AES，K_{12}，MES，AOS，AS 铵盐，仲烷基磺酸盐等）	<40
	增泡、增稠	两性表面活性剂（氧化胺），6501	<7
	助洗，增溶	非离子表面活性剂（6501），DOE-120，合成高分子（聚乙二醇脂肪酸酯等）	≤10
	配伍，温和	两性表面活性剂（咪唑啉基甜菜碱），MES，氧化胺等	

续表

配方成分		作　用	原　　料	用量/%
添加剂	辅助剂	黏度调节	电解质($NaCl$,NH_4Cl 等),树脂等	
		遮光(珠光)	十六醇,十四酸十四酯,乙二醇硬脂酸酯(单、双)等	≤2
		调 pH,螯合	柠檬酸,乳酸,硼酸,EDTA 盐,碱剂等	≤1
		防腐,杀菌	尼泊金酯类,凯松,苯甲酸钠,烷基脲等	<1
		赋香,赋色	香料,色素	0.5
	调理剂	柔软,抗静电	阳离子表面活性剂,氧化胺,羊毛脂,聚阳离子等	<7
		润泽	硅油,硅酮(聚硅氧烷),硅氧烷,脂肪醇,脂肪酸酯等	1～5
		营养、保湿	泛醇,水解蛋白,角鲨烷,维生素,果液,多元醇,黏多糖等	<5
	疗效剂	去屑止痒	硫黄,OCT,ZPT,盐酸奎宁,PVP-1,NS 等	<3
		特效	中草药提取液(首乌、人参等),维生素,激素,染料等	<5
		修复	防晒剂,富脂剂,水解蛋白,骨胶原类,血清提取物等	<3
	溶剂	溶解稀释	乙醇,精制水,多元醇	加至 100

起泡洗涤剂是以阴离子表面活性剂为主的各类表面活性剂（两性型、非离子型和少数阳离子型），利用其渗透、乳化和分散作用将污垢从头发和头皮上除去。用于液洗的表面活性剂品种很多，可另行参考有关专著。各种添加剂中，调理剂是不同类型洗发香波大都具有的成分，其主要作用在于改善头发洗后的手感，使其光滑、柔软、易梳理，该作用基于调理剂在头发表面易被吸附，聚阳离子与表面活性剂反应生成复合盐能析出附着在毛发上，因而常用。一些典型洗发香波配方的实例见表 8-19。

表 8-19　洗发香波的配方实例

配方 A:液状透明香波		配方 B:液状透明香波		配方 C:液状珠光香波		配方 D:调理香波	
组　分	配比/%	组　分	配比/%	组　分	配比/%	组　分	配比/%
十二烷基硫酸钠	20.0	月桂基硫酸钠	10.0	AES	13.0	月桂基 POE(3)硫酸三乙醇胺盐①	10.0
				BS-12	5.0	月桂基 POE(3)硫酸钠①	20.0
月桂基醚硫酸钠①	10.0	月桂基 POE(3)硫酸钠①	30.0	尼纳尔	2.0	月桂基硫酸钠①	5.0
						月桂基甜菜碱②	7.0
月桂酸二乙醇酰胺	4.0	椰子油脂肪酸二乙醇酰胺	4.0	乙二醇单硬脂酸酯	1.0	月桂酸二乙醇酰胺	3.0
						乙二醇二硬脂酸酯	2.0
柠檬酸	0.1	甘油	1.0	水溶性羊毛脂	1.0	阳离子化纤维素	0.2
						蛋白质衍生物	0.5
EDTA-Na_2	0.1	pH 值调整剂	适量	柠檬酸	0.3	pH 值调整剂	适量
氯化钠	1.0	色素,螯合剂	适量	氯化钠	适量	螯合剂	适量
香精,防腐剂	适量	香精,防腐剂	适量	香精,防腐剂	适量	香精,防腐剂	适量
精制水	至 100	精制水	至 100	精制水	至 100	精制水	至 100

① 为 30%水溶液。

② 为 35%水溶液。

【生产实例】（表 8-19 配方 C）：将 AES、BS-12、尼纳尔溶于水，不断搅拌下加热到 70℃；加入羊毛脂、乙二醇单硬脂酸酯，缓慢搅拌使溶解，并溶液呈半透明状；通冷却水，控制冷却速度，使其出现较好珠光。冷却至 45℃，加入香精、色素、防腐剂等，搅拌均匀；用柠檬酸调 pH 值至 6～7；40℃时加入氯化钠调节黏度。搅拌均匀，用泵经过滤器送至贮罐静置，排气，灌装。

8.4　化妆品的质量要求

消费者对于化妆品最重要的质量要求是应具有安全性；同时，其内在质量要求还有稳定性、使用性和有用性。

(1) 安全性。

由于化妆品与人体直接接触，且频繁使用、受众面广，防止毒副作用、保证其安全非常重要。安全性要求大致包括无皮肤刺激性，无过敏性，无经口毒性，无异物混入，无破损。化妆品中毒的表现主要包括致病菌感染、一次性刺激性反应和异状敏感性反应。除异状过敏性反应因人而异，致病菌感染和一次性刺激性反应可通过采用高纯度原料、原材料和产品的消毒防腐及生产工艺中的灭菌等加以控制。

为保证化妆品具有安全性，必须按所属管辖地的法规规定方法对其原料、成分进行科学性评价。美国已将其作为与食品、药品一样受特别管理的产品，列于其食品药品管理局（FDA）的管辖之下，我国也颁布了一系列相应的条例和标准，包括国家标准《化妆品安全性评价程序和方法》(GB 7919—87)，其中规定了如下一些基本实验：

① 急性毒性实验，包括急性口服毒性实验和急性皮肤毒性实验；

② 皮肤刺激性实验；

③ 眼刺激性实验；

④ 过敏性实验；

⑤ 皮肤的光毒性和光变态过敏实验；

⑥ 人体激光斑贴实验；

⑦ 致畸实验；

⑧ 致癌实验；

⑨ 药理实验。

绝大多数通过动物实验获得数据。

(2) 稳定性

由于多数化妆品（霜膏、乳液等）属胶体分散体系，本质上是热力学不稳定的体系，其稳定性是相对的，仅能要求其具有一定时间的稳定期或货架寿命（一般为2～3年）。在该时期内的贮存和使用过程中，基剂保持其原有的性质而不发生化学和物理变化，如变色、变臭、结晶析出，分离、发汗、固化、软化、凝胶化等；功效成分（如药物）也保持原有的设计性能。

基剂稳定性的保证实验主要包括温度和光稳定性实验，持续性、光（色）泽、耐水（油）性、气味、防腐等一般性能和效果的稳定性确认实验，气溶胶制品的腐蚀、泄露和堵塞实验，以及特殊强化条件下的保存实验，如加温-湿实验、循环温度实验、应力实验等。

另外，还需考虑从实验室试制到放大批量生产过程中产品性能的稳定呈现、各种化妆品在具体使用场合中性能的稳定呈现等的验证实验。

(3) 使用性

对使用性的要求包括化妆品应具有适宜的使用感（如与皮肤的融合度、潮湿度、润滑度等)、易使用性（剂型、包装等）和嗜好性（色、味等)。其验证实验包括使用实验（官能实验）和物理化学实验（如流变性、涂布性、成膜性等的测定)，具体实验项目根据化妆品的种类而不同。

(4) 有用性

按照不同化妆品的使用目的和用途，要求其具有清洁效果、色彩效果、保湿效果、防紫外线效果等及各种特殊的功能性。这通过各种效果实验从生理学和物理化学角度加以验证。

习 题

1. 皮肤在生理构造上从外及内分为哪几部分？使用化妆品分别可以对各部分起到什么作用？天然皮肤的保湿机理是怎样的？
2. 化妆品的主要基质原料和常用辅料分别都有哪些？
3. 化妆品生产中常用的混合设备和乳化设备分别有哪些？
4. 请写出乳化体化妆品的一般性生产程序。
5. 制备乳化体时，油相和水相的混合有哪几种方式？各有什么特点？
6. 什么叫转相？有哪些方法？各有什么特点？
7. 乳化效果（乳胶颗粒大小及粒径分布、乳液稳定性等）主要和哪些因素有关？
8. 生产化妆品时，香精及防腐剂一般何时加入体系？为什么？
9. 制备洗面奶的主要原料有哪些？它们分别在体系中起什么作用？W/O型和O/W型洗面奶的配方有什么差别？
10. 写出含醇化妆水的一般性生产工艺流程。
11. 写出粉饼的一般性生产工艺流程。
12. 叙述洗发香波的一般性生产工艺过程。在加料时应注意哪些问题？
13. 对化妆品的质量有哪些基本要求？按现行国家标准，评价其安全性需通过哪些实验？

参 考 文 献

[1] 王培义. 化妆品——原理·配方·生产工艺: 第2版. 北京: 化学工业出版社, 2006.
[2] 董银卯. 化妆品配方设计与生产工艺. 北京: 中国纺织出版社, 2007.
[3] 唐冬雁, 刘本才. 化妆品配方设计与制备工艺. 北京: 化学工业出版社, 2003.
[4] 阎世翔. 化妆品科学. 北京: 科学技术文献出版社, 1995.
[5] 光井武夫. 新化妆品学. 北京: 中国轻工业出版社, 1996.
[6] 李冬光. 实用化妆品生产技术手册. 北京: 化学工业出版社, 2001.
[7] 邬曼君. 日用化学品科学. 1999, (增刊): 107-110.
[8] 裘炳毅. 日用化学工业. 2000, 30 (1): 55-60.
[9] 裘炳毅. 日用化学工业. 2000, 30 (2): 53-58.
[10] 吉列恩. 坎克尔斯通 M. 日用化学品科学. 1998, (3): 10-15.
[11] 王成湘. 日用化学工业. 2001, (2): 46-47.

第9章 新领域精细化学品简介

具有精细化学品的特征，且产业特征不明显的，非传统精细化工产品的化学品，即新领域精细化学品。我国曾将电子化学品、食品添加剂、饲料添加剂、皮革化学品、油田化学品、造纸化学品、胶黏剂、水处理化学品、生物化工、表面活性剂、纤维素衍生物、丙烯酸及其酯、聚丙烯酰胺、气雾剂、纺织染整助剂、信息化学品、混凝土外加剂等都划分为新领域精细化学品。但部分上述新领域精细化学品已经发展成为了一种新的行业，本书的一些章节也已经详细讲述了部分新领域精细化学品，所以本章仅综述性地对那些使用范围比较广的新领域精细化学品做一些介绍。同时，如生物制品等已经成为或正在成为一个单独的领域，所以本章也不再介绍。

9.1 电子化学品

电子工业是近30年来发展较迅速的高技术产业。以计算机和超大规模集成电路为核心的电子工业发展水平已成为衡量一个国家科技水平的重要标志。电子化学品就是为电子工业配套的专用化工产品。电子工业的发展依赖于电子化学品、电子化工材料的发展。

电子化学品具有品种多、用量少、质量要求高、对环境清洁度要求苛刻、产品更新换代快等特点。目前，与电子工业配套的化学品包括超净高纯试剂、特种气体、光刻胶、塑封材料、磨抛光材料、印刷线路板生产中所用的材料（干膜抗蚀剂、清洗剂、化学镀和电镀用液及其添加剂、光致抗蚀剂、焊剂和助焊剂）等。

电子化学品在我国发展较快，近年来其年均增长率保持在15%左右，我国需电子化学品近2万种，占各类电子材料品种数的65%。目前，我国电子化学品的市场销售额已达的80亿元以上。从事电子化学品研制生产的骨干单位已有100多家，产能约2万吨，能批量生产的品种近1200种。预计2010年电子化学品的市场销售总额将达到260亿～280亿元，虽然如此，我国的技术水平也与发达国家尚有近10年的差距。

世界晶片制造部分材料市场规模及预测见表9-1。超净高纯试剂与IC发展的关系见表9-2。

表9-1 世界晶片制造部分材料市场规模及预测 单位：亿美元

项目	2004年	2005年	2006年	2007年	2008年
硅晶片	75.54	83.14	91.18	97.34	108.73
光掩膜	27.75	30.45	31.83	33.50	35.54
光致抗蚀剂	8.76	9.16	9.46	9.52	9.97
光阻助剂	8.52	8.34	8.76	9.11	10.02
潮湿化学品	8.15	8.25	8.57	8.87	9.31
气体	20.39	20.51	21.03	21.56	22.03
CMP浆液和衬垫	6.11	6.76	7.67	8.67	9.88

9.1.1 超净高纯试剂

超净高纯试剂的主要用途，一是用于基片在涂胶前的湿法清洗；二是用于在光刻过程中

表 9-2 超净高纯试剂与 IC 发展的关系

年代/年	IC 集成度	技术水平/μm	金属杂质/$\times 10^{-9}$	控制粒径/μm	颗粒/(个/mL)	相应试剂级别①	SEMI 标准
1989	4M	0.8	<10	>0.5	<25	BV-Ⅲ	C7
1995	64M	0.35	<1	>0.5	<5	BV-Ⅳ	C8
2004	4G	0.13	<0.1	>0.2	TBD	BV-Ⅴ	C12
2010	64G	0.07	—	—	—	—	—

① 北京化学试剂研究所制备的超净高纯试剂级别。

的蚀刻及最终的去胶；三是用于硅片本身制作过程中的清洗。其用量大、消耗快。其中硫酸、氢氟酸、双氧水、异丙醇等用量占一半以上。

超净高纯试剂生产的反应原理与一般试剂的原理是一致的。其主要技术要求是试剂的纯度等级，且主要是针对其中的金属杂质和颗粒的控制，参见表 9-3。除生产原料、工艺控制外，超净高纯试剂的技术关键是针对不同产品的不同特性而应采取何种提纯技术。目前国内外制备超净高纯试剂的常用提纯技术主要有精馏、蒸馏、亚沸蒸馏、等温蒸馏、减压蒸馏、低温蒸馏、升华、气体吸收、化学处理、树脂交换、膜处理等技术，这些提纯技术各有特性，各有所长。不同的提纯技术适应于不同产品的提纯工艺，有的提纯技术如亚沸蒸馏技术只能用于制备量少的产品，而有的提纯技术如气体吸收技术可以用于大规模的生产。另外，一般超净高纯试剂的生产厂房环境应在 1000～10000 级，工作间环境 10～100 级。生产一般超净高纯试剂的蒸馏设备可用高硅玻璃或石英玻璃制成，以防止过程中 Na、Ca、Mg 等离子的浸出，而 HF 等对玻璃有腐蚀的试剂的蒸馏用银质或聚四氟乙烯材质的设备。

表 9-3 硅晶片被沾污的类型、来源及常用的清洗试剂

沾污类型	可能来源	清洗用化学品
颗粒	设备、超净间空气、工艺气体和化学试剂、去离子水	$NH_3 \cdot H_2O$、H_2O_2、H_2O 胆碱、H_2O_2、H_2O
金属	设备、离子注入、灰化、反应离子刻蚀	HCl、H_2O_2、H_2O H_2SO_4、H_2O HF、H_2O
有机物	超净间气体、光刻胶残渣、贮存容器、工艺化学试剂	H_2O_2、H_2SO_4 $NH_3 \cdot H_2O$、H_2O_2、H_2O
自然氧化物	超净间湿度、去离子水冲洗	HF、H_2O NH_4F、HF、H_2O

目前，超净高纯试剂的标准分为四类，一类是以国际半导体设备和材料协会标准（SEMI）为基础的美国试剂；二类是以德国默克（MERCK）为主的欧洲试剂；三类是以关东（Kanto）、和光（Wako）等为代表的日本试剂；四类是以 IREA 为代表的俄罗斯及独联体地区，近年来它们的指标逐步接近，由于 SEMI 标准在世界范围内影响最大，也是国内厂家主要参考的对象。

超净高纯试剂一般贮存于高密度聚乙烯（HDPE）、四氟乙烯和氟烷基乙烯基醚共聚物（PFA）、聚四氟乙烯（PTFE）所制成的容器当中。其中，由于 HDPE 对多数超净高纯试剂的稳定性较好，而且易于加工，并具有适当的强度，因而成为超净高纯试剂包装容器的首选材料。而使用周期较长的管线、贮罐、周转罐等可采用 PFA 或 PTFE 材料做内衬。

以超纯试剂中用量最大的过氧化氢为例，其生产通常是以工业级过氧化氢为原料经纯化精制而成。工业级过氧化氢含有有机物、各种金属和非金属杂质。有机杂质主要来自生产过程中引入的工作溶剂，主要有重芳烃、磷酸三辛酯以及蒽醌及其衍生物等。这些杂质被氧化后在硅片的表面可分解成水汽等物质，使硅片局部氧化速度增加，从而增加氧化层厚度，使其变得不均匀；同时，有机杂质会造成后续净化过程中交换树脂孔道的堵塞，严重时造成阴离子树脂中毒，影响净化效果。目前，常用的去除过氧化氢中有机物的方法见表9-4。但每种方法都有一定的局限性，因此，工业上也常使用几种方法的组合而满足电子级的要求的，如图9-1所示。当然也可根据各种离子交换树脂去除不同杂质的特点，将多个树脂床串联，分别用于脱除有机杂质、金属离子杂质和非金属离子杂质等，生产出满足半导体工业生产需要的高纯电子级过氧化氢。采用上述方法，可将各种金属杂质控制在10^{-9}级别，总有机碳控制在10^{-6}级别。

表9-4　常用的去除过氧化氢中有机物的方法

方　法	操　作　特　点	缺　点
精馏	单套设备即可长周期生产，产量不受限制、原料利用率较高	能耗大，生产成本高，生产过程危险性大；有机物脱除不完全，易挥发的有机物会残留在系统中，产品稳定度较差
吸附	对有机杂质有较好的吸附和脱除能力，设备及工艺简单，生产条件温和、操作便利	可能造成过氧化氢的分解，吸附剂易于带入外来杂质，需要再生
树脂交换	能去除有机物中可溶性杂质，设备及工艺简单，生产条件温和、操作可靠简便	树脂消耗大，需要再生；总有机碳脱除效果不佳，产品稳定度较差
结晶	可获得高浓度、高纯产品	需在高浓度，超低温条件下进行，能耗高
超临界萃取	操作简单，有机杂质去除率高，物耗、能耗较低	设备要求高、投资大，不易实现大规模工业化生产
膜分离	对有机杂质有较好的脱出效果，产品稳定度较好，原料利用率约70%，操作可靠简便	膜使用寿命短，对膜材料要求高

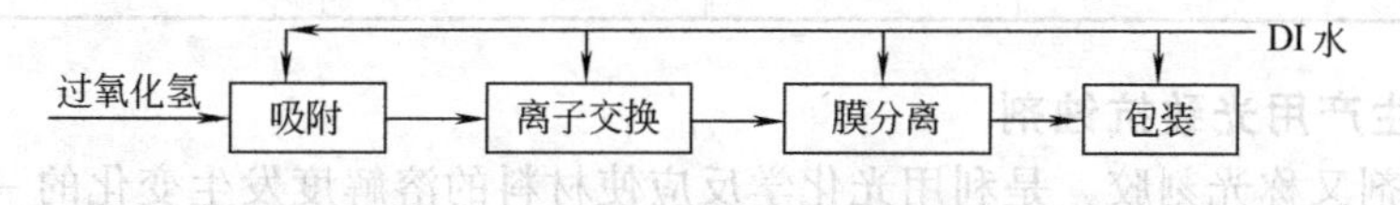

图9-1　吸附-离子交换-膜分离集成纯化制备过氧化氢装置示意图

9.1.2　超净高纯气体

常用的超净高纯气体约30多种，如SiH_4、BH_4、AsH_4、HBr，BCl_3、PH_3、CF_4、NF_3等。亚微米级集成电路用的气体要求金属杂质脱除至10^{-9}级，气体纯度达6～7N或更高，气体中颗粒允许粒径小于设计最小线宽的1/10，气体中粒子个数应小于0.35个/L。

以三氟化氮的融盐电解法为例，它以熔融的氟化氢铵为电解质原料，这种氟化氢铵为99.8%以上的氟化铵与99.5%以上的氟化氢反应制得的。目前日本三井化学品公司、三井东压化学品公司均采用此法生产，纯度在99.999%。三氟化氮在等离子工艺中既可作为淀积PECVD氮化硅源气体，又可在蚀刻氮化硅时作为腐蚀气体。它亦可作为一种气体清洗剂，用于半导体芯片生产的化学气相沉积室和液晶显示器面板中。

9.1.3　塑封材料

电子封装技术的重要支撑是电子封装材料。对集成电路封装来说，电子封装材料是指集成电路的包封（密封）体。通过封装不仅对芯片具有机械支撑和环境保护作用，使其避免大气中的水汽、杂质及各种化学气氛的污染和侵蚀，从而使集成电路芯片能稳定地发挥正常电气功能，而封装对器件和电路的热性能乃至可靠性起着举足轻重的作用，一个电路的封装成本几乎已和芯片的成本相当。

随着集成电路线宽越来越小，要求塑封料具有如下性能：①由高纯材料组成，特别是离子型不纯物极少；②与器件及引线框架的黏附力好；③吸水性、透湿率低；④内部应力和成型收缩率小；⑤热膨胀系数小，热导率高；⑥成型、硬化时间短，脱模性好；⑦流动性及充填性好，飞边少；⑧具有良好的阻燃性。

电子封装材料主要有塑封料、陶瓷封装材料和金属封装材料。目前以塑封料需求量为最大，陶瓷封装材料次之。塑封材料是实现电子产品小型化、轻量化和低成本的一类重要封装材料。塑封料所使用的材料为热固性树脂，主要包括单组分环氧树脂类、酚醛类、有机硅类、聚酰亚胺类、液晶聚合物类封装材料等。

作为环氧类塑封料的环氧模塑料是由酚醛环氧树脂、苯酚树脂和填料（SiO_2）、脱模剂、固化剂、染料等组成。从封装的角度，其与胶黏剂中的密封材料性能一致。只不过要求杂质含量极低，即

① 几乎不含离子性杂质，尤其是钠离子（Na^+）和氯离子（Cl^-）；

② 环氧树脂中相当低的水解性氯；

③ 酚醛树脂中很低的游离酚含量和易挥发物含量；

④ 氯离子（Cl^-）以外的其他阴离子（有机的，无机的）含量极低；

⑤ 分子中较低的二聚体、三聚体含量。

为满足上述要求，可采用逆流热水洗涤，高温高真空，水蒸气蒸馏和惰性气体汽提等方法。住友化学的电子级邻甲酚甲醛环氧树脂性能指标见表 9-5。

表 9-5 住友化学的电子级邻甲酚甲醛环氧树脂性能指标

性能参数	ESCN-195X	ESCN-220	性能参数	ESCN-195X	ESCN-220
环氧当量/(g/当量)	190～205	200～300	钠离子/$\times10^{-6}$	<5	<5
可水解氯/$\times10^{-6}$	300～500	450～700	氯离子/$\times10^{-6}$	<5	<5

9.1.4 芯片生产用光致抗蚀剂

光致抗蚀剂又称光刻胶，是利用光化学反应使材料的溶解度发生变化的一种耐蚀刻薄膜材料。其由分子量不太大（几千到几万）、分子量分布比较窄的聚合物和光敏剂等组成，光刻胶主要用于印刷业和电子工业中集成电路及半导体器件的细微加工。它利用光化学反应，经曝光、显影，将需要的细微图形从掩膜版转移到待加工的基片上，然后进行蚀刻、扩散、离子注入、金属化等工艺处理，制成半导体芯片或印刷模版。因此，光刻胶是集成电路发展的关键性精细化工产品。

对光刻胶的要求包括：①超净高纯，金属离子含量要10^{-6}、10^{-9}级，有的还要求更低，杂质颗粒大小不能超过集成电路的线宽；②在曝光波长区内是透明的，但其他波长不透过；③与基材有适当的粘接力，又易去胶清洗；④高光敏度，即对曝光能量响应值要高；⑤较高的耐温性能；⑥有较大的工艺宽容度；⑦适当的黏度和流平特性；⑧贮存安全。

按光刻工艺，光刻胶分为正型胶和负型胶。按曝光的波长分类，国外先后有 g 线（436nm 曝光），i 线（365nm）、准分子激光（308nm）、DUV（248nm）、化学增幅、电子束、X 射线、离子束等抗蚀剂。上述产品的分辨率在 0.13～0.35μm。随着电子器件向高集成化和高速化方向发展，对分辨率和纯度的要求会进一步提高，这样对光致抗蚀剂的要求也

会越来越高。

紫外负型光刻胶是指经 UV（300～450nm）照射后，曝光区的光刻胶交联成在显影液中不溶解的物质，而未曝光区的光刻胶易被溶解。经显影后所得光刻胶图像与掩膜版图像恰好相反。这类光刻胶包括重铬酸盐-胶体聚合物系光刻胶、聚乙烯醇肉桂酸酯系光刻胶、环化橡胶-双叠氮型光刻胶、聚乙烯基吡咯烷酮-聚丙烯酰胺-双叠氮化合物光刻胶等。

重铬酸盐-胶体聚合物系至今仍在印刷业中使用的光刻胶。在光还原反应中，重铬酸盐中的铬离子由六价转变成三价，它与胶体化合物中的活性官能团形成配位键而产生交联。胶体聚合物有明胶、蛋白质、淀粉、聚乙烯醇缩丁醛和聚乙烯基吡咯烷酮等。

紫外正型光刻胶是指经 UV（300～400nm）通过掩膜版照射后，曝光区胶膜发生光分解或降解反应而溶于显影液中，未曝光区胶膜则保留而形成正型图像。正胶与负胶相比，具有胶膜不溶胀，分辨率高，抗干扰蚀刻性强，耐久性好及去胶方便等优点，近年来发展快。

正型光刻胶按曝光波长不同又分为宽谱、g 线（436nm）和 i 线（ 365nm）胶。现以邻重氮萘醌-线型酚醛树脂为例说明。

线型酚醛树脂是 g 线、i 线和 DUV 正胶的关键组分，线型酚醛树脂的主要原料包括间甲酚、对甲酚、37%甲醛，其摩尔比在 10∶0.5∶5 范围内，经过缩聚反应，并且经分级成分子量分布比较窄的树脂。增感添加剂是三羟基二苯甲酮，溶剂是乳酸乙酯或乙二醇单乙醚醋酸酯，光敏剂是重氮萘醌。它的作用机理如下。

曝光区

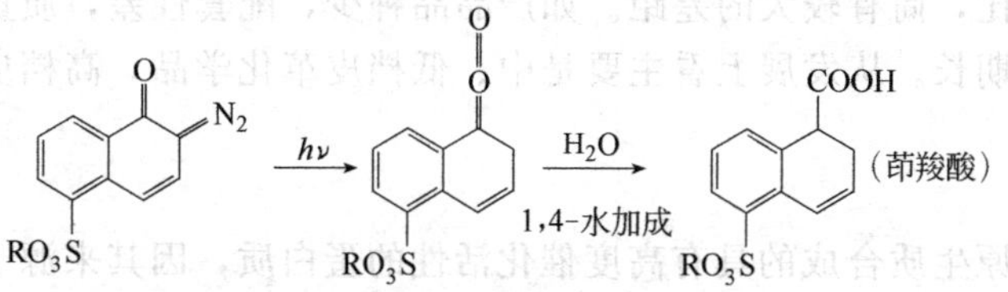

$h\nu$　　H_2O　1,4-水加成　（茚羧酸）

未曝光区

MOH（碱）

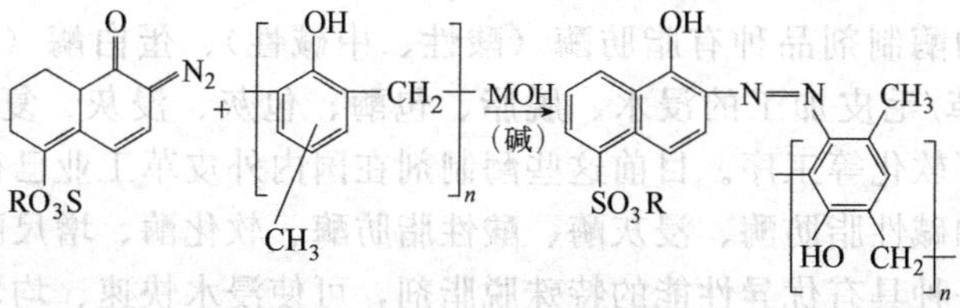

在曝光区，重氮萘醌经反应成为茚羧酸，而茚羧酸在 Na_2CO_3 或四甲基氢氧化铵存在下，可促使酚醛树脂成钠盐溶于水中，从而达到显影效果。在未曝光区内，重氮盐与树脂反应，抑制了它在碱中的溶解速度。

1984 年 IBM 发现使用光致酸发生剂，能使聚合物链憎水性保护基脱落，并且分解，使其溶于碱水中，从而大大提高了光效率并且能获得线宽更小的光刻胶，即所谓 DUV 胶。DUV 胶所用聚合物包括聚对羟基苯乙烯、聚甲基丙烯酸酯类、高氟化聚乙烯醇，所用光致产酸剂主要是锍盐和碘鎓盐。所用碱性物质为胺类和季铵盐类化合物。

除上述介绍的物质，在光刻胶中还需要添加稳定剂、防光晕剂、抗条纹剂等助剂。

光刻胶生产同样需要超净化处理技术，在设备、材质、环境等方面也需要相互配套。

9.2 皮革化学品

皮革是由动物皮（即生皮）经过一系列物理与化学的加工处理转变成的一种固定、耐用的物质，简称为革。它具有柔软、坚韧、遇水不易变形、干燥不易收缩、耐湿热、耐化学药剂作用等性能，具有透气性、透水汽性和防老化等特殊优点。

皮革的加工过程即制革，是一个非常复杂的过程。从原料皮加工成皮革需要经过几十道工序，需使用100多种化工材料。皮革加工过程的主要工序（以轻革为例）如下。

生皮→浸水→去肉→脱脂→脱毛→浸碱膨胀→脱灰→软化→浸酸→鞣制→剖层→削匀→复鞣→中和→染色加油→填充→干燥→整理→涂饰→成品皮革

生皮经过上述的准备过程、鞣制过程、整理过程而成为具有实用价值的皮革。在上述加工过程中，需要使用大量的化学品，除大宗化学品（基本化工原料）外，还包括酶制剂、鞣剂与复鞣剂、加脂剂、涂饰剂、专用助剂、专用染料等。

皮革化学品是很有发展前景的一类精细化工产品。近年来随着人们生活水平的日益提高以及对舒适和“回归大自然”的要求，对皮革质量提出了更高的要求。如轻、薄、软，有丝绸感，染色牢固并具有防水、防污、耐光、耐洗等特性。要赋予皮革产品上述这些性能，除制革工艺过程外，在很大程度上取决于制革加工过程中所用的化工材料。

世界上生产皮革化学品的公司众多，其中以德国巴斯夫、拜耳、赫司特、亨克尔、波美公司，美国的罗姆哈斯公司，英国的霍森公司，法国的库尔曼公司，荷兰的斯塔尔公司等最为有名。这些国外的皮化公司生产基础好，技术水平高，产品品种多，产量大，性能优异，质量稳定。

我国现有皮化厂200多家，主要生产鞣剂、加脂剂、涂饰剂和助剂四大类，200多个品种。与国外厂家相比，尚有较大的差距。如产品品种少，配套性差，质量低且稳定性差，产品更新慢，研制周期长。从发展上看主要是中、低档皮革化学品，高档皮革化学品和专用助剂等较缺乏。

9.2.1 酶制剂

酶是生物细胞原生质合成的具有高度催化活性的蛋白质，因其来源于生物体，因此通常被称作“生物催化剂”。又由于酶具有催化的高效性、专一性和作用条件温和等优点，所以越来越得到重视，应用领域越来越广泛。

皮革行业应用的酶制剂品种有脂肪酶（酸性、中碱性）、蛋白酶（酸性、中性、碱性）等；可分别用于皮革/毛皮加工的浸水、脱脂、包酶、包灰、浸灰、复灰、脱灰/软化、浸酸、蓝湿皮回水、再软化等工序。目前这些酶制剂在国内外皮革工业已得到广泛应用，尤其是新型的酶制剂，如碱性脂肪酶、浸灰酶、酸性脂肪酶、软化酶、增尺酶等。

碱性脂肪酶是一种具有优异性能的特殊脱脂剂，可使浸水快速、均匀、安全；浸灰时可减轻膨胀，有利于石灰、硫化碱的分散；可使软化均匀，温和。碱性脂肪酶用于各种原料皮的加工，特别适于防水革、汽车坐垫革、绒面革等的生产应用。用于浸水、脱脂、浸灰、脱灰软化等工序。碱性脂肪酶使用后，可获得很好的起绒效果，绒面细致、均匀，染色鲜艳；还可获得优异的防水性能，并可降低汽车坐垫革的雾化值。

酸性蛋白酶可去除蓝湿皮的皮纹，改善皮革的柔软性、丰满性以及染色均匀性，增加面积得革率。增加毛皮及毛革两用的柔软性和染色性能。酸性蛋白酶适用于皮革的酸性条件下二次软化以及毛皮的软化处理。酸性脂肪酶有助于水解脂肪并分散脂肪，染色鲜艳均匀，提高皮革强度等。酸性脂肪酶适用于低pH脱脂、蓝湿皮回水脱脂以及毛皮加工处理，特别适于汽车坐垫革、绒面革及鞋面革的生产。

酸性蛋白酶、酸性脂肪酶可以配合使用，某些情况下效果更好。

浸水蛋白酶有助于可溶性蛋白、纤维间质的水解，使浸水快速、均匀、充分。其主要用于牛皮、猪皮、羊皮等各种原料/毛皮的浸水。

增尺酶可以显著增加面积得革率，同时确保皮革所需要的质量与性能；并且也有制革工程师证明应用这种增尺酶可以提高撕裂强度与拉伸强度。增尺酶特别适用于软革类，比如：家具革、服装革、手套革、羊革以及其他类型的软革。

浸灰酶可分散石灰，松散纤维，能有效地减小/消除皮纹；显著增加面积得革率，提高成革质量；浸灰酶可用于牛皮、猪皮、山羊皮等各种原料皮的加工；特别适于生产沙发革、汽车坐垫革、服装革等。

软化酶具有软化温和、均匀的特点，不会引起边肷部松面。适于各种原料皮的软化处理。

复合酶是同时含有蛋白酶和脂肪酶的复合酶制剂。其在浸水与浸灰中促进纤维结构的分散和获得最佳的脂肪分散作用，并能很好地去除皮垢和减少裸皮的膨胀，特别适用于小皮的加工，粒面清洁、平细等。

多年的生产应用表明多工序使用不同的酶制剂可明显提高成革质量，增加面积得革率。如浸水中使用浸水酶和脂肪酶，浸灰中使用浸灰酶（和脂肪酶），软化中使用软化酶；再加上蓝皮上使用少量的酸性脂肪酶和酸性蛋白酶，以均衡蓝皮和进一步对皮纤维和油脂进行处理。

国内外大量的研究、应用表明，使用酶制剂也是改进生产工艺、减轻污染保护环境的经济有效的方法。

工业上所用酶除一部分直接来源于动、植物有关组织、器官外，大部分来自于微生物如各种细菌和霉菌。将上述物质经过适当的提取或分离、发酵、加工即可获得工业用酶。这些不同的酶辅以其他成分，用于加速工业过程和提高产品质量的制品，称为酶制剂。

例如，胰酶是用猪、牛、羊等动物的胰脏经一系列加工后制得的粉状酶制剂。加工过程可示意如下。

动物胰脏→绞碎→消化→吊滤→沉淀→脱水→脱脂→球磨→配料→成品

而一种中性蛋白酶的加工过程可示意如下。

菌种→试管斜面→茄子瓶斜面→种子缸培养→发酵→盐析→压滤→干燥→粉碎→混粉→包装→成品

应有上述酶制剂进行皮革加工的配方及工艺见表 9-6 和表 9-7。

表 9-6 猪正面服装革软化工艺配方及操作条件

水量/质量份	150(37～38℃)	pH 值	8.0～8.2
硫酸铵/质量份	0.5	时间/h	3
蛋白酶(5 万单位/g)/质量份	0.07		
胰酶(1∶25)/质量份	0.04～0.06		
平平加/质量份	0.1		

表 9-7 猪面革脱毛工艺配方及操作条件

水量/质量份	150(常温)	pH 值	8.0
硫酸铵/质量份	0.5	时间/h	3
1398 蛋白酶(5 万单位/g)/质量份	0.2		
胰酶(1∶25)/质量份	0.1		
米糠/质量份	1		

酶制剂产品的开发是一项复杂的、跨学科的、跨行业的系统工程，既要对制革过程、酶对皮的作用机理及制革过程对酶制剂的要求有深入的了解，又要掌握酶生物工程技术，只有

两者有机结合起来，才能研制出优良的酶制剂产品。

酶制剂属于生物工程领域，一般的化工企业不生产。

9.2.2 鞣剂与复鞣剂

将生皮转变为皮革的过程称为鞣制。用于鞣制的化学材料称为鞣剂。鞣剂之所以能改变生皮的性质使之产生质变，是因为其渗入生皮内后与胶原分子链上的各种官能团发生化学反应而形成不同的化学链，并在皮蛋白质的多肽链间形成交联结构，从而增加了皮蛋白质结构的稳定性。鞣制所产生的效应包括：①减少湿皮的压缩变形和干燥时的收缩程度；②提高裸皮的收缩温度；③提高胶原纤维的拉伸张强度；④减少裸皮在水中的膨胀；⑤增加纤维结构的多孔性，减少胶原纤维束、纤维、原纤维之间的黏合性；⑥提高裸皮耐酶、耐化学试剂作用的能力。

复鞣是对已鞣过的革坯再进行一次鞣制，复鞣是一种结合鞣，能单独用于鞣革的鞣剂一般都可以作复鞣剂。由于复鞣是对鞣制作用的一种补充和加强，或者赋予成革某些特殊性能，因此，某些辅助性的鞣剂也常用作复鞣剂，如辅助性合成鞣剂、树脂鞣剂等。但复鞣剂在化学结构和鞣制原理上与鞣剂并无本质上的区别。

皮革鞣剂及复鞣剂可分为两大类：无机化合物鞣剂和有机化合物鞣剂。无机化合物鞣剂主要有：铬鞣剂、锆鞣剂、铝鞣剂、铁鞣剂、钛鞣剂、硅鞣剂等。有机化合物鞣剂主要有：植物鞣剂、芳香族合成鞣剂、树脂鞣剂、醛鞣剂、油鞣剂等。

鞣剂按化学组成可分为无机类鞣剂、有机类鞣剂和综合类鞣剂三大类。

无机类鞣剂，又称矿物鞣剂。主要有三价碱式铬盐、三价碱式铝盐等。

铬鞣剂以碱式硫酸铬为代表，它以重铬酸钾（红矾）或重铬酸钠及硫酸的水溶液为主要原料，用糖类（主要是葡萄糖）还原制得。适合于各类皮革、各种毛皮的鞣制。用铬鞣剂鞣革时，三价碱式铬配合物与胶原的侧链上的羧基发生多点结合和交联，增强了胶原的结构稳定性。但铬离子有毒，是制革废水的主要污染源之一。在使用中应采取适当措施，防治结合，尽量减少铬盐的浪费和对环境的污染。经铬鞣剂鞣制的湿革一般带有蓝色，称蓝湿革。一种碱度为38%的铬鞣液的实验室配制方法为：

① 称取50g红矾钠于500mL烧杯中，用红矾3倍重的常温水充分溶解；

② 在搅拌下缓缓加入48g浓硫酸，并加热至沸腾；

③ 用50g水将20g红糖（或葡萄糖）加热溶解，在搅动下缓缓加入红矾硫酸溶液中，加糖液的速度及加热情况以反应液不产生暴沸、不溢出，维持在沸腾态为好。严格控制加热，以免沸腾过强，水分蒸发过快；

④ 加完糖液后，维持其沸腾3～5min，用玻棒蘸一滴反应液于白纸上，若浸润边缘无黄色，则反应被视为达到终点；

⑤ 让其自然冷却至室温，补加常温水，使所配制的铬鞣液总质量为250g即为铬鞣剂。

铝鞣剂的主要原料是明矾或硫酸铝。由于铝鞣剂与胶原的羧基发生单点结合，不够牢固，因此常与植物鞣剂或铬鞣剂配合使用，鞣制浅色革、绒面革和各种毛皮。铝鞣革成革收缩温度低、丰满、柔软、有弹性。铝鞣可节约红矾，减少污染。

除上述两种鞣剂外，四价碱式锆盐、四价碱式钛盐、硅酸盐类、稀土金属盐等，以及钨、钼、钒、锡、钴、铯、铍、镁、汞等金属的盐，还用磷、氯、溴等非金属化合物均具有鞣性。但由于种种原因，上述这些物质有些并无实用价值。

有机类鞣剂包括天然有机化合物和合成有机化合物。主要有植物鞣剂、醛鞣剂、磺酰氯鞣剂、油鞣剂、合成鞣剂等。

植物鞣质存在于各种鞣料植物中。用水浸提出鞣质及与鞣质伴生的非鞣质，经过浓缩、干燥得到的块状、粉状或浆状物，均称为植物鞣剂。不同的植物鞣剂所含鞣质的化学组成有所不同。鞣料植物有五倍子、橡碗子、漆叶、诃子、花香果、落叶松、栲树皮、荆树皮、杨梅、柚柑等。植物鞣剂可单独鞣制各种皮革，也可与其他鞣剂结合使用。

醛鞣剂的品种很多，有甲醛、戊二醛、双醛淀粉、糖醛、双醛纤维素等，其中甲醛和戊二醛应用较广。甲醛用于鞣制毛皮时，其封闭了胶原多肽链侧链上的氨基，并能在两个多肽链间通过亚甲基使肽链间相邻氨基结合，从而起到鞣制作用。戊二醛与甲醛类似。25%或50%的戊二醛鞣剂水溶液，可用于预鞣、结合鞣和复鞣。

常用作油鞣剂的是碘值高（120～160）和酸值低（≤15）的海产动物油。油鞣革成革柔软，绒毛细，透气性好，耐水洗。

以有机化合物为原料，通过化学反应制成的有机鞣剂称为合成鞣剂。合成鞣剂种类繁多，可按化学结构分为脂肪族合成鞣剂和芳香族合成鞣剂两大类。各种合成鞣剂的制法和反应过程大致相同，一般包括磺化、缩合、中和、盐析、浓缩、干燥等工序。磺化和缩合的顺序可以颠倒或多次进行。

树脂鞣剂也应归入合成鞣剂类，其主要作用是填充，特别是对革的组织较疏松的部位，效果更为明显。树脂鞣剂包括含氮的羟甲基化合物、苯乙烯马来酸酐共聚物、丙烯酸类树脂、羟甲基化的聚氨酯等。

丙烯酸树脂类鞣剂的制备方法主要有两种，即水溶液聚合法和乳液聚合法。水溶液聚合法是以水为介质，丙烯酸等单体在水溶液中经聚合而成。乳液聚合法通常是加入一定数量的硫酸化不饱和油作为乳化剂或其他单体，然后与丙烯酸类单体经聚合而成。合成丙烯酸树脂复鞣剂所用的单体主要是甲基丙烯酸、丙烯酸、丙烯腈、丙烯酸酯、丙烯酰胺等。丙烯酸树脂复鞣剂有阴离子型、弱阳离子型、两性多功能型、聚合物改性型、润滑型等多种。

9.2.3　加脂剂

皮革加脂是用加脂材料处理皮革，使皮革吸收一定量的油脂而赋予其一定的物理、力学性能和使用性能的过程。它能润滑皮革纤维，防止皮革板结、折裂，又使皮革具有相应的弹性、韧性、延伸性和柔软性等良好的力学性能。皮革加脂的方法包括乳液加脂和干加脂，其中乳液加脂是轻革加脂的主要方法。所用加脂剂主要是由中性油和乳化成分组成的。加脂剂中的油成分不同，经其加脂处理的皮革也具有不同的风格。

加脂剂产品按照主要化学成分可分为，天然植物油改性加脂剂，天然动物油改性加脂剂，以石油化工产品为原料的合成加脂剂，复配型加脂剂等。现在的加脂剂产品很少是单一化学组分的，都不同程度进行了复配，以达到更好的综合加脂剂效果。制革企业一般按照应用性能简单分为三类。其一，通用型加脂剂，主要有卵磷脂加脂剂，磷酯加脂剂，磷酸化加脂剂，磺化加脂剂，硫酸化加脂剂，合成加脂剂，复配型加脂剂等。这一类加脂剂主要用于制革主加脂工序。例如一种复配型加脂剂的配方为：硫酸化猪油酸乙酯、植物油酸二乙醇酰胺丁二酸酯、土耳其红油按（1～1.5）：（1～1.2）：1的比例加入到溶剂白油中，再加入适量的乳化助剂，搅拌均匀即可。其二，功能型加脂剂产品。其三，用于皮革表面加脂的加脂剂，主要有较大分子的改性羊毛脂加脂剂，牛蹄油加脂剂，阳离子加脂剂等产品。

加脂剂最简单的生产方法是将油性物质添加到表面活性剂中进行乳化而成。由于用这种方法制备的加脂剂应用性能较差，所以现在几乎均是通过化学改性方法在不溶于水的油脂分子中引入亲水基团，制成自乳化体系的加脂剂，也可以认为是一种具有较高分子量的表面活性剂。按加脂剂中亲水成分所带电荷情况，可将加脂剂分为：阴离子型、阳离子型、两性型和非离子型。

阴离子加脂剂主要是通过对天然油脂或矿物油进行化学改性，在油脂分子中引入阴离子亲水基团而使其具有乳化性。主要的化学改性方法有三种：即硫酸化法、亚硫酸化法和磷酸化法。阴离子型加脂剂是加脂剂中的主导产品，用量最大。

阳离子型加脂剂的品种、数量都不如阴离子型加脂剂。但阳离子型加脂剂对带正电的皮革渗透性强。在皮革经染色后带阴电荷时，采用阳离子加脂剂又可起固色作用。在皮革加脂过程中，阳离子型加脂剂通常用于铬鞣前的预处理及阴离子型加脂剂加脂后革的顶层加脂。阳离子加脂剂的上述性能使其成为制备高档皮革不可缺少的材料。

两性加脂剂由两性表面活性剂和中性油组成，两性表面活性剂是兼有阴离子型和阳离子型亲水基团的表面活性物质，随介质 pH 值的变化而分别显阴离子性和阳离子性。阳离子部分多为胺盐或季铵盐型亲水基，阴离子部分则为羧酸盐、磺酸盐、磷酸酯盐型亲水基。所以两性型加脂剂可在较宽的 pH 值范围内使用，具有良好的乳化性和分散性。两性加脂剂可分为氨基酸型、咪唑啉型、甜菜碱型和卵磷脂型。

非离子型加脂剂是加脂剂中品种最少的一类。这类加脂剂是用非离子表面活性剂乳化油脂，或者将天然油脂和矿物油直接进行乙氧基化反应制得。非离子型加脂剂具有良好的分散性和渗透性。可适用于制革过程的多个工序。非离子型加脂剂具有与革亲和性差，乳液在革内不易破乳等缺点。因此常作为一种组分用于同阴离子型加脂剂的复配。

合成加脂剂的发展方向是多功能加脂剂与绿色加脂剂。多功能加脂剂包括耐光加脂剂、结合性加脂剂、防水加脂剂以及耐电解质加脂剂和具有防霉、填充、复鞣等功能的加脂剂。而绿色加脂剂是指加脂剂具备良好的可生物降解性，对环境无污染等。

9.2.4 涂饰剂

通过刷、揩、淋、喷等方式，将配制好的色浆覆盖在皮革表面上，形成一层漂亮的保护性薄膜的生产过程称为皮革涂饰。其中的色浆一般称为皮革涂饰剂。按照作用目的，皮革涂饰剂可分为底层涂饰剂、中层涂饰剂、面层或顶层涂饰剂。

涂饰的目的在于改进成品革的性能，提升成品革的商用价值。这包括改进成品的物理性能，如耐磨性、抗水性、耐溶剂性、防雾化性和防火性等，改善外观、颜色、手感和光泽，保持真皮感和透气性、透水汽性等。同时可以遮盖皮革伤残，改进皮革表面特性，提高经济效益。

涂饰剂是一种多组分混合物，由涂饰成膜剂、着色剂、涂饰助剂和溶剂所组成。涂饰剂与建筑涂料的配制原理基本一致（参见第 6 章）。其中着色剂和涂饰助剂在第 2 章已有介绍。此部分只介绍涂饰成膜剂。

涂饰成膜剂主要是各种天然或合成高分子化合物，包括丙烯酸酯类共聚物、聚氨酯类、聚酰胺类、丁二烯为主的共聚物、纤维素类和蛋白质类等。其最主要的品种为丙烯酸酯类和聚氨酯类。通过成膜物质的作用，可以将涂饰剂中的着色剂等其他组分一起黏结于底物表面，以提高皮革的性能及装饰效果。

(1) 丙烯酸酯类成膜剂

丙烯酸树脂是皮革涂饰剂中重要的成膜剂，其用途广泛，性能还在不断完善与提高当中，能够适应高、中、低各个档次皮革的涂饰。其特点是成膜性良好，黏着力强，耐光、耐干湿擦、防水、耐老化、力学性能好、流平性好、超高韧度等。但最大缺点是部分产品“热黏冷脆”、缺乏自然光泽及天然触感。一种丙烯酸甲酯-丙烯酸丁酯共聚物乳液的配方（见表 9-8）及合成工艺如下。

① 乳化剂和引发剂分别以少量水溶解。

② 将单体、乳化剂和水加到反应釜中，乳化均匀。搅拌下缓慢加入引发剂水溶液，温度保持在 80～85℃之间。

表 9-8　一种用于皮革涂饰剂的丙烯酸甲酯-丙烯酸丁酯共聚物乳液配方

组　成	含量/质量份	组　成	含量/质量份
丙烯酸甲酯	50	十二烷基硫酸钠	1.5
丙烯酸丁酯	50	过硫酸钾	0.2
丙烯酸	1	去离子水	253

③ 加完引发剂后，继续于85℃保温2h，进行检测。

④ 检测合格后，降温，过滤，出料。

为了克服丙烯酸酯类涂饰剂“热黏冷脆”的缺点，可常采用丙烯酰胺-甲醛固化体系、*N*-羟甲基丙烯酰胺等官能单体参与共聚的体系，制备无皂乳液、核壳结构乳液以及胶乳互穿网络聚合物等。

(2) 聚氨酯类成膜剂

聚氨酯类成膜剂有溶剂型和乳液型之分。聚氨酯水乳液用作皮革涂饰剂，其成膜性能好，黏结牢固，涂层具有高光泽、高耐磨性、高弹性、耐水、耐候、耐寒、耐热、耐化学药品等特点。涂饰后的成品革手感丰满、舒适，能大大提高成品革的档次。同时，由于以水为介质，是一种环境友好产品。因此，逐渐成为主要品种。

聚氨酯水乳液按结构可分为聚酯型和聚醚型两类；按照制备方法可分为外乳化型和自乳化型。聚醚型聚氨酯具有较好的柔软性、耐水解性、回弹性与耐低温性能。而聚酯型聚氨酯在耐温、耐磨与耐油性等方面较优越。在聚氨酯乳液涂饰剂使用时可以采用聚醚与聚酯多元醇配伍的办法来进一步提高产品质量。

相对于传统的皮革涂饰工艺，光固化类皮革涂饰剂的溶剂挥发大大减少，环境污染大大降低，涂层的固化速度大幅度提高。光固化皮革涂料不但可用于真皮，也可以用于人造革。一种丙烯酸聚氨酯及紫外光固化的皮革涂饰剂见表9-9。

表 9-9　UV 皮革涂料参考配方

原 料 名 称	质量分数/%	原 料 名 称	质量分数/%
光引发剂	1～5	染料	50
脂肪族聚氨酯丙烯酸酯	20～40	纳米材料	0.5～2
丙烯酸改性环氧树脂	0～15	流平剂	0.5～3
反应性丙烯酸酯单体	10	消泡剂	0.1～0.5

9.2.5　专用助剂与专用染料

皮革用助剂是指皮革在加工过程中，除加脂剂、(复)鞣剂、涂饰剂等，以及制革过程中使用的酸、碱、盐等基本化工材料以外，为了改善加工工艺、提高操作效率、提高皮革质量而加入的一些辅助化学品。

按制革过程中的作用和功能可将皮革用助剂分为两大类。一类是通用型助剂，这类助剂的特点是其本身不具有赋予革特殊性能的功能，主要是辅助其他材料，使之更有效地作用，使制革过程很容易达到要求。从结构和组成上讲，这类材料的主要成分是表面活性剂（见第3章），因而具有降低表面张力、润湿、乳化等作用，可以应用于多个工序，促进水或其他化工材料向皮内渗透或者通过乳化作用，去除皮内的油脂。根据表面活性剂种类和结构的差异，往往每种产品的功能有所侧重，如渗透剂、浸水剂、脱脂剂等。另一类是功能性制革助剂（部分内容见第2章），其本身可以赋予皮革某种特定性能，如防水剂、阻燃剂、防霉剂等；或者其具有针对某一工序的特殊作用，使该工序达到更好的效果，如浸灰助剂、浸酸助剂、鞣制助剂、染色助剂和涂饰助剂等。鞣制助剂、加脂助剂、染色助剂、涂饰助剂等与相应的鞣剂、加脂剂、染料和涂饰剂配套使用。

(1) 防腐剂与防霉剂

用于皮革的防霉剂主要包括：①无机化合物，如氯气、二氧化氯、次氯酸及其盐、臭氧硼酸及其盐、硫酸铜、亚硫酸盐、焦亚硫酸盐等；②酚类化合物，如苯基苯酚、氯代酚、溴代酚等；③醇类化合物，如苯甲醇、乙醇、三甲基丙烷、溴代硝基丙二醇等；④醛类化合物，如甲醛、戊二醛、对硝基苯甲醛等；⑤有机酸类化合物，如山梨酸及其盐、苯甲酸、氯乙酸、水杨酸等；⑥酯类化合物，如羟基苯甲酸酯、五氯苯基十二烷酸酯；⑦酰胺类化合物，如水杨酰苯胺、氨基苯磺酰胺；⑧季铵盐化合物，如十二烷基苄基二甲基氯化铵（洁尔灭）、十二烷基苄基二甲基溴化铵（新洁尔灭）、十六烷基三甲基溴化铵（1631）等；⑨杂环化合物，如苯并咪唑及其盐、巯基苯并咪唑及其盐、硝基吡啶、8-羟基喹啉及其盐、苯并异噻唑酮等；⑩有机金属化合物，如有机汞化合物、有机锡化合物等；⑪有机硫化合物，如双三氯甲砜、双苯甲酰二硫、巯基吡啶、五氯硫酚等。

防腐与防霉是两个概念，防腐是指抑制细菌对生皮的侵蚀，避免生皮在保存或生产过程中受细菌的作用而发生腐烂。防霉是指抑制生皮、浸酸皮、半成品革、成品革以及植物鞣剂等在存放过程中受到霉菌的侵害而产生的霉腐。有些材料对细菌和霉菌都有抑制和灭杀作用，因而既是防腐剂又是防霉剂；有些材料只对细菌有较好的灭杀作用，只是防腐剂；有些材料只对霉菌有较好的灭杀作用，只是防霉剂。

(2) 浸灰助剂

浸灰是指用石灰和硫化碱的碱性液处理生皮，以达到去除表皮、毛，进一步脱脂，除去纤维间质，使生皮膨胀，松散胶原纤维等作用的过程。浸灰是制革准备工段的一道重要工序，浸灰作用的好坏直接影响着后续工序的进行以及成革的最终质量和性能。

传统的浸灰方法主要是用石灰和硫化碱处理原皮。该方法具有材料易得、价廉、成本低、操作简单、易控制、脱毛效率高等优点。但该方法也存在污染大，在强碱性体系中皮膨胀过度、膨胀不均匀，浸灰材料渗透性差、浸灰时间长、膨胀程度和纤维分散程度的平衡难控制等缺陷。现在发展的无硫清洁浸灰剂主要为有机胺类物质（如二甲胺、甲胺、醇胺等）、有机硫化物（如硫醇、巯基酸盐等）。其具有脱毛作用好、渗透性强等特点。但大多价格较贵，在一般制革过程中无法大量使用。

(3) 专用染料

制革行业所用的染料可以采用纺织用染料。但要求其能与皮纤维很好地结合，具有较好的耐光、耐洗、耐摩擦坚牢度、良好的匀染特性以及具有使用安全无毒的特点。具有这些性能的染料可称为皮革专用染料。相比之下，国外皮革专用染料品种多，质量好。如德国拜耳、巴斯夫公司以及瑞士山度士公司都有几十种皮革专用染料。从染料的形态上看，皮革染料包括固体染料和液体染料两大类。由于固体染料的吸湿性大，易造成配料不准，且对环境有危害等缺陷，在使用上不及液体染料。

9.3 油田化学品

在油田勘探开发过程中，油田化学品的应用起着举足轻重的作用。从油田钻井、完井、注水、采油等工艺过程；从二次采油、三次采油等最大限度地开发利用地下油气资源的增产措施；从油气层保护到采出液的处理等，都与油田化学品的使用息息相关。

根据油田主要生产工艺过程，可将油田化学品分为通用化学品、钻井用化学品、油气开采用化学品、提高采收率化学品、油气集输用化学品和水处理用化学品等。

(1) 通用化学品

通用化学品一般是指可应用于油田开采各个环节过程中的化学品。通用化学品主要包括聚合物、黏土稳定剂和表面活性剂等。

聚合物类产品有羧甲基纤维素、羧甲基淀粉和聚丙烯酰胺等。这些产品可用作钻井液处理剂起到增黏、降滤失和絮凝等作用。

黏土稳定剂有 KCl、NaCl、$CaCl_2$ 等无机黏土稳定剂和环氧丙烷三甲基氯化铵、阳离子聚丙烯酰胺等有机黏土稳定剂。黏土稳定剂在钻井中主要用作抑制黏土分散、控制地层造浆、黏土防膨等。

表面活性剂常用的有烷基苯磺酸钠、OP-10、SP-60、SP-80、十一烷基二甲基苄基氯化铵等。在采油作业流体中加入表面活性剂可改善其综合性能。表面活性剂也可用于油井清洗，多种表面活性剂复配可制得清蜡剂和防蜡剂。表面活性剂还可用作原油破乳剂、驱油剂和杀菌剂等。

(2) 钻井用化学品

钻井用化学品可分为钻井液处理剂和油井水泥外加剂。

钻井液处理剂是用于配制钻井液，并在钻井过程中维护和改善钻井液性能的一种化学品。在钻井过程中，钻井液的作用有：悬浮和携带岩屑，清洗井底；润滑冷却钻头，提高钻头进尺，利于破碎岩石；形成泥饼，增加井壁稳定性；建立能平衡地层压力的液柱压力，以防止发生卡、塌、漏、喷等事故等。钻井液处理剂主要包括杀菌剂、缓蚀剂、除钙剂、消泡剂、乳化剂、絮凝剂、起泡剂、降滤失剂、润滑剂、解卡剂、pH 调节剂、表面活性剂、页岩抑制剂、降黏剂、高温稳定剂、增黏剂和加重剂等。

油井水泥外加剂的作用是通过对水泥浆性能的控制、调整，提高水泥石的综合性能，以加固井壁，固定套管，保证安全钻井、封隔油气和水层，保证勘探期间分层试油及整个开采过程中合理的油气生产。其主要包括促凝剂、缓凝剂、消泡剂、减阻剂、降滤失剂、防气窜剂、减轻剂、防漏剂、增强剂和加重剂等。

(3) 油气开采用化学品

按用途分油气开采用化学品主要有酸化用化学品、压裂用化学品和采油用其他化学品三类。

酸化就是靠酸液的化学溶蚀作用以及向地层挤酸时的水力作用来提高地层渗透性能的过程；酸化用化学品就是在酸化过程中，所用酸化液中加入的除酸化剂（盐酸等）之外的其他化学品，其作用是抑制酸化液对施工设备和管线的腐蚀等以提高酸化效率。酸化用化学品包括缓蚀剂、助排剂、乳化剂、防乳化剂、起泡剂、降滤失剂、铁稳定剂、缓速剂、暂堵剂、稠化剂和防淤渣剂等。

压裂就是用压力将地层压开，形成裂缝，并用支撑剂将它支撑起来，以减少流体流动阻力的增产措施。压裂过程中用的液体叫压裂液，一般要求其黏度高、便于携带支撑剂；摩擦阻力小，能有效地传递压力；滤失量低，使地层压力升的快；不伤害地层，即不乳化、不沉淀，不堵塞地层等。压裂用化学品包括破胶剂、缓蚀剂、助排剂、交联剂、黏土稳定剂、减阻剂、防乳化剂、起泡剂、降滤失剂、pH 控制剂、暂堵剂、增黏剂、杀菌剂和支撑剂等。

采油用其他化学品包括解堵剂、黏土稳定剂、清蜡剂、调剖剂、降凝剂、防沙剂和堵水剂等。

(4) 提高采收率化学品

通过人工注水可以提高原油采收率，但普通注水后尚有一半的油仍然留在油层中，添加提高采收率化学品就是解决这一问题的有效措施。按用途分，提高采收率化学品主要有碱剂、助表面活性剂、高温起泡剂、流度控制剂、牺牲剂、表面活性剂、增溶剂和稠化剂等。

(5) 油气集输用化学品

在油气集输过程中用于保证油气质量，保证生产过程安全可靠和降低能耗等的化学添加剂即油气集输用化学品。油气集输是指从井口开始，到矿场油库的全部过程。这包括缓蚀剂、破乳剂、减阻剂、乳化剂、流动性改进剂、天然气净化剂、水合物抑制剂、防蜡剂、管道清洗剂、降凝剂、抑泡剂和起泡剂等。

(6) 油田水处理用化学品

通过向油层注水是多数油田用来保持油层压力，延长自喷采油期，提高油田开发速度和提高采收率的一项措施。油田水处理用化学品的作用就是在这一过程中，用于保证注水质量，提高注水效果，减少设备腐蚀等。其主要有杀菌剂、稳定剂、助滤剂、浮选剂、絮凝剂、除油剂、除垢剂、防垢剂等。

随着石油工业的发展，勘探难度（沙漠、滩海、深井、水平井）和开发深度（高含水、稠油、低渗透、三次采油）的增加，油田化学品的应用广度和力度会越来越高，油田化学品在品种、数量和质量上也都将会有进一步的发展，从而促进油田化学品在基础理论和新产品开发和应用上的进展。

9.4 造纸化学品

使用植物纤维原料生产纸和纸板，通常需要经过制浆和抄纸两大工序。为使纸具有某些特殊性质，还可以对纸进行再加工，由此制得的纸称为加工纸。

造纸的原料主要是植物纤维，制浆就是通过化学方法、机械方法或化学机械相结合的方法去除或克服纤维间的黏结作用，使纤维分离而成为纸浆。这些方法包括磨浆、蒸煮或浸渍等。制浆过程还包括对上述纸浆的洗涤、筛选和漂白等。上述纸浆经过打浆、加填、施胶、显白、净化和筛选等工序的处理，然后再在造纸机上抄造成纸张或纸板。

对原纸进行再加工可以获得原纸所没有的某些特性，即加工纸。根据加工方法不同，加工纸又分为涂布加工纸、变性加工纸、复合加工纸、成型加工纸等。纸品二次加工所生产的加工纸的种类已达数千种之多。

在上述过程中使用的化学品称为造纸化学品。除经常用的基本化工原料（如烧碱、亚硫酸钠、硫化钠、氯、硫酸铝等）外，针对制浆造纸过程可将其分为制浆化学品、抄纸化学品和加工纸化学品。

(1) 制浆化学品

制浆化学品包括蒸煮助剂、消泡剂、防腐剂和脱墨剂等。

用于加快化学制浆蒸煮速度和得率的化学品称为蒸煮助剂。常用的蒸煮助剂主要为蒽醌类化学物及醌类衍生物、表面活性剂等。

消泡剂的主要品种有煤油或乳化煤油类、脂肪酸酯类、正辛醇、聚醚和硅油等。

脱墨剂用于废纸回收再制浆中的脱墨。其作用是将油墨中的植物油、松香、矿物油等皂化或乳化，使它们溶解、分散于水中，并防止从纤维上脱离下来的油墨和颜料粒子再附着在纤维上。脱墨剂的主要成分为表面活性剂、助洗剂、螯合剂、漂白剂、防油墨再沉淀剂、分散剂等。

漂白助剂主要用于纸浆漂白过程中，起到提高白度、防止漂白纸浆返黄等目的，常用的品种有氨基磺酸、过氧乙酸，羟甲基次磷酸等。

树脂控制剂用于制浆造纸的整个过程，防止树脂产生沉淀、结垢等。常用的有阴离子表面活性剂、阳离子表面活性剂、滑石粉、硫酸铝等物质。

防止制浆造纸过程中出现腐浆等目的而需要加入纸浆防腐剂。一般有异噻唑啉酮类化合物、有机卤素类化合物、阳离子表面活性剂等。

(2) 造纸化学品

施胶是为了改善纸张的抗水性能，即使纸或纸板具有延迟流体渗透的性能。可改善或提高纸品这方面性能的物质称为施胶剂。根据使用特点，施胶剂包括浆内施胶剂和表面施胶剂。

浆内施胶剂添加于纸浆内，以起到施胶作用，常见的有松香胶、分散松香胶（阴离子分散松香胶、阳离子分散松香胶），中性施胶剂、石油树脂施胶剂、反应性施胶剂等。

表面施胶剂用于改进纸张表面强度，减轻掉粉、掉毛等现象，主要有改性淀粉，如氧化淀粉、醋酸淀粉、交联淀粉；改性纤维素，如羧甲基纤维素；合成高分子化合物，如聚乙烯醇、聚丙烯酸酯、苯乙烯马来酸酐共聚物；蜡乳液等；天然高分子化合物，如壳聚糖、明胶等。

用于提高纸张湿强度的化学品称为湿强剂。常用的有三聚氰胺甲醛树脂、脲醛树脂、双醛淀粉、乙二醛聚丙烯酰胺等。

用于提高纸张物理强度和提高造纸机车速等需要加入干强剂。常用的有聚丙烯酰胺系化合物、淀粉及其改性物、聚酰胺、聚丙烯酸系化合物、天然胶及其改性物等。

用于提高填料、细小纤维、施胶剂等助剂保留能力的称为助留剂。提高滤水性的助剂称为助滤剂。但它们的作用往往是一致的。例如矾土、高分子量的聚丙烯酰胺、改性淀粉、聚二烯丙基二甲基氯化铵、海藻酸钠等。

纸张柔软剂可提高某些纸品的柔软性和手感舒适等。常用的有阳离子表面活性剂、两性离子表面活性剂、高碳醇、高分子蜡、有机硅高分子等。

纤维分散剂用于生活用纸的生产，其可促使纤维分散均匀，纸品膨松柔软。常用的有聚氧化乙烯、阴离子聚丙烯酰胺、海藻胶钠等。

纸张用染料常用的有酸性染料、直接染料和活性染料。

为了提高级张的白度和光学性能可添加荧光增白剂。

(3) 加工纸用化学品

在加工纸当中，颜料涂布加工纸的用量最大。它是以原纸为基材，将纸品涂料涂于原纸的表面，经干燥、整理、修饰后而成的。纸品涂料所应用的成膜剂主要包括天然高分子，如阿拉伯胶、骨胶、明胶、干酪素等；改性天然高分子，如改性淀粉物、改性纤维素；合成高分子，如丁苯胶乳、丁腈胶乳、聚乙烯醇、聚醋酸乙烯酯、聚丙烯酸酯、聚氨酯等。与涂料生产一样，需要消泡剂、润滑剂、防腐剂、分散剂、黏度调节剂等助剂。

在加工纸的生产中还需要许多其他的化学品，如防油剂——有机氟施胶剂，防黏剂——有机硅；防水剂——乳化石蜡、乳化聚乙烯蜡，以及防锈剂，隔离剂，阻燃剂，显色剂，光敏剂等。

随着科学技术的进一步发展和生活水平的进一步提高，对各类制品的需求将更为迫切，这将进一步促使造纸化学品的发展。同时，除木浆原料外，其他纸浆原料的开发利用，废纸的回收等均需要相适应的造纸化学品。因此，造纸化学品的发展反过来必将大大推动整个造纸工业的进步。

9.5　水处理剂

我国水处理行业的发展是从20世纪70年代引进大型化肥及石化装置的同时配套引进水

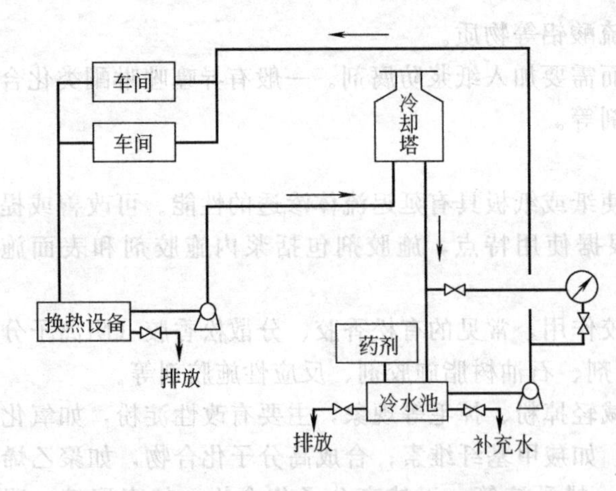

图 9-2 工业循环冷却水系统示意图

处理药剂及技术开始的。沿着“引进-剖析-仿制-创新”的发展路线，已形成具有我国自主知识产权的工业水处理药剂体系和配套应用技术，并已广泛应用于化肥、石油化工、冶金、采油、炼油、电力、轻工、纺织及中央空调等行业中，为企业和社会带来巨大的经济效益和社会效益。水处理剂主要应用于工业循环冷却水系统中，其应用示意如图 9-2 所示。按用途分类，水处理剂可分为阻垢分散剂、缓蚀剂、阻垢缓蚀剂、杀生剂、絮凝剂、清洗剂、预膜剂、消泡剂、锅炉水处理剂、废水处理剂等。其用途除工业循环冷却水外，还涉及锅炉水、空调水、饮用水、工业废水、污水和油田水处理等。

(1) 阻垢分散剂

阻垢剂主要包括有机膦酸及其盐、聚羧酸及其盐、膦羧酸类化合物、多元醇磷酸酯类、丙烯酸-丙烯酸酯类共聚物、马来酸-醋酸乙烯酯共聚物、丙烯酸-丙烯酰胺共聚物、丙烯酸-磺酸共聚物、丙烯酸系三元共聚物等。

阻垢分散剂的阻垢、分散机理可以有三种不同的解释。其一，增溶作用，即阻垢剂溶于水后电离成带负电荷的分子，如—COOH $\longrightarrow$—COO^-＋H^+，这些带负电荷的分子可与Ca^+形成能溶于水的配合物，从而使成垢化合物的溶解度增加，起到阻垢作用。其二，晶格畸变作用，即由于阻垢剂与钙离子的结合及对碳酸钙的吸附，使碳酸钙晶体无法正常增长，晶粒变得细小，结晶层松软，极易被水流冲洗掉。其三，静电斥力作用，对于聚羧酸类阻垢剂，由于其吸附性与电离性，使污垢表面带有相同的负电荷，从而使污垢间相互排斥，在水中呈分散状。

(2) 缓蚀剂

常用的冷却水缓蚀剂有铬酸盐、亚硝酸盐、硅酸盐、钼酸盐、锌盐、磷酸盐、聚磷酸盐(六偏磷酸钠、三聚磷酸钠)、有机多元膦酸、苯并三唑、甲基苯并三唑、硫酸亚铁、巯基苯并噻唑等。

目前，在循环冷却水中应用的缓蚀剂并非单一组分，一般对上述缓蚀剂进行复配，如聚羧酸盐-有机膦酸盐-唑类复合缓蚀剂、有机膦酸-聚羧酸等，以发挥其协同作用。同时提高冷却水的 pH 值以进一步控制材料腐蚀的速度。

(3) 杀生剂

控制冷却水系统中微生物的主要方法是投放杀生剂。所杀灭的微生物包括细菌、真菌和藻类。这些微生物不但使设备腐蚀，同时也会降低设备的换热效率。

冷却水系统中常用的氧化性杀生剂有氯、次氯酸钠、次氯酸钙、氯化异氰尿酸、二氧化氯、臭氧、溴及溴化物等。

冷却水系统中常用的非氧化性杀生剂有氯酚类（双氯酚、三氯酚和五氯酚)、有机锡类化合物（氯化三丁基锡、氢氧化三丁基锡等)、季铵盐、有机胺类化合物、有机硫类化合物、铜盐、异噻唑啉酮、过氧化氢等。

在很多情况下，上述杀生剂需配合或复合使用才能使效果最佳。

(4) 絮凝剂

凡是使水溶液中的溶质、胶体或者悬浮物颗粒产生絮状物沉淀的物质都叫做絮凝剂。在一个水溶液中，使用两种或两种以上的物质使其产生絮状沉淀时，可把两种或两种以上的物质称作复合絮凝剂。通过絮凝剂的作用，可以使水达到净化的目的。絮凝剂可以分为无机絮凝剂与有机絮凝剂，也可按电离后所带电荷的特性分为阴离子、阳离子、非离子等，还可按分子量的大小分为高分子和低分子絮凝剂。

常用的絮凝剂包括硫酸铝、硫酸亚铁、硫酸铝铵、聚合硫酸铝、聚合硫酸铁、聚丙烯酰胺、聚丙烯酸钠等。

(5) 清洗剂与预膜剂

冷却水系统除物理清洗外，还可以采用化学清洗。按清洗剂的不同，化学清洗可以分为碱清洗（氢氧化钠、碳酸钠）、酸清洗（盐酸、硝酸、氨基磺酸）、配合剂清洗（柠檬酸、EDTA）、聚电解质清洗（聚丙烯酸、聚丙烯酰胺）、表面活性剂清洗、杀生剂清洗、有机溶剂清洗（煤油、汽油）等。涉及的种类众多。

清洗后的设备，在投入正常运行之前，需要在设备上通过化学方法使设备上生成一层完整而耐蚀的保护膜。这一过程称为预膜。预膜剂与缓蚀剂的作用原理一致。目前所使用的预膜剂一般为复合产品，包括聚磷酸盐和表面活性剂复合、聚磷酸盐和锌盐复合、聚磷酸盐和磷酸盐复合等。

9.6　混凝土外加剂

混凝土外加剂是在拌制混凝土过程中掺入，用以改善混凝土性能的物质。掺入量一般不大于水泥质量的 5%。根据 GB 8075—87《混凝土外加剂的分类、命名与定义》中的规定，混凝土外加剂按其主要功能分为四类，即：

① 改善混凝土拌和物流变性能的外加剂，包括各种减水剂、引气剂和泵送剂等；
② 调节混凝土凝结时间、硬化性能的外加剂，包括缓凝剂、早强剂和速凝剂等；
③ 改善混凝土耐久性的外加剂，包括引气剂、防水剂和阻锈剂等；
④ 改善混凝土其他性能的外加剂，包括加气剂、膨胀剂、防冻剂、着色剂、防水剂等。

(1) 减水剂

减水剂可以使混凝土的原配合比不变，流动性提高；用水量降低，强度提高等。减水剂是当前外加剂中品种最多、应用最广的一种。常用的减水剂包括木质素磺酸盐、多环芳香族磺酸盐、水溶性树脂磺酸盐等。

木质素磺酸盐系减水剂包括木质素磺酸钙、木质素磺酸钠等。其减水率为 10%～15%，混凝土 28d 抗压强度可提高 10%～20%；若保持混凝土的抗压强度和坍落度不变，则可节省水泥用量 10%左右；若保持混凝土的配合比不变，则可提高混凝土坍落度 80～100mm。

多环芳香族磺酸盐系减水剂主要成分为萘或萘的同系物的磺酸盐与甲醛的缩合物，故又称萘系减水剂。萘系减水剂通常由工业萘或煤焦油中的萘、蒽、甲基萘等馏分，经磺化、水解、缩合、中和、过滤、干燥而制成。萘系减水剂一般为棕色粉末，也有为棕色黏稠液体。

水溶性树脂磺酸盐系减水剂是以一些水溶性树脂为主要原料，如三聚氰胺树脂、古玛隆树脂等，经磺化而得。水溶性树脂系减水剂为高效减水剂，适用于早强、高强、蒸养及流态混凝土等。

除上述减水剂外，蜜糖（糖钙）、腐殖酸盐等也可以作为减水剂使用。

(2) 早强剂

早强剂是指能提高混凝土的早期强度的外加剂。它主要是通过加速水泥矿物的水化反应或通过自身的水化反应生成早强水化产物而实现的。早强剂有无机盐、有机物、天然矿物及人工合成矿物等。

无机盐类包括氯盐（$CaCl_2$、NaCl、KCl 等）、硫酸盐［Na_2SO_4、NaSCN、$KAl(SO_4)_2$ 等］、硝酸盐［$NaNO_3$、KNO_3、$Ca(NO_3)_2$ 等］、碳酸盐（Na_2CO_3、K_2CO_3 等）。

有机物类包括甲酸钙、乙酸钠、乳酸铁、三乙醇胺、尿素等。

天然矿物类包括煅烧明矾石、矾泥等。

人工合成矿物类包括铝酸盐矿物、氟铝酸盐矿物、硫铝酸盐矿物等。

(3) 调凝剂

调凝剂包括缓凝剂和速凝剂两类作用相反的外加剂。

能延缓混凝土的凝结时间，而不显著影响混凝土的后期强度的外加剂称为缓凝剂。掺量为0.03%～0.1%，在油井、大体积混凝土、商品混凝土等方面应用。缓凝剂包括木质素磺酸盐类（木钠、木钙），羟基羧酸及其盐类（酒石酸、柠檬酸、葡萄糖酸、水杨酸、腐殖酸及其盐），多羟基碳水化合物（糖类及其衍生物、糖蜜及其改性物），无机化合物（硼酸、硼砂、磷酸、多聚磷酸盐、ZnO、$ZnCl_2$）等。

能使混凝土迅速凝结，并改善混凝土与基底的黏结性及稳定性的外加剂称为速凝剂。掺量为2.5%～4%，应用于喷射混凝土、抢修工程等。速凝剂包括铝酸钠类速凝剂、铝酸钙类速凝剂和硅酸钠类速凝剂。

(4) 加气剂与引气剂

在混凝土制备过程中利用化学反应放出气体，而使混凝土中形成大量气孔的外加剂称为加气剂。在混凝土中加入加气剂的目的是补偿因离析、塑性收缩等引起的体积变化，或制备多孔轻质混凝土等。加气剂包括 H_2 释放型加气剂（Al、Mg、Zn 等金属）、O_2 释放型加气剂（H_2O_2）、N_2 释放型加气剂（偶氮类或肼类化合物）、空气释放型加气剂（活性炭）、高聚物型加气剂等。在加气剂使用过程中一般需要与气泡稳定剂和其他辅料配合使用。

在混凝土搅拌过程中能引入大量均匀分布、稳定而密闭的微小气泡的外加剂称为引气剂。其作用是提高混凝土的抗冻融和抗渗能力，减少离析和泌水现象发生，从而提高混凝土的耐久性，改善和易性。引气剂包括松香酸及其衍生物（皂化松香）、脂肪酸及其盐类（油酸、癸酸）、烷芳基磺酸盐（十二烷基苯磺酸钠）、烷基硫酸盐（十二烷基硫酸钠）、烷基酚聚氧乙烯醚（壬基酚聚氧乙烯醚）、改性木质素磺酸盐（木钙、木钠）等。

新领域精细化学品的内容广泛，技术要求高，市场潜力大。但由于篇幅所限及本书编写目的，本章节仅对部分内容进行了简介。其涵盖面、所涉及的品种、数量远远不符合实际情况。同时，本章所介绍的许多内容，应该属于传统的基础化学品领域，如常规的酸、碱、盐等，只因为其在相关应用领域的必要性及为内容的相对完整性才保留下来，这些繁杂的内容只好留待读者通过其他渠道进行深入了解与鉴别，敬请见谅。

习 题

1. 何谓新领域精细化学品？
2. 以邻重氮萘醌-线型酚醛树脂为例说明光刻胶的作用原理？
3. 皮革鞣剂与复鞣剂有哪些？
4. 造纸化学品中所涉及的高分子化合物有哪些？
5. 油田化学品中所涉及的高分子化合物有哪些？
6. 哪些物质可以作为早强剂？哪些物质可以作为减水剂？
7. 透水砖的生产中可能会涉及哪些精细化学品？

参 考 文 献

[1] 孙忠贤. 电子化学品. 北京：化学工业出版社，2001.

[2]　王敏．亟待开发的无机电子化学．精细与专用化学品，2004，12（2）：13-18.
[3]　穆启道．超净高纯试剂的现状、应用、制备及配套技术．化学试剂，2002，24（3）：142-144.
[4]　李俊．微电子工业用湿化学品的生产和发展．上海化工，2004，8：31-35.
[5]　林倩，耿建铭，江燕斌．超纯过氧化氢制备中有机杂质的吸附净化技术进展．化工进展，2006，25（9）：1031-1036.
[6]　许振良，魏永明，郎万中等．超大规模集成电路用超净高纯过氧化氢的制备研究．化学试剂，2005，27（10）：633-636，63.
[7]　田禾．新领域精细化工——信息用化学品的应用及市场．精细与专用化学品，1999，16：6-12.
[8]　李俊．微电子工业用光刻胶．上海化工，2004，7：33-37.
[9]　曹珍元．我国新领域精细化工的发展方向及重点．精细与专用化学品，1999．20：3-6.
[10]　韩秋燕．新领域精细化工投资机会探讨．化工中间体，2003，213：10-13.
[11]　张铭让，陈武勇．鞣制化学．北京：中国轻工业出版社，1999.
[12]　靳立强，曹成波．我国皮革化学品的发展综述．山东化工，2000，29（5）：15-18.
[13]　孙兵，王坤余．皮革加脂剂研究进展．皮革科学与工程，2003，13（2）：29-35.
[14]　张亚红，朱秦新．皮革加脂剂的筛选与验证．皮革科学与工程，2007，17（1）：28-30.
[15]　韩玉林，张美松．复配型皮革加脂剂的制备．精细与专用化学品，2004，12（18）：20-21.
[16]　范贵洋．丙烯酸树脂复鞣剂发展简述．西部皮革，2007，29（10）：22-25.
[17]　鲍艳，杨宗邃，马建中．乙烯基类聚合物鞣剂的鞣制机理及新进展．中国皮革，2004，33（23）：1-4.
[18]　魏杰，王丽娜．皮革涂饰剂的最新研究进展．精细与专用化学品，2006，14（19）：8-10.
[19]　马建中，卿宁，吕生华．皮革化学品．北京：化学工业出版社，2002.
[20]　郭东红．我国油田化学品的现状与发展前景．精细与专用化学品，2007，15（13）：1-4.
[21]　刘继德，牛亚斌．油田化学品的开发应用现状及展望．精细与专用化学品，1999，1：12-14.
[22]　廖成锐，沈深，蒋贤儒．胜利油田勘探开发化学品应用现状及发展趋势．精细石油化工进展，2000，3（1）：32-39.
[23]　王中华．油田化学品．北京：中国石化出版社，2001.
[24]　沈一丁．造纸化学品．北京：化学工业出版社，2004.
[25]　张光华．造纸化学品．北京：中国石化出版社，2000.
[26]　胡慧仁，徐立新，董荣业．造纸化学品．北京：化学工业出版社，2002.
[27]　王建，王志杰．我国造纸化学品的应用现状与发展建议．西南造纸，2005，34（6）：10-12.
[28]　李建文，詹怀宇．造纸化学助剂的应用进展．西南造纸，2006，35（4）：17-19.
[29]　周本省．工业水处理技术．北京：化学工业出版社，2002.
[30]　熊大玉，王小虹．混凝土外加剂．北京：化学工业出版社，2002.
[31]　化工出版社组织编写．新领域精细化学品．北京：化学工业出版社，1999.
[32]　罗巨涛．染整助剂及其应用．北京：中国纺织工业出版社，2000.
[33]　http://www.jrj.com.cn/NewsRead/Detail.asp?NewsID=864583.
[34]　http://61.139.77.151/jpkc/7/3.doc.
[35]　http://www.7835.com.cn/gfzx/guihua-8.htm.
[36]　http://web2.jnrp.cn/tmx/tmx2/jingpinkecheng/cailiaol/dianzikejian.htm.

第 10 章 精细化工工艺过程的完善与生产安全

精细化工生产过程是一个充满物理变化、化学变化的过程，是受国内外市场需求变化，原料价格、性质、组成变化，政策的调整与变化，国际形势的变化等诸多因素影响的生产过程。

根据精细化工的特点，精细化工生产作为一种社会生产，不能只考虑如何把产品生产出来，必须还要考虑怎样提高生产效率和经济效益，即探讨如何用最少的原料、最低的能耗，最节省的设备和人力，大量地生产出合乎质量要求的产品，并且要安全生产，以满足人民生活和国民经济各领域的需要。

10.1 精细化工过程优化与完善

化工工艺过程的优化、完善问题可分为三大类，即流程的优化、设备的优化以及操作条件或配方的优化。生产工艺过程的优化，不但可以促进精细化学工业的发展，获得明显的经济效益，而且可以提高企业的技术水平和管理水平。从数学上讲，精细化工生产过程优化问题，包括提出问题、分析问题、确定约束条件、建立目标函数、选择优化算法，最终为求解满足约束条件下的函数极值问题，即条件极值的求解问题。从工厂实际出发，根据生产的实际过程，也可简化问题，简化优化方法。

10.1.1 加强理论知识，优化工艺过程

精细化工生产工艺的优化与完善，通常是指采取合理的工艺流程，改善工艺条件、工艺配方，正确选择反应器和操作方式，对副产物、废物进行加工利用等，以提高原料利用率。

① 分析原料的供给量与产量的关系。尤其是在人员、设备、原材料及环境均没发生变化的情况下，数据更具有说服力。分析造成产量低的原因，找到解决问题的方案。

② 分析反应条件与产量的关系，如温度高低、温度历程、浓度高低、压力高低、催化剂使用时间的长短、反应时间的长短、黏度、酸碱度等。最简单的是单因素数据，可以直观地发现问题，找到解决问题的方案。对多因素的数据，需注意其相互间是否有协同或拮抗效应。

③ 选择可行、安全、环保和经济的工艺，控制副产物的生成。通过严格控制反应条件来提高转化率，减少副产物，确保安全运行，降低原辅材料和公用工程消耗，提高经济效益。

④ 注意反应器的连接方式，考虑串联与并联的差异，针对不同的反应，正确地选择反应器及反应器的串联、并联方式可以增加反应器的容积效率、减少副反应。

精细化工生产工艺的优化也可以包括能量方面的优化、设备方面的优化，即对化工过程后剩余的能量进行合理地回收和综合利用等来降低能耗，通过提高过程速率（传动、传热、传质、化学反应等过程速率）、改善设备结构等提高设备的生产强度。

精细化工生产工艺的优化与完善，必须借助于理论知识。例如反应动力学、反应热力学、传递过程理论等。例如按照动力学的分析，对于单一反应，若反应器的体积相同、反应时间相同，当反应级数小于 0 时，在理想混合式反应器中进行的反应转化率比间歇式理想混合反应器与平推流反应器的高；当反应级数大于 0 时，正相反；而当反应级数等于 0 时，反应器的体积一致。对某种自催化反应，当初期反应级数小于 0，后期大于 0 的情况，选择全

混式反应器与平推流反应器串联的操作方式最好。同样按照动力学的分析，对于平行反应，若主反应的反应级数为 α，副反应的级数为 β，当 $\alpha=\beta$ 时，产物的分布不受反应器类型或反应物浓度的影响，而仅仅是反应温度的函数；当 $\alpha>\beta$ 时，则反应物的初始浓度越高，目的产物的收率就越高，此时选用平推流反应器和间歇式理想混合反应器总优于连续式理想混合反应器。反之，选用连续式理想混合反应器总优于平推流反应器和间歇式理想混合反应器。同时，若主反应的活化能大于副反应的活化能时，则应采用尽可能高的反应温度。反之，则应采用尽可能低的反应温度。

除反应过程外，精细化工的辅助过程也需要理论的支持进行优化与完善。例如传统的氯乙烯精馏操作采用气相（饱和蒸汽状态）进料，目前均采用液相进料，即先除去低沸点物质，后除高沸点物质的工艺。两个工艺流程相比，现在的流程除了需要二次冷凝而增加制冷量外，它具有一系列的优点：①成品氯乙烯由塔顶气相出料经冷凝收集，可减少因设备腐蚀产生的铁离子和塔内生成的自聚物含量，以满足聚合过程对单体中杂质含量的要求；②由于高沸塔采用液相进料，经过图解法计算，在一定的回流比下只要采用极少的理论塔板数，就可获得含量 99.9%～99.99%以上的高纯度单体，而采用气相进料流程时，要获得同样高纯度的单体，所需的理论塔板数要增加好几倍；③由于高沸塔在低沸塔之后，就有可能使低沸塔在 0.5MPa（表压）以上的压力下操作，而高沸塔压力可由加料减压阀门的开启度和成品冷凝器温度来控制，使其在较低的压力，如 0.25～0.35MPa（表压）的压力下操作，这样可减少所需的理论塔板数。

影响化工产品生产过程的因素较多，因素变量之间的交互作用复杂，实验设计与优化多依赖于人的经验，实验工作量很大，经常会给化工产品的工艺优化带来困难。目前，经常使用的优化方法还包括统计建模分析法、机理建模分析法、经验机理建模分析法、统计调优法、模式识别法、神经网络法等。由于篇幅有限，这些方法不再论述。

10.1.2　提高技术创新能力，增加新品种

创新是一个民族进步的灵魂，是一个国家发达兴旺的不竭动力；创新是促使一个国家不断发展的可靠保证，无疑，也是一个企业发展的灵魂。创新是一个过程，是指从新思想、新观念、新发现、新发明变成产品，形成生产力，实现经济价值的过程。人们所说的创新主要是指以经济建设为中心的创新，主要包括知识创新（科学技术创新）和技术创新（以企业为主体，把创新的知识转化为新产品、新工艺等）。国际研究成果表明，70%的产品创新来自用户和市场。

企业的技术创新涉及多个不同方面，内容极其丰富。但主要有技术驱动型的创新和市场驱动型创新。技术驱动型的创新，即利用新的科学发明来进行产品开发，创制新的功能性化合物，再经应用性能开发和市场开发而进入市场成为商品。这种开发风险很大，一般只能由国家或大型的化工集团进行。小型精细化工企业应以市场驱动型创新为主，即利用已有的精细化工产品，围绕行业共性和关键技术组织好技术攻关，通过新技术改进其性能、通过分子结构改进开发出新产品、通过复配扩大应用领域等。精细化工产品的生命周期较短，更新换代较快，以自己的产品为基础，以市场的需求作为开发导向，开发出适应市场需要的新产品，去参与市场竞争，可极大地提高企业的市场竞争力。

以企业为主体的技术创新体系，要建立有效的激励机制，探索知识和技术作为生产要素参与分配的具体途径和形式。企业，特别是大企业需建立多种形式的合作与技术开发机构。有条件的企业还可到国外建立技术开发机构，瞄准世界技术创新的前沿，缩短我国企业与世界先进水平的差距。

从技术创新中新产品创新的角度看，其创新过程可用图 10-1 表示。

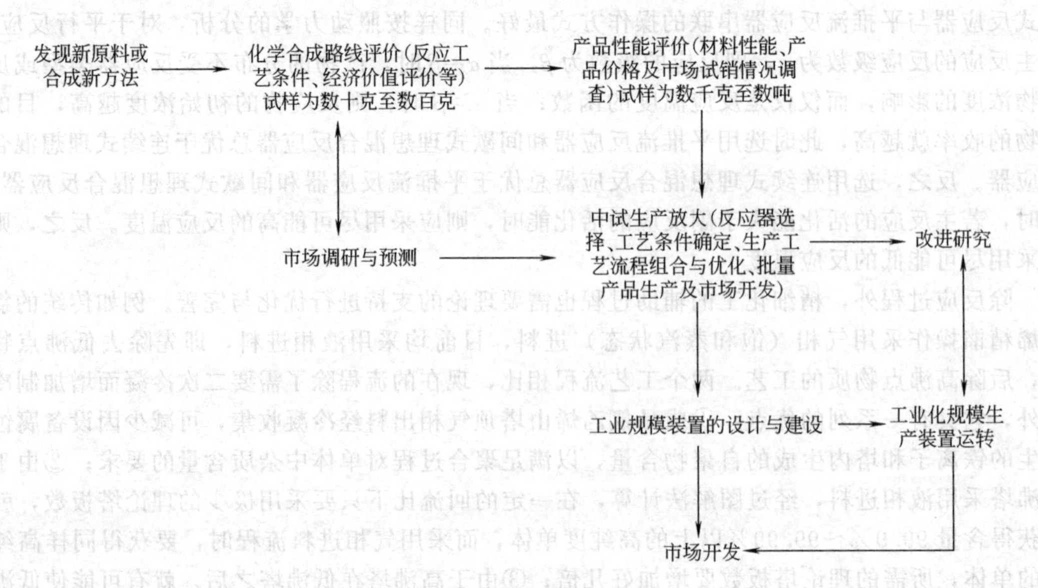

图 10-1　新产品创新过程

10.1.3　消除"瓶颈"、"改造挖潜"、扩大生产能力

一个装置投入生产后，常常要进行各个操作单元与设备的生产能力标定（通过改变进料量及各个操作参数，收集有关数据并运用物料平衡、能量平衡和设备计算等方法，测评出该操作单元/设备的最大生产能力以及操作弹性），通过考核全装置的生产能力平衡状况，找出产能最薄弱的环节，进行改进。这一工作通常称作"改造挖潜"，其可通过如下一些方法实施。

（1）换用新型高效催化剂

这方面的成功实例极多。如吉林石化、齐鲁石化对引进的乳聚丁苯橡胶所采用的催化剂体系进行改进，使转化率提高了近5%，每年新增效益可达3000万元。

（2）设备扩能改造

设备扩能改造不单纯是简单的扩大设备的几何尺寸，更主要的是针对设备在生产过程中所暴露出的问题、薄弱环节，采取有效的强化措施。例如对放热反应，短时间内撤除反应热是提高产能必须解决的问题。从传热方程中出发，第一是考虑如何进一步提高总传热系数K，如对循环冷却水进行水质处理（避免水垢附着）、在釜内壁涂防粘釜剂，以减小热阻；加大水的流量，并用螺旋导流挡板提高流速来改造夹套，以增加釜壁外侧的结热系数值；强化釜内搅拌使物料更激烈地湍流从而提高釜内壁的给热系数值等。第二是增加传热面积，这可以通过设置内冷管、反应物料反应器外循环冷凝而实现。此外还可以设置蒸汽冷凝器，通过物料蒸发带走相变热，物料蒸汽经冷凝后形成冷凝液回流至反应器，冷凝液与反应器内热物料混合直接降温等方法。第三是增大内外传热介质的温差，由于加大温差可能会对反应有负面作用，尤其是连续反应过程，可能破坏反应平衡，所以应谨慎采用。

（3）更新设备或控制系统

关注化工机械、设备、装置的发展，适时地采用高性能设备对精细化工生产过程的完善有着显著的作用。如由手工操作到自动化控制、再到全系统的计算机控制，是化工生产过程控制水平的一次次飞跃。采用柔性控制系统使灵活转换产品、精细调控过程、利用同一套装置生产多种精细化学品变得简便易行；采用集散控制系统、先进控制系统、优化控制系统、工厂信息系统等均可使生产率明显提高。同时产品质量、设备利用率、生产周期、工程费、人工费等方面均会向好的方面转变。

(4) 采用新工艺、新技术

通过消除“瓶颈”对现有装置进行技术改造扩大生产能力，提高经济效益。在不新征土地，不新增人员，不铺设新摊子的同时，采用先进技术，通过优化原料，节约能源，扩大能力，使生产装置整体优化，可收到良好的效果。消除“瓶颈”的技术改造，不仅可扩大生产能力，还可提高产品质量，增加品种，降低成本，增强企业的竞争力。

上述几个方面，仅给出了扩大产能的原则。现以岳阳石油化工总厂聚丙烯车间归纳的生产单耗高的分析及解决方案为例（图 10-2），供大家参考。

10.1.4　提高质量

目前我国的市场经济体系正逐步完善，相关法规不断健全，市场上无序的价格竞争正在被质量竞争所替代。因此，质量的好坏决定了竞争力的高低，也就决定了企业的存亡。从这个意义上讲：质量是企业走向市场的通行证，是企业的生命，是持久成功的奥秘。

“质量”的本质是产品所具有的某种“能力”的属性。正由于产品具备固有的能力才有可能满足某种需要，这种客观需要能够得到最好的满足，就给产品的生存和发展提供了可能。从这个意义上说，“质量”是以社会对它的需求来定义的，不是一成不变的。“质量”要求每个企业必须时时刻刻关注市场，关注社会需求，随之调整产品的质量指标。

化工行业的“流程性”决定了它的质量改进有两大特点：一是改进的途径往往离不开设备或管线的技术改造和工艺条件的优化；二是实施具有系统性，各项技术改造往往需要停车检修时一并进行，大装置的工艺优化往往需要整个大装置协同操作。这些对策措施，可以从“人、机、料、法、环、测”等方面入手，也可以按工序流程展开。

① 保证产品质量首要的是确立“质量第一”的观念，强化质量意识。按照 GB/T 19000-ISO 9000 系列标准建立起社会认可的质量体系，开展质量认证，为企业的良性发展扩展空间。根据标准要求，对生产的全过程进行监控管理，从源头开始直至产品加工应用，都要采取措施保证质量。

② 精细化工生产所需原料繁杂，可以说是品种多、品质差异大。原料对产品的影响是毋庸置疑的。因此，对原料的采购应根据工艺要求，确定化学组成、含量、物理状态等，全面策划、严格管理、统筹安排，并形成书面的采购合同。该合同应全盘考虑设备的生产能力、仓贮运输能力、销售能力等因素，考虑技术水平、检测仪器设备水平等因素，从法律上保障原料供给的数量和质量，避免质量争端，确保供货稳定。同时，根据原料市场情况，还可采用多家供货，以规避可能的风险。

在生产过程中可设立原料处理工序，主要任务是对原料进行除杂质、提高纯净度、改变物理状态、计量配制等。

③ 找出影响产品质量的关键工艺参数，如温度、压力、浓度、反应时间、酸碱度等，针对关键工艺参数开展工作，使之控制在最佳工艺状态。

④ 加强管理，加强培训和考核奖惩，建立健全各种规章制度。同时应设专职人员负责维护保养设备、仪表，并根据可靠性原理对设备、仪表进行有计划地主动维修及适时更换。应尽量使生产过程的各个工序变量稳定（尤其是关键工序变量），使得产品质量也随着得到稳定。根据工艺知识以及产品的主要特性与关键变量之间的关系，制订有效的工艺控制系统。

10.1.5　开展绿色精细化工与清洁生产

清洁生产又称绿色化学、绿色技术，是指将综合预防的环境保护策略持续地应用于生产过程和产品中，以期减少对人类和环境的风险。任何一种在环境意识指导下开发的化学品的

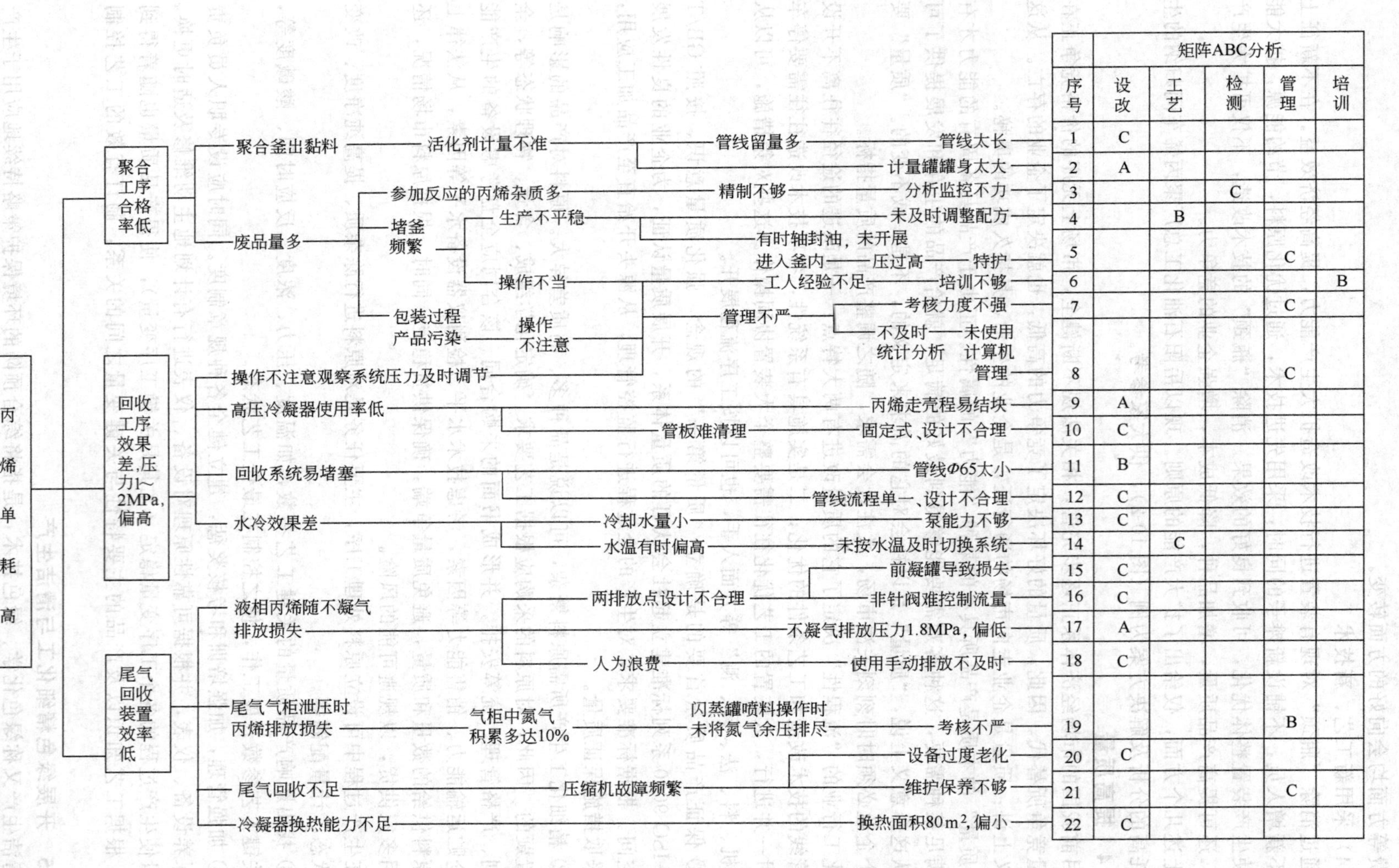

序号	矩阵ABC分析 设改	工艺	检测	管理	培训
1	C				
2	A				
3			C		
4		B			
5				C	
6					B
7				C	
8				C	
9	A				
10	C				
11	B				
12	C				
13	C				
14		C			
15	C				
16	C				
17	A				
18	C				
19				B	
20	C				
21				C	
22	C				

图 10-2　聚丙烯生产中丙烯单耗高原因分析（系统-矩阵图）

生产只要达到节约资源并与环境协调共存的要求，就应被视为清洁生产。清洁生产不是一蹴而就的，是一个不断定善的过程。

清洁生产涉及了对生产全过程和产品质量生命周期全过程的全程控制。对生产过程而言，尽量不用或少用有毒、有害的原辅材料；选用少废、无废工艺和高效设备；尽量减少生产过程中各种危险因素，如高温、高压、低温、低压、易燃、易爆、强噪声、强振动等。采用简单可靠的生产操作和控制，完善生产管理，对物料进行内部循环使用；做好末端治理，使废物资源化或综合利用。对产品而言，要求设计时就要考虑节约原材料和能源，产品在使用过程中以及使用后不会危害人类健康，破坏生态环境。此外，还要使用清洁的能源，包括常规能源的清洁利用、可再生能源的利用、新能源（太阳能、风能、地热等）的开发和各种节能技术。

精细化工的“绿色”技术包括：采用“绿色”原料，即采用无或低污染方法获得的原料及采用生物质获得的原料等；采用“绿色”介质，如超临界流体、液体水、离子液体等，此外还包括一些无溶剂的固态反应；开发“绿色”工艺，如新催化技术、生物技术、电化学技术、声化学技术、光化学技术、微波化学技术、膜技术、超临界流体技术等，开发高效、高选择性的绿色合成工艺，从源头上减少或消除有害废物的产生；生产“绿色”产品，即根据绿色化学的新观念、新技术和新方法，研究和开发无公害的传统化学用品的替代品，设计和合成更安全的化学品；副产物“绿色”化，即对副产物进行处理，使之成为其他过程的原料、成为无毒或低毒的物质。通过上述技术，提高资源、能源的利用率，从源头根除污染。

清洁生产要求实现两个目标：一是用最少的原辅材料和能源，得到最大数量的有用产品；二是保证产品的生产和消费过程与环境相容，尽量减少甚至消除污染物的产生量和排放量。

清洁生产来源于可持续发展这一新的发展观。可持续性发展是指人类在不超过环境承载能力条件下，持续发展的能力；是妥善处理经济发展与环境保护之间关系的有效途径。

以硝基乙苯的生产为例，如图 10-3 和图 10-4 所示，采用清洁生产工艺，工艺废水由原来的 $48m^3/d$ 减少到 $2m^3/d$，大大降低了需深度处理废水的水量，减少了工程投资和运行费用。废水实现循环使用，使流失到废水中的混合硝基乙苯等得到了回收，使混合硝基乙苯的收率提高 2%～5%。

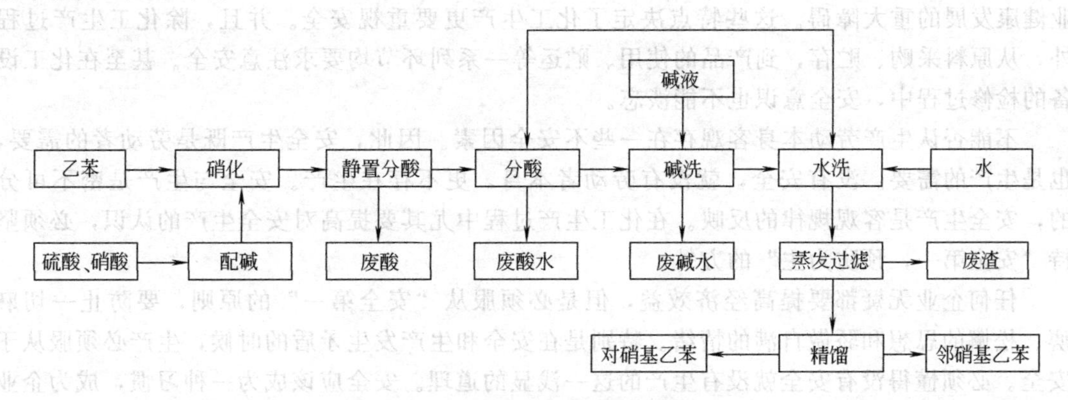

图 10-3　对硝基乙苯的传统生产工艺

综上所述，从可持续发展战略出发，“绿色”高新精细化工无疑将是 21 世纪化工行业发展的中心战略，它将以全新的观念、理论和技术对传统的、常规的化学工业，特别是精细化工进行改造、发展和创新，从而形成新兴产业，为消灭污染、还原地球的生态、造福子孙后代做出贡献。

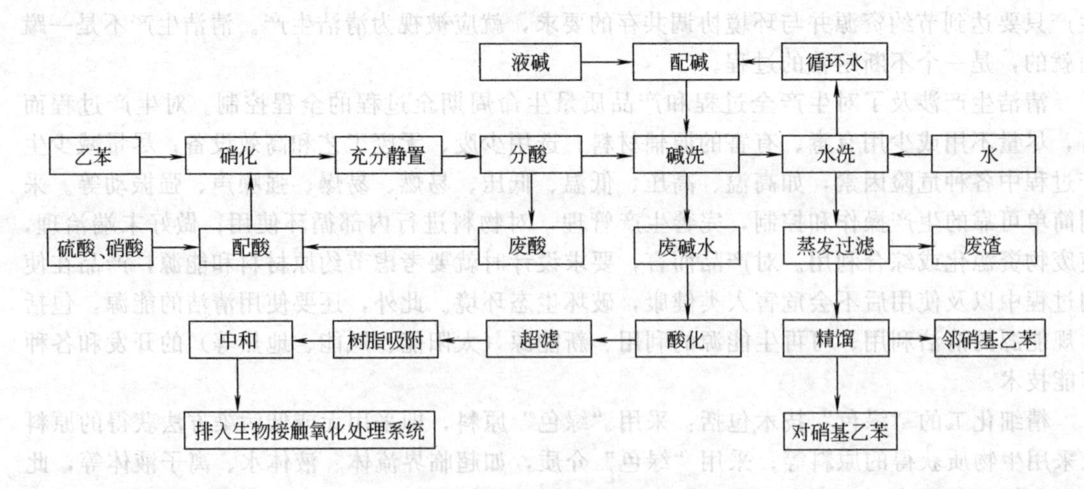

图 10-4 对硝基乙苯的绿色生产工艺

10.2 安全生产

安全生产是指在生产中保障人身安全和设备安全。消除危害人身健康的一切不良因素，保障人身安全、健康、舒适的工作，即人身安全。消除损坏设备、产品或原料的一切危险因素，保证生产正常运行，即设备安全。实现安全生产必须做到人身安全和设备安全。人身安全要求在生产过程中保护职工的安全和健康，防止工伤事故和职业性危害；设备安全是在生产过程中，防止其他各类事故的发生，确保生产装置的连续、稳定、安全运转，保护财产不受损失。

精细化工产品的生产与大宗化学品的生产一样是危险性较高的行业，具有易燃、易爆、有毒、有腐蚀性、高温、高压、生产装置大型化、生产过程连续化等特点。任何一项设备隐患、制度缺陷、程序遗漏、工作疏忽或个人违章，都可能造成事故。而与其他同等规模的生产过程相比，化工事故往往会造成更大的经济损失，其影响都超过产业本身，甚至不仅仅限于直接受害的个人和地区，而对整个社会的稳定，对民众的心理都会投下阴影。从而成为行业健康发展的重大障碍。这些特点决定了化工生产更要重视安全。并且，除化工生产过程外，从原料采购、贮存，到产品的使用、贮运等一系列环节均要求注意安全。甚至在化工设备的检修过程中，安全意识也不能淡忘。

不能否认生产劳动本身客观存在一些不安全因素。因此，安全生产既是劳动者的需要，也是生产的需要。没有安全，就没有劳动者本身，更不存在生产。安全与生产是密不可分的，安全生产是客观规律的反映。在化工生产过程中尤其要提高对安全生产的认识，必须坚持“安全第一，预防为主”的方针。

任何企业无疑都要提高经济效益，但是必须服从“安全第一”的原则，要防止一切麻痹、松懈的思想和骄傲自满的情绪。特别是在安全和生产发生矛盾的时候，生产必须服从于安全。必须懂得没有安全就没有生产的这一浅显的道理。安全应该成为一种习惯，成为企业的一种文化，要教育员工从小事做起，从“我要安全”做起。

化工企业要求设立三级安全机构，即厂级、车间级和班组级安全机构。每一级机构或人员均要负担起相应的安全责任，承担相应的安全义务，执行相应的安全制度。尤其要注意发挥各级安全结构的教育职能，防患于未然。

安全生产教育和培训的形式很多，主要有三级教育、特种专业教育、日常安全教育和典型案例教育等。为预防事故的发生，任何采用新技术、新材料、新工艺或者使用新设备的从业人员，以及到厂的临时工、合同工、外来实习人员、代培人员等在从事生产活动前，均应按规定参加厂级、车间级、班组级三级安全教育，经考试合格后方可上岗作业。

安全技术知识教育能使员工提高安全意识，提高专业性安全技术知识技能，提高执行安全生产技术规程、操作规程的自觉性，提高管理人员和操作人员的安全技术水平。为提高安全教育的效果，还需要进行安全检查，包括全面检查、专业性检查、季节性检查和节假日检查等。

10.2.1 火灾、爆炸性物质及处置方法

在精细化工生产企业中，经常遇到的火灾及爆炸性物质包括：爆炸性物质、氧化剂、可燃性气体、自燃性物质、遇水燃烧物质、易燃与可燃液体、易燃与可燃固体等几类。不同的危险性物质需采取不同的处置方式与防护措施。

对于易燃、易爆气体混合物，应避免在爆炸范围内操作，具体防范措施包括：①限制易燃气体组分的浓度在爆炸下限以下或爆炸上限以上；②用惰性气体取代空气；③把氧气浓度降至极限值以下。

对于易燃易爆液体，加工时应该避免使其蒸气的浓度达到爆炸下限，具体防范措施包括：①在液面之上施加惰性气体覆盖；②降低加工温度、保持较低的蒸气压，使其无法达到爆炸浓度。

对于易燃易爆固体，加工时应该避免暴热使其蒸气达到爆炸浓度，避免形成爆炸性粉尘，具体防范措施包括：①粉碎、研磨、筛分时，施加惰性气体覆盖；②加工设备配置充分的降温设施，迅速移除摩擦热、撞击热；③加工场所配置良好的通风设施，使易燃粉尘迅速排除不至于达到爆炸浓度。

工业上氧化物、过氧化物一般采用小包装，贮存在低温环境中，并且要防火，防撞击。固体的过氧化物，例如过氧化二苯甲酰为了防止贮存过程中产生意外，一般加有适量水，使之保持潮湿状态。液态的过氧化物，通常加有适当溶剂使之稀释以降低其浓度。

聚合工业中的催化剂中，多数具有燃烧与爆炸危险。例如烷基金属化合物对于空气中的氧和水甚为灵敏，接触空气则自燃，遇水则强烈反应而爆炸。低级烷基铝的化合物应当制备在加氢石油、苯和甲苯等溶液中，以便于贮存和输送，并且用惰性气体予以保护。

由于物质的性质不同，所以其贮存地点应当加以区分，即原料贮存区或罐区与成品贮存区、生产区、公用设施区、运输装卸区、管理区、辅助生产区、职工生活区等应尽量隔开，且要有适当的安全地带。工厂内部不同区域的定位目的是为了获得最合理的物料和人员的流动路线，为安全生产或事故救援创造有利条件。因此，工厂内各不同区域布局应符合一定的规范与规则，如生产装置位于下风口；辅助生产区位于上风口；管理区、生活区位于边缘，与生产区隔离；公用设施区远离生产区等。

10.2.2 个人防护用品

针对不同的生产情况，尤其是生产区的操作人员应配备防护器材，设置避难室。个人防护用品包括如下几类，即：①安全带、安全绳、安全网等安全防护绳索；②劳保鞋、劳保手套、劳保服等肢体防护用品；③安全帽、防护镜与防护面罩等头、面部防护用品；④呼吸防护用品；⑤听觉保护用品。

不同的生产环境、生产条件，应选择不同等级的防护用品。同时要进行训练，以保证正确使用防护用品。

10.2.3 化工事故及救援

（1）救援设备

根据安全生产法的规定，危险物品生产、经营、贮存单位应当配备必要的应急救援器材、设备，并进行经常性的维护、保养，以保证救援设备的正常运转。对精细化工生产企业，救援设备主要是各种消防器材、防护用品等、针对不同企业情况，可以配备灭火器、泡沫灭火系统、干粉灭火系统、喷水灭火系统、气体灭火系统、防火阻燃材料、消防车、消防员装备、消防通讯设备、抢险救援器材、自动喷水灭火系统、火灾自动报警系统等应急救援器材，照明设备和防护装备，专用工具（包括检测装备、医疗、急救器械等），以及建立钢质防火门、安全疏散系统、防烟排烟系统等安全措施。

对上述应急救援设备，不但要保证其正常的运转，还应让每一个职工都知道正确的使用方法，熟悉和掌握化学品的主要危险特性及其相应的灭火措施，并定期进行防火演习，加强紧急事态时的应变能力，保证应急时不出差错。

(2) 事故报警

发生事故后，现场人员在保护好自身安全的情况下，应及时检查事故部位，并向有关人员，如当班车间主任或值班长，同时向企业调度室报告；如果是在运输途中应向当地应急救援部门或“119”报警。

当事人要沉着镇静，及时报警，应清楚地讲清发生事故的时间、地点、岗位、事故性质(外溢、爆炸、火灾)、危险程度、有无人员伤亡以及报警人姓名及联系电话等情况，冷静地回答接警人员的提问。这个环节处理得当会使可能形成灾难性事故变成灾害性事故，而一些小事故处理不当，延误时间，也能形成灭顶之灾。

(3) 事故救援

根据安全生产法第 69 条的规定，危险物品生产、经营、贮存单位应当建立应急救援组织；生产经营规模较小，虽可以不建应急救援组织，但应当指定兼职的应急救援人员，且兼职的应急救援人员应具备相应的任职资格。应急组织一般包括：指挥中心，专业防护与评价组，消防专业组，运行、操作控制组，人员疏散系统等。

各主管单位在接到事故报警后，应迅速召集应急救援专业队，各救援队伍在做好自身防护的基础上，快速实施救援，控制事故发展，并将伤员救出危险区域和组织群众撤离、疏散，做好危险化学品的清除工作；注意保护事故现场，以便事故调查。

等待急救队或外界的援助会使微小事故变成大灾难，因此每个工人都应按应急计划接受基本培训，使其在发生化学品事故时采取正确的行动。

应急救援现场处理的目的首先是抢救生命、减少伤员痛苦、减少和预防加重伤情和并发症、正确而迅速地把伤病员转送到医院。其次是减少财产损失及灾难对周围环境的影响。其主要任务如下。

① 镇定有序的指挥：一旦灾祸突然降临，不要惊慌失措，如果现场人员较多，要一面马上分派人员迅速呼叫医务人员前来现场，一面对伤病员进行必要的处理。

② 迅速排除致命和致伤因素：如搬开压在身上的重物，撤离中毒现场，如果是触电意外，立即切断电源；清除伤病员口鼻内的泥砂、呕吐物、血块或其他异物，保持呼吸道通畅等。

③ 检查伤员的生命体征：检查伤病员呼吸、心跳、脉搏情况。如有呼吸心跳停止，应就地立刻进行心脏按摩和人工呼吸。

④ 止血：有创伤出血者，应迅速包扎止血，材料就地取材，可用加压包扎、上止血带或指压止血等。同时尽快送往医院。

⑤ 如有腹腔脏器脱出或颅脑组织膨出，可用干净毛巾、软布料或搪瓷碗等加以保护。

⑥ 有骨折者用木板等临时固定。

⑦ 神志昏迷者，未明了病因前，注意心跳、呼吸、两侧瞳孔大小。有舌后坠者，应将舌头拉出或用别针穿刺固定在口外，防止窒息。

⑧ 迅速而正确地转运：按不同的伤情和病情，按轻重缓急选择适当的工具进行转运。运送途中随时注意伤病员病情变化。

除对伤员的救援外，如果有可能的话，还应立即控制火情、控制化学品的溢出或泄漏等，以防止事态的进一步发展。如在厂调度室的指令下，通过关闭有关阀门、停止作业或通过采取改变工艺流程、物料走副线、局部停车、打循环、减负荷运行等方法控制化学品的溢出、泄漏。

危害被控制后，要及时将现场泄漏物进行围堤堵截、覆盖、收容、稀释、处理，使泄漏物得到安全可靠的处置，防止二次事故的发生。

总之，在保证维持伤病员生命的前提下，根据应急预案，应抓主要矛盾，分清主次，有条不紊地开展工作，切忌忙乱，以免丧失有利时机，以尽可能地减少伤亡，减少财产损失。

习　题

1. 可以从哪几个方面优化和完善精细化工工艺过程？
2. 从安全的角度看，精细化工生产有哪些特点？
3. 简述安全与生产的关系。
4. 火灾及爆炸性危险物有哪些？
5. 个人防护用品有哪些？

参 考 文 献

[1] 魏寿鹏. 石油化工生产过程最优化. 北京：中国石化出版社，1994.
[2] 吴迪胜. 化学工艺过程优化. 北京：高等教育出版社，1988.
[3] 周卓基. 化工过程控制和质量改进中“原因分析”的二维方法. 化工质量，2000，5：39-40.
[4] 董庆华，王璠，陈建中等. 对硝基乙苯清洁生产工艺. 污染防治技术，2000，15 (3)：40-41.
[5] 贡长生. 加快发展我国绿色精细化工. 现代化工，2003，23 (12)：5-11.
[6] 陈金龙. 精细化工清洁生产工艺技术. 北京：中国石化出版社，1999.
[7] http://bbs.hcbbs.com/thread-47843-1-1.html.
[8] http://www.stedu.net/xfwd2006.htm.